U0145873

· *Foundations of Geometry* ·

**有谁不想揭开未来的面纱，探索新世纪里我们这门科学发展的前景和奥秘呢？我们下一代的主要数学思潮将追求什么样的特殊目标？在广阔而丰富的数学思想领域，新世纪将会带来什么样的新方法和新成就？**

——［德］希尔伯特（David Hilbert，1862—1943）

**只要一门学科能提出大量的问题，它就充满着生命力，而问题缺乏则预示着独立发展的衰亡或者终止。**

——［德］希尔伯特（David Hilbert，1862—1943）

**我们必须知道，我们必将知道！**

——［德］希尔伯特（David Hilbert，1862—1943）

本书列入“十四五”国家重点图书出版规划

# 科学元典丛书

*The Series of the Great Classics in Science*

主　　编　任定成

执行主编　周雁翎

策　　划　周雁翎

丛书主持　陈　静

科学元典是科学史和人类文明史上划时代的丰碑，是人类文化的优秀遗产，是历经时间考验的不朽之作。它们不仅是伟大的科学创造的结晶，而且是科学精神、科学思想和科学方法的载体，具有永恒的意义和价值。

科学元典丛书

# 希尔伯特几何基础

The Foundations of Geometry

[德] 希尔伯特 著　江泽涵 朱鼎勋 译

北京大学出版社
PEKING UNIVERSITY PRESS

**图书在版编目(CIP)数据**

希尔伯特几何基础/（德）希尔伯特（Hilbert, D.）著；江泽涵，朱鼎勋译. —北京：北京大学出版社，2009.11

（科学元典丛书）

ISBN 978-7-301-14803-7

Ⅰ. 希…　Ⅱ. ①希…　②江…　③朱…　Ⅲ. 几何基础　Ⅳ. 0181

中国版本图书馆 CIP 数据核字（2008）第 199145 号

| | |
|---|---|
| 书　名 | 希尔伯特几何基础<br>XIERBOTE JIHE JICHU |
| 著作责任者 | [德] 希尔伯特　著　江泽涵　朱鼎勋　译 |
| 丛书策划 | 周雁翎 |
| 丛书主持 | 陈　静 |
| 责任编辑 | 陈　静 |
| 标准书号 | ISBN 978-7-301-14803-7 |
| 出版发行 | 北京大学出版社 |
| 地　址 | 北京市海淀区成府路 205 号　100871 |
| 网　址 | http://www.pup.cn　新浪微博：@北京大学出版社 |
| 微信公众号 | 通识书苑（微信号：sartspku）　科学元典（微信号：kexueyuandian） |
| 电子邮箱 | 编辑部 jyzx@pup.cn　总编室 zpup@pup.cn |
| 电　话 | 邮购部 010-62752015　发行部 010-62750672　编辑部 010-62707542 |
| 印 刷 者 | 北京中科印刷有限公司 |
| 经 销 者 | 新华书店 |
| | 787 毫米×1092 毫米　16 开本　16.5 印张　彩插 8　350 千字 |
| | 2009 年 11 月第 1 版　2024 年 1 月第 10 次印刷 |
| 定　价 | 55.00 元 |

# 弁　言

## · *Preface to the Series of the Great Classics in Science* ·

这套丛书中收入的著作，是自古希腊以来，主要是自文艺复兴时期现代科学诞生以来，经过足够长的历史检验的科学经典。为了区别于时下被广泛使用的“经典”一词，我们称之为“科学元典”。

我们这里所说的“经典”，不同于歌迷们所说的“经典”，也不同于表演艺术家们朗诵的“科学经典名篇”。受歌迷欢迎的流行歌曲属于“当代经典”，实际上是时尚的东西，其含义与我们所说的代表传统的经典恰恰相反。表演艺术家们朗诵的“科学经典名篇”多是表现科学家们的情感和生活态度的散文，甚至反映科学家生活的话剧台词，它们可能脍炙人口，是否属于人文领域里的经典姑且不论，但基本上没有科学内容。并非著名科学大师的一切言论或者是广为流传的作品都是科学经典。

这里所谓的科学元典，是指科学经典中最基本、最重要的著作，是在人类智识史和人类文明史上划时代的丰碑，是理性精神的载体，具有永恒的价值。

## 一

科学元典或者是一场深刻的科学革命的丰碑，或者是一个严密的科学体系的构架，或者是一个生机勃勃的科学领域的基石，或者是一座传播科学文明的灯塔。它们既是昔日科学成就的创造性总结，又是未来科学探索的理性依托。

哥白尼的《天体运行论》是人类历史上最具革命性的震撼心灵的著作，它向统治西方思想千余年的地心说发出了挑战，动摇了“正统宗教”学说的天文学基础。伽利略《关于托勒密和哥白尼两大世界体系的对话》以确凿的证据进一步论证了哥白尼学说，更直接地动摇了教会所庇护的托勒密学说。哈维的《心血运动论》以对人类躯体和心灵的双重关怀，满怀真挚的宗教情感，阐述了血液循环理论，推翻了同样统治西方思想千余年、被“正统宗教”所庇护的盖伦学说。笛卡儿的《几何》不仅创立了为后来诞生的微积分提供了工具的解析几何，而且折射出影响万世的思想方法论。牛顿的《自然哲学之数学原理》标志着17世纪科学革命的顶点，为后来的工业革命奠定了科学基础。分别以惠更斯的《光论》与牛顿的《光学》为代表的波动说与微粒说之间展开了长达200余年的论战。拉瓦锡在《化学基础论》中详尽论述了氧化理论，推翻了统治化学百余年之久的燃素理论，这一智识壮举被公认为历史上最自觉的科学革命。道尔顿的《化学哲学新体系》奠定了物质结构理论的基础，开创了科学中的新时代，使19世纪的化学家们有计划地向未知领域前进。傅立叶的《热的解析理论》以其对热传导问题的精湛处理，突破了牛顿的《自然哲学之数学原理》所规定的理论力学范围，开创了数学物理学的崭新领域。达尔文《物种起源》中的进化论思想不仅在生物学发展到分子水平的今天仍然是科学家们阐释的对象，而且100多年来几乎在科学、社会和人文的所有领域都在施展它有形和无形的影响。《基因论》揭示了孟德尔式遗传性状传递机理的物质基础，把生命科学推进到基因水平。爱因斯坦的《狭义与广义相对论浅说》和薛定谔的《关于波动力学的四次演讲》分别阐述了物质世界在高速和微观领域的运动规律，完全改变了自牛顿以来的世界观。魏格纳的《海陆的起源》提出了大陆漂移的猜想，为当代地球科学提供了新的发展基点。维纳的《控制论》揭示了控制系统的反馈过程，普里戈金的《从存在到演化》发现了系统可能从原来无序向新的有序态转化的机制，二者的思想在今天的影响已经远远超越了自然科学领域，影响到经济学、社会学、政治学等领域。

科学元典的永恒魅力令后人特别是后来的思想家为之倾倒。欧几里得的《几何原本》以手抄本形式流传了1800余年，又以印刷本用各种文字出了1000版以上。阿基米德写了大量的科学著作，达·芬奇把他当作偶像崇拜，热切搜求他的手稿。伽利略以他的继承人自居。莱布尼兹则说，了解他的人对后代杰出人物的成就就不会那么赞赏了。为捍卫《天体运行论》中的学说，布鲁诺被教会处以火刑。伽利略因为其《关于托勒密和哥白尼两大世界体系的对话》一书，遭教会的终身监禁，备受折磨。伽利略说吉尔伯特的《论磁》一书伟大得令人嫉妒。拉普拉斯说，牛顿的《自然哲学之数学原理》揭示了宇宙的最伟大定律，它将永远成为深邃智慧的纪念碑。拉瓦锡在他的《化学基础论》出版后5年被法国革命法庭处死，传说拉格朗日悲愤地说，砍掉这颗头颅只要一瞬间，再长出这样的头颅100年也不够。《化学哲学新体系》的作者道尔顿应邀访法，当他走进法国科学院会议厅时，院长和全体院士起立致敬，得到拿破仑未曾享有的殊荣。傅立叶在《热的解析理论》中阐述的强有力的数学工具深深影响了整个现代物理学，推动数学分析的发展达一个多世纪，麦克斯韦称赞该书是“一首美妙的诗”。当人们咒骂《物种起源》是“魔鬼的经典”“禽兽的哲学”的时候，赫胥黎甘做“达尔文的斗犬”，挺身捍卫进化论，撰写了《进化论与伦理学》和《人类在自然界的位置》，阐发达尔文的学说。经过严复的译述，赫胥黎的著作成为维新领袖、辛亥精英、“五四”斗士改造中国的思想武器。爱因斯坦说法拉第在《电学实验研究》中论证的磁场和电场的思想是自牛顿以来物理学基础所经历的最深刻变化。

在科学元典里，有讲述不完的传奇故事，有颠覆思想的心智波涛，有激动人心的理性思考，有万世不竭的精神甘泉。

## 二

按照科学计量学先驱普赖斯等人的研究，现代科学文献在多数时间里呈指数增长趋势。现代科学界，相当多的科学文献发表之后，并没有任何人引用。就是一时被引用过的科学文献，很多没过多久就被新的文献所淹没了。科学注重的是创造出新的实在知识。从这个意义上说，科学是向前看的。但是，我们也可以看到，这么多文献被淹没，也表明划时代的科学文献数量是很少的。大多数科学元典不被现代科学文献所引用，那是因为其中的知识早已成为科学中无须证明的常识了。即使这样，科学经典也会因为其中思想的恒久意义，而像人文领域里的经典一样，具有永恒的阅读价值。于是，科学经典就被一编再编、一印再印。

早期诺贝尔奖得主奥斯特瓦尔德编的物理学和化学经典丛书“精密自然科学经典”从1889年开始出版，后来以“奥斯特瓦尔德经典著作”为名一直在编辑出版，有资料说目前已经出版了250余卷。祖德霍夫编辑的“医学经典”丛书从1910年就开始陆续出版了。也是这一年，蒸馏器俱乐部编辑出版了20卷“蒸馏器俱乐部再版本”丛书，丛书中全是化学经典，这个版本甚至被化学家在20世纪的科学刊物上发表的论文所引用。一般把1789年拉瓦锡的化学革命当作现代化学诞生的标志，把1914年爆发的第一次世界大战称为化学家之战。奈特把反映这个时期化学的重大进展的文章编成一卷，把这个时期的其他9部总结性化学著作各编为一卷，辑为10卷“1789—1914年的化学发展”丛书，于1998年出版。像这样的某一科学领域的经典丛书还有很多很多。

科学领域里的经典，与人文领域里的经典一样，是经得起反复咀嚼的。两个领域里的经典一起，就可以勾勒出人类智识的发展轨迹。正因为如此，在发达国家出版的很多经典丛书中，就包含了这两个领域的重要著作。1924年起，沃尔科特开始主编一套包括人文与科学两个领域的原始文献丛书。这个计划先后得到了美国哲学协会、美国科学促进会、美国科学史学会、美国人类学协会、美国数学协会、美国数学学会以及美国天文学学会的支持。1925年，这套丛书中的《天文学原始文献》和《数学原始文献》出版，这两本书出版后的25年内市场情况一直很好。1950年，沃尔科特把这套丛书中的科学经典部分发展成为"科学史原始文献"丛书出版。其中有《希腊科学原始文献》《中世纪科学原始文献》和《20世纪（1900—1950年）科学原始文献》，文艺复兴至19世纪则按科学学科（天文学、数学、物理学、地质学、动物生物学以及化学诸卷）编辑出版。约翰逊、米利肯和威瑟斯庞三人主编的"大师杰作丛书"中，包括了小尼德勒编的3卷"科学大师杰作"，后者于1947年初版，后来多次重印。

在综合性的经典丛书中，影响最为广泛的当推哈钦斯和艾德勒1943年开始主持编译的"西方世界伟大著作丛书"。这套书耗资200万美元，于1952年完成。丛书根据独创性、文献价值、历史地位和现存意义等标准，选择出74位西方历史文化巨人的443部作品，加上丛书导言和综合索引，辑为54卷，篇幅2 500万单词，共32 000页。丛书中收入不少科学著作。购买丛书的不仅有"大款"和学者，而且还有屠夫、面包师和烛台匠。迄1965年，丛书已重印30次左右，此后还多次重印，任何国家稍微像样的大学图书馆都将其列入必藏图书之列。这套丛书是20世纪上半叶在美国大学兴起而后扩展到全社会的经典著作研读运动的产物。这个时期，美国一些大学的寓所、校园和酒吧里都能听到学生讨论古典佳作的声音。有的大学要求学生必须深研100多部名著，甚至在教学中不得使用最新的实验设备，而是借助历史上的科学大师所使用的方法和仪器复制品去再现划时代的著名实验。至20世纪40年代末，美国举办古典名著学习班的城市达300个，学员50 000余众。

相比之下，国人眼中的经典，往往多指人文而少有科学。一部公元前300年左右古希腊人写就的《几何原本》，从1592年到1605年的13年间先后3次汉译而未果，经17世纪初和19世纪50年代的两次努力才分别译刊出全书来。近几百年来移译的西学典籍中，成系统者甚多，但皆系人文领域。汉译科学著作，多为应景之需，所见典籍寥若晨星。借20世纪70年代末举国欢庆"科学春天"到来之良机，有好尚者发出组译出版"自然科学世界名著丛书"的呼声，但最终结果却是好尚者抱憾而终。20世纪90年代初出版的"科学名著文库"，虽使科学元典的汉译初见系统，但以10卷之小的容量投放于偌大的中国读书界，与具有悠久文化传统的泱泱大国实不相称。

我们不得不问：一个民族只重视人文经典而忽视科学经典，何以自立于当代世界民族之林呢？

## 三

科学元典是科学进一步发展的灯塔和坐标。它们标识的重大突破，往往导致的是常规科学的快速发展。在常规科学时期，人们发现的多数现象和提出的多数理论，都要用科学元典中的思想来解释。而在常规科学中发现的旧范型中看似不能得到解释的现象，其重要性往往也要通过与科学元典中的思想的比较显示出来。

在常规科学时期，不仅有专注于狭窄领域常规研究的科学家，也有一些从事着常规研究但又关注着科学基础、科学思想以及科学划时代变化的科学家。随着科学发展中发现的新现象，这些科学家的头脑里自然而然地就会浮现历史上相应的划时代成就。他们会对科学元典中的相应思想，重新加以诠释，以期从中得出对新现象的说明，并有可能产生新的理念。百余年来，达尔文在《物种起源》中提出的思想，被不同的人解读出不同的信息。古脊椎动物学、古人类学、进化生物学、遗传学、动物行为学、社会生物学等领域的几乎所有重大发现，都要拿出来与《物种起源》中的思想进行比较和说明。玻尔在揭示氢光谱的结构时，提出的原子结构就类似于哥白尼等人的太阳系模型。现代量子力学揭示的微观物质的波粒二象性，就是对光的波粒二象性的拓展，而爱因斯坦揭示的光的波粒二象性就是在光的波动说和微粒说的基础上，针对光电效应，提出的全新理论。而正是与光的波动说和微粒说二者的困难的比较，我们才可以看出光的波粒二象性学说的意义。可以说，科学元典是时读时新的。

除了具体的科学思想之外，科学元典还以其方法学上的创造性而彪炳史册。这些方法学思想，永远值得后人学习和研究。当代诸多研究人的创造性的前沿领域，如认知心理学、科学哲学、人工智能、认知科学等，都涉及对科学大师的研究方法的研究。一些科学史学家以科学元典为基点，把触角延伸到科学家的信件、实验室记录、所属机构的档案等原始材料中去，揭示出许多新的历史现象。近二十多年兴起的机器发现，首先就是对科学史学家提供的材料，编制程序，在机器中重新做出历史上的伟大发现。借助于人工智能手段，人们已经在机器上重新发现了波义耳定律、开普勒行星运动第三定律，提出了燃素理论。萨伽德甚至用机器研究科学理论的竞争与接受，系统研究了拉瓦锡氧化理论、达尔文进化学说、魏格纳大陆漂移说、哥白尼日心说、牛顿力学、爱因斯坦相对论、量子论以及心理学中的行为主义和认知主义形成的革命过程和接受过程。

除了这些对于科学元典标识的重大科学成就中的创造力的研究之外，人们还曾经大规模地把这些成就的创造过程运用于基础教育之中。美国几十年前兴起的发现法教学，就是在这方面的尝试。近二十多年来，兴起了基础教育改革的全球浪潮，其目标就是提高学生的科学素养，改变片面灌输科学知识的状况。其中的一个重要举措，就是在教学中加强科学探究过程的理解和训练。因为，单就科学本身而言，它不仅外化为工艺、流程、技术及其产物等器物形态，直接表现为概念、定律和理论等知识形态，更深蕴于其特有的思想、观念和方法等精神形态之中。没有人怀疑，我们通过阅读今天的教科书就可以方便地学到科学元典著作中的科学知识，而且由于科学的进步，我们从现代教科书上所学的知识甚至比经典著作中的更完善。但是，教科书所提供的只是结晶状态的凝固知识，而科学本是历史的、创造的、流动的，在这历史、创造和流动过程之中，一些东西蒸发了，另一些东西积淀了，只有科学思想、科学观念和科学方法保持着永恒的活力。

然而，遗憾的是，我们的基础教育课本和科普读物中讲的许多科学史故事不少都是误讹相传的东西。比如，把血液循环的发现归于哈维，指责道尔顿提出二元化合物的元素原子数最简比是当时的错误，讲伽利略在比萨斜塔上做过落体实验，宣称牛顿提出了牛顿定律的诸数学表达式，等等。好像科学史就像网络上传播的八卦那样简单和耸人听闻。为避免这样的误讹，我们不妨读一读科学元典，看看历史上的伟人当时到底是如何思考的。

现在，我们的大学正处在席卷全球的通识教育浪潮之中。就我的理解，通识教育固然要对理工农医专业的学生开设一些人文社会科学的导论性课程，要对人文社会科学专业的学生开设一些理工农医的导论性课程，但是，我们也可以考虑适当跳出专与博、文与理的关系的思考路数，对所有专业的学生开设一些真正通而识之的综合性课程，或者倡导这样的阅读活动、讨论活动、交流活动甚至跨学科的研究活动，发掘文化遗产、分享古典智慧、继承高雅传统，把经典与前沿、传统与现代、创造与继承、现实与永恒等事关全民素质、民族命运和世界使命的问题联合起来进行思索。

我们面对不朽的理性群碑，也就是面对永恒的科学灵魂。在这些灵魂面前，我们不是要顶礼膜拜，而是要认真研习解读，读出历史的价值，读出时代的精神，把握科学的灵魂。我们要不断吸取深蕴其中的科学精神、科学思想和科学方法，并使之成为推动我们前进的伟大精神力量。

任定成

2005年8月6日

北京大学承泽园迪吉轩

希尔伯特（David Hilbert，1862—1943）的铜像

▲大卫·希尔伯特的父亲奥托·希尔伯特。

▲ 1892年，大卫·希尔伯特和夫人克特·希尔伯特。

◀ 大卫·希尔伯特和克特·希尔伯特的独生子弗朗茨·希尔伯特。

▼ 希尔伯特和家人、朋友在一起。前排左起依次为闵可夫斯基（Hermann Minkowski，1864—1909）、克特·希尔伯特、大卫·希尔伯特；后排左二为弗朗茨·希尔伯特。

➤ 希尔伯特的出生地柯尼斯堡一隅。1930年，在柯尼斯堡自然科学大会上，希尔伯特被他出生的城市授予荣誉市民称号。

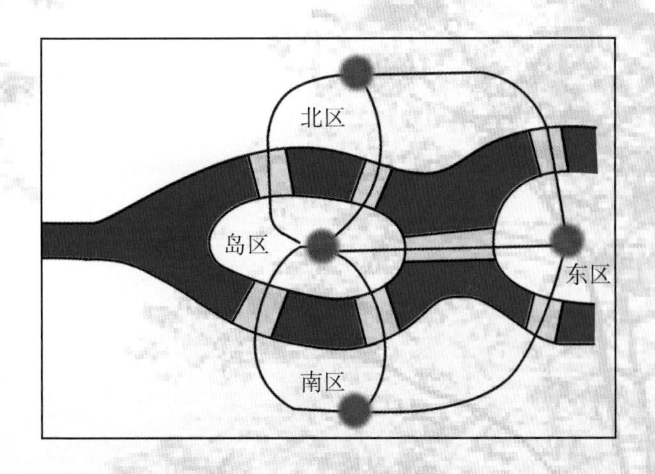


➤ 18世纪在哥尼斯堡城的普莱格尔河上有7座桥，将河中的两个岛和河岸连接，如图所示。城中的居民经常沿河过桥散步，于是提出了一个问题：能否一次走遍7座桥，而每座桥只许通过一次，最后仍回到起始地点。这就是七桥问题，一个著名的图论问题。

➤ 1900年时期的柯尼斯堡城堡。柯尼斯堡是数学家哥德巴赫（Christian Goldbach，1690—1764）和希尔伯特、作家霍夫曼（Ernst Theodor Amadeus Hoffmann，1776—1822）和哲学家康德（Immanuel Kant，1724—1804）的出生地。

➤ 如今加里宁格勒市区内的老柯尼斯堡建筑。柯尼斯堡在第二次世界大战期间遭受轰炸损失惨重，1945年被苏联红军占领，后根据波茨坦协定归苏联，并改名为加里宁格勒。

➤ 柯尼斯堡大学的旧校舍。希尔伯特1880年进入柯尼斯堡大学，1885年获博士学位，1892年任该校副教授，翌年升为教授。

➤ 明信片上的柯尼斯堡大学校园风光。

➤ 2005年，时任俄罗斯总统的普京和德国总理的施罗德，在出席庆祝柯尼斯堡建市750周年的活动中，宣布将原本的柯尼斯堡大学（后改名为加里宁格勒州立大学）更名为伊曼努尔·康德俄罗斯国立大学，以纪念这位出生于柯尼斯堡的思想家。这块碑上是康德的名言："这个世界唯有两样东西让我们的心灵感到深深的震撼，一是我们头顶上灿烂的星空，一是我们内心崇高的道德法则。"

1884年春，赫维茨从格丁根来到柯尼斯堡担任副教授。希尔伯特和闵可夫斯基很快就和他们的新老师建立了密切的关系。他们每天下午5点整必定相约在苹果树下散步，讨论当时数学的实际问题，相互交换他们对问题新近获得的理解，交流彼此的想法和研究计划。这种例行的散步一直持续了整整八年半之久，他们以这种最悠然而有趣的学习方式，探索了数学的每一个角落，考察了数学世界的每一个王国。希尔伯特后来回忆道:“那时从没有想到我们竟会把自己带到那么远!”三个人就这样结成了终身的友谊。

◀ 在柯尼斯堡担任副教授时的赫维茨（Adolf Hurwitz，1859—1919）。

▲ 赢得巴黎科学院大奖时的闵可夫斯基。

◀ 希尔伯特和外尔（Hermann Weyl，1885—1955），摄于20世纪中叶。1930年德国数学家外尔前往格丁根接任希尔伯特的职位。他在代数学、微分几何学和数论方面有重大成就，开创了特征值渐进展开理论。

格丁根学派是在世界数学科学的发展中长期占主导地位的学派，该学派坚持数学的统一性。高斯（Johann Carl Friedrich Gauss，1777—1855）开创了格丁根数学学派的起始时代，他把现代数学提升到一个新的水平。黎曼（Georg Friedrich Bernhard Riemann，1826—1866）、狄利克雷（Peter Gustav Lejeune Dirichlet，1805—1859）和雅可比（Carl Gustav Jacob Jacobi，1804—0851）继承了高斯的工作，在代数、几何、数论和分析领域作出了贡献。克莱因（Felix Christian Klein，1849—1925）和希尔伯特带领德国格丁根数学学派进入了全盛时期，格丁根也因而成为数学研究与教育的国际中心。

⋀ 克莱因家的一次晚宴。保罗·果尔丹（Paul Albert Gordan，1837—1912，左五），克莱因（左三）和克特·希尔伯特（右一）。

⋀ 在莱比锡时的克莱因。克莱因和希尔伯特等人的努力，使格丁根在20世纪初的30年间成为数学研究与教育的国际中心。

＜ 格丁根数学俱乐部成员合影（1902年）。前排左三为希尔伯特，左四为克莱因。

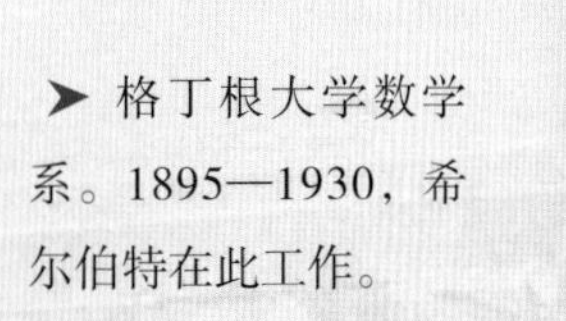

➤ 格丁根大学数学系。1895—1930，希尔伯特在此工作。

▲ 格丁根大学的创建人英国国王乔治二世（George II of Great Britain，1683—1760）。

▲ 格丁根大学一景，提着鹅的女孩。格丁根的博士们在毕业前亲吻女孩已经成为学校的一种传统。

◀ 纳粹德国时期的教育部长bernhard Rust。此人执行彻底驱逐校园内犹太人的政策。某次会议时，仍在格丁根大学任教的希尔伯特坐在这位部长身边，部长问，从犹太人控制下解放出来的格大数学系现在发展如何？希尔伯特回答，数学？在格丁根？格大早已没有数学了。

➤ 格丁根大学俯瞰。

前排（从左至右）：理查德·库朗，弗朗茨·希尔伯特，库朗夫人（尼娜·龙格），赫莎·施波纳（后来的弗朗克夫人），格罗特里安夫人；第二排：埃斯伦夫人（后来的斯普林格夫人），兰道夫人，希尔伯特夫人，大卫·希尔伯特，霍夫曼夫人，闵可夫斯基夫人；第三排：斐迪南德·斯普林格，菲利克斯·伯恩斯坦（在兰道夫人后面），普朗特尔夫人，爱德蒙·兰道，弗朗克夫人，范妮·闵可夫斯基（该排右端）；第四排：恩斯特·海林格，恩里希·赫克（在兰道后面），瓦尔特·格罗特里安（在霍夫曼夫人后面）；第五排：彼得·德拜，西奥多·冯·卡门（在赫克后面），吕登伯格夫人（莉莉·闵可夫斯基），保尔·贝尔奈斯，伦纳德·纳尔逊，“克莱尔亨”（该排右端第二位）

▲ 希尔伯特60岁生日聚会。

◀ 格丁根墓园里希尔伯特的墓碑。碑的下部刻有希尔伯特的名言“Wir müssen wissen. Wir werden wissen!”（我们必须知道，我们必将知道）。在第二次世界大战中，希尔伯特的学派不幸遭到打击。他的大部分学生在法西斯的迫害下纷纷逃离德国。希尔伯特本人因年迈未能离去，在极其孤寂的气氛下度过了生命的最后岁月。1943年希伯特因摔伤引起的各种并发症而与世长辞，葬礼极为简单，他云散异国的学生都未能参加。

# 目　录

# 导　读

李文林

（中国科学院数学与系统科学研究院　研究员）

## • *Introduction to Chinese Version* •

“建立几何的公理和探究它们之间的联系，是一个历史悠久的问题；关于这问题的讨论，从欧几里得以来的数学文献中，有过难以计数的专著，这问题实际就是要把我们的空间直观加以逻辑的分析。”“本书中的研究，是重新尝试着来替几何建立一个完备的，而又尽可能简单的公理系统；要根据这个系统推证最重要的几何定理，同时还要使我们的推证能明显地表出各类公理的含义和个别公理的推论的含义。”

——希尔伯特

希尔伯特1862年1月23日生于德国柯尼斯堡(今俄罗斯加里宁格勒),1943年2月14日卒于格丁根。

希尔伯特出生于东普鲁士的一个中产家庭。祖父大卫·菲尔赫哥特·勒贝雷希特·希尔伯特(David Fürchtegott Leberecht Hilbert)和父亲奥托·希尔伯特(Otto Hilbert)都是法官,祖父还获有"枢密顾问"头衔。母亲玛丽亚·特尔思·埃尔特曼(Maria Therse Erdtmann)是商人的女儿,颇具哲学、数学和天文学素养。希尔伯特幼年受到母亲的教育、启蒙,8岁正式上学,入皇家腓特烈预科学校。这是一所有名的私立学校,哲学家康德(E. Kant)曾就读于此。不过该校教育偏重文科,希尔伯特从小喜爱数学,因此在最后一学期转到了更适合他的威廉预科学校。在那里,希尔伯特的成绩一跃而上,各门皆优,数学则获最高分"超"。老师在毕业评语中写道:"该生对数学表现出强烈兴趣,而且理解深刻,他用非常好的方法掌握了老师讲授的内容,并能有把握地、灵活地应用它们。"

1880年秋,希尔伯特进柯尼斯堡大学攻读数学。大学第二学期,他按当时的规定到另一所大学去听课,希尔伯特选择了海德堡大学,那里富克斯(L. Fuchs)教授的课给他印象至深。在柯尼斯堡,希尔伯特则主要跟从韦伯(H. Weber)学习数论、函数论和不变量理论。他的博士论文指导老师是赫赫有名证明$\pi$超越性的林德曼(F. Lindemann)教授,后者建议他做代数形式的不变性质问题。希尔伯特出色地完成了学位论文,并于1885年获得了哲学博士学位。

在大学期间,希尔伯特与比他年长3岁的副教授赫维茨(A. Hurwitz)和比他高一班的闵可夫斯基(H. Minkowski)结下了深厚友谊。这种友谊对各自的科学工作产生了终身的影响。希尔伯特后来曾这样追忆他们的友谊:"在日复一日无数的散步时刻,我们漫游了数学科学的每个角落";"我们的科学,我们爱它超过一切,它把我们联系在一起。在我们看来,它好像鲜花盛开的花园。在花园中,有许多踏平的路径可以使我们从容地左右环顾,毫不费力地尽情享受,特别是有气味相投的游伴在身旁。但是我们也喜欢寻求隐秘的小径,发现许多美丽的新景。当我们向对方指出来,我们就更加快乐"。(见研究文献[1])

大学毕业后,希尔伯特曾赴莱比锡、巴黎等地作短期游学。在莱比锡,他参加了克莱因(F. Klein)的讨论班,受到后者的器重。正是克莱因推荐希尔伯特去巴黎访问,结识了庞加莱(H. Poincaré)、约当(C. Jordan)、皮卡(E. Picard)与埃尔米特(C. Hermite)等法国著名数学家。在从巴黎返回柯尼斯堡途中,希尔伯特又顺访了柏林的克罗内克(L. Kronecker)。希尔伯特在自己早期工作中曾追随过克罗内克,但后来在与直觉主义的论战中却激烈地批判"克罗内克的阴魂"。

1886年6月,希尔伯特获柯尼斯堡大学讲师资格。除教课外,他继续探索不变量理论并于1888年秋取得突破性结果——解决了著名的"果尔丹问题",这使他声名初建。1892年,希尔伯特被指定为柯尼斯堡大学副教授以接替赫维茨的位置。同年10月,希尔伯特与克特·耶罗施(Käthe Jerosch)结婚。1893年,希尔伯特升为正教授。1895年3月,由于克莱因的举荐,希尔伯特转任格丁根大学教授,此后他始终在格丁根执教,直到

◀希尔伯特画像

1930年退休。

在格丁根,希尔伯特又相继发表了一系列震惊数学界的成果:1896年他向德国数学学会递交了代数数论的经典报告“代数数域理论”(Die Theorie der algebraischen Zahlkörper);1899年发表著名的《几何基础》(Grundlagen der Geometrie)并创立了现代公理化方法;同年希尔伯特出人意料地挽救了狄利克雷原理而使变分法研究出现崭新转机;1909年他巧妙地证明了华林猜想;1901—1912年间通过积分方程方面系统深刻的工作而开拓了无限多个变量的理论。这些工作确立了希尔伯特在现代数学史上的突出地位。1912年以后,希尔伯特的兴趣转移到物理学和数学基础方面。

希尔伯特典型的研究方式是直攻重大的具体问题,从中寻找带普遍意义的理论与方法,开辟新的研究方向。他以这样的方式从一个问题转向另一个问题,从而跨越和影响了现代数学的广阔领域。

**代数不变量问题**(1885—1893)

代数不变量理论是19世纪后期数学的热门课题。粗略地说,不变量理论研究各种变换群下代数形式的不变量。古典不变量理论的创始人是英国数学家布尔(G. Boole)、凯莱(A. Cayley)和西尔维斯特(B. Sylvester)。$n$个变元$x_1, x_2, \cdots, x_n$的$m$次齐次多项式$j(x_1, \cdots, x_n)$被称为$n$元$m$次代数形式。设线性变换$T$将变元$(x_1, \cdots, x_n)$变为$(X_1, \cdots, X_n)$,此时多项式$J(x_1, \cdots, x_n)$变为$J^*(X_1, \cdots, X_n)$,$J$的系数$a_0, a_1, \cdots, a_q$变为$J^*$的系数$A_0, A_1, \cdots, A_q$。若对全体线性变换$T$有$J=J^*$,则称$J$为不变式,称在线性变换下保持不变的$J$的系数的任何函数$I$为$J$的一个不变量。凯莱和西尔维斯特等人计算、构造了大量特殊的不变量,这也是1840—1870年间古典不变量理论研究的主要方向。进一步的发展提出了更一般的问题——寻找不变量的完备系,即对任意给定元数与次数的代数形式,求出最小可能个数的有理整不变量,使任何其他有理整不变量可以表成这个完备集合的具有数值系数的有理整函数。这样的完备系亦叫代数形式的基。在希尔伯特之前,数学家们只是对某些特殊的代数形式给出了上述一般问题的解答,这方面贡献最大的是果尔丹(P. Gordan)。果尔丹几乎毕生从事不变量理论的研究,号称“不变量之王”。他最重要的结果是所谓“果尔丹定理”,即对二元形式证明了有限基的存在性。果尔丹的证明冗长、繁复,但其后二十余年,却无人能够超越。

希尔伯特的工作从根本上改变了不变量理论研究的现状。他的目标是将果尔丹定理推广到一般情形,他采取的是崭新的非算法的途径。希尔伯特首先改变了问题的提法:给定了无限多个包含有限个变元的代数形式系,问在什么条件下存在一组有限的代数形式系,使所有其他的形式都可表成它们的线性组合?希尔伯特证明了这样的形式系是存在的,然后应用此结果于不变量而得到了不变量系有限整基的存在定理。希尔伯特的证明是纯粹的存在性证明,他不是像果尔丹等人所做的那样同时把有限基构造出来,这使它在发表之初遭到了包括果尔丹本人在内的一批数学家的非议。果尔丹宣称“这不是数学,而是神学!”但克莱因、凯莱等人却立即意识到希尔伯特工作的价值。克莱因指出希尔伯特的证明“在逻辑上是不可抗拒的”,并将希尔伯特的文章带到在芝加哥举行的国际数学会议上去推荐介绍。存在性证明的意义日益获得公认。正如希尔伯特本人阐明的那样:通过存在性证明“就可以不必去考虑个别的构造,而将各种不同的构造包摄于同一个基本思想之下，使得对证明来说是最本质的东西清楚地突显出来，达到思想的简洁和经济，……禁止存在性证明，等于废弃了数学科学”。对于现代数学来说，尤为重要的是希尔伯特的不变量理论把模、环、域的抽象理论带到了显著地位，从而引导了以埃米·诺特(Emmy Noether)为代表的抽象代数学派。事实上，希尔伯特对不变量系有限基的存在性证明，是以一条关键的引理为基础，这条关于模(module，指多项式环中的一个理想)的有限基的存在性引理，正是通过使用模、环、域的语言而获得的。

希尔伯特最后一篇关于不变量的论文是“论完全不变量系”(Über die vollen Invariantensysteme，1893)，他在其中表示“由不变量生成的函数域的理论最主要的目标已经达到”，于是他在致闵可夫斯基的一封信中宣告：“从现在起，我将献身于数论。”

**代数数域**(1893—1898)

希尔伯特往往以对已有的基本定理给出新证明作为他征服某个数学领域的前奏。他对代数数论的贡献，情形亦是如此。在1893年慕尼黑德国数学学会年会上，希尔伯特宣读的第一个数论结果——关于素理想分解定理的新证明，即引起了与会者的重视，数学学会遂委托希尔伯特与闵可夫斯基共同准备一份数论进展报告。该报告最后实际上由希尔伯特单独完成(闵可夫斯基中间因故脱离计划)，并于1897年4月以“代数数域理论”为题正式发表(以下简称“报告”)。远远超出数学学会的期望，这份本来只需概述现状的报告，却成为决定下一世纪代数数论发展方向的经典著作。“报告”用统一的观点，将以往代数数论的全部知识铸成一个严密宏伟的整体，在对已有结果给出新的强有力的方法的同时引进新概念、建立新定理，描绘了新的理论蓝图。希尔伯特在“报告”序言中写道：

> 数域理论是一座罕见的优美和谐的大厦。就我所见，这座建筑中装备得最富丽的部分是阿贝尔域和相对阿贝尔域的理论，它们是由于库默尔关于高次互反律的工作和克罗内克关于椭圆函数复数乘法的研究而被开拓的。更深入地考察这两位数学家的理论，就会发现其中还蕴藏着丰富的无价之宝，那些了解它们的价值，一心想试一试赢得这些宝藏的技艺的探索者，将会得到丰富的报偿。

“报告”发表后的数年间，希尔伯特本人曾努力发掘这些“宝藏”，这方面的工作始终抓住互反律这个中心，并以类域论的建立为顶峰。

古典互反律最先为欧拉(L. Euler，1783)和勒让德(A.-M. Legendre，1785)发现，它描述了一对素数 $p$，$q$ 及以它们为模的二次剩余之间所存在的优美关系。高斯(C. F. Gauss)是第一个给二次互反律以严格证明的人(1801)，他把它看做算术中的“珍宝”，先后作出了七个不同证明，并讨论过高次互反律。

将互反律推广到代数数域情形，是代数数论的一个重要而困难的课题，希尔伯特的工作为此种推广铺平了道路。希尔伯特从二次域的简单情形入手，将二次剩余解释为一个二次域中的范数，将高斯剩余符号解释为范数剩余符号。利用范数剩余符号，古典互反律可以被表示成简单漂亮的形式

$$\prod_{p}\left(\frac{a,k}{p}\right)=1,$$

此处 $p$ 跑遍无限及有限素点。$\left(\frac{a,k}{p}\right)$即范数剩余符号：$\left(\frac{a,k}{p}\right)=+1$，若 $a$ 是二次域 $k$ 中

的 $p$-adic 范数；$\left(\frac{a,k}{p}\right)=-1$，若 $a$ 不是 $p$-adic 范数。这样的表述可以被有效地推广，使希尔伯特猜测到高次互反律的一般公式(虽然他未能对所有情形证明其猜测)。

希尔伯特在 1898 年发表的纲领性文章《相对阿贝尔域理论》(Ueber die Theorie der relativ Abelschen Zahlkörper)中，概括了一种广泛的理论——类域论。"类域"，是一种特别重要的代数数域：设代数数域 $k$ 的伽罗瓦扩张为 $K$，若 $K$ 关于 $k$ 的维数等于 $k$ 的类数，且 $k$ 的任何理想在 $K$ 中都是主理想，就称 $K$ 为 $k$ 的类域。希尔伯特当初定义的"类域"，相当于现在的"绝对类域"。作为猜想，希尔伯特建立了类域论的若干重要定理：(1) 任意代数数域 $k$ 上的类域存在且唯一；(2) 相对代数数域 $K/k$ 是阿贝尔扩张，且其伽罗瓦群与 $k$ 的理想类群同构；(3) $K/k$ 的共轭差积为 1；(4) 对于 $k$ 的素理想 $p$，如果 $f$ 是最小正整数使 $p^f$ 成为主理想，则 $p$ 在 $K$ 中分解为 $p=\mathfrak{P}_1\mathfrak{P}_2\cdots\mathfrak{P}_g(N_{K/k}(\mathfrak{P}_i)=p^f,f_g=h)$；(5)(主理想定理)设 $K/k$ 为绝对类域，则将 $k$ 的任意理想扩张到 $K$ 时，就都成为主理想。希尔伯特在某种特殊情形下给出了上述定理的证明。类域论后经高木贞治和 E. 阿廷(Artin)等人进一步发展而成完美的现代数学体系。

希尔伯特关于代数数域的研究同时使他成为同调代数的前驱。"报告"中有一条相对循环域的中心定理——著名的"定理 90"，包含了同调代数的基本概念。

"相对阿贝尔域理论"的发表标志了希尔伯特代数数域研究的终结。希尔伯特是属于这样的数学家，他们竭尽全力打开一座巨大的矿藏后，把无数的珍宝留给后来人，自己却又兴趣盎然地去勘探新的宝藏了。1898 年年底，格丁根大学告示：希尔伯特教授将于冬季学期作"欧几里得几何基础"的系列讲演。

**几何基础**(1898—1902)

韦尔(H. Weyl)曾指出："不可能有比希尔伯特关于数域论的最后一篇论文与他的经典著作《几何基础》把时期划分得更清楚了。"在 1899 年以前，希尔伯特唯一正式发表的几何论述只有致克莱因的信"论直线作为两点间的最短联结"(Über die gerade Linie als kürzeste Verbindung zweier Punkte，1895)。但事实上，希尔伯特对几何基础的兴趣却可以追溯到更早。1891 年夏，他作为讲师曾在柯尼斯堡开过射影几何讲座。同年 9 月，他在哈雷举行的自然科学家大会上听了 H. 维纳(Wiener)的讲演"论几何学的基础与结构"(Üher Grundlagen und Aufbau der Geometrie)。在返回柯尼斯堡途中，希尔伯特在柏林候车室里说了以下的名言："我们必定可以用'桌子、椅子、啤酒杯'来代替'点、线、面'。"说明他当时已认识到直观的几何概念在数学上并不合适。以后希尔伯特又先后作过多次几何讲演，其中最重要的有 1894 年夏季讲座"几何基础"、1898 年复活节假期讲座"论无限概念"(Über den Begriff des Unendlichen)，它们终于导致了 1898—1899 年冬季学期讲演"几何基础"中的决定性贡献。

欧几里得几何一向被看做数学演绎推理的典范。但人们逐渐察觉到这个庞大的公理体系并非天衣无缝。对平行公理的长期逻辑考察，孕育了罗巴切夫斯基(Н. И. Лобачевский)、鲍耶(J. Bolyai)与高斯的非欧几何学，但数学家们却并没有因此而高枕无忧。第五公设的独立性迫使他们对欧几里得公理系统的内部结构作彻底的检查。在这一领域里，希尔伯特主要的先行者是帕施(M. Pasch)和皮亚诺(G. Peano)。帕施最先以纯逻辑的途径构筑了一个射影几何公理体系(1882),皮亚诺和他的学生皮耶里(M. Pieri)则将这方面的探讨引向欧氏几何的基础。但他们对几何对象以及几何公理逻辑关系的理解是初步的和不完善的。例如帕施射影几何体系中列出的公理与必须的极小个数公理相比失诸过多;而皮亚诺只给出了相当于希尔伯特的部分(第一、二组)公理。在建造逻辑上完美的几何公理系统方面,希尔伯特是真正获得成功的第一人。正如他在《几何基础》导言中所说:

> "建立几何的公理和探究它们之间的联系,是一个历史悠久的问题;关于这问题的讨论,从欧几里得以来的数学文献中,有过难以计数的专著,这问题实际就是要把我们的空间直观加以逻辑的分析。""本书中的研究,是重新尝试着来替几何建立一个完备的,而又尽可能简单的公理系统;要根据这个系统推证最重要的几何定理,同时还要使我们的推证能明显地表出各类公理的含义和个别公理的推论的含义。"

与以往相比,希尔伯特公理化方法的主要功绩在于以下两个方面。

首先是关于几何对象本身达到了更高的抽象。希尔伯特的公理系统是从三类不定义对象(点、线、面)和若干不定义关系(关联、顺序、合同)开始的。尽管希尔伯特沿用了欧氏几何的术语,其实是"用旧瓶装新酒",在欧氏几何的古典框架内提出现代公理化的观点。欧氏几何中的空间对象都被赋予了描述性定义,希尔伯特则完全舍弃了点、线、面等的具体内容而把它们看做是不加定义的纯粹的抽象物。他明确指出欧几里得关于点、线、面的定义本身在数学上并不重要,它们之所以成为讨论的中心,仅仅是由于它们同所选诸公理的关系。这就赋予几何公理系统以最大的一般性。

其次,希尔伯特比任何前人都更透彻地揭示出公理系统的内在联系。《几何基础》中提出的公理系统包括 20 条公理,希尔伯特将它们划分为五组:

Ⅰ. 1～8. 关联公理
Ⅱ. 1～4. 顺序公理
Ⅲ. 1～5. 合同公理
Ⅳ. 平行公理
Ⅴ. 1～2. 连续公理

这样自然地划分公理,使公理系统的逻辑结构变得非常清楚。希尔伯特明确提出了公理系统的三大基本要求,即相容性(consistency)、独立性(independency)和完备性(completeness)。

相容性要求公理系统不包含任何矛盾。这是在公理基础上纯逻辑地展开几何学时首先遇到的问题。在希尔伯特之前,人们已通过非欧几何在欧氏空间中的实现而将非欧几何的相容性归结为欧氏几何的相容性。希尔伯特贡献的精华之一,是通过算术解释而将欧氏几何的相容性进一步归结为算术的相容性。例如,将平面几何中的点与实数偶$(x,y)$对应起来,将直线与联比$(u,v,w)$($u,v$ 不同时为 0)对应起来,表达式 $ux+vy+w=0$ 就表示点落在直线上,这可以看做"关联"关系的算术解释。在对每个概念与关系类似地给出算术解释后,希尔伯特进一步将全部公理化成算术命题,并指出它们仍能适合于这些解释。这样,希尔伯特就成功地证明了:几何系统里的任何矛盾,必然意味着实数算术里的矛盾。

希尔伯特处理独立性问题的典型手法是构造模型：为了证明某公理的独立性，构造一个不满足该公理但满足其余公理的模型，然后对这个新系统证明其相容性。希尔伯特用这样的方法论证了那些最令人关心的公理的独立性，其中一项重大成果是对连续公理（亦叫阿基米德公理）独立性的研究。在这里，希尔伯特建造了不用连续公理的几何学——非阿基米德几何学模型。《几何基础》用了整整5章篇幅来实际展开这种新几何学，显示出希尔伯特卓越的创造才能。

如果说独立性不允许公理系统出现多余的公理，那么完备性则意味着不可能在公理系统中再增添任何新的公理，使与原来的公理集相独立而又与之相容。《几何基础》中的公理系统是完备的，但完备性概念的精确陈述则是由其他学者如亨廷顿（E. Huntington，1902）、维布伦（O. Veblen，1904）等给出的。

《几何基础》最初发表于1899年6月格丁根庆祝高斯-韦伯塑像落成的纪念文集上，它激起了对几何基础的大量关注，通过这部著作，希尔伯特不仅使几何学本身具备了空前严密的公理化基础，同时使自己成为整个现代数学公理化倾向的引路人。其后，公理化方法逐步渗透到几乎所有的纯数学领域。正因为如此，人们对《几何基础》的兴趣历久不衰，该书在希尔伯特生前即已6次再版，1977年纪念高斯诞生200周年时发行了第十二版。

**变分法与积分方程**（1899—1912）

希尔伯特在代数和几何中留下了深刻印记后，接着便跨入数学的又一大领域——分析。他以挽救狄利克雷原理（1899）的惊人之举，作为其分析时期的开端。

狄利克雷原理断言：存在着一个在边界上取给定值的函数 $u_0$，使重积分

$$F(u)=\iiint\left[\left(\frac{\partial u}{\partial x}\right)^2+\left(\frac{\partial u}{\partial y}\right)^2+\left(\frac{\partial u}{\partial z}\right)^2\right]\mathrm{d}v$$

达极小值，这个极小化函数 $u_0$ 同时是拉普拉斯方程 $\Delta u=0$ 的满足同一边界条件的解。该原理最早出现在格林（G. Green，1835）的位势论著作中，稍后又为高斯和狄利克雷独立提出。黎曼（G. F. B. Riemann）首先以狄利克雷的名字命名这一原理并将其应用于复变函数。然而，魏尔斯特拉斯（K. T. W. Weierstrass）1870年以其特有的严格化精神批评了狄利克雷原理在逻辑上的缺陷。他指出：连续函数下界存在并可达，此性质不能随意推广到自变元本身为函数的情形，也就是说在给定边界条件下使积分 $F(u)$ 极小化的函数未必存在。他的批判迫使数学家们闲置狄利克雷原理，但另一方面数学物理中许多重要结果都依赖于此原理而建立。

希尔伯特采取完全不同的思路来处理这一难题。他通过边界条件的光滑化来保证极小化函数的存在，从而恢复狄利克雷原理的功效。具体做法是：设 $F(u)$ 的下界为 $d$，选择一函数序列 $u_n$ 使 $\lim\limits_{n\to\infty}F(u_n)=\mathrm{d}$，此时 $u_n$ 本身不恒收敛，但可用对角线法获得一处处收敛的子序列，其极限必使积分达极小值。希尔伯特的工作不仅“复活”了具有广泛应用价值的狄利克雷原理，同时大大丰富了变分法的经典理论。

希尔伯特对现代分析影响最为深远的工作是在积分方程方面。积分方程与微分方程一样起源于力学、物理问题，但在发展上却比后者迟缓。它的一般理论到19世纪末才由意大利数学家沃尔泰拉（V. Volterra）等开始建立。在希尔伯特之前，最重要的推进

是瑞典数学家弗雷德霍姆(E. I. Fredhölm)作出的。弗雷德霍姆处理了后以他的名字命名的积分方程：

$$f(s)=\varphi(s)-\int_a^b K(s,t)\varphi(t)\mathrm{d}t。$$

他将积分方程看做是有限线性代数方程组当未知数数目趋于无限时的极限情形，从而建立了积分方程与线性代数方程之间的相似性。希尔伯特于1900—1901年冬从正在格丁根访问的瑞典学者霍尔姆格伦(E. Holmgren)那里获悉弗雷德霍姆的工作，便立即把注意力转向积分方程领域。

一如以往的风格，希尔伯特从完善和简化前人工作入手。他首先严格地实现了从代数方程过渡到积分方程的极限过程，而这正是弗雷德霍姆工作的缺陷。如果希尔伯特停留于此，那他就不可能成为20世纪领头的分析学家之一了。希尔伯特随后便越出了弗雷德霍姆的线性代数方程理论，而开辟了一条独创的道路。他研究带参数的弗雷德霍姆方程

$$f(s)=\varphi(s)-\lambda\int_a^b K(s,t)\varphi(t)\mathrm{d}t, \tag{1}$$

参数 $\lambda$ 在希尔伯特的理论中具有本质意义。他将重点转到与方程(1)相应的齐次方程的特征值和特征函数问题上，以敏锐的目光看出了该问题与二次型主轴化理论的相似性。希尔伯特首先对二次积分型 $\int_a^b\int_a^b K(s,t)x(s)y(t)\mathrm{d}s\mathrm{d}t$ 建立了广义主轴定理：设 $K(s,t)$ 是 $s,t$ 的连续对称函数，$\varphi^p(s)$是属于方程(1)的特征值 $\lambda_p$ 的标准化特征函数，则对任意连续的 $x(s)$和 $y(t)$如下关系成立：

$$\int_a^b\int_a^b K(s,t)x(s)y(t)\mathrm{d}s\mathrm{d}t=\sum_{p=1}^{a}\frac{1}{\lambda_p}$$
$$\times\left(\int_a^b\varphi^p(s)x(s)\mathrm{d}s\right)\left(\int_a^b\varphi^p(s)y(s)\mathrm{d}s\right),$$

其中 $\alpha$ 有限或无限，在无限情形，级数对满足 $\int_a^b x^2(s)\mathrm{d}s<\infty$ 与$\int_a^b y^2(t)\mathrm{d}t<\infty$ 的所有 $x(s)$，$y(t)$ 绝对一致收敛。

利用上述结果，希尔伯特证明了著名的展开定理(后称希尔伯特-施密特定理)，即形如 $f(s)=\int_a^b K(s,t)g(t)\mathrm{d}t$ 的函数可以展成K的标准正交特征函数$\{\varphi_p\}$的一致收敛级数 $f(s)=\sum_{p=1}^{\infty}c_p\varphi^p$，其中 $c_p=\int_a^b\varphi^p(s)f(s)\mathrm{d}s$ 为展开式的傅里叶系数。

希尔伯特接着又将通常的代数主轴定理推广到无限多个变量的二次型，这是他全部理论的关键之处。他证明：存在一个正交变换 $T$，使得对新变量 $x'=Tx$，全连续有界二次型 $K(x,x)=\sum_{p,q=1}^{\infty}k_{p,q}x_px_q$ 可化为平方和形式$K(x,x)=\sum_{j=1}^{\infty}k_jx_j^2$($k_j$ 为特征倒数)，其中“全连续”和“有界”性都是希尔伯特为保证主轴定理在无限情形的推广而特意引进的重要概念。

正是在这里，希尔伯特创造了极其重要的具有平方收敛和的数列空间概念。他将二次型 $K(x,x)=\sum_{p,q=1}^{\infty}k_{pq}x_px_q$ 中无限多个实变量组成的数列($x_1,x_2,\cdots$)看做可数无限维空间中的一个向量 $x$，考虑具有有限长度$|x|$($|x|^2=x_1^2+x_2^2+\cdots$)的 $x$ 全体，它们构成了

现在所谓的希尔伯特空间，它具有发展积分方程论所必需的完备性。

希尔伯特应用上述无限多个变量的二次型理论而获得了积分方程论的主要结果。首先是证明了具有对称核的齐次方程 $\varphi(s)=\lambda\int_a^b K(s,t)\varphi(t)\mathrm{d}t$ 至少存在一个特征值及相应的特征函数。希尔伯特还利用展开定理证明了齐次方程除特征值 $\lambda_p$ 以外没有非平凡解。这就重建了弗雷德霍姆的"择一定理"。虽然希尔伯特的结果有许多并不是新的，但正如我们已经看到的那样，他彻底改造了弗雷德霍姆的理论，其意义远远超出了积分方程论本身。他所引进的概念与方法，启发了后人大量的工作。其中特别值得提出的是：匈牙利数学家里斯(F. Riesz)等借完备标准正交系确立了勒贝格平方可积函数空间与平方可和数列空间之间的一一对应关系，制定了抽象希尔伯特空间理论，从而使积分方程理论成为现代泛函分析的主要来源之一。希尔伯特关于积分方程的一般理论同时渗透到微分方程、解析函数、调和分析和群论等研究中，有力地推动了这些领域的发展。

希尔伯特关于积分方程的成果还在现代物理中获得了意想不到的应用。希尔伯特在讨论特征值问题时曾创造了"谱"(spectrum)这个术语，他将谱分析理论从全连续二次型推广至有界二次型时发现了连续谱的存在。到20年代，当量子力学蓬勃兴起之时，物理学家们发现希尔伯特的谱分析理论原来是量子力学的非常合适的数学工具。希尔伯特本人对此感触颇深，他指出："无穷多个变量的理论研究，当初完全是出于纯粹数学的兴趣，我甚至管这理论叫'谱分析'，并没有预料到它后来会在实际的物理光谱理论中获得应用。"

希尔伯特关于积分方程的研究，被总结成专著《线性积分方程一般理论基础》(Grundzüge einer allgemeiner Theorie der linearen Integralgleichungen)于1912年正式出版，其中收进了他1904—1910年间发表的一系列有关论文。

**物理学**(1912—1922)

希尔伯特对物理学的兴趣起初是受其挚友闵可夫斯基的影响。闵可夫斯基去世后，1910—1918年，希尔伯特一直在格丁根坚持定期讲授物理学。从1912年开始，他更将其主要的科学兴趣集中到物理学方面，并为自己配备了物理学助手。

与物理学家不同的是，希尔伯特研究物理学的基本途径是"借助公理来研究那些在其中数学起重要作用的物理科学"。遵循这一路线，希尔伯特先是成功地将积分方程论应用于气体分子运动学，随后又相继处理了初等辐射论与物质结构论；受狭义相对论应用数学的鼓舞，他于1914—1915年间大胆地将公理化方法引向当时物理学的前沿——广义相对论并作出了特殊贡献；1927年，他与冯·诺依曼(von Neumann)和诺德海姆(L. Nordheim)合作的文章《论量子力学基础》(Über die Grundlagen dei Quantenmechanik)则推动了量子力学的公理化。

希尔伯特所提倡的公理化物理学的一般意义，至今仍是需要探讨的问题。值得强调的是他在广义相对论方面的工作，确实提供了物理学中运用公理化方法的成功范例。希尔伯特在1914年年底被爱因斯坦(A. Einstein)关于相对性引力理论的设想和另一位物理学家米(G. Mie)试图综合电磁与引力现象的纯粹场论计划所吸引，看到了将二者联系起来建立统一物质场论的希望，并立即投入这方面的探讨。他运用变分法、不变式论等数学工具，按公理化方法直接进行研究。1915年11月20日，希尔伯特在向格丁根科学会递交的论文《物理学基础，第一份报告》(*Die Grundlagen der physik*, *erste Mitteilung*)中公布了基本结果。他在这份报告中这样概括自己的贡献：

> 遵循公理化方法，事实上是从两条简单的公理出发，我要提出一组新的物理学基本方程，这组方程具有漂亮的理想形式，并且我相信它们同时包含了爱因斯坦与米所提出的问题的解答。

希尔伯特所说的两条简单公理是：

> 公理Ⅰ(世界函数公理)。物理定律由世界函数 $H$ 所决定，使积分 $\int H\sqrt{g}\,\mathrm{d}w$ 对14个位势 $g_{\mu\nu}$、$q_s$ 的每个变分皆化为零。
>
> 公理Ⅱ(广义协变公理)。世界函数 $H$ 对一般坐标变换皆保持不变。

由公理Ⅰ，Ⅱ，希尔伯特首先通过取世界函数 $H$ 对引力势的变分并经适当变换后获得10个引力方程：

$$K_{\mu\nu}-\frac{1}{2}g_{\mu\nu}K=T_{\mu\nu}(\mu,v=1,2,3,4)。\tag{2}$$

可以证明，方程组(2)与爱因斯坦的广义协变引力场方程等价。爱因斯坦是在同年11月25日发表其结果的，比希尔伯特晚了5天。希尔伯特引力场方程的推导是完全独立地进行的。不过两位学者之间并没有发生任何优先权的争论，希尔伯特把建立广义相对论的全部荣誉归于爱因斯坦，并在1915年颁发第三次鲍耶奖时主动推荐了爱因斯坦。

除了引力场方程，希尔伯特还同时导出了另一组电磁学方程(广义麦克斯韦方程)：

$$\frac{1}{\sqrt{g}}\sum_{k}\frac{\partial\sqrt{g}\,H^{kh}}{\partial_{x_k}}=r^{h}\quad(h=1,2,3,4)。$$

特别重要的是，在希尔伯特的推导中，电磁现象与引力现象被相互关联起来，前者是后者的自然结果，而在爱因斯坦的理论中，电磁方程与引力方程在逻辑上是完全独立的。这样，希尔伯特以数学的抽象推理而预示了统一场论的发展。他后来在《物理学基础，第二份报告》中进一步阐述了统一场论的设想。沿着希尔伯特的路线前进而建立起第一个系统的统一场理论的是他的学生韦尔(规范不变几何学，1918)。而包括爱因斯坦在内的物理学家们对希尔伯特的思想最初却并不理解。爱因斯坦1928年在反驳量子力学相容性的企图失败后转而寄厚望于统一场论，并为此而付出了后半生的精力。统一场论至今仍是数学家和物理学家们热烈追求的目标。

**数学基础**(1917年以后)

希尔伯特对数学基础的研究是他早期关于几何基础工作的自然延伸。他在几何基础的研究中已将几何学的相容性归结为算术的相容性，这就使算术的相容性成为注意的中心。1904年，希尔伯特在海德堡召开的数学家大会上所作“论逻辑与算术的基础”(Über die Grundlagen der Logik und Arithmetik)的讲演，表明了他从几何基础向一般数学基础的转移。这篇讲演勾画了后来被称为“证明论”(Beweistheorie)的轮廓，但这一思想当时并未得到进一步贯彻，在随后十余年间，希尔伯特主要潜心于积分方程和物理学研究而把海德堡计划暂搁一边。直到1917年左右，由于集合论悖论和直觉主义的发展日益紧迫地危及古典数学的已有成就，他又被迫回到数学基础的研究上来，这年9月，希尔伯特向苏黎世数学学会作了题为“公理化思想”(Axiomatisches Denken)的讲演，再次公布了证明论的构想。此后他又在一系列讲演和论文中明确展开了以证明论为核心的关于数学基础的所谓形式主义纲领。

按照希尔伯特的纲领，数学被形式化为一个系统，这个形式系统的对象包含了数学的与逻辑的两个方面，人们必须通过符号逻辑的方法来进行数学语句的公式表述，并用形式的程序表示推理：确定一个公式—确定这公式蕴涵另一个公式—再确定这第二个公式，依次类推，数学证明便由这样一条公式的链所构成。在这里，从公式到公式的演绎过程不涉及公式的任何意义。正如希尔伯特本人所说的那样，数学思维的对象就是符号自身。一个命题是否真实，必须也只须看它是否是这样一串命题的最后一个，其中每一条命题或者是形式系统的一条公理，或者是根据推理法则而导出的命题。同时，希尔伯特的形式化方法重点不在个别命题的真实性，而是整个系统的相容性。这种把整个系统作为研究对象，着眼于整个系统相容性证明的研究，就叫做证明论或“元数学”(metamathematics)的研究。

形式化推理的进行要求保留排中律。为此希尔伯特引进了所谓“超限公理”：

$$A(\tau A)\longrightarrow A(a),$$

其意思是：若谓词 $A$ 适合于标准对象 $\tau A$，它就适合于每一个对象 $a$。例如，阿里斯提得斯(Aristides，古希腊政治家)是正直的代表，若此人被证明堕落，那就可以证明所有的人都堕落。此处 $\tau$ 称为超限函子。超限公理的应用保证了公式可以按三段论法则来进行演绎。

超限公理还使形式系统的相容性证明得到实质性缩减。为要证明形式系统无矛盾，只要证明在该系统中不可能导出公式 $0\neq0$ 即可。对此，希尔伯特方法的基本思想是：只使用普遍承认的有限性的证明方法，不能使用有争议的原则诸如超限归纳、选择公理等等，不能涉及公式的无限多个结构性质或无限多个公式操作。希尔伯特这种所谓的有限方法亦由超限公理加以保障：借助超限公理，可将形式系统的一切超限工具(包括全称量词、存在量词以及选择公理等)都归约为一个超限函子 $\tau$，然后系统地消去包含 $\tau$ 的所有环节，就不难回到有限观点。

希尔伯特的形式化观点是在同以布劳韦尔(L. Brouwer)为代表的直觉主义针锋相对的争论中发展的。对直觉主义者来说，数学中重要的是真实性而不是相容性。他们认为“一般人所接受的数学远远超出了可以判断其真实意义的范围”，因而主张通过放弃一切真实性受到怀疑的概念和方法(包括无理数、超限数、排中律等)来摆脱数学的基础危机。希尔伯特坚决反对这种“残缺不全”的数学。他说：“禁止数学家使用排中律就等于禁止天文学家使用望远镜和禁止拳击家使用拳头一样。”与直觉主义为了保全真实性而牺牲部分数学财富的做法相反，希尔伯特则通过完全抽掉对象的真实意义、进而建立形式系统的相容性来挽救古典数学的整个体系。希尔伯特对自己的纲领抱着十分乐观的态度，希望“一劳永逸地解决数学基础问题”。然而，1931年奥地利数学家哥德尔(K. Gödel)证明了：任何一个足以包含实数算术的形式系统，必定存在一个不可判定的命题 $S$(即 $S$ 与 $\sim S$ 皆成立)。这使形式主义的计划受到挫折。一些数学家试图通过放宽对形式化的要求来确立形式系统的相容性，例如，1936年希尔伯特的学生根岑(G. Gentzen)在允许使用超限归纳法的情况下证明了算术公理的相容性。但希尔伯特原先的目标依然未能实现。尽管如此,恰如哥德尔所说:希尔伯特的形式主义计划仍不失其重要性,它促进了20世纪数学基础研究的深化。特别是,希尔伯特通过形式化第一次使数学证明本身成为数学研究的对象。证明论已发展成标征着数理逻辑新面貌的富有成果的研究领域。

希尔伯特的形式主义观点,在他分别与其逻辑助手阿克曼(W. Ackermann)和贝尔奈斯(P. Bernays)合作的两部专著《数理逻辑基础》(*Grundzüge der Theoretischen Logik*,1928)和《数学基础》(*Grundlagen der Mathematik*,1934,1939)中得到了系统的陈述。

**数学问题**

卡拉西奥多里(C. Caratheodory)曾引用过他直接听到的一位当代大数学家对希尔伯特说过的话:"你使得我们所有的人,都仅仅在思考你想让我们思考的问题",这里指的是希尔伯特1900年在巴黎国际数学家大会上的著名讲演"数学问题"(Mathematische Probleme)。这篇讲演也许比希尔伯特任何单项的成果都更加激起了普遍而热烈的关注。希尔伯特在其中对各类数学问题的意义、源泉及研究方法发表了精辟见解,而整个讲演的核心部分则是他根据19世纪数学研究的成果与发展趋势而提出的23个问题,数学史上亦称之为"希尔伯特问题"。这些问题涉及现代数学的大部分领域,它们的解决,对20世纪数学产生了持久的影响。

1. 连续统假设。1963年,科恩(P. Cohen)在下述意义下证明了第一问题不可解,即连续统假设的真伪不可能在策梅罗(Zermelo)-弗伦克尔(Fraenkel)公理系统内判明。

2. 算术公理的相容性。1931年哥德尔"不完备定理"指出了用元数学证明算术公理相容性之不可行。算术相容性问题至今尚未解决。

3. 两等高等底的四面体体积之相等。这问题1900年即由希尔伯特的学生德恩(M. Dehn)给出肯定解答,是希尔伯特诸问题最早获得解决者。

4. 直线作为两点间最短距离问题。在构造各种特殊度量几何方面已有许多进展,但问题过于一般,未完全解决。

5. 不要定义群的函数的可微性假设的李群概念。1952年由格里森(A. Gleason)、蒙哥马利(D. Montgomery)、齐宾(L. Zippin)等人解决,答案是肯定的。

6. 物理公理的数学处理。在量子力学、热力学等部门,公理化方法已获得很大成功。概率论的公理化则由柯尔莫哥洛夫(A. H. Колмогоров,1933)等完成。

7. 某些数的无理性与超越性。1934年,盖尔芳德(A. O. Гельфанд)和施奈德(T. Schneider)各自独立地解决了问题的后一半,即对任意代数数 $\alpha\neq 0,1$ 和任意代数无理数 $\beta\neq 0$ 证明了 $\alpha^{\beta}$ 的超越性。此结果1966年又被贝克(A. Baker)等大大推广。

8. 素数问题。一般情形的黎曼猜想仍待解决。哥德巴赫猜想目前最佳结果属于陈景润,但尚未最后解决。

9. 任意数域中最一般的互反律之证明。已由高木贞治(Takagi Teiji)(1921)和阿廷(1927)解决。

10. 丢番图方程可解性的判别。1970年,马蒂雅谢维奇(Ю. Н. Матиясевич)证明了希尔伯特所期望的一般算法是不存在的。

11. 系数为任意代数数的二次型。哈塞(H. Hasse,1929)和西格尔(C. L. siegel,1951)在这一问题上获得了重要结果。

12. 阿贝尔域上的克罗内克定理推广到任意代数有理域。尚未解决。

13. 不可能用只有两个变数的函数解一般的七次方程。连续函数情形 1957 年由阿诺尔德(B. Арнолвд)否定解决,如要求解析函数则问题尚未解决。

14. 证明某类完全函数系的有限性。1958 年永田雅宜(Nagata Masayosi)给出了否定解答。

15. 舒伯特计数演算的严格基础。舒伯特演算的合理性尚待解决。至于代数几何基础已由范德瓦尔登(Van der Waerden,1940)与魏依(A. Weil,1950)建立。

16. 代数曲线和曲面的拓扑。问题前半部分近年来不断有重要结果,至于后半部分,彼得罗夫斯基(И. Т. Петровскнй)曾声明他证明了 $n=2$ 时极限环个数不超过 3。这一结论是错误的,已由中国数学家指出(1979)。

17. 正定形式的平方表示式。已由阿廷解决(1926)。

18. 由全等多面体构造空间。带有基本域的群的个数的有限性已由比贝尔巴赫(L. Bieberbach,1910)证明;问题第二部分(是否存在不是运动群的基本域但经适当毗连可充满全空间的多面体)已由赖因哈特(Reinhardt,1928)和黑施(Heesch,1935)分别给出三维和二维情形的例子。

19. 正则变分问题的解是否一定解析。问题在下述意义下已解决:伯恩斯坦(C. Ъернщтейн,1904)证明了一个变元的解析非线性椭圆方程其解必定解析。此结果后又被推广到多变元和椭圆组的情形。

20. 一般边值问题。偏微分方程边值问题的研究正在蓬勃发展。

21. 具有给定单值群的线性微分方程的存在性。已由希尔伯特本人(1905)和勒尔(H. Röhrl,1957)解决。

22. 解析关系的单值比。一个变数情形已由克贝(P. Koebe,1907)解决。

23. 变分法的进一步发展。

希尔伯特无疑是属于 20 世纪最伟大的数学家之列。他生前即已享有很高声誉。1910 年荣获匈牙利科学院第二次鲍耶奖(该奖第一次得主是庞加莱);从 1902 年起一直担任有影响的德国《数学年刊》(*Mathematische Annalen*)主编;他是许多国家科学院的荣誉院士。德国政府授予他"枢密顾问"称号。

希尔伯特同时是一位杰出的教师,他在这方面与不喜欢教书的高斯有很大的不同。希尔伯特讲课简练、自然,向学生展示"活"的数学。他乐于同学生交往,常常带着他们在课余长时间散步,在融洽的气氛中切磋数学。希尔伯特并不特别看重学生的天赋,而强调李希登堡(Lichtenberg)的名言"天才就是勤奋"。对学生们来说,希尔伯特不像克莱因那样是"远在云端的神",在他们的心目中,"希尔伯特就像一位穿杂色衣服的风笛手,用甜蜜的笛声引诱一大群老鼠跟着他走进数学的深河"。(见研究文献[1]。)这位平易近人的教授周围,聚集起一批有才华的青年。仅在希尔伯特直接指导下获博士学位的学生就有 69 位,他们不少人后来成为卓有贡献的数学家,其中包括韦尔(H. Weyl,1908)、柯朗(R. Courant,1910)、施密特(E. Schmidt,1905)和布鲁门萨尔(O. Blumenthal,1898)等(详细名单及学位论文目录参见[1])。曾在希尔伯特身边学习、工作或访问而受到他的教诲的数学家更是不计其数，最著名的有埃米·诺特（Emmy Noether）、冯·诺依曼（von Neumann）、高木贞治、卡拉西奥多里（C. Caratheodory）、策梅罗（E. Zermelo）等等。

希尔伯特的学术成就、教学活动以及其个性风格，使他成为一个强大的学派的领头人。20世纪初的30年间，格丁根成为名副其实的国际数学中心。韦尔后来回忆当年格丁根盛况时指出：希尔伯特"对整整一代学生所产生的如此强大和神奇的影响，在数学史上是罕见的"。"在像格丁根那样的小城镇中的大学，特别是在1914年前平静美好的日子里，是发展科学学派的有利场所，……一旦一帮学生围绕着希尔伯特，不被杂务所打扰而专门从事研究，他们怎能不相互激励……在形成科学研究这种凝聚点时，有着一种雪球效应。"（见研究文献[1]，[2]）

然而，在第二次世界大战中，希尔伯特的学派不幸遭到打击。他的大部分学生在法西斯政治迫害下纷纷逃离德国。希尔伯特本人因年迈未能离去，在极其孤寂的气氛下度过了生命的最后岁月。1943年希尔伯特因摔伤引起的各种并发症而与世长辞。葬礼极为简单，他的云散异国的学生都未能参加，他们很晚才获悉噩耗。战争阻碍了对这位当代数学大师的及时悼念。

希尔伯特学派的成员后来纷纷发表文章和演说，论述希尔伯特的影响。韦尔认为："我们这一代数学家还没有能达到与他相比的崇高形象。"除了具体的学术成就，希尔伯特培育、提倡的格丁根数学传统，也已成为全世界数学家的共同财富：希尔伯特寻求"精通单个具体问题与形成一般抽象概念之间的平衡"。他指出数学研究中问题的重要性，认为"只要一门科学分支能提出大量的问题，它就充满着生命力，而问题缺乏则预示着独立发展的衰亡或中止"。这正是他在巴黎提出前述23个问题的主要动机。希尔伯特强调数学的统一性——"数学科学是一个不可分割的有机整体，它的生命力正是在于各个部分之间的联系。……数学理论越是向前发展，它的结构就变得越加调和一致，并且这门科学一向相互隔绝的分支之间也会显露出原先意想不到的关系"，"数学的有机的统一，是这门科学固有的特点"；希尔伯特将思维与经验之间"反复出现的相互作用"看做数学进步的动力。因此，诚如柯朗所说："希尔伯特以他感人的榜样向我们证明：……在纯粹和应用数学之间不存在鸿沟，数学和科学总体之间，能够建立起果实丰满的结合体"。

卡拉西奥多里指出："指导希尔伯特一生的最高准则是绝对的正直和诚实。"这种正直、诚实，不仅表现在科学活动上，而且表现在对待社会和政治问题的态度上。希尔伯特憎恶一切政治的、种族的和传统的偏见，并敢于挺身抗争。第一次世界大战初，他冒着极大的风险，拒绝在德国政府起草的为帝国主义战争辩护的"宣言"上签名，并表示不相信其中编造的事实是"真的"；战争期间，他又勇敢地发表悼词，悼念交战国法国的数学家达布（G. Darboux）的逝世；他曾力排众议，为女数学家埃米·诺特争取当讲师的权利，而不顾当局不让女性任职的惯例；他对希特勒的"排犹运动"也表示了极大的愤慨。

希尔伯特出生于康德之城，是在康德哲学的熏陶下成长的。他对这位同乡怀有敬慕之情，却没有让自己变成其不可知论的殉道者。相反，希尔伯特对于人类的理性，无论在认识自然还是社会方面，都抱着一种乐观主义。在巴黎讲演中，希尔伯特表述了任何数学问题都可以得到解决的信念，认为"在数学中没有 ignorabimus（不可知）"。1930年，在柯尼斯堡自然科学家大会上，希尔伯特被他出生的城市授予荣誉市民称号。在题为"自然的认识与逻辑”的致辞中，他批判了“堕入倒退与不毛的怀疑主义”，并在演说结尾坚定地宣称：“Wir müssen wissen. Wir werden wissen!”（我们必须知道，我们必将知道！）柯朗在格丁根纪念希尔伯特诞生 100 周年的演说中指出：“希尔伯特那有感染力的乐观主义，即使到今天也在数学中保持着他的生命力。唯有希尔伯特的精神，才会引导数学继往开来，不断成功。”

## 文　献

**原始文献：**

[1] D. Hilbert. Gesammelte Abhandlungen，Ⅰ，Ⅱ，Ⅲ. Springer：Berlin，1932—1935.《全集》共 3 卷，其中包括 1900 年巴黎讲演“数学问题”，并附有希尔伯特的学生 O. Blumenthal 所写希尔伯特传略和希尔伯特学派其他成员对其工作的评述（Van der Waerden：代数；H. Hasse：代数数论；A. Schmidt：几何基础；E. Hellinger：积分方程；P. Bernays：数学基础）。

[2] D. Hilbert. Grundlagen der Geometrie. 初版. Teubner：Leipzig，1899；第十二版. Teubner：Stuttgart，1977.（中译本：D. 希尔伯特. 几何基础. 上册（第二版）. 北京：科学出版社，1987）

[3] D. Hilbert. Grundzüge einer allgemeinen Theorie der linearen Integralgleichungen. Teubner：Leipzig und Berlin，1912.

[4] D. Hilbert & R. Courant. Mathematischen Physik，Ⅰ，Ⅱ. Springer：Berlin，1924，1937.（中译本：R. 柯朗、D. 希尔伯特. 数学物理方法，Ⅰ，Ⅱ. 北京：科学出版社，1958，1977）

[5] D. Hilbert & W. Ackermann. Grundzüge der Theoretischen Logik. Springer：Berlin，1928.（中译本：D. 希尔伯特等. 数理逻辑基础. 北京：科学出版社，1958.）

[6] D. Hilbert & S. Cohn-Vossen. Anschauliche Geometrie. Springer：Berlin，1932.（中译本：D. 希尔伯特，S. 康福森. 直观几何，上，下. 北京：人民教育出版社，1959，1964）

[7] D. Hilbert & P. Bernays. Grundlagen der Mathematik，Ⅰ，Ⅱ. Springer：Berlin，1934，1939.

**研究文献：**

[1] H. Weyl. David Hilbert and his mathematical work. Bulletin of American Mathematical Society，50(1944)，pp. 612—654.（中译本：赫尔曼·外尔. 大卫·希尔伯特及其数学工作. 数学史译文集，pp. 33—59，上海：上海科学技术出版社，1981）

[2] C. Reid. Hilbert. Springer：Berlin，1910.（中译本：康斯坦西·瑞德. 希尔伯特. 上海：上海科学技术出版社，1982）

[3] H. Freudenthal. Hilbert，Dictionary of scientific biography，Ⅵ. Charles Scribner's Sons：New York，1972.

[4] P. Bernays. Hilbert. Encyclopedia of philosophy. Ⅲ. MacMillan：New York. 1967.

[5] F. Browder(ed.). Mathematical developments arising from Hilbert problems. Proceeding of Symposia in Pure Mathematics of American Mathematical Society. vol. 21. 1976.

# 出版说明

20 世纪数学的最显著的特征在于它的公理化,希尔伯特的《几何基础》一书为这个新的方向开辟了道路。本书从严格的公理化方法重新阐述了欧几里得几何学。书中首先给出不定义的概念——点、线、平面、在……之间、一对点重合、角的重合,然后列举了欧几里得几何的公理系统,并用这些公理证明了欧几里得几何的一些基本定理,此外还证明了这些公理是独立的。可以说,本书是数学史上的一部具有划时代意义的著作。

本书第一版于 1899 年出版以后,便受到各国学术界的重视,有多种译本陆续出版。以后虽多次修订出版,使论述更加清楚,内容更加完善,但其轮廓及本质则无大变动。

我国数学界老前辈,已故傅钟孙教授曾根据第一版的英译本进行翻译,取名为《几何原理》,于 1924 年出版。新中国成立后,江泽涵教授根据 1930 年第七版的俄译本将正文部分译出,并附俄译本的长序(裘光明译)和对正文的注解(蒋守方译)以及 1956 年第八版的一些补充,取名《几何基础》第一分册,于 1958 年出版。

希尔伯特于 1943 年去世以后,他的学生贝尔耐斯(Bernays)对第七版进行多次增补、修订,到 1977 年已出到第十二版。第十二版与第七版主要有三个不同点:第一,对正文§8 第五组公理(连续公理)进行了改写,同时在正文其他地方也稍有变动,并增加了许多注记;第二,去掉了原来 10 个附录中与几何无直接关系的后 5 个附录;第三,贝尔耐斯又在全书最后增写了 5 个补篇。

在征得江泽涵教授的同意后,约请朱鼎勋教授根据第十二版,对第七版的中译本进行增补、修订。由于第七版俄译本的长序是苏联著名几何学家拉舍夫斯基(Рашевский)所写,对全书作了全面而又系统的介绍,这个序以及俄译本的注解对读者均将有所帮助,故予以保留。

朱鼎勋教授在病中坚持进行此项工作,孜孜不倦,花费心血。遗憾的是,尚差一个附录没有译出,朱教授便不幸去世了。所余工作由陈绍菱教授完成。

本书正文部分的译稿经程其襄教授仔细校阅,俄译本的注解经张文贵同志核对,在此,谨致谢意!

本中译本第一版于 1958 年,第二版于 1995 年由科学出版社出版。江泽涵教授和朱鼎勋教授都已辞世,我社在征得其后人授权后,再次出版本译著,以示纪念。

# 第十版序言

希尔伯特在世时，他所著的《几何基础》的最后一版是第七版。为了表明他关于该版书的思想，在这里我们重印他所写的序言中的一段："当前我的第七版《几何基础》较前一版具有值得重视的改正与增补，部分是出自我在前一版出版后关于该学科的讲述，部分是由于其他作者在这段时期中所作的改进，从而使这本书的主要内容得以修订。关于这些问题曾得到我的学生斯米特(H. Arnold Schmidt)的大力协助。他不但为我做了这些工作，并且还提供了自己的许多注记以及推论，特别是他独立地写出了附录Ⅱ的新形式。因此对于他的协助，我在这里致以衷心的谢意。"

同时也参考希尔伯特全集第Ⅱ卷(Gesammelten Abhandlungon, Bd. Ⅱ., Berlin 1933)第404页至第414页由斯米特所写的"关于希尔伯特的几何基础"(Zu Hilberts Grundlegung der Geometrie)的简史。

在第八版、第九版以及第十版里并未引进本质上的新修正，对原书正文仅作少量改正及小量增补，但于最后则增加一些补篇，第七版中的附录Ⅰ～附录Ⅹ仅保留其中具有几何性质的附录Ⅰ～附录Ⅴ。

补篇中所增加的大部分内容是受弗里敦塔尔(H. Freudenthal)所写的"关于几何基础的历史"(Zur Geschichte der Grundlagen der Geometrie, 见数学的新记录(Nieuw Archief Voor Wiskunde)(4)，第105～第142页(1957))一文的启发，特别是其中对原书阐述面积的理论及其应用所作的批评。他曾以此文题献于希尔伯特《几何基础》第八版一书。

至于补篇的内容则包含：

补篇$\mathrm{I}_1$里增添涉及关联公理和顺序公理的推论，而将正文中的§3和§4加以扩充，特别指出在该处从范·德瓦尔登(van der Waerden)的一篇文章"欧氏几何的逻辑基础"(De Logische Grundlagen der Euklidische Meetkunde, 见补篇$\mathrm{I}_1$中所引杂志)中取出一个注记。补篇$\mathrm{I}_2$里放进了以前附录Ⅵ中关于实数公理的一些独立性问题。

补篇Ⅱ给出正文比例论§14～§16中所叙述的一个较简单的形式。

补篇Ⅲ包含关于面积理论的若干补充探讨。

补篇$\mathrm{IV}_1$则研究了从第五章的讨论中去掉顺序公理的可能性，补篇$\mathrm{IV}_2$则是基于凯内(D. Kijne)所给的注记，使有关作图问题的定理65(§37)更加简捷。

补篇$\mathrm{V}_1$包括希尔伯特在附录Ⅱ中所构成的两个"非毕氏几何"的补充注记。

补篇$\mathrm{V}_2$本质上是以前各版(从第二版开始)中附录Ⅱ的推论的重演。他利用假定的安装公理，从较弱的合同公理导入较强的可能性，同时改正了原来的证明。

全书于适当处增加了有关近代文献的一些参考资料。

贝尔耐斯

1968年2月于苏黎世

# 德文第七版的俄译本序言

· *Foreword* ·

希尔伯特曾有一个学生，写了一篇论文来证明黎曼猜想，尽管其中有个无法挽回的错误，希尔伯特还是被深深地吸引了。第二年，这个学生不知道怎么回事死了，希尔伯特要求在葬礼上做一个演说。那天，风雨瑟瑟，这个学生的家属们悲痛不已。希尔伯特开始致辞，他首先指出："这样的天才这么早离开我们，实在是让人痛惜呀！"众人同感，哭得越来越凶。接下来，希尔伯特说："尽管这个学生的证明有错，但是如果按照这条路走下去，应该有可能证明黎曼猜想。"再接下来，希尔伯特冒着雨充满激情地讲道："事实上，让我们考虑一个单变量的复函数……"众人皆倒。

# 希尔伯特的《几何基础》和它在本问题发展的历史中的地位*

## П. К. 拉舍夫斯基

### 作为物理学的几何学

当我们学习几何学的时候,一开始——如同在中学里学习几何学时那样——就在我们的认识中产生了独特的思维世界,它奇特地既是现实的又是幻想的。事实上,我们关于直线、平面、几何体(如球)等的论述,是在给它们以完全确定的性质以后才进行的。然而具有作为我们研究对象的那种形状的东西,究竟在哪里和在什么意义下存在着呢?我们岂不是都知道,不论我们如何地磨(譬如说)一块金属板的表面,由于工具和动作本身的不可避免的偏差,我们永远不能把它磨成"理想平面"的形状。更何况不仅无法达到理想地平的形状,而且根据物质的原子结构,甚至还不可能无限制地接近它哩!事实上,当我们加强所要求的精确度时,金属板就将被分解成各别的原子,以致一般地所谓它的表面都无意义了。

而直线又是怎么样呢?或许可以认为光线是沿着理想的直线而传播的吧?然而量子力学告诉我们,光线是利用各别的介质——量子——而传播的,至于说到这种量子在运动时所走的道路,一般地也没有意义。

那么,我们在几何学里究竟研究些什么呢?难道只研究与物质世界格格不入的幻想、我们想象力的创造吗?可是从日常的经验和从技术上的实验,我们就能坚定地知道,对这些幻想的对象所推导出来的法则和规律,都以不可克服的力量服从于物质的自然界;以致进行新的设计的工程师,当遭受失败时,可以怀疑其任何的假设,而决不会怀疑诸如关于角柱体积的公式。

这些几何形象,看来好像是无足轻重的、非物质的,而同时却以不可克服的力量来刻画物质世界的,又好像可以认为(如同唯心主义哲学经常如此说的)是上帝按其自己的意象创造的,究竟是些什么呢?

唯物主义的宇宙观帮助我们来回答这个问题。让我们特地从粗糙的例子开始。假设在我们面前有筑在一块土地边上的一道围墙。如果我们要计算这块土地的面积,来拟

◀古老的格丁根大学

* 此段苏步青教授也曾译过,发表在"数学通报"上。——译者注

定其规划，则在我们几何的计算里就将画出一条封闭的曲线来代替围墙，而用它所分隔成的平面片段来代替土地。这种使用几何概念来暗中顶替物质对象，其实质又何在呢？

问题是：不论我们是用木头还是石头来造围墙，不论我们造多宽多高，不论我们是否向旁边移动了这么一厘米，等等，这块土地实际上并不因之而有所改变。由于我们所关心的只是土地本身，至于沿其边界究竟造了些什么，实际上并不起任何作用，尽可以把所有这些都撇开不管。因此，我们抛弃了作为物体的围墙的、在当前情况下对我们不重要的绝大多数的性质。围墙对我们重要的那些性质——与其长度方面的延伸性有关的性质，才属于我们考虑之列，这些性质也就正是曲线在几何意义上的性质。有同样事实的各种各样的例子是不胜枚举的：当我们讨论绳子、飞驰的炮弹的路线等时，则在一定的精确程度下，我们所必须关心的也只是它们的那样一些性质，那就是我们称为几何曲线的性质。

总之，当我们研究几何曲线时，我们同时也就研究了土地的围墙，一定长度——与粗细相比——的绳子，以及飞驰的炮弹的路线，然而对所有这些现象而言，我们并不在各方面都保留它们性质的多样性，因为它们并不具有最大的精确性，而只是就在当前的情况下对我们重要的一维延伸性方面来加以选择，并且也只具有实用上必要的精确程度。于是我们叫做几何曲线的性质的这些对象的共同性质就显得突出了。这样，假如我们说曲线没有宽度，那只不过是简短地表明，围墙的宽度实际上并不影响其所包围的土地，绳子的横截面的大小与其长度相比可以略去不计，等等而已。

所有别的几何概念和命题也都有类似的意义。它们全都反映了物质对象的性质和物质世界的法则。它们的“理想的”特性只是表明了在物体性质的已知联系中非主要的性质被抛弃（抽象），特别地是它们只以一定的精确程度而被考虑。这种抽象可以用来清楚地揭露物体的共同而又深藏的性质，我们把它们叫做延伸的性质而且在几何学里加以研究。几何法则之所以为自然界所必须，就由于它们是从自然界抽象出来的缘故。

这样一来，反映物质现实的几何真理，以简化了的和公式化了的形状，近似地重现了物质现实。正由于抛弃了无穷多的复杂事实，才产生了几何理论的如此使人信服的严整性和合理性。而假如是如此的话，则很自然地，就不能强求几何学［暂时谈到的总限于欧几里得（Euclid）几何学］无限制地恰当于研究物质世界：当这种研究的精确性一超过某种限度时，几何学由于其近似地反映现实的本质，就失去了作用。

为了使它重新成为有用的，我们必须依据新的实验数据使它成为更精确的，我们必须回过来捡起在抽象过程中弃之于途的那些东西。

然而在我们建立几何学时，物质现实，究竟有哪些较为显眼的方面，被抛弃掉了呢？这首先就是物质在一定的时间内所进行的运动。很自然地，为了在几何学里避免过分的抽象，使它接近于物质现实，我们应该重新考虑物质运动的过程，而这就说明，应该把几何学放在与力学结合成的有机整体中来讨论。“纯粹的”几何学消失了。

以上所说的种种不只属于理论上的探讨，20 世纪内科学的历史发展正就是沿着这条道路前进的。狭义相对论（1905）把空间和时间的延伸性结合成一个不可分割的整体，而广义相对论（1916）更把几何学和关于物质的分布和运动的普遍学说统一在一个学科之中。因此，从到现在为止我们关于几何学所说的那种观点看来，它是物理学的一部分，因而就应该与在实验基础上的物理学一起生长和发展。

然而在几何学里还有别的、数学的方面，那是我们直到现在为止有意地置之不理的。而这方面目前对于我们是最重要的，因为它正是本书所要讲述的。

## 作为数学的几何学

直到现在我们完全没有考虑关于几何学的逻辑结构的问题，然而也许就是它最使初学者惊讶和要求他付出最大的注意力。这自然不是偶然的：假如把几何学看做数学的分科，其本质正就在这里。

可以说，几何学是数学——这就是从其逻辑结构方面来考虑的几何学。我们力求尽量深入地来探究这一点，因为否则本书的内容在其基本的观念方面还将会是无法了解的了。为了较为具体起见，我们依然限于三维的欧几里得几何学。

首先，很明显的是，几何学并非简单地是各自具有独立的意义的一些命题的全体。几何学的命题交织成逻辑相关的密网。更精确地，这就是说，不利用直觉地显然的、从经验得来的几何形象的性质，而只应用形式逻辑的法则，一个命题可以用纯逻辑的方法从别的命题推导出来。例如，从命题"每一个长方形都有相等的对角线"和"每一个正方形都是长方形"推出，"每一个正方形都有相等的对角线"。为了作出这个结论，完全不必须设想附有对角线的正方形；甚至可以不知道这种"正方形"和"长方形"是些什么，而"有相等的对角线"又指的什么。不管这些术语被给予什么意义，这论断重现了形式逻辑中所讨论的一种类型的三段论法，以致它总是正确的。

自然会发生这样的问题：几何学中这种类型的形式逻辑相关性的整个系统，有什么办法可以概括无遗和使其易于被接受，而不仅在个别的例子上指出它们呢？

给这个问题以回答的是几何学的公理结构。它的目的是在几何理论里得出依靠形式逻辑论断的最大可能。当然，因为形式逻辑只能教人如何从已经知道的命题推导出新的命题，所以形式逻辑决不能无中生有。因此，至少必须随便怎么样地取一些几何命题作为真实的，然后试着从它们用纯逻辑论断的步骤推导出所有其余的命题来。

如果这个目的达到了，则用纯逻辑的步骤（不引用几何的直觉）可以从而推导出所有其余命题的那些几何命题，就被称为公理，而从它们逻辑地推得的命题，则被称为定理。

很自然地，这时还应该尽量使得公理的数量是尽可能地少，因而也就使得在建立几何学时最大可能的工作落到形式逻辑论断一方面。事实是，只有这种情况才以最好的方式揭露了逻辑关系的全部内容和阐明了几何学的逻辑结构。

概括以上所叙述的，作为物理学的几何学是研究物体的延伸性质的。它的命题可以而且应该用实验的方法来检验；像物理学的所有命题一样，它们只是抽象地体现了物质世界，因而只是近似地真实的。

作为数学的几何学所关心的只是其命题之间的逻辑相关性，更精确地说，它所研究的是从若干个命题（公理）逻辑地推导出所有其余的命题。因此，作为数学的几何学的命题的真实性只能说是有条件的，即在该命题实际上是从公理推导出来的这种意义之下。

我们看到,关于几何学的这两种观点有实质上的不同,而且不管它们在实物范围里是如何地相合,几何学发展的实情,在一种情况下与在另一种情况下相比,起着不同的作用。虽然作为物理学的几何学在现实中发生,它还是实质上运用了数学上的几何学的逻辑方式;而数学上的几何学,主要是在直接或者间接从物理学领域出发的动机影响之下发展起来的。

当然,假如这样地来理解这种对立:作为物理学的几何学研究的是物质世界,而作为数学的几何学则归之于"纯精神的"创作的范围,那就完全错误了。人类思维的内容和形式归根到底还是完全由物质世界所决定的,形式逻辑的法则本身之所以能以这样的威力强迫我们接受,就在于它是多次重复的实际经验的反映。

作为物理学的几何学和作为数学的几何学的明白的划分——自然不在于提出它们的先后上,而在于实际研究的意义上——乃是 19 世纪末叶到 20 世纪开端时科学上的巨大而有原则性的成就。这成就是对这样的事实而言的,实质上背道而驰的两种观点的共存阻碍了彼此的发展。而在今天几乎已经是不言而喻的这种划分,绝不是通过捷径而得到的。它是作为科学思想的长期而复杂的发展的总结而得到的,在这发展中希尔伯特的《几何基础》占有显著的地位。下面我们就要用极简短的概述,来阐明这个发展中对于我们的目的最为重要的一些因素。

## 欧几里得的《几何原本》

欧几里得(公元前 300 年前后)的《几何原本》以下列方式包含着几何学原理的系统的叙述,它总结了到那时为止的大约 3 个世纪来希腊本土的数学的发展。从那时起几乎直到现代为止,《几何原本》被认为是科学的严密的论述体裁的模范;没有任何人曾经找到过对它作根本修改的理由,而我们的中学教本,直到今天,在基本上还是欧几里得的《几何原本》的加工修改版。

造成这事实的原因是:欧几里得运用了当时认为是从前面的命题推出后面的命题的严密推理的方法,以特殊的精巧和完善——自然是从当时的科学水平来看的——展开了几何学的逻辑结构。当然,要是说欧几里得曾经坚持几何学公理结构的决定性的观点,未免过分夸大。但是他无疑地有过这种倾向。实际上,在该书的开头就列举了 14 个基本的命题(其中 5 个叫做公设,9 个叫做公理),它们都是所有以后的命题的前提,而且是作为该书的基础的。然而要按纯逻辑的步骤来展开几何学,这些命题是远远不够用的,而且在以后的证明中,欧几里得在运用真正的逻辑论断之外,同时还经常运用直觉的看法。欧几里得所给出的很多定义——也恰好是最基本的——完全不是在逻辑的意义下的定义,而只是几何形象的直觉的描述,如"线有长度没有宽度"等。要从这种定义严密逻辑地来引出任何推论是不可能的,而且在以后的论断中,它只能是如何运用直觉观念的一些说明而已。

这样一来,在《几何原本》里,决不能认为已经有了现代意义的原则性的公理法构造,而且在任何一处也不能认为已经有了这种公理法构造的实地的实现。然而,这方面的倾向则不仅存在着,而且在后来还继续有所发展。这可以从欧几里得著作的许多评论者的工作中看到,它们并没有提出论述方面的实质上的修正,而常常是渴望在几何学底下导入更为稳固的基石,以便使它更为完善。这些企图都是遵循着增加公理个数的这条道路的。从几何学的逻辑结构说,公理的不足是大家感觉到的。甚至直到今天我们也不能知道,究竟哪些公理和公设确实是由欧几里得提出的,而哪些公理则是由后继者补充的。可是与《几何原本》相比,这些企图并未表现出新的、原则上更高的观点,而且变成了一种摸索。甚至在这些企图正确地接触到一些必须弥补的缺陷时,它们也被隐藏在同样的逻辑的不合理的方式之中。

几何基础问题的真正发展,没有走上欧几里得公理系统和证明的辑逻改善的正路,却是通过一连串的尝试,奇怪地在欧几里得完全正确的地方来进行修正。这里我们指的是欧几里得第五公设的历史。

## 欧几里得的第五公设和非欧几里得几何的发现

欧几里得最后的第五公设说:"每当一条直线与另外两条直线相交,在它一侧作成的两个同侧内角的和小于 $2d$ 时,这另外两条直线就在同侧内角的和小于 $2d$ 的那一侧相交。"这个公设在欧几里得的系统里占有特殊的地位:它比较晚地显示出它的作用。欧几里得的前 28 个命题的证明并未用到它。这事实很自然地引起了一种想法,以为一般地说这公设或许是多余的,可以作为定理来证明的。以致在实际上,欧几里得著作的许多评论者,在超过 2000 年的长时期中,曾想给出这种证明,还常常自认为达到了目的(而某些孤陋寡闻的僻好者到现在还在继续着这种尝试)。

所有这些证明,从我们今天的观点看来都是不对的,都是由于不加证明地假定了某个与第五公设等价的命题。这种命题的例子如下:在锐角一边上的垂直线和倾斜线永远相交;通过角内的每个点至少可以作一条直线与其两边相交;平面上不相交的直线不能无限制地彼此远离;不存在长度的绝对单位,即这样的线段,它能依据其特殊的几何性质,与其他长度的线段有所区别(如同在各种各样的角之中的直角一样);至少存在着两个相似的三角形,等等。

证明者把这些命题中的某一个看做是显然真实的,指出第五公设的否定与它矛盾,然后就认为达到了自己的目的。然而,假如以为我们在这里碰到的事实具有粗浅的逻辑上的大错误,那就错了。事实上,在几何学现代的公理法叙述出现——这直到 19 世纪末叶才达到——以前,对于如何辨别几何学中的严密的证明和不严密的证明,一般地说并无完全清楚的准绳。在所有这些证明中,一般都多次地引用了直觉性,而且并未说明这些引用究竟在什么限度内可以被认为是合理的。因此在一定程度上,第五公设的每个证明者会自以为他的假设是合理的,而且他已经证明了第五公设。直到现在才知道所有这些证明都是站不住脚的。它被卓越的天才所迅速猜测到的时候,比它被无可反驳地确定下来的时候要来得早些。

无论如何,在各种各样证明的尝试的累积下,与第五公设等价的命题的范围越来越扩大,其中的一部分已经在上面列举过。变成清楚了的是:第五公设的否定将招致所有这些命题的否定,即招致整整一系列"不可思议的""荒诞不经的"推论,然而在其中完全不能找到直接的逻辑的矛盾。为了寻找这种矛盾,在18世纪里已经有一些学者,从第五公设不成立这个命题出发,颇为深入地展开了一些推论[萨凯里(Saccheri),1733;伦勃脱(Lambert),1788]。实质上这已经是非欧几里得几何的初步,然而这些工作的作者并没有达到这种认识[①]。

早在1823年,伟大的俄国几何学家罗巴契夫斯基(Лобачевский, 1792—1856),已经明白地认识到证明平行公设的企图的没有价值[②]。不久他就有了一种想法,认为第五公设的否定一般地并不引出任何的矛盾,反而促使新的非欧几里得几何体系的诞生。他第一个公开地发表了非欧几里得几何的系统的叙述。1826年2月11日在喀山大学数学物理系的会议上,他陈述了自己的发现的要点,到1829年,他在《喀山大学通报》上发表了论文"关于几何的本原",其中包含了非欧几里得几何的详细的叙述。稍晚一些获得非欧几里得几何的有鲍雅义(Johann Bolyai, 1802—1860),他在1832年发表了他的结果。从高斯(Gauss, 1777—1855)逝世后才刊行的他的通信录中看到,高斯已经知道非欧几里得几何的大概。可是,由于怕不被人了解和遭受嘲笑,他始终没有勇气公开地宣布这一点。毫无顾忌地在俄国(1826)和在国外(1840)发表了他的结果的罗巴契夫斯基,理应据有发现非欧几里得几何的绝对的优先权。然而非欧几里得几何的创造者当其在世时并未被人理解。直到60年代,罗巴契夫斯基的工作才为数学界所公认,而且在颇大的程度上乃是决定19世纪数学思想全貌的转折点[③]。

## 非欧几里得几何学在关于几何基础的问题里的意义

非欧几里得几何学直接地包括些什么内容呢?原来在几何学里可以抛弃第五公设,而采用这样的假设:在平面上通过取在一条直线外的每一个点,有无穷多条直线不与这直线相交。尽管这假设看来如此明显地不合情理,从它却能无限制地引出推论和证明定理而不造成逻辑的矛盾。结果就产生了新的非欧几里得几何学。固然,这几何学中的许多定理,我们从直觉的观点看来,在很多方面比原来的假设还要不合情理,而且有一些简直是骇人听闻的。可是在逻辑上,叙述依然是没有毛病的。

单是这种情况已经表明几何学的逻辑结构对于几何的直觉有一定的独立性,表明几何学的逻辑展开在某种程度上可以独立地甚至与来自物理实验的直觉观念相违地进行。但是事情的另一方面有更大的意义,那是高斯所已经注意到的。那就是说,很自然地发生这样的问题:如果两种几何——欧几里得的和非欧几里得的——都是在逻辑上毫无毛病地被建立起来了,那么,又怎么说明在物质世界中应该只有一种是正确的呢(或者说得

① 第五公设的历史在"Н. И. 罗巴契夫斯基全集"第一卷中卡岗(В. Ф. Каган)的论文里有所叙述。

② 可参见他的著作《几何学》。

③ 从较广的历史远景中来看罗巴契夫斯基的生活和创造途径,在卡岗的书《罗巴契夫斯基传》里有所说明。

更确切些，怎么说明其中一种应该比另一种更好地反映了延伸性呢）？这个问题的提出，直接地就引向在本文开头谈过的作为物理学的几何学和作为数学的几何学的那种区别。

事实上，如果当做现实世界的延伸性的知识来选取几何学，则数学自然可以向几何学建议各种各样方案的选择（科学的进一步的发展对罗巴契夫斯基的非欧几里得几何学作了别的一些更进一步的推广）。如何在这些方案中作最好的选择，必须通过物理实验来解决，在这意义下几何学变成了物理学真正的一部分。然而，在只存在单独一个欧几里得几何时，那自然会认为它是自然界所绝对必须的了。如果这种看法不克服，则在物理学中的如相对论的发现那样巨大的进步，就变成不可能的了。

其次，明白地说，即使认为我们的直觉观念给我们的是完全确定的指示，它还是不能同时对应于彼此有实质区别的所有几何学。所以我们只好保留一条出路：在作为数学的几何学的领域内，有可能更完全地利用命题的逻辑关系，而且在其上面奠定展开几何系统的基础。这说明，我们要过渡到上面描述过的公理法的观点。让我们来指出，在历史上为了实现这个目的，在经历过的途径上曾有哪一些最重要的标志。

## 希尔伯特的前驱者

在几何学公理法结构的领域里，第一个巨大的成就是帕士的研究“新几何学讲义”（Pasch，Vorlesungen über neuere Geometrie，1882）[①]。帕士认为，几何学的基本的命题应该从实验得来，但是几何系统的进一步的展开应该循着纯逻辑推断的途径进行。为了实现这个观念，帕士首先列举了有下列特性的 12 条公理（它们相当于希尔伯特的第一组和第二组公理）。其中最先的是关于点对直线和平面的从属公理。只是帕士实地讨论的不是直线，而只是线段，不是平面，而只是平面的有界的片断。他提出的理由是，无界的直线和平面我们不能从经验上得到，但是他没有看到，数学意义下的有界的线段我们也不能从经验中得到，也同样是抽象的结果。

上面谈到的公理断定，在两个点之间总有而且只有一个线段，通过每三个点总有一个“平面片”，如果线段的两个点处在给定的“平面片”上，则这线段的全部点就在包含给定的“平面片”的一个“平面片”上，等等。

这里所谓“线段”和“平面片”都是指的点集合。这些集合是怎样的而且所谓点又应该如何理解——在数学上是不定义而且也不需要定义的。就这一点说，我们应该知道的是，公理中所提到的一切，正好是在作几何学的公理法结构时所必须的。

帕士的从属公理（帕士自己并没有像以后希尔伯特所做的那样，把它们分在特殊的一组里）有一缺点：由于讨论直线段和平面片来代替直线和平面本身，以致显得非常复杂。在其他方面它们是选择得非常确当的，而且希尔伯特在消除了上述缺点以后，非常

---

① 在这篇简短的绪论性的文章里，我们不得不像忽略许多其他的因素一样，忽略了在几何基础范围里的与李(Lie)和克莱因(Klein)的名字相联系的解析方面的历史。在 В. Ф. 卡岗的书《几何基础》第二卷“几何基础学说发展的历史概述”里可以看到这方面问题的极好的叙述。该书第一卷讲述几何学根据的最初的本源，在某种程度上那是把解析的和综合的方面结合起来的。

接近地把它们转载在他的第一组公理中。

在帕士的最先 12 条公理中接着还列入了那样一些公理，它们后来被希尔伯特列举在第二组公理中而且把它们叫做顺序公理。这些公理的表述是帕士的最大的功绩。实际上，我们不难设想点在直线上的分布，而且直觉地我们十分清楚。例如，如果 $C$ 在 $A$ 和 $D$ 之间而且 $B$ 在 $A$ 和 $C$ 之间，则 $B$ 在 $A$ 和 $D$ 之间。但是在作几何的公理法结构时，直觉性不应该在证明中引用，而且所有这种命题必须逻辑地从其中采用为基本的一些命题推得。帕士实地做到了挑选这样一些基本的命题而且把它们提出作为公理这一步。在那些公理中就有例如刚才写出过的命题和一些同样性质的命题；特出的是关于不在一条直线上而在平面上的点的位置这一个特别重要的公理；现在它就被叫做帕士公理（在希尔伯特的公理系统里这是公理 $\mathrm{II}_4$）。

然而帕士过分夸大了为建立点的顺序所需要的公理的个数；希尔伯特的第二组公理在数量上要少得多了。当然，所以能达到这一点还在于，为了建立直线上点的顺序引入了平面的顺序公理（帕士公理）；而直线上点的顺序希尔伯特也未能独立地建立起来。

在提出的 12 条公理以外，帕士还给出了关于图形的合同概念的 10 条公理（这相当于希尔伯特的第三组公理）。这些公理与为了引出全部合同性质所必需的极小个数公理相比是太多了。再有，阿基米德（Archimedes）公理也包括在这些公理之内（在希尔伯特的公理系统里它是属于第五组的）。

总的说来，帕士非常接近于达到了足以展开几何学的公理系统。虽然，他的主要目的却是另外一个：经过理想元素的引入，把度量几何包括在射影几何之中。从这个观点看来，他的研究在今天也还是有用的。

以后，意大利的学者们——丕阿诺（G. Peano）和他的学生们——对几何基础提供了一系列的工作。丕阿诺自己的研究“逻辑地叙述的几何基础”（Principii di geometria logicamente esposti，1889）讲述了比较狭窄的课题。丕阿诺给出的只相当于希尔伯特的第一组和第二组公理，即关联公理和顺序公理。

然而在这个有限制的范围里，丕阿诺实地在叙述方面达到了逻辑的精炼。继续着丕阿诺工作的他的学生们，主要限制在射影几何的公理法上。所以我们只提出与我们的题目直接有关的庇爱里（M. Pieri）的一个研究“作为演绎系统的初等几何学”（Della geometria elementare come sistema ipotetico deduttivo，1899）。在那里庇爱里独创地提出了欧几里得几何的公理系统的建立。

庇爱里似乎想引出极小个数的基本概念——即那些不直接定义而引用的和被整个公理系统所间接定义的概念。这些概念在庇爱里只有两个：“点”和“运动”。M. 庇爱里的一个公理（公理Ⅳ）断定，每一个运动是点集合到自身的一一映射。但是这还不是运动的完备的定义，因为其余的公理还把补充性的限制加在这个概念上。例如，公理Ⅷ断定，如果 $a$，$b$，$c$，是不同的点，而且至少有一个运动（并非恒同变换）使它们保留不动，则把 $a$ 和 $b$ 保留在原位的每一个运动，也把 $c$ 保留在原位。这样一来，就不是点到点的每一个一一映射都是运动了。

具有在公理Ⅷ里所说的性质的点 $a$，$b$，$c$ 叫做共线的。由此出发，庇爱里给出直线的定义，在这以后还给出平面的定义。那就是说，平面是指由下列方式得到的点的集合。

取不在一条直线上的三个点 $a,b,c$，而且例如把 $a$ 与直线 $bc$ 的点用直线连接起来。这些直线上的点按定义组成一个平面。在以后的公理中还刻画了直线和平面的概念。然后给出“介于”* 概念的极其人为的定义，而且以后还在公理上描述这个概念。球面用这样的点集合来定义：它从一个点经过保留另一个点在原位的所有运动而得到。

庇爱里的公理系统的缺点在于以下的几方面：由于庇爱里想达到基本概念的极小个数，为了这种形式上的简单，他在实质上却把公理系统弄得非常复杂。他的公理很多都是冗长的。例如公理 XIV：“如果 $a,b$ 和 $c$ 是不在一条直线上的点，而且 $d$ 和 $e$ 都是平面 $abc$ 上与 $c$ 不同的点，它们又都属于以点 $a$ 和 $b$ 为中心而且通过点 $c$ 的两个球面，则这两个点 $d$ 和 $e$ 重合”。如果想把这个公理的叙述化成只是关于基本概念“点”和“运动”的叙述，当我们考虑到平面概念和球面概念都有其通过基本概念的直接定义时，我们就会知道。得到的叙述将是何等难以形容的复杂。由于过分减少基本概念的个数，庇爱里还不得不运用人为的定义来引入被抛弃了的基本概念（“直线”“平面”“介于”）。其后果是，不能按照各别的基本概念的作用范围来揭示公理系统的自然的逻辑划分，以致把逻辑关系弄得杂乱无章，而公理系统也就具有极为笨重的形态。

## 希尔伯特的公理系统(公理组Ⅰ～Ⅳ)

与庇爱里的工作同时，希尔伯特的《几何基础》也在 1899 年刊行了第一版。现在翻译的是 1930 年的德文第七版。在这样一段不短的时间以内，希尔伯特在其公理系统里作了一系列的修正和精练。然而在本质上并未作任何改变。我们在这里将要就其最近的形式来谈一个他的公理系统，顺便指出从第一版的时候起有了些什么改变。

下面将要提出希尔伯特的主要功绩，这是他的著作被我们看做经典作品的原因。希尔伯特成功地建立了几何学的公理系统，如此自然地划分公理，使得几何学的逻辑结构变得非常清楚。公理系统的这种划分，首先就能够最单纯而又简明地写出公理，其次，即使作为基础的不是整个公理系统，而是按照自然方式划分公理系统而成的某些组公理，依然能够研究几何学究竟可以展开到多远。用来说明各别的公理组的作用的这种逻辑的分析，是希尔伯特在一系列有趣的研究里所实际进行的，这些研究在实质上也就是他的书的很大一部分内容。

此外，希尔伯特的工作激起了同一方面的一整系列的进一步的研究；其中有一些是他在附录里所论述的。

现在，让我们来探究一下在第一章里所叙述的希尔伯特的公理系统。

在希尔伯特的系统里讨论了三种对象：“点”“直线”和“平面”，以及对象之间的三种关系，它们用话来说是：“属于”“介于”和“合同于”。这些就是基本的概念，而且严格说来，在希尔伯特系统里研究的只是所说的对象和它们之间的所说的关系。所有其余的概念都可以在列举的六个基本概念的基础上给以直接的定义。

---

* 在文中有时译成“在……之间”。——译者注

然而这些基本概念是些什么呢？我们已经说过，作为数学的几何学所关心的只是几何命题如何纯逻辑地从其中有限制的几个来推得。这些特别挑出的命题就是所谓公理。而如果从公理推得的结论完全是按照形式逻辑的法则作出的，则只要认为公理成立，所谓对象（“点”“直线”“平面”）和这些对象的所谓关系（“属于”“介于”“合同于”）究竟指的是什么就完全不起作用了。事实上，形式逻辑之所以被叫做“形式的”，正是因为它的结论就形式说是正确的，不管我们所讨论的对象在实质上指的是什么。所以在几何的公理法结构下，不论我们如何地来理解“点”“直线”“点属于直线”等，只要我们在作证明时所运用的公理是正确的，则严密逻辑地证明了的定理也是正确的。特别地，可以不必与通常直觉观念下的点、直线等发生任何关系。

总之，所谓“点”“直线”“平面”和所谓“属于”“介于”“合同于”诸关系，我们指的是只知道它们满足诸公理的一些对象和关系。因此，对于这些对象和关系没有给出直接的定义；但是可以说，公理系统间接地把它们作为整体而规定了。

第一组公理（第 1 页）包含 8 条公理。在其中列举了在建立几何学时我们所必须知道的关于“点属于直线”和“点属于平面”这两个关系的一切。完全不妨把这些字句设想为串在一条长轴上的小球等等，一般说来也不妨赋予这些字句以任何确定的意义。只是必须知道，如果给了两个不同的点，则就存在着一条而且只一条直线，属于每一个点（公理 $\mathrm{I}_1$ 和 $\mathrm{I}_2$）等等。这样一来，在点和直线，点和平面之间可能存在而且被我们用术语“属于”来表达的一些关系，所受的限制只是第一组的 8 条公理对于它们说应该成立。而与这些关系相牵涉的任何别的概念，至少在几何学的公理结构下，原则上是多余的。

在这个意义下我们可以说，第一组公理是概念“属于”的间接的定义。希尔伯特在以后利用的是通常的术语“在……上”，“通过”，等等。当然，在这里并无任何新的概念，只是改变了原来的概念的说法而已。

总之，在第一组公理里规定了最基本的概念“属于”。在以后的各组公理的条文中这个概念就被假定为已经确立的了，因为它们确实出现在那些条文里。

在第二组公理（第 2 页）里谈到的是这样一个关系，它发生在属于同一条直线的一个点和另外两个点上。这个关系我们使用“介于”这个词。在几何学的逻辑展开下对于概念“介于”所要求的一切，都无遗漏地列举在第二组的 4 条公理中。因此，关于直线上一个点在另外两个点之间的直觉观念也就不会造成几何学展开中的任何无原则性的损害了。在这一组里占有最重要的地位的是帕士公理（$\mathrm{II}_4$），它为组成三角形（因而也就不能放在一条直线上）的线段规定了“介于”概念的性质。其余三条公理牵涉到的只是共线的点，按其内容来说是较为简单的。单是这三条公理即使为分布在一条直线上的点规定“介于”关系是不够的。为了这个目的，只有在引用了帕士公理也就是引用了平面结构以后，它们才变成充分的。

不妨指出，与希尔伯特著作的第一版相比，这组公理大大地简化了。在第一版里有如下的一些多余的要求：在两个已知点之间总有第三个点（现在是定理 3）；在直线上的三个已知点中至少有一个点在另外两个点之间（现在是定理 4；只是还保留不多于一个点的要求，那就是公理 $\mathrm{II}_3$）；直线上的四个点总可以这样编号，使得在每三个点中，有中间号码的点在另外两个点之间（定理 5）。在这里面最大的简化是证明最后一个命题，因而有把它从公理中删去的可能。这是莫尔(Moore)在1902年所做到的。

在由第二组公理所规定的“介于”概念的基础上，已经可以用直接的定义来引出一些概念——线段，射线(半直线)，角和它的内部(在书中角是在第三组公理之后引出的，虽然它的自然位置是在第二组之后)。

在谈到第三组公理(第6页)时，我们要指出的是，在它们的条文中已经包括了“介于”概念，因为在其中提到了线段和角，而线段和角的定义已包含了“介于”概念。因此，“属于”和“介于”两个关系必须假定为已经确立的了。

第三组公理的目的在于写出合同关系的这样一些性质，它们要足以纯逻辑地推导出牵涉合同关系的全部定理。因此，我们认为，一个线段或者角可以与另一个线段或者角处在一种确定的关系中，这种关系就是我们用“合同”这个词来表示的，而且只知道它服从于第三组公理。

根据这个观点，即使是非常“显然的”性质(例如每一个线段合同于它自己；如果第一个角合同于第二个，则第二个也合同于第一个，等等)，当它们还没有在公理的基础上用纯逻辑的方法证明时，我们就没有权利把它们加于合同概念上。顺便提一下，在括号里所提出的第二个论断很晚才被证明，它们只有从定理19才能得出，在那以前就不能认为$\angle\alpha\equiv\angle\beta$和$\angle\beta\equiv\angle\alpha$表示同一个事实。

第三组前三条公理是关于线段的合同的，第四个是关于角的合同的；起特别重要作用的是第五个公理，它是唯一的确定线段的合同和角的合同之间关系的公理。

在第一版里合同公理被写得过分强了。其中的一些后来可以用其余的公理来证明。那就是以下的几个论断：从已知点沿着已知射线截取的与已知线段合同的线段，不能多于一个(即在公理$\mathrm{III}_1$里，早先要求的不仅是点$B'$的存在性，而且是它的唯一性)；每一个线段都合同于它自己；合同于第三个角的两个角彼此合同。这里最大的简化是从公理中删掉最后一个论断(现在是定理19)。证明这个论断的可能性是由罗森塔尔(Rosenthal)所发现的。

第四组公理只包含唯一的一个平行公理。添上这公理以后就使我们的几何成为欧几里得几何了；相反地，否定这个公理就将引向罗巴契夫斯基几何。

## 连续公理和非阿基米德几何

公理表最后的第五组公理(连续公理)占有非常独特的地位。第一版里在这组中只有叫做阿基米德公理的一个公理$\mathrm{V}_1$(“把足够多个与已知线段合同的线段接起来，总可以超过任意预先给定的线段”)。

希尔伯特在开始时没有注意到，对于通常意义上的欧几里得几何的结构而言，这些公理是不充分的。这一点可以被认为有些奇怪。实际上，假如让我们用笛卡儿(Descartes)直角坐标系$x,y,z$表出通常的欧几里得空间，并且在其中只留下三个坐标$x,y$和$z$都是代数数的点而剔除所有其余的点。不难验证的是，在这种“多孔的”空间中，希尔伯特的全部公理仍然有效，然而这个空间却是不完备的。

公理系统中的这个缺陷由一些学者[庞加莱(Poincaré),1902]向希尔伯特指出,以后在《几何基础》的第二版里就又引进一个公理:完备公理 $V_2$(在最后一版里,它以较为简化的形式作为直线完备公理而提出)。

在第一版中缺少完备公理这种看来是奇怪的现象,假如整个地知道了本书的内容,就会发现其根源。事实是,希尔伯特这本书的中心思想,按其实质是与连续公理无关地来展开几何学的。所以缺少完备公理并不在证明中造成实质上的错误或者缺陷;这个公理在引进了以后,只是一个空架子,在叙述中始终没有被用到。

完备公理的叙述是极其人为的,而且立刻就显示出它的目的——使公理系统在形式上有了结束,对于上面说过当只限于前面一些公理时在空间中可能出现的"漏洞"就可以弥补起来了。也就是作了这样的假定:点、直线和平面的集合,不能再添加新的元素,使得在扩大了的集合中,全部前面的公理依然都成立,而且使得"属于"、"介于"、"合同于"诸关系在用到旧的对象上时还保持原来的意义。

这公理的表述在最后一版中有些精简(直线完备公理),但是其基本的观点依然相同。明显地,这观点粗略说来就是,禁止讨论不完备的空间,即被剔除了一部分的点、直线和平面的空间。而且需要消除的正是这种可能性。

我们已经提起过,连续公理在希尔伯特的公理系统中占有完全独特的地位;它们好像不是嫡系,本书作者认为没有它们也无所谓:可以完全没有完备公理,也可以在大部分地方没有阿基米德公理。在这里我们应该顺便讨论一下这种现象的极为深刻的原因。

如果限于公理Ⅰ～Ⅳ,则希尔伯特公理系统的最本质的现象是实际上没有无穷集合的概念。固然,著者常常给出这样的叙述,使人很自然地会在集合论意义下来理解它们。例如,正文的开头,"设想有三组不同的对象……",自然可以理解成被讨论的是某三个集合。然而这种叙述实质上是属于宣言性的,实际的叙述中是避开它们的。事实上,让我们以这个观点进一步来看一下叙述的特点。首先,很重要的是,希尔伯特避免把直线和平面理解成由无限多个点组成,而把直线和平面作为独立的基本概念引入。在这种情况下,在任何公理的表述中和在任何初等几何定理的证明中,牵涉到的显然只是有限个点(直线和平面也一样),而无限集合的概念还是不出现的。特别说来,譬如说直线上、平面上、空间中的全体点的集合(这种集合必须会是无限的),就没有任何必要去加以设想了。在任何一个公理里都没有牵涉到这种集合。而如果在一个命题里断定了具有某种性质的点(如在两个已知点之间的点)的存在(或者不存在),则应该直接把它理解成许可(或者禁止)讨论具有已知性质的点的意义。至于具有已知性质的点在其中作为元素而存在(或者不存在)的全部点的集合,在这时完全不必去设想。

完全一样地,在讨论直线被在其上的点 $O$ 分成两条半直线时,并不必须说到直线上全体点(除掉 $O$)的集合被分成了两部分。实质上谈到的是,在我们的论证过程中是在作直线上的点,对于其中的每两个点 $A$,$B$ 我们可以说,它们是否处在由 $O$ 决定的不同的半直线上(那时 $O$ 在 $A$,$B$ 之间),还是处在同一条半直线上(那时 $O$ 不在 $A$ 和 $B$ 之间)。换句话说,无论我们多久地继续我们的论证,分成两类的工作是对论证中实际提到的全部点而作的;而且对于我们说这就已经够了。然而这种点永远只有有限个,以致直线上全体点的无限集合的概念依然还是多余的。

用相仿的方法一步一步地考察全部的叙述，我们可以断定，在实质上到处谈到的是有限次的构造步骤，构造法则是由公理给出的。因而在实质上并不迫使我们引用集合论的概念。

要提请注意的是，以上的叙述都是对公理Ⅰ～Ⅳ和从这些公理得来的那一部分几何而言的。连续公理Ⅴ是完全不同的一回事，在连续公理和前面的公理之间隔着一条鸿沟。连续公理在实质上要以无限集合的概念为前提，没有这个概念就无法表达连续公理。实际上，在连续公理的条文里直接谈到全部点的集合（在直线完备公理中谈到直线上的全部点的集合）。与公理组Ⅰ～Ⅳ相反，在这里是以集合论的观点为基础的。

即使是看来似乎意义较为清晰的阿基米德公理，也是以无限集合的概念为前提的。事实上，我们先取定一个线段 $A_0A_1$ 和另一个线段 $B_0B_1$。然后我们在射线 $A_0A_1$ 上顺次作出点 $A_0, A_1, A_2, A_3, \cdots$，使得线段 $A_1A_2, A_2A_3, A_3A_4, \cdots$ 都合同于 $A_0A_1$。我们的论断是，在所作的序列中，可以求得点 $A_n$，使得线段 $A_0A_n$ 超过 $B_0B_1$。

这样，在每个个别的情形里我们只需要有限个点 $A_0, A_1, \cdots, A_n$。然而当我们把公理写成普遍的形状时，我们就应该包括了所有可能的情形，以致在其中就将遇到有任意大的号码 $n$ 的情形。

因此，在公理的普遍表述中，我们不能只考虑序列 $A_0, A_1, A_2, A_3, \cdots$ 的一部分，而必须整个地取这个无限的集合，并且断定，在这集合中有着具有所要性质 $A_0A_n > B_0B_1$ 的点 $A_n$。这样一来，假如没有无限序列的概念，我们就不能表述阿基米德公理了。

会发生这样的问题：主要是在怎样的意义下，才使公理Ⅰ～Ⅳ与公理Ⅴ相反，而不需要集合论的概念？

在公理Ⅰ～Ⅳ的基础上展开几何学时，我们可以根据的是形式逻辑的法则，这只能把它们应用于证明中实地讨论到的构造，这些构造总是有限的，而且完全可以观察到的。就因为这个缘故，全部论证才具有十分清晰的特点，以致在这里就不会发生任何微小的不明确性。

相反地，在应用公理Ⅴ时，我们实质上不能不考虑到无穷集合，而这就已经会带入原则性的不明确性了：我们希望给几何学以根据，然而却是在集合论的基础之上，而且正像每一种数学理论一样，集合论本身也必须有其根据。这样就产生了推广研究范围的必要性，以致在任何情况下，有限次构造所独有的那种完全的清晰性现在便消失了。

我们不想更深入地讨论这些问题了，只是以上的叙述已经说明了在几何学的基础上引入连续公理 $\text{V}_1$ 和 $\text{V}_2$ 所引起的那种原则性的复杂性。

> 希尔伯特在几何学的逻辑分析领域里的巨大成就，恰恰就在于他发现了，不利用连续公理，几何学在实质上也有发展的可能性。

没有连续公理的几何学，我们叫做非阿基米德几何学。正像我们将在以下的内容概述里肯定的那样，希尔伯特的这本书正是特地为它而写的①。

---

① 著者通常是在比较狭窄的意义下使用“非阿基米德几何学”这个名词，那就是指不仅不利用连续公理、而且明白说出它不成立的几何学。

## 内容概述。第三章和第四章：非阿基米德的度量几何学

第一章包含我们已经讲过的公理方法，以及一系列最直接地从公理得出的定理。读者必须注意到掌握这些定理的证明的全部重要性。希尔伯特公理系统的公理是很容易看懂甚至记住的，但是如果不学会如何实际运用这些公理，也就是如何根据这些公理严密逻辑地来证明一些定理，那么对于数学的发展说这些公理就是毫无用处的了。

希尔伯特的叙述一版又一版地变得更清楚和更完全。然而直到今天在其中还有着大量的证明方面的空白要读者自己去补全。这种情况大大地减低了本书的教学上的价值。问题不仅在于被省去了的证明中有一些是十分困难的，更重要的还在于初学读者即使作出了证明，也未必能够完全有把握地弄清楚他的证明在逻辑上是否无可责难，还是在其中某处已经混进了从直觉观念借用的假设。所以编者和译者想用附在本书最后(第146～199页)的附注来补全叙述的空白。结果可以认为，叙述的易于理解现在已接近于大学教本的水平。

希尔伯特著作的第二章讲授由于公理方法而产生的逻辑问题我们留到后面去谈它，现在则从第一章直接过渡到第三章和第四章。

在第一章里证明了的那些基本定理(定理1～31)，不依赖于连续公理，因此是属于非阿基米德几何的。在第三章和第四章里情形也是如此。只是与第一章比较起来，在这里问题要复杂得多。

第三章的目的在于引入线段相比的概念，特别在于建立在非阿基米德几何里的相似形理论；在第四章里则建立了非阿基米德的面积理论。在通常的叙述里这些课题是通过在几何中引用数而解决的。那就是说，用大家熟知的方式，与每对线段 $AB$，$CD$ 对应的是表达它们的比值实数。把一个线段，譬如 $AB$，分成 $n$ 个相等的部分之后，我们陆续加接线段$\frac{AB}{n}$，直到获得超过 $CD$ 的线段才止。设在线段$\frac{AB}{n}$加接 $m+1$ 次时我们首次得到这样的线段。那么可以证明，当 $n\to\infty$ 时$\frac{m+1}{n}$趋向一定的极限；这极限就叫做比值$\frac{CD}{AB}$。

我们看到，这个作法在实质上假定了阿基米德公理：在非阿基米德几何里可能有这样的情况，无论我们多少次加接线段$\frac{AB}{n}$，我们总不能够超过线段 $CD$，因而也就无法决定数 $m+1$。还可能有这样的情况，无论我们取怎样大的 $n$，$\frac{AB}{n}$仍然大于线段 $CD$，使得 $m+1$ 永远等于1，以致不得不取零作为比值$\frac{CD}{AB}$，尽管线段 $CD$ 并未退化成为点。

这样一来，在非阿基米德几何里我们不能够按照通常的方法用数来刻画线段的比值。因而我们也就无法在通常的意义下来谈到线段的成比例(比值相等)，以致相似形理论变成无内容的了。由于面积比值的概念按完全相同的原因失去了支柱，面积的测量也成为不可能的了。此外，譬如说，由于我们不再有三角形的底和高的数值表示(在通常的

叙述里，这是底和高那两个线段与取作长度单位的线段之比值)，三角形面积用底和高的乘积之半来表示的式子也失去了意义。

希尔伯特用非常有趣的，主要还在于用很自然的几何方法，克服了这个困难。他指出：在几何学里不一定要运用数的概念；只用几何的方法也可以进行计算(线段的计算法)，这种计算法给予我们与实数的算术同样的方便。

首先，在§13里这种计算法是以抽象的形式给出的。考虑一些对象——希尔伯特把它们叫做复数系统的数，对这些对象提出列举在公理中的一些要求。那就是说，公理1～12为这些对象确立了有普通性质的加法和乘法运算(以及它们的反运算)。

这时自然并不需要使这种加法和乘法运算具有包含某种意义的直觉性。所谓加法，简单地只是一种法则，它使每对对象都有对应的一个第三个对象；所谓乘法也是类似的一种法则。以后我们关于这两种运算所需要知道的一切，都已经列举在所说的公理中了。

满足公理1～12的对象集合，在近世代数里叫做域。有公理12的域叫做可换的，否则叫做不可换的。

但是我们所要的不仅是一般的域，我们还需要这域是有序的。公理13～16为所讨论的对象引出“大于”和“小于”的关系，并且指出这两个关系的性质。当然，在这里对于我们对象的“大小”也没有假定了任何直觉的意义，关于“大于”概念所必须知道的都已列举在公理13～16中了。

总之，公理1～16决定了有序域，而且用这种方式定义了的运算(对域的元素进行的计算)恰好就起着基本的作用。至于连续公理17～18，则可以证明它们只是一般地把有序域(由公理1～16决定)变成全体实数的域罢了。在非阿基米德几何里，由于在这种几何中缺少连续公理，在作线段的计算时这两个公理就不能使用。

然后在第三章里，这个以公理1～16抽象地规定的计算法几何地被实现了。那就是说，取作计算对象的是非阿基米德几何里的线段(并且不考虑它们在空间中的位置，彼此合同的线段被认为是同一个对象)。线段的加法和乘法运算(§15)用几何方法引入，在加法的情形完全是显然的。“大于”的概念也是几何地用通常的方法定义的。可以验证，在这种线段计算里，公理1～16成立。在验证中起基本作用的是希尔伯特简短地叫做巴斯噶(Pascal)定理的那个定理。实质上，这是当圆锥截线退化成一对直线而且六角形的对边都平行时巴斯噶定理的特别情形。

必须注意的是，作为计算元素的线段，直接地只提供公理1～16决定的有序域的正元素。为了完整地得到这个域，必须像在§17里所做的那样，在讨论中还要引用“零线段”和“负线段”。如果只限于沿一条直线上截取线段，而且约定总按确定的顺序来取线段的端点，则正负线段就可以几何地用通常的方法来决定。

为了作出相似理论里的全部主要的命题(§16)，只要利用正线段就够了。作为非阿基米德相似形理论的本质的根据，我们现在又可以重谈到两个线段 $a$ 和 $b$ 的比值了，只是指的不是数，而是在我们的计算法中 $a$ 被 $b$ 除所得到的线段。线段 $a$，$b$ 和线段 $a'$，$b'$ 的成比例则可以用下列线段等式来定义：$\frac{a}{b}=\frac{a'}{b'}$ 或者 $ab'=ba'$ 也一样。

然而在正文中并没有明白地说出线段的比值是线段，那是因为在这种情况下的比值有严重的缺陷：它依赖于在我们的计算法中单位线段的取法。然而上面那样定义的线段 $a$，$b$ 和 $a'$，$b'$的成比例有着不变的意义，这只要从定理 42 就可以看出。而因为对于相似形理论而言，重要的只是具有其普通性质的线段的成比例，所以可以毫无困难地按照通常的叙述那样地建立起整个的理论。

在第四章里所叙述的非阿基米德的面积理论，完全一样地是利用了线段的计算法来代替线段的数值表示和对这种数进行的运算。

首先定义了两个多边形的剖分相等（剖分成两两合同的三角形的可能性）和拼补相等（两个多边形经过拼补上两两合同的三角形以后，再剖分成两两合同的三角形的可能性）。这两个概念在普通的几何里是等价的，在非阿基米德几何里是不等价的。必须把这两个概念中含义较广的一个、即拼补相等作为基础。希尔伯特指出，有相同的底边和高的三角形是拼补相等的，但是却可以不是剖分相等的。

然后确立了与普通情形相仿的拼补相等的一些基本性质（定理 43～47），提出一个重要的问题：证明多边形不能与其一部分拼补相等（定理 48 的意义就在于此）。如果事实不是如此，则面积相等的概念就失去了它的价值。因为我们在运用面积时就没有可能添上“大于”和“小于”的概念。实际上，假如一个多边形与另一个多边形的一部分面积相等，很自然地可以认为第一个多边形按面积小于第二个多边形。但是如果多边形居然与其一部分面积相等，则就不能不认为它比它自己小，等等，这就使“大于”和“小于”概念完全失去了意义。

这样一来，在扩大的形式下，我们的问题就化成了下面的问题：对于边多形引出具有普通性质的“相等”“大于”和“小于”的概念，并且既要使得前面已经定义了的拼补相等起着相等的作用，又要使得包含在另一个多边形里的一个多边形总被认为是较小的（因此它们就不相等）。

希尔伯特使每个多边形对应于一个确定的线段，而解决了这个问题，这线段就叫做多边形面积的量。那就是，使每个三角形对应于一个线段，等于在线段计算意义上的底乘高的乘积之半。使每个多边形对应于一个线段，等于与其剖分中的三角形对应的诸线段之和。这时可以证明，这个和并不依赖于剖分的方式。主要的结果写在定理 51 里：多边形拼补相等的必要和充分的条件是它们面积的量相等。于是多边形“相等”“大于”和“小于”的概念（对于它们的面积而言的）就不难利用对应线段（面积的量）的比较而引出了。特别地，如果一个多边形包含在另一个多边形内，则很容易从定义得出，后者的面积是前者的面积加上相差部分的面积，那是因为它大于两个加项中的每一个。要注意的是，在这里我们总认为面积的量是正的线段。固然，在正文中，在牵涉到多边形的定向时，也讨论了负的面积的量，这只不过是为了证明（定理 49 和 50）过程中的方便而已，对于最终地写出的结果而言这完全是多余的。

还必须说明一下，这种面积理论与初等几何的传统内容有什么关系。如果我们抛弃非阿基米德的观点，则线段就可以用数来表示，以上的全部理论也就可以从把面积的量看做数来展开（把三角形底和高的线段的相乘换成代表它们的数的相乘）。然而这依然还不是通常教科书中所叙述的理论。问题是在于，在通常的叙述里暗地假定了，可以有正数与每个多边形相对应,使得对应于合同的多边形的是相等的数,对应于合成的多边形的是对应于其各部分的数之和,对应于单位正方形的是单位数。所有这些都没有作任何的证明而假设为显然的,在以后只研究在这种情况下这些数是什么,证明对于三角形而言这一定是底和高的乘积之半,等等。

把希尔伯特的理论移到初等几何里以后,我们就可以证明,对应于每个多边形,确实可以有具有所列举的性质的数。简短地说,希尔伯特理论证明了面积的量的存在性,而通常的理论则证明了它的唯一性。

## 内容概述。第五章和第六章:非阿基米德的射影几何

在这两章里我们撇开了第三组公理,因此我们删去了线段和角的合同的概念,以致在实质上我们过渡到了射影几何的范围。因为在注解[58](第 179 页)里对于这一点有所说明,我们不拟说得更详细了。要注意的只是,我们还是大多不利用连续公理,以致可以说,研究对象是非阿基米德的射影几何。

当然,就希尔伯特叙述的字面上的意义看,说研究的是非阿基米德的仿射几何也许更确切些。但是如果在讨论中引入假(无穷远)元素,就像在注解[58]里所做的那样,则得到的空间可以叫做非阿基米德的射影空间,而且全部叙述可以在更广泛的意义下使用。那就是说,在正文中所给的全部作法,可以认为是在非阿基米德的射影空间中作的,只是在其中剔除了一个任意选取的平面。至于直线的平行性则在这时可以理解为它们相交于这个平面上。

必须注意的是,在注解[58]里非阿基米德射影空间的作法,从并未引进射影的顺序关系这一点说来,是没有完成的,但是在第五和第六章里,顺序关系一般也只占有附属的地位。

在第五章里首先解决的问题是:*在非阿基米德的射影几何里引进坐标系以至一般地引进解析几何的方法*。由于缺少阿基米德公理,在这里不能用通常的数作为坐标;甚至连第三章中所作出的线段的计算法也不能利用,因为这是以合同公理作基础的。但是希尔伯特的出发点是,建立新的不利用合同公理的线段计算法,它有纯射影的特性。计算的对象,像在第三章中一样,是线段。但是如果在以前选取的线段有完全任意的位置,并且彼此合同的线段,作为计算对象,彼此并无区别,则现在讨论的线段,只是从一个固定的起点 $O$ 出发,沿着通过这点的两条固定的直线而截取的线段。从 $O$ 沿着一条固定直线截取的线段,作为计算对象,被认为是等于从 $O$ 沿着另一条直线截取的线段,假如连接这两个线段端点的直线平行于一个固定的方向的话。

在几何构图的基础上给出线段的和以及乘积的定义,而且证明所作出的计算法满足§13 中除掉要求 12 以外的所有要求 1～15。换句话说,我们的线段的集合一般说来可以认为是非可换的有序域。希尔伯特把这种域叫做德沙格(Desargues)数系,而且取它作为非阿基米德射影空间中解析几何的基础。

第五章的目标,只是在平面上建立了解析几何,虽然在空间中完成同样的作法并无

任何原则性的困难。

我们在平面上取通过固定点 $O$ 的两条直线(它们就是坐标轴),而且在每条直线上任意地取一个点,它们在线段的计算法中就被用作单位点 $E$ 和 $E'$。

任意点 $M$ 的向径 $OM$,我们按通常的方式沿两条轴而分解。如果得到的线段我们可以用数来表示,则就得到了通常的仿射坐标系;但是现在我们直接用线段代替数来作为计算对象,这我们在前面已经说过。

作为计算对象的这两个线段(沿轴分解而得到的),我们叫做点 $M$ 的坐标 $x,y$。主要的结果在于:直线的方程有通常的形式:

$$ax+by+c=0$$

只是这时有一个条件:流动坐标 $x,y$ 的系数 $a,b$ 写在左边($a,b,c$ 也是我们计算对象的线段),这在现在是非常重要的($ax\neq xa$,等等)。

这样,在非阿基米德射影平面上引进了解析几何。自然,假点在这时没有得到坐标,而为了要写出假点的坐标,则必须完全像通常所做的那样过渡到齐次坐标才成。只有齐次坐标 $x_1,x_2,x_3$ 现在有这样的一个特点,它们可以在右边乘上一个公共因子 $\rho\neq0$ 而还决定同一个点。

在引进了解析几何以后,要解决希尔伯特在第五章里看做主要结果的下一个问题,就没有特别的困难了。

我们来讨论空间中一个平面上的几何。这几何的对象是属于已知平面的点和直线。从所讨论的公理(第一组公理,第二组公理和第四组公理,看 §22)中只需要保留平面的公理,即只与平面上的作图有关的公理($\mathrm{I}_{1\sim3}$,$\mathrm{II}_{1\sim4}$ $\mathrm{IV}^*$)。此外,还需要平面上的德沙格定理(定理 53)成立。在任何的射影几何教程中可以看到,在证明这个定理时用到了空间的作图,尽管这个定理具有平面的特性。希尔伯特证明,这不是偶然的:根据刚才列举的平面公理,德沙格定理不能被证明(即使添上连续公理和公理 $\mathrm{III}_5$ 以外的全部合同公理来加强它们也是一样)。固然,利用全部合同公理可以不过渡到空间而证明德沙格定理,但是这不是我们现在所关心的,因为我们研究的是射影几何,所以不考虑合同的概念。

总之,平面上德沙格定理的真实性,是不能从平面的射影几何公理推出的。所以,要想不过渡到空间,独立地来作出平面几何,我们应该把德沙格定理作为新的公理添到平面公理 $\mathrm{I}_{1\sim3}$,$\mathrm{II}_{1\sim4}$,$\mathrm{IV}^*$ 上去。

然后就可以证明,平面公理的这种推广对于我们的目的说已经足够了。那就是说,在平面公理和德沙格公理成立的平面几何里,可以作线段的计算(§24～§26)和引出我们已经谈到过的解析几何(§27)。这样,在得到了德沙格数系以后,我们把它用于(§29)空间的形式的解析作法上(点指的是德沙格数系三个元素的组,等等),在其中满足全部公理 Ⅰ,Ⅱ,Ⅳ,而且在它的诸平面上实现原来的平面几何。

主要的结果是这样:要使得在平面公理 $\mathrm{I}_{1\sim3}$,$\mathrm{II}_{1\sim4}$,$\mathrm{IV}^*$ 上的几何可以在空间的诸平面上实现(满足公理 Ⅰ,Ⅱ,Ⅳ 的),必要和充分的是,在这几何里除掉所说的公理以外,德沙格定理也成立。

第六章对这些问题作更深入一步的讲述。在第五章里提到的是非阿基米德射影几何，即以公理Ⅰ，Ⅱ，Ⅳ为基础而不依据合同公理Ⅲ和连续公理Ⅴ的几何。但是这自然并不是说，抽出的公理在我们的几何里一定是不对的。实际上，当除去以公理Ⅰ，Ⅱ，Ⅳ为基础的命题以外，抽出的公理有一部分甚至全部也成立时，我们的全部结论依然是对的。

特别地，不妨问一下，当除去公理Ⅰ，Ⅱ，Ⅳ以外，阿基米德公理也成立时，我们的几何将是怎样？阿基米德公理现在必须有与第一章里不同的写法，这是因为我们现在没有线段合同的概念，因此也就不能从一个已知点开始来截取已知线段。但是在另一方面我们有了在§24～§26的线段计算意义上的线段加法的概念，以致所谓逐次地截取已知线段 $a$ 我们可以理解成逐次地作加法

$$a+a+a+\cdots$$

阿基米德公理断定，这种形状的和当加项 $a$ 的个数充分大时，必定会超过任何预先给定的线段 $b$（当然，线段 $a$ 和 $b$ 都是作为计算元素的线段，因而都从同一个点 $O$ 沿着同一条直线截取；此外，我们认为 $a>0, b>0$）。

在§32里证明，这个公理的引入促成了德沙格数系中乘法的可交换性。因而巴斯噶定理成立。实际上，在§34里证明，这两件事是等价的。这里还包括了在添加阿基米德公理以后我们的几何系统的特殊化。然而在那里还留下这样的疑问：不把阿基米德公理添加到所采用的公理Ⅰ，Ⅱ，Ⅳ上，乘法的可换性和巴斯噶定理能被证明吗？那时上面所说的特殊化就会成为虚假的了。这问题在§33里解决了，在那里给出了确实非可换的（因而是确实非阿基米德的）德沙格数系的例子。

在空间的解析作法中利用这种数系的元素（点是三个元素 $x, y, z$ 的组，等等，按照§29)，可以得到一种几何，在其中公理Ⅰ，Ⅱ，Ⅳ$^*$成立，同时线段的计算确实是非可换的，因而巴斯噶定理不成立。

这样一来，没有阿基米德公理，只根据公理Ⅰ，Ⅱ，Ⅳ$^*$，要证明巴斯噶定理是不可能的。

## 内容概述。第七章：非阿基米德的作图理论

让我们再回到非阿基米德度量几何的领域来，即依据的是全部公理Ⅰ～Ⅳ。因此，排除的只是连续公理。同时我们所谈的限于平面上的几何。

容易看出，有一些公理的内容是肯定一些确定的作图问题的可解性。那就是肯定这样一些可能性：通过两点引一条直线（$\text{I}_1$），在已知射线上截取与已知线段合同的线段（$\text{III}_1$），和在已知半平面上从已知射线起画出与已知角合同的角（$\text{III}_4$）。还有一个类似的断言包含在平行公理Ⅳ中。假如取欧几里得原来的表述法，这一点会显得更明白些：两条直线被一条割线所截，当组成的同侧内角之和小于两直角时，它们彼此相交。因此，在这里断定了在确定条件下作出两条直线的公共点的可能性。

看一下公理Ⅰ～Ⅳ，不难肯定，这一些已经包括了只有直接用公理才能解决的全部作图问题。因此，在我们的几何中，可解的其余的作图问题就需要化成所列举的四个基本问题。

再有，假如从列举的基本问题中删去作角和截取任意线段，而换成逐次截取固定的线段，可以证明，在这种情况下以上的结论依然真实(定理63)。因此，在我们的处置里保留了使用“直尺”和放置“迁线器”，而且这就足以完成全部可能的作图了。

我们看到，在基本的问题里完全没有提到圆，虽然通常在几何作图时我们习惯于同时使用“直尺”和“圆规”。这事实不是偶然的：在几何作图中，圆的价值只在于在已知的条件下我们可以作出两个圆的交点以及圆与直线的交点。

然而在非阿基米德几何里，即使在直线上明知有着离圆的中心小于半径的点时，我们也不能断定直线与圆相交。由于缺少连续公理，直线可以从圆的内点区域“溜”到圆的外点区域，而“不碰到”这个圆。所以对于非阿基米德的几何作图而言，圆是不适于使用的，以致我们不得不限于使用比较粗糙的工具。

然后，定理64指出，从已知的一些点通过直尺和迁线器作图而得到的那些点，其坐标可以如何地来决定。证明了的是，从原来的点的坐标经过四种有理运算和从已经作出的数的平方和求平方根，就可以得到所作出的点的坐标(我们回到通常的几何，而且单单提到实数，虽然当坐标是非阿基米德几何里线段计算的元素时，这些论证还是对的)。

本章的其余部分围绕着定理65。

大家知道，用直尺和圆规可解的作图问题是这样地被决定的：所求点的坐标可以由已知点的坐标经过四种有理运算和从任意已经作出的正数开平方来表达。

由此再一次地看到，利用直尺和迁线器可解的问题，乃是利用直尺和圆规可解的问题的一部分。

证明了的是(这是指定理65)，这个特殊情形是这样决定的：问题的解有最可能多的个数(只考虑实解，包括与假元素有关的解)。那就是说，如果对于问题的解析的解需要不少于 $n$ 次的开平方，则在这个特殊情形里，它的解的个数应该等于 $2^n$；这是必要的，也是充分的。

## 无矛盾性的问题

当在公理的基础上纯逻辑地展开几何学时，很自然地出现在我们面前的第一个问题是关于我们公理系统的无矛盾性的问题。是否能保证我们的公理系统没有矛盾的现象，是否可能发生这样的事，在我们证明了一个定理的同时，发现它的反面也成立？在那样的情况下，我们的公理系统就没有任何的价值了。在专讲逻辑问题的第二章里，这个问题最先被提出，而且通过我们几何系统的解析的解释而得到了解决(§9)。解析的解释的意义在于给几何的基本概念以算术的说明(如用三个实数的组代表点等)，并且在这种说明中，当把全部公理化成实数的算术命题时，它们依然真实(这个问题详细地被叙述在注解[35]，[36]和[37]里，看第166～169页)。所以在我们的几何系统里的任何矛盾，就意味着在实数的算术里的矛盾。因此，我们不能完全确切地说，几何学的无矛盾性的问题在§9里被解决了，它只是被化成了更基本的问题，即化成了算术的无矛盾性的问题。而因为整数的算术以及进一步的实数的算术，几乎是一切数学的基础，所以算术的无矛盾性的问题与一般数学的根据问题有不可分割的密切联系。

再有，因为我们从公理出发，依据逻辑法则作出了论断，所以要想确定我们的几何系统的无矛盾性，在研究数学内容的同时，我们还应该研究逻辑学。

能够用来解决这类问题的途径和方法，由希尔伯特和其学派所提出，这里的基本思想如下：数学命题和逻辑法则都可以利用特殊的符号写成公式的形状，而不需要加入任何文字上的表述。逻辑思考的过程就换成了以这种公式依照严格地描述了的规则而进行的操作。那就是说，从已经作出的公式，依照精确地指出的方法。纯粹机械地解决组成新公式的问题，而且这就代替了从一个命题引出另一个命题的自觉的推理。因此，数学和数学方面所研究的逻辑内容，就以公式链子的形式出现在我们面前。这个链子开始于描述数学和逻辑公理的公式，然后就可以用机械地组成新公式的方法无限制地延长下去：这时我们不必过问，写成的一个公式究竟有怎样的数学内容；我们关心的只是公式本身，它完全是一些记号的具体而又可见的有限组合。希尔伯特学派正以这样的态度来处理无矛盾性的问题：要求证明，在公式的链子中不能出现表示矛盾的公式。

然而，尽管在这方面已有了大量的著作，重要的数学部门的根据问题还远没有穷尽。作为本书附录的希尔伯特在这些方面的论文（附录Ⅵ～Ⅹ）*，其目的就是把读者引进他的思想的圈子。自然，这些论文大多数具有草案的性质，而且在某些部分写得有些半明不白，它们从任何方面说都不能被认为是有头有尾地叙述了问题（它们当然更不能反映后一些年代在这方面的结果）。依据这些论文来研究希尔伯特的证明论未必是可能的。但是，希尔伯特在这些论文里，却以极大的热情和常常是真正艺术的手法描述了在数学基础这个领域里他的思想发展的一般过程。而且即使读者忽略了大量的细节，他还是会在整体上获得关于这些创作精神和创作风格的生动而又鲜明的观念的。

我们还注意到，虽然在希尔伯特的论证里的哲学因素有时带有唯心主义的特性，还是不难发现其理论的客观的唯物主义的内容。上面已经指出过，数学理论的无矛盾性应该在把它展开成一系列公式的基础上去发掘。每个这样的公式都是一些记号的有限组合，而且我们完全丢开了这些记号的意义而把它们看做独立的对象。先决条件是：我们能够牢牢地掌握这种运用记号的形式上的处理，例如，善于在一堆记号中找出相同的记号，善于把一个确定的记号甚至整整一个记号组合换成别的，等等；而且这些运算是直截了当地明白的，不需要任何进一步的解释，也不会引起任何原则性的疑惑。

简短地说，我们假定，对于用来组合成我们公式的记号，我们在处理时不会比处理物质世界的对象时更差些。由于我们提到的永远是记号的有限组合，这一点确实是完全合理的；举例说，我们可以用铅笔把每一个公式全部写在纸上，因而，假如有必要的话，就可以把组成这公式的记号作为由石墨作出的物质对象而实现出来。

总之，希尔伯特理论从其最根本的基础上说——按其客观的意义说——依然诉之于物质的经验，因为它提供的只是以数理逻辑的记号作有限次的演算，正如同它们都是物质世界的对象一样，而这一点之所以可能，就在于所有组合的严格的有限性，当挑出每个这种组合来考察时，由于达到终端的可能性，总能遇到其中的任何数理逻辑的记号。所

* 第七版以前的附录（Ⅵ～Ⅹ）自第八版以后均去掉。——译者注

以所谓希尔伯特的"有限处置"在他的理论里占有极为重要的地位。

## 关于公理的独立性

我们已经说过，很自然地会希望公理系统就其所包含的要求方面说来是极少的，希望这些要求中没有多余的。如果要正确地描述这个观念，则我们就将引出公理的独立性的概念。

我们说一个公理对其余的公理（或者其中的一部分公理）是独立的，如果它不能作为这些公理的逻辑推论而推出的话，因此，对其余的公理来说是独立的公理，在任何情况下都不能无故地从已知几何系统的公理中删去；失去这个公理的损失是无法补偿的，因为它所包含的东西不能从其余的公理推得。

在把公理系统化成极小的意义下，事情的理想状况是这样的，那时公理中的每一个都与其余的公理无关。在这种情况下，实际上是肯定在我们的公理系统里不能再作任何的简缩，并且任何简缩都将会在实质上减弱公理系统，因而也就改变了几何系统。

然而，在我们所关心的希尔伯特公理系统里，事情的这种状况是不能达到终点的。问题在于，例如在表述与"介于"概念有关的第二组公理时，假定已经建立了具有第一组公理中所写的性质的"属于"概念。而在表述合同（第三组）公理时，除此而外，还假定已经用第二组公理建立了"介于"概念。这种前提为了要能表述第三组公理有时是极重要的；例如在公理$\text{III}_4$的表述里用到了半平面的概念，它不利用第二组公理是无法建立的。

所以，甚至要提出例如关于帕士公理$\text{II}_4$对第三组公理的独立性的问题也是毫无意义的：不必想证明帕士公理不能或者能从这些公理推出，因为在表述它们时，早已必须假定帕士公理的真实性了。

希尔伯特讨论了的（§10～§12）只是一些最使人关心的公理的独立性的问题。首先谈的是平行公理Ⅳ对所有其余的公理的独立性。在这个例子上我们也说明了用来证明一个定理的独立性的一般的方法。我们讨论一个新的公理系统，在其中去掉平行公理以外，所有的公理都与希尔伯特系统中的公理相同，至于平行公理则换成它的否定（即肯定可以找出这样的直线和在它之外的点，通过这个点可以引多于一条的直线，不与已知直线相交而与它处在同一个平面上）。

设想我们已经确立了这新的公理系统的无矛盾性。那么由此就可推出平行公理对其余公理的独立性。事实上，如果平行公理是其余公理的推论，则它也将从新的公理系统（在新的公理系统里包含着除平行公理以外的所有原来的公理）推出。而因为在新的公理系统里还包含着平行公理的否定，所以新的公理系统就违反了已经确立的结论，而包含了矛盾。

总之，为了证明已知公理对其余公理的独立性，只要把已知公理换成它的否定，对于其余的公理保留不变而得到的那个公理系统，来证明其无矛盾性就成了。在我们所说的情形里，问题显然变成证明罗巴契夫斯基的非欧几里得几何的无矛盾性了。

在提出关于欧几里得几何的无矛盾性的问题时，我们通过解析的实现把它化成关于算术的无矛盾性的问题。同样地，罗巴契夫斯基几何的无矛盾性的问题，可以通过例如罗巴契夫斯基几何的凯雷(Cayley)和克莱因的射影解释实现，化成欧几里得几何无矛盾性的问题。希尔伯特引用的就是这个实现。在欧几里得空间里取一个球，而且约定认为：点是指球内的点，直线是指端点在球面上的线段，平面是指球被平面所截而得到的圆的内部。从属性以通常的意义来理解，点在直线上的顺序也以通常的意义来理解，而两个线段或者两个角的合同，则是指在把球的内部变成自己的空间到自身的直射(射影变换)下，这两个线段(或者角)叠合的可能性(详细的叙述可以去看克莱因著的非欧几里得几何学)。

可以验证，在这种解释(实现)下，基本的几何概念显得是适合于平行公理以外的全部希尔伯特公理的，至于平行公理则显然是不适合的。换句话说，我们有了罗巴契夫斯基几何的一个实现，在这实现下，这几何的所有的基本概念以至于所有的命题，都被解释为欧几里得几何的一些概念和命题。因为在这实现下罗巴契夫斯基几何的公理成立。所以，如果它们引向矛盾，我们就将在实现里得到矛盾。可是在实现里，罗巴契夫斯基几何的命题被解释为欧几里得几何的命题；因此，我们就将在欧几里得几何里得到矛盾。所以，如果我们承认欧几里得几何无矛盾，则我们不得不在同样的程度上承认罗巴契夫斯基几何无矛盾。

然后(§11)希尔伯特证明了公理$\mathrm{III}_5$，对所有其余的公理的独立性；问题是在于，这个公理初看起来是过分复杂和笨重的，“就像定理似的”。然而独立性的证明表明，我们不能删去这个公理，因为它不能从其余的公理得出。

最后(§12)证明的是，阿基米德公理与前面的公理Ⅰ～Ⅳ无关。以这个目的建立了狭义的非阿基米德几何，即阿基米德公理显然不对的几何。

## 关于附录

在1930年的德文第七版本里，正文最后作为附录而印出的，有希尔伯特在不同的时间内写的10篇论文；这些论文完全翻译出来了。关于讲述算术基础的论文Ⅵ～Ⅹ，我们在上面已经谈过了。论文Ⅰ～Ⅴ具有几何的特性；在其中研究的是一些个别的问题，它们各有其重要性，但是是截然不同种类的，而且与正文的内容相比要具有狭窄得多的特性。只有论文Ⅱ(研究删去镜面对称的平面几何)和Ⅲ(连续公理不存在的罗巴契夫斯基几何的作法)按文体接近正文，其余的与正文都只有间接的关系。

附录的文章，不仅由于其非常专门的主题，而且由于其高深的程度和叙述的特点，只能留给专门的读者。因而在翻译附录时，并不曾为了在所有主要的方面补足作者的常常是过分粗略的叙述，作出了详细的注解，而对于正文则是提出了这样的任务的。

油画——上帝用几何创造世界

# 导　言

• *Introduction* •

几何和算术一样，它的逻辑结构只需要少数的几条简单的基本原理做基础。这些基本原理叫做几何公理。建立几何的公理和探究它们之间的联系，是一个历史悠久的问题；关于这问题的讨论，从欧几里得以来的数学文献中，有过难以计数的专著。这问题实际就是要把我们的空间直观加以逻辑的分析。

本书中的研究，是重新尝试着来替几何建立一个完备的，而又尽可能简单的公理系统；要根据这个系统推证最重要的几何定理，同时还要使我们的推证能明显地表出各类公理的含义和个别公理的推论的含义。

# 第一章 五组公理

## • Chapter Ⅰ The Five Groups of Axioms •

### §1 几何元素和五组公理

**定义** 设想有三组不同的对象[1]：第一组的对象叫做**点**，用 $A, B, C, \cdots$ 表示；第二组的对象叫做**直线**，用 $a, b, c, \cdots$ 表示；第三组的对象叫做**平面**，用 $\alpha, \beta, \gamma, \cdots$ 表示。点也叫做**直线几何的元素**；点和直线叫做**平面几何的元素**[2]；点、直线和平面叫做**空间几何的元素**或**空间的元素**。

设想点、直线和平面之间有一定的相互关系，用"关联"("在……之上"，"属于")、"介于"("在……之间")、"合同于"("全合于"，"相等于")等词来表示。下面的几何公理将给这些关系作出精确而又完整的描述。

几何公理共分成五组，其中每一组表达了直观的某种相互联系的基本事实。这五组公理的名称如下：

Ⅰ. 1～8. **关联公理(结合公理，从属公理)**

Ⅱ. 1～4. **顺序公理(次序公理)**

Ⅲ. 1～5. **合同公理(全合公理，全等公理)**

Ⅳ. **平行公理**

Ⅴ. 1～2. **连续公理**

### §2 第一组公理：关联公理[3]

本组公理是在前文所提的点、直线和平面这三组对象之间建立一种联系，其条文如下：

$\mathrm{I}_1$. 对于两点 $A$ 和 $B$，恒有一直线 $a$，它同 $A$ 和 $B$ 这两点的每一点相关联。

$\mathrm{I}_2$. 对于两点 $A$ 和 $B$，至多有一直线，它同 $A$ 和 $B$ 这两点的每一点相关联。

我们此处和此后说二、三、……点、直线或平面时，都是指不同的点、直线或平面。

替代“关联”，我们也用别的说法，例如，替代直线 $a$ 同 $A$ 和 $B$ 的每一点相关联这句话，我们也说：$a$ 通过 $A$ 和 $B$，$a$ 连接 $A$ 和 $B$；又如，替代 $A$ 同 $a$ 相关联这句话，我们也说：$A$ 在 $a$ 上，$A$ 是 $a$ 的或 $a$ 上的一点，$a$ 上含有点 $A$ 等等。若 $A$ 既在直线 $a$ 上，又在另一直线 $b$ 上，我们也说：直线 $a$ 和 $b$ 相交于 $A$；$A$ 是 $a$ 和 $b$ 的交点或公共点等等。

$\mathrm{I}_3$．一直线上恒至少有两点，至少有三点不在同一直线上。

$\mathrm{I}_4$．对于不在同一直线上的任意三点 $A$，$B$ 和 $C$，恒有一平面 $\alpha$，它同 $A$，$B$ 和 $C$ 这三点的每一点相关联。对于任一平面，恒有一点同这平面相关联。

在这种情形下，我们也说：点 $A$ 在 $\alpha$ 上，点 $A$ 是 $\alpha$ 的点等等。

$\mathrm{I}_5$．对于不在同一直线上的三点 $A$，$B$ 和 $C$，至多有一平面，它同 $A$，$B$ 和 $C$ 这三点的每一点相关联。

$\mathrm{I}_6$．若一直线 $a$ 的两点 $A$ 和 $B$ 在一平面 $\alpha$ 上，则 $a$ 的每一点都在平面 $\alpha$ 上。

在这种情形下，我们也说：这直线 $a$ 在这平面 $\alpha$ 上等等。

$\mathrm{I}_7$．若两平面 $\alpha$ 和 $\beta$ 有一公共点 $A$，则它们至少还有一公共点 $B$。

$\mathrm{I}_8$．至少有四点不在同一平面上。

公理 $\mathrm{I}_7$ 表明空间的维数不大于三；另一方面，公理 $\mathrm{I}_8$ 表明空间的维数不小于三。

公理 $\mathrm{I}_{1\sim3}$ 可以称为**第一组公理中的平面公理**，以区别于公理 $\mathrm{I}_{4\sim8}$，后者可以称为**第一组公理中的空间公理。**

能从公理 $\mathrm{I}_{1\sim8}$ 推证出的定理，我们只举下列两条：

**定理 1**　一平面上的两直线或有一公共点，或无公共点；两平面或无公共点，或有一公共直线，无公共直线时无公共点；一平面和不在其上的一直线或无公共点，或有一公共点。

**定理 2**　过一直线和不在这直线上的一点，或过有公共点的两条不同直线，恒有一个而且只有一个平面[4]。

## §3　第二组公理：顺序公理①

本组公理规定了“介于”亦即“在……之间”这个概念。根据这个概念，直线上的、平面上的和空间中的点才有顺序可言。

**定义**　在一直线上的点有一定的相互关系。我们特别用“介于”亦即“在……之间”这个词来描述它。

$\mathrm{II}_1$．若一点 $B$ 在一点 $A$ 和一点 $C$ 之间（图 1）[5]，则 $A$，$B$ 和 $C$ 是一直线上的不同的三点，这时，$B$ 也在 $C$ 和 $A$ 之间。

---

① 帕士（M. Pasch）在他的书《新几何讲义》（*Vorlesungen über neuere Geometrie*，Leipzig，1882）中，首先详细地研究了这些公理。特别是公理 $\mathrm{II}_4$，实质上源于帕士。

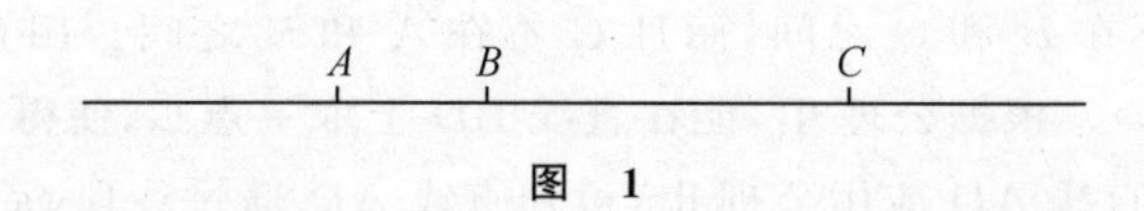

图 1

$\mathrm{II}_2$. 对于两点 $A$ 和 $C$(图 2),直线 $AC$ 上恒至少有一点 $B$,使得 $C$ 在 $A$ 和 $B$ 之间。

$\mathrm{II}_3$. 一直线的任意三点中,至多有一点在其他两点之间。

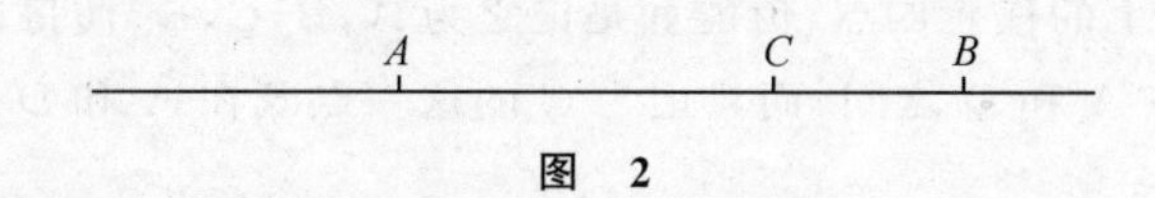

图 2

在这三条**直线顺序公理**之外,还需要一条**平面顺序公理**。

**定义**　我们考虑一直线 $a$ 上的两点 $A$ 和 $B$;我们把这一对点 $A$ 和 $B$ 所成的点组叫做一条线段,用 $AB$ 或 $BA$ 表示。在 $A$ 和 $B$ 之间的点叫做**线段 $AB$ 的点**,或**线段 $AB$ 内部的点**;$A$ 和 $B$ 叫做**线段 $AB$ 的端点**,直线 $a$ 上的其他的点叫做**线段 $AB$ 外部的点**。

$\mathrm{II}_4$　设 $A$,$B$ 和 $C$ 是不在同一直线上的三点:设 $a$ 是平面 $ABC$ 的一直线,但不通过 $A$,$B$,$C$ 这三点中的任一点(图 3),若直线 $a$ 通过线段 $AB$ 的一点,则它必定也通过线段 $AC$ 的一点,或线段 $BC$ 的一点。

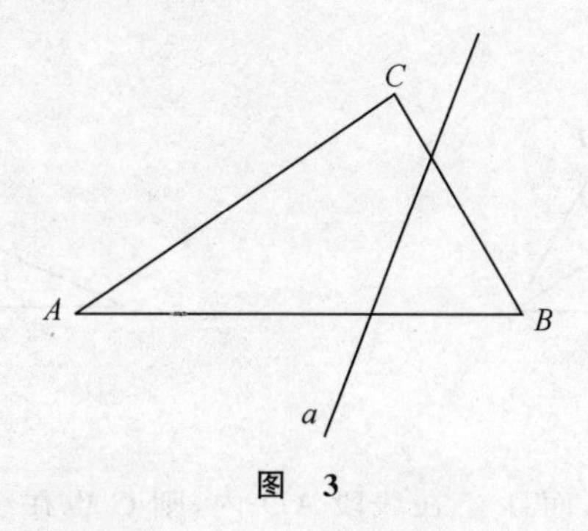

图 3

若用直观的说法,这条公理就是说:若一直线冲进一个三角形的内部,它必定还要冲出去。这直线 $a$ 不同时和 $AC$,$BC$ 这两条线段都相交,这事实是能够证明的[6](参看补篇Ⅰ)。

## §4　关联公理和顺序公理的推论

从公理Ⅰ和公理Ⅱ能推证下列定理:

**定理 3**　对于两点 $A$ 和 $C$,直线 $AC$ 上恒至少有一点 $D$,在 $A$ 和 $C$ 之间。

**证明**　根据公理 $\mathrm{I}_3$,直线 $AC$ 外有一点 $E$(图 4);根据公理 $\mathrm{II}_2$,直线 $AE$ 上有一点 $F$,使得 $E$ 在线段 $AF$ 内。根据这同一条公理和公理 $\mathrm{II}_3$,直线 $FC$ 上有一点 $G$,不在线段 $FC$ 内。根据公理 $\mathrm{II}_4$,直线 $EG$ 必交线段 $AC$ 于一点 $D$。

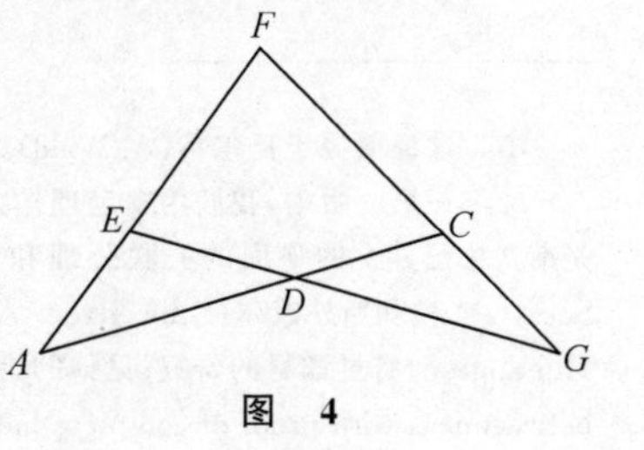

图 4

**定理 4**　一直线上的任意三点 $A$,$B$,$C$ 中,必有一点且只有一点在其他两点之间。

**证明**① 设 $A$ 不在 $B$ 和 $C$ 之间，而且 $C$ 不在 $A$ 和 $B$ 之间。用直线连接 $B$ 和直线 $AC$ 外的一点 $D$(图 5)。根据公理 $\mathrm{II}_2$，能在直线 $BD$ 上取一点 $G$，使得 $D$ 在 $B$ 和 $G$ 之间。对于三角形 $BCG$ 和直线 $AD$ 应用公理 $\mathrm{II}_4$，可知直线 $AD$ 通过线段 $CG$ 内的一点 $E$；同理知直线 $CD$ 通过线段 $AG$ 内的一点 $F$。对于三角形 $AEG$ 和直线 $CF$ 应用公理 $\mathrm{II}_4$，可知 $D$ 在 $A$ 和 $E$ 之间；再对于三角形 $AEC$ 和直线 $BG$ 应用公理 $\mathrm{II}_4$，即证得 $B$ 在 $A$ 和 $C$ 之间。

**定理 5** 一直线上的任意四点，恒能如是记之为 $A,B,C,D$，使得记为 $B$ 的这一点既在 $A$ 和 $C$ 之间，又在 $A$ 和 $D$ 之间；而且记为 $C$ 的这一点既在 $A$ 和 $D$ 之间，又在 $B$ 和 $D$ 之间②。

**证明** 设 $A,B,C,D$ 是一直线 $g$ 的四点，我们先证：

1. 若 $B$ 在线段 $AC$ 内，而且 $C$ 在线段 $BD$ 内，则 $B$ 和 $C$ 都在线段 $AD$ 内(图 6)，根据公理 $\mathrm{I}_3$，取直线 $g$ 外的一点 $E$，又根据公理 $\mathrm{II}_2$，取一点 $F$，使 $E$ 在 $C$ 和 $F$ 之间，重复地应用公理 $\mathrm{II}_3$ 和 $\mathrm{II}_4$，可知线段 $BF$ 和线段 $AE$ 有一交点 $G$，而且还知直线 $CF$ 交线段 $DG$ 于一点 $H$[7]，现在已知 $H$ 在线段 $DG$ 内，而且从公理 $\mathrm{II}_3$，又知 $E$ 不在线段 $AG$ 内，再应用公理 $\mathrm{II}_4$，可知直线 $EH$ 通过线段 $AD$ 内的一点，即 $C$ 在线段 $AD$ 内[8]。同样，能对称地证明 $B$ 在线段 $AD$ 内。

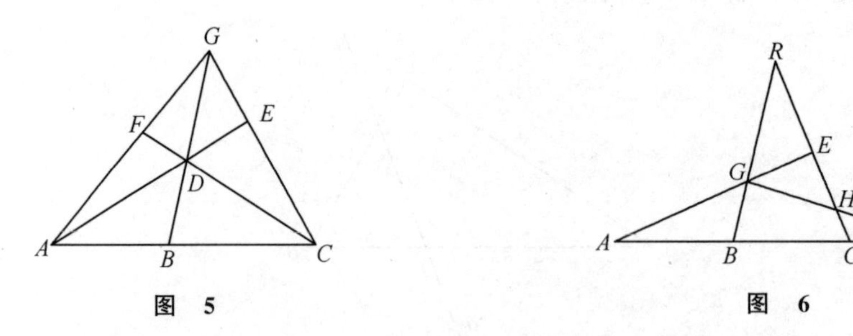


图 5　　图 6

2. 若 $B$ 在线段 $AC$ 内，而且 $C$ 在线段 $AD$ 内，则 $C$ 也在线段 $BD$ 内，而且 $B$ 也在线段 $AD$ 内，取直线 $g$ 外的一点 $G$，又取一点 $F$，使 $G$ 在线段 $BF$ 内，根据公理 $\mathrm{I}_2$ 和 $\mathrm{II}_3$，直线 $CF$ 既和线段 $AB$ 无公共点，又和线段 $BG$ 无公共点；所以根据公理 $\mathrm{II}_4$，它也和线段 $AG$ 无公共点。既然 $C$ 在线段 $AD$ 内，则直线 $CF$ 交线段 $GD$ 于一点 $H$。再根据公理 $\mathrm{II}_3$ 和 $\mathrm{II}_4$，直线 $FH$ 交线段 $BD$ 于一点[9]，所以 $C$ 在线段 $BD$ 内。从论断 1 即得论断 2 的其余部分。

现在设给定了一直线上的四点，先从这四点中任意选出三点。根据定理 4 和公理 $\mathrm{II}_3$，这三点中恰有一点在其他两点之间。前一点用 $Q$ 表示，后两点用 $P$ 和 $R$ 表示。用 $S$ 表示四点中的最后一点。再根据公理 $\mathrm{II}_3$ 和定理 4，关于 $S$ 的位置，只能区分为下列五种情形：

---

① 这证明源于瓦尔特(A. Wald)。

② 在第一版中，我们用本定理作为一条公理，莫尔(E. H. Moore)后来(Trans. Math. Soc., 1902)发现本定理是前文中已建立的平面的关联公理和顺序公理的推论。也参看继续这一工作的韦布仑(Veblen)(Trans. Math. Soc., 1904)和斯外策尔(Schweitzer, American Journ., 1909)的工作。关于直线顺序公理的独立系统亨廷顿(E. V. Huntington)有过详尽的研究；见他的论文"一组新的顺序公设连同其完全独立性的证明"(A new set of postulates for betweenness with proof of complete independence, Trans. Math. Soc., 1924, 也参看 Trans. Math. Soc., 1917)。

$R$ 在 $P$ 和 $S$ 之间；

$P$ 在 $R$ 和 $S$ 之间；

$S$ 在 $P$ 和 $R$ 之间，而且同时：

或者 $Q$ 在 $P$ 和 $S$ 之间，

或者 $S$ 在 $P$ 和 $Q$ 之间，

或者 $P$ 在 $Q$ 和 $S$ 之间。

前四种可能性都满足论断 2 的假设，而最后一种可能性满足论断 1 的假设[10]，故定理 5 得证。

**定理 6(定理 5 的推广)** 一直线上的任意有限个点，恒能如是记之为 $A,B,C,D,E,\cdots,K$(图 7)，使得记为 $B$ 的这一点在 $A$ 和 $C$，或 $D$，或 $E$，…或 $K$ 之间，而且 $C$ 在 $A$，或 $B$，和 $D$，或 $E$，…，或 $K$ 之间，$D$ 在 $A$，或 $B$，或 $C$ 和 $E$，…，或 $K$ 之间，等等。除此以外，只还有把这些点颠倒记之为 $K,\cdots,E,D,C,B,A$ 的这一个办法，使得仍具有上述的性质[11]。

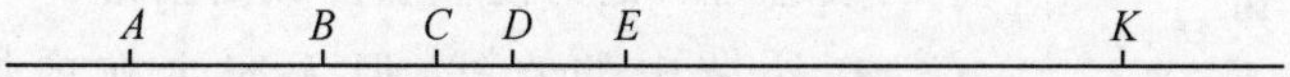

图 7

**定理 7** 一直线上的任意两点之间恒有无限多个点[12]。

**定理 8** 一平面 $\alpha$ 上的每一直线 $a$，把这平面 $\alpha$ 上其余的点，分为具有下述性质的两个区域：一个区域的每一点 $A$ 和另一区域的每一点 $B$ 所决定的线段 $AB$ 内，必含有直线 $a$ 的一点(图 8)；而同一个区域的任意两点 $A$ 和 $A'$ 所决定的线段 $AA'$ 内，不含有直线 $a$ 的点[13]。

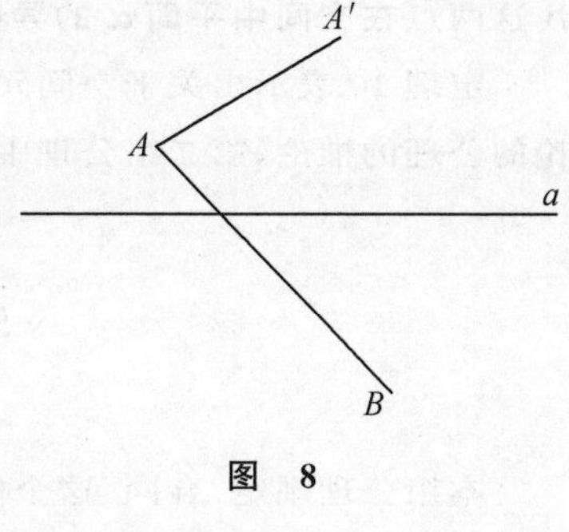

图 8

**定义** 我们说 $A$ 和 $A'$ 这两点**在平面 $\alpha$ 上直线 $a$ 的同侧**(图 8)，而 $A$ 和 $B$ 这两点**在平面 $\alpha$ 上直线 $a$ 的异侧**。

**定义** 设 $A,A',O$ 和 $B$ 是一直线 $a$ 上的四点(图 9)，而 $O$ 在 $A$ 和 $B$ 之间，但不在 $A$ 和 $A'$ 之间。$A$ 和 $A'$ 这两点则说**在 $a$ 上点 $O$ 的同侧**，而 $A$ 和 $B$ 这两点则**在 $a$ 上点 $O$ 的异侧**。直线 $a$ 上点 $O$ 的同侧的点的全体，叫做从点 $O$ 起始的一条**射线**；因此一直线的每一点把这直线分成两条射线[14]。

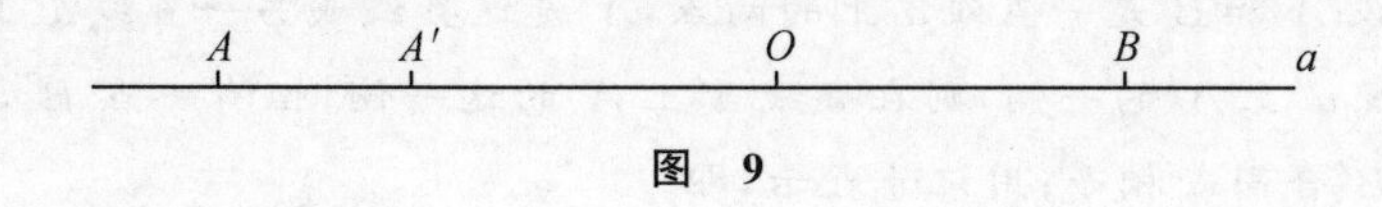

图 9

**定义** 一组线段 $AB,BC,CD,\cdots,KL$ 叫做一条**折线段**，它连接 $A$ 和 $L$ 这两点，为简便计，这折线段也用 $ABCD\cdots KL$ 表示。线段 $AB,BC,CD,\cdots,KL$ 内的点和 $A,B,C,D,\cdots,K,L$ 这些点都叫做这**折线段的点**，若 $A,B,C,D,\cdots,K,L$ 这些点都在一个平面上，而且 $L$ 和 $A$ 是同一个点，这折线段就叫做一个**多边形**，多边形用 $ABCD\cdots K$ 表示。线段 $AB,BC,CD,\cdots,KA$ 也叫做这**多边形的边**。点 $A,B,C,D,\cdots,K$，叫做**多边形的顶**

**点**。若一个多边形有三个，四个，……，或 $n$ 个顶点，它就分别叫做**三角形**，**四角形**，……，或 ***n* 角形**。

**定义**　若一个多边形的顶点各各不同，它的任一边内不含有顶点，而且它的任意两边无公共点，这个多边形就叫做**简单的**多边形。

利用定理 8 得到下列两条定理(参看补篇 $\mathrm{I}_1$ 末尾中的文献)：

**定理 9**　一平面 $\alpha$ 上的每一个简单的多边形，把平面 $\alpha$ 上其余的点(即平面 $\alpha$ 上的，而不在这多边形的折线段上的点)，分为具有下述性质的两个区域，一个**内域**，一个**外域**。若 $A$ 是内域的一个点(内点)，而且 $B$ 是外域的一个点(外点)，则平面 $\alpha$ 上每一条连接 $A$ 和 $B$ 的折线段，至少和多边形有一公共点；反之，若 $A$ 和 $A'$ 是内域的两个点，而且 $B$ 和 $B'$ 是外域的两个点，则平面 $\alpha$ 上恒有连接 $A$ 和 $A'$ 的折线段，和连接 $B$ 和 $B'$ 的折线段，它们都和多边形无公共点，在这两个区域适当的记为内域和外域的情形下，平面 $\alpha$ 上恒有完全在外域中的直线，但无完全在内域中的直线(图 10)[15]。

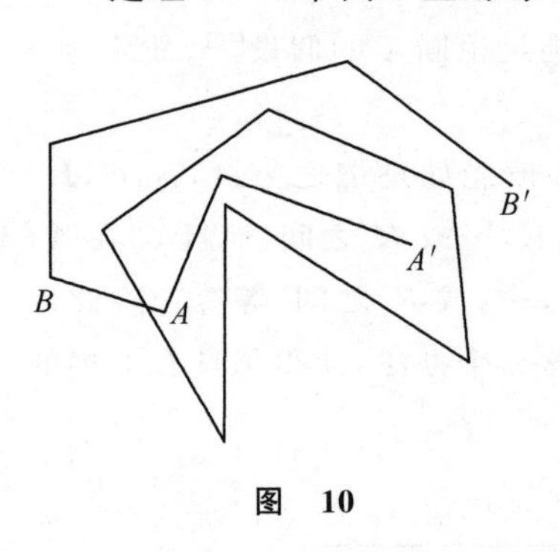


图　10

**定理 10**　每一平面 $\alpha$ 把空间的其余的点分为具有下述性质的两个区域：一区域的每一点 $A$ 和另一区域的每一点 $B$ 所决定的线段 $AB$ 内，必含有 $\alpha$ 的一点；反之，同一区域的任意两点 $A$ 和 $A'$ 所决定的线段 $AA'$ 内，恒不含有 $\alpha$ 的点[16]。

**定义**　用定理 10 中的记法，我们说：$A$ 和 $A'$ 这两点**在空间中平面 $\alpha$ 的同侧**，而 $A$ 和 $B$ 这两点**在空间中平面 $\alpha$ 的异侧**。

定理 10 表示出关于空间元素的顺序的最重要的事实。这些事实所以只是此前所讨论的公理的推论，第二组公理中并不需要新的空间公理。

## §5　第三组公理：合同公理

本组公理规定“合同”这个概念，利用它就可以规定运动的概念。

线段间有一定的相互关系，我们用“合同”或“相等”这个词来描述[17]。

$\mathrm{III}_1$　设 $A$ 和 $B$ 是一直线 $a$ 上的两点，$A'$ 是这直线或另一直线 $a'$ 上的一点，而且给定了直线 $a'$ 上 $A'$ 的一侧，则在直线 $a'$ 上 $A'$ 的这一侧，恒有一点 $B'$，使得线段 $AB$ 和线段 $A'B'$ 合同或相等；用记号表示，即

$$AB \equiv A'B'$$

这条公理要求线段迁移的可能性。它的唯一性，将在以后予以证明。

我们曾用 $A$，$B$ 两点所成的点组规定一条线段，并用 $AB$ 或 $BA$ 表示。所以我们在线段的定义里，并不考虑这两点的顺序；因此下列四个合同式的意义相同：

$$AB \equiv A'B',\ AB \equiv B'A',\ BA \equiv A'B',\ BA \equiv B'A'$$

$Ⅲ_2$ 若两线段 $A'B'$ 和 $A''B''$ 都和另一线段 $AB$ 合同，则这两线段 $A'B'$ 和 $A''B''$ 也合同；简言之；若两线段都和第三线段合同，则它们彼此也将合同。

合同或相等只是由这两条公理才引入几何的，"每一条线段和它自己合同"，绝不是自明的事实，但它可由前两条公理推出。现证明如下：如果我们把线段 $AB$ 迁移到任意一条射线上，使它和 $A'B'$ 合同；然后应用公理 $Ⅲ_2$ 到下列的式子：

$$AB \equiv A'B',\ AB \equiv A'B'$$

以此为基础，再应用公理 $Ⅲ_2$，还能证明线段的合同有**对称性**和**传递性**，即下列两定理成立：

若 $$AB \equiv A'B'$$

则 $$A'B' \equiv AB$$ [18]

若 $$AB \equiv A'B'$$

而且 $$A'B' \equiv A''B''$$

则 $$AB \equiv A''B''$$

因为线段的合同有了对称性，我们才能说：两线段"**互相合同**"。

$Ⅲ_3$ 设两线段 $AB$ 和 $BC$ 在同一直线 $a$ 上，无公共点，而且两线段 $A'B'$ 和 $B'C'$ 在这直线或另一直线 $a'$ 上亦无公共点(图 11)。若

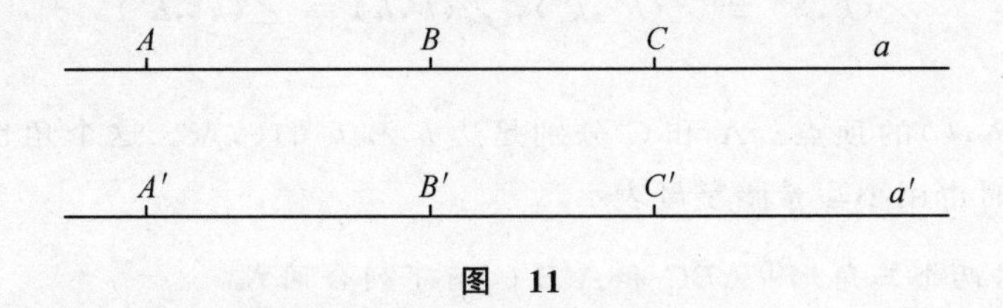


图 11

$$AB \equiv A'B' \quad 而且 \quad BC \equiv B'C'$$

则 $$AC \equiv A'C'$$

这条公理要求线段能够相加。

就像处理线段的迁移那样，现在我们要同样地处理角的迁移。不过，我们除了用公理要求角的迁移的可能性外，还必须要求它的唯一性，至于传递性和可加性，则将能予以证明。

**定义** 设 $\alpha$ 是任一平面，而且 $h$ 和 $k$ 是 $\alpha$ 上的，从一点 $O$ 起始的，不属于同一直线的两条射线，我们把这一对射线 $h$ 和 $k$ 所成的线组叫做一个**角**，用 $\angle(h,k)$ 或 $\angle(k,h)$ 表示。射线 $h$ 和 $k$ 叫做这个角的**边**；点 $O$ 叫做这个角的**顶点**。

根据这定义，平角和凸角(大于平角的角)都不在考虑之中。

设射线 $h$ 属于直线 $h$，射线 $k$ 属于直线 $k$。这两条射线 $h$ 和 $k$，和 $O$ 这个点一起，把 $\alpha$ 上其余的点分成两个区域：所有的点，在 $\bar{k}$ 的 $h$ 侧(即 $h$ 的点所在的那一侧)的，又在 $\bar{h}$ 的 $k$ 侧的，叫做角 $\angle(h,k)$ 的内部，或者说是在角内；其余的点叫做外部，或者说是在角外。

根据第一组和第二组公理，易知：这两个区域各含有点，连接角内两点的线段完全在角内。同样易证：若点 $H$ 在 $h$ 上，而且点 $K$ 在 $k$ 上，则线段 $HK$ 完全在角内。一条从点

$O$ 起始的射线或者完全在角内，或者完全在角外；一条完全在角内的射线与线段 $HK$ 有交点。若 $A$ 是一个区域的一点，而且 $B$ 是另一个区域的一点，则每一条连接 $A$ 和 $B$ 的折线段或者通过点 $O$，或者和 $h$ 或 $k$ 至少有一点交点；反之，若 $A$ 和 $A'$ 是同一个区域的两点，则恒有一条连接 $A$ 和 $A'$ 的折线，它既不通过点 $O$，又和 $h$ 和 $k$ 无交点[19]。

角与角之间有一定的相互关系，我们用"合同"或"相等"这个词来表示它。

$\text{III}_4$　设给定了一平面 $\alpha$ 上的一个角 $\angle(h,k)$，一平面 $\alpha'$ 上的一直线 $a'$，和在 $\alpha'$ 上 $a'$ 的一侧。设 $h'$ 是 $a'$ 上的，从一点 $O'$ 起始的一条射线，则平面 $\alpha'$ 上恰有一条射线 $k'$，使 $\angle(h,k)$ 与 $\angle(h',k')$ 合同或相等，而且使 $\angle(h',k')$ 的内部在 $a'$ 的这给定了的一侧；用记号表示，即

$$\angle(h,k)\equiv\angle(h',k')$$

每一个角和它自己合同，即

$$\angle(h,k)\equiv\angle(h,k)$$

我们也简单地说：每一个角都能用唯一确定的方式**迁移**[20]到一个给定了的平面上，使它沿着一条给定了的射线，并且在这射线的给定了的一侧。

如同线段我们不考虑它的方向，在角的定义中我们也不考虑旋转方向。因此，下列式子

$$\angle(h,k)\equiv\angle(h',k'),\ \angle(h,k)\equiv\angle(k',h')$$
$$\angle(k,h)\equiv\angle(h',k'),\ \angle(k,h)\equiv\angle(k',h')$$

意义相同。

设 $B$ 是 $\angle(h,k)$ 的顶点。$A$ 和 $C$ 分别是边 $h$ 和 $k$ 的一点。这个角也用 $\angle ABC$ 或 $\angle B$ 表示，角有时也用小写希腊字母表示。

$\text{III}_5$　若两个三角形① $ABC$ 和 $A'B'C'$ 有下列合同式

$$AB\equiv A'B',\ AC\equiv A'C',\ \angle BAC\equiv\angle B'A'C'$$

则也恒有合同式

$$\angle ABC\equiv\angle A'B'C'$$

三角形的概念在第 7 页上已经有了定义，只需要交换记号，即得：在公理 $\text{III}_5$ 的假设之下，下列两个合同式都成立

$$\angle ABC\equiv\angle A'B'C',\ \angle ACB\equiv\angle A'C'B'$$

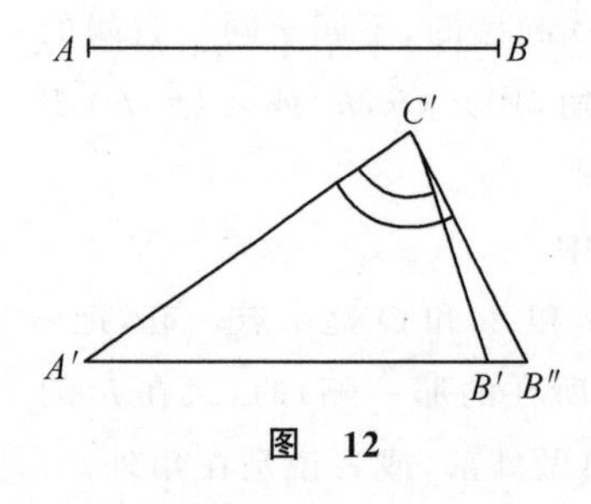

图　12

公理 $\text{III}_{1\sim3}$ 只论到线段的合同，因此可以叫做**第三组公理中的直线公理**。公理 $\text{III}_4$ 论到角的合同。公理 $\text{III}_5$ 把线段的合同和角的合同两个概念联系起来。公理 $\text{III}_4$ 和 $\text{III}_5$ 论到平面几何的元素，因此可以叫做**第三组公理中的平面公理**。

线段的迁移的唯一性，能应用公理 $\text{III}_5$ 从角的迁移的唯一性推证出来。用反证法，假如把线段 $AB$ 迁移到一条从 $A'$ 起始的射线上，能得着不同的两点 $B'$ 和 $B''$（图 12）。在

① 此处及以后总假设一个三角形的三个顶点，不在一直线上。

直线 $A'B'$ 外取一点 $C'$，我们就有下列合同式

$$A'B' \equiv A'B'', A'C' \equiv A'C', \angle B'A'C' \equiv \angle B''A'C'$$

根据公理 $\mathrm{III}_5$，得

$$\angle A'C'B' \equiv \angle A'C'B''$$

这和公理 $\mathrm{III}_4$ 中要求的角的迁移的唯一性矛盾。

## §6 合同公理的推论

**定义** 两角共顶点，共一边，而且不公共的两边合成一条直线的，叫做**邻补角**。两角共顶点，而且它们的边合成两条直线的，叫做**对顶角**。一个角和它的邻补角合同的，叫做**直角**。

我们依次证明下列定理：

**定理 11** 若一个三角形中的两边合同，和这两边相对的两角就也合同；即：等腰三角形的底角相等。

本公理是公理 $\mathrm{III}_5$ 和公理 $\mathrm{III}_4$ 的末一部分的推论[21]。

**定义** 若两个三角形 $ABC$ 和 $A'B'C'$ 有下列所有的合同式

$$AB \equiv A'B', AC \equiv A'C', BC \equiv B'C'$$

$$\angle A \equiv \angle A', \angle B \equiv \angle B', \angle C \equiv \angle C'$$

就说三角形 $ABC$ 合同于三角形 $A'B'C'$。

**定理 12(三角形的合同定理一)** 若两个三角形 $ABC$ 和 $A'B'C'$ 有下列合同式

$$AB \equiv A'B', AC \equiv A'C', \angle A \equiv \angle A'$$

则三角形 $ABC$ 就合同于三角形 $A'B'C'$。

**证明** 根据公理 $\mathrm{III}_5$，下列合同式

$$\angle B \equiv \angle B', \angle C \equiv \angle C'$$

也成立，所以还只需要证明合同式 $BC \equiv B'C'$。用反证法，假设 $BC$ 不合同于 $B'C'$，在从 $B'$ 起始的射线 $B'C'$ 取一点 $D'$(图 13)，使 $BC \equiv B'D'$。应用公理 $\mathrm{III}_5$ 到 $ABC$ 和 $A'B'D'$ 这两个三角形，得 $\angle BAC \equiv \angle B'A'D'$。因此 $\angle BAC$ 既合同于 $\angle B'A'D'$，又合同于 $\angle B'A'C'$；这是不可能的，因为根据公理 $\mathrm{III}_4$ 角的迁移(迁移到一平面上，沿着给定了的一条射线，而且在这射线的给定了的一侧)有唯一性。这就证明了三角形 $ABC$ 合同于三角形 $A'B'C'$。

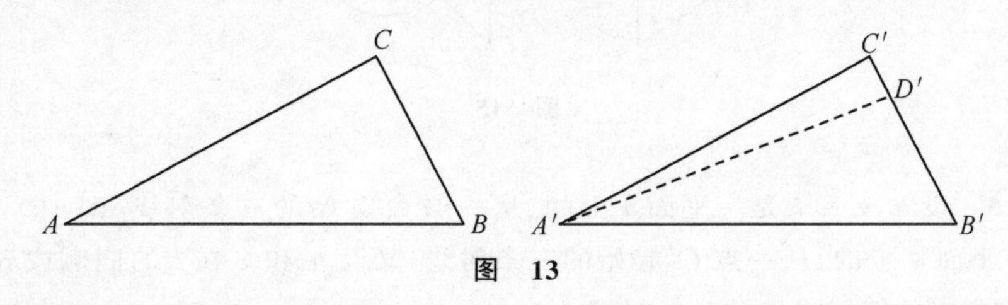


图 13

同样地易证：

**定理 13(三角形的合同定理二)** 若两个三角形 $ABC$ 和 $A'B'C'$有下列合同式

$$AB \equiv A'B',\ \angle A \equiv \angle A',\ \angle B \equiv \angle B'$$

则三角形 $ABC$ 就合同于三角形 $A'B'C'$[22]。

**定理 14** 若$\angle ABC$ 合同于$\angle A'B'C'$,则$\angle ABC$ 的邻补角$\angle CBD$ 也合同于$\angle A'B'C'$的邻补角$\angle C'B'D'$。

**证明** 在通过点 $B'$的三条边上,取点 $A'$,$C'$和 $D'$(图 14),使

$$AB \equiv A'B',\ CB \equiv C'B',\ DB \equiv D'B'$$

从定理 12,得三角形 $ABC$ 合同于三角形 $A'B'C'$,因此得合同式

$$AC \equiv A'C' \text{ 和 } \angle BAC \equiv \angle B'A'C'$$

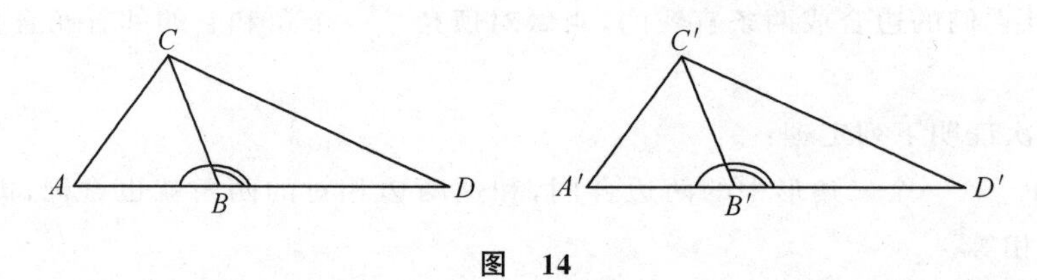


**图 14**

根据公理Ⅲ$_3$,线段 $AD$ 和线段 $A'D'$合同,再从定理 12,得三角形 $CAD$ 合同于三角形 $C'A'D'$,因此得合同式

$$CD \equiv C'D' \text{ 和 } \angle ADC \equiv \angle A'D'C'$$

然后应用公理Ⅲ$_5$到三角形 $BCD$ 和三角形 $B'C'D'$,得$\angle CBD \equiv \angle C'B'D'$。

定理 14 的一个直接推论:对顶角合同。

此外,从这条定理还可推证:直角(见第 9 页)存在。证明如下:把任意一个角,迁移到沿着一条从点 $O$ 起始的射线 $OA$,而且迁移到这射线的两侧(图 15)。在这两个角的另两边上,取线段 $OB \equiv OC$,线段 $BC$ 交射线 $OA$ 于一点 $D$。若点 $D$ 就是点 $O$,$\angle BOA$ 和$\angle COA$ 是合同的邻补角,所以是直角。若 $D$ 在射线 $OA$ 上,从作图得$\angle DOB \equiv \angle DOC$。若 $D$ 在另一条射线上,从定理 14 也得到这个合同式。根据公理Ⅲ$_2$,每一线段和它自己合同:$OD \equiv OD$。所以根据Ⅲ$_5$,得$\angle ODB \equiv \angle ODC$[23]。

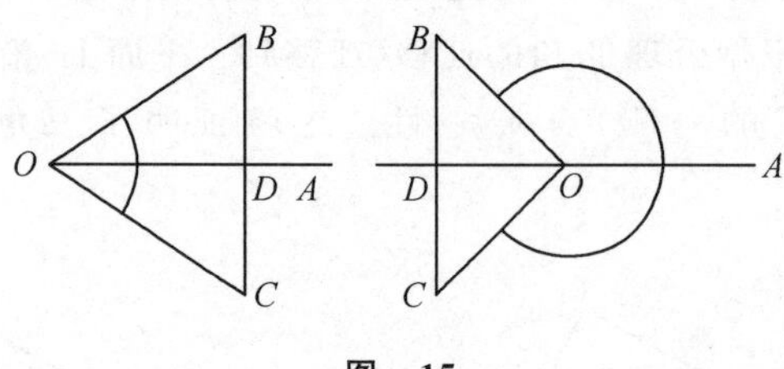


**图 15**

**定理 15** 设 $h$,$k$ 和 $l$ 是一平面 $\alpha$ 上的、从一点 $O$ 起始的三条射线(图 16),而且 $h'$,$k'$和 $l'$是一平面 $\alpha'$上的、从一点 $O'$起始的三条射线,又设 $h$ 和 $k$ 在 $l$ 的同侧或异侧时,$h'$和 $k'$也分别在 $l'$的同侧或异侧。这时若

$$\angle(h,l) \equiv \angle(h',l') \text{ 和 } \angle(k,l) \equiv (k',l')$$

则

$$\angle(h,k) \equiv \angle(h',k')$$

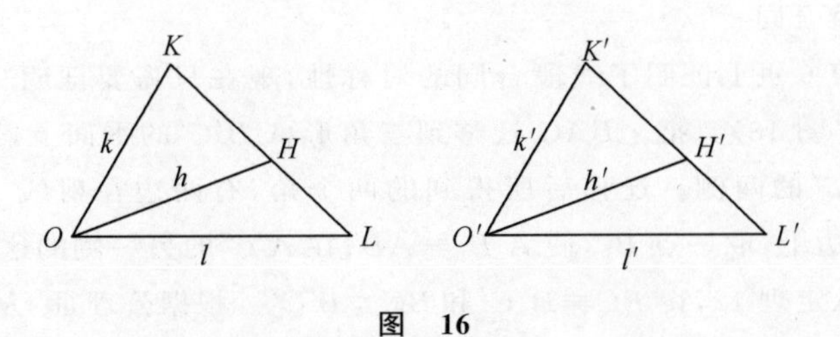


图 16

**证明** 本定理可分为两种情形。第一种情形：$h$ 和 $k$ 在 $l$ 的同侧；第二种情形：$h$ 和 $k$ 在 $l$ 的异侧。我们只证明第一种情形；应用定理 14 就可以把第二种情形化作第一种情形。在第一种情形下，根据假设，$h'$和 $k'$也在 $l'$的同侧。从第 7 页，或者 $h$ 在$\angle(k,l)$内，或者 $k$ 在$\angle(h,l)$内[24]。我们能假设已如此选定名称，使 $h$ 在$\angle(k,l)$内。在边 $k,k',l$ 和 $l'$上分别取点 $K,K',L$ 和 $L'$，使 $OK\equiv O'K'$和 $OL\equiv O'L'$。从第 7 页上的一条定理，$h$ 交线段 $KL$ 于一点 $H$。在 $h'$上取一点 $H'$，使 $OH\equiv O'H'$。应用定理 12 到 $OLH$ 和 $O'L'H'$这两个三角形，也应用到 $OLK$ 和 $O'L'K'$这两个三角形，得下列合同式

$$\angle OLH \equiv \angle O'L'H',\ \angle OLK \equiv \angle O'L'K'$$
$$LH \equiv L'H',\ LK \equiv L'K'$$

和合同式

$$\angle OKL \equiv \angle O'K'L'$$

根据公理Ⅲ$_4$，每一个角都能唯一地迁移到一平面上，使它沿着一条给定了的射线，并且在这射线的给定了的一侧；又根据假设 $H'$和 $K'$在 $l'$的同一侧；从上文中的前两个关于角的合同式可知：$H'$在线段 $L'K'$上。因此根据公理Ⅲ$_3$，易知：$HK\equiv H'K'$。已经有了合同式 $OK\equiv O'K'$，$HK\equiv H'K'$和$\angle OKL\equiv\angle O'K'L'$，再应用公理Ⅲ$_5$，即证得本定理[25]。

类似地我们能推证下述事实：

**定理 16** 设平面 $\alpha$ 上的$\angle(h,k)$合同于平面 $\alpha'$上的$\angle(h',k')$，而且 $l$ 是平面 $\alpha$ 上的、从角$\angle(h,k)$的顶点起始的、在这角内的一条射线。这时平面 $\alpha'$上恒恰有一条从$\angle(h',k')$的顶点起始的在$\angle(h',k')$内的射线 $l'$，使

$$\angle(h,l) \equiv \angle(h',l') \text{ 和 } \angle(k,l) \equiv \angle(k',l')$$[26]

为了要得到合同定理三和角的合同的对称性，我们先从定理 15 导出下述定理：

**定理 17** 若两点 $Z_1$ 和 $Z_2$ 在直线 $XY$ 的异侧，而且 $XZ_1\equiv XZ_2$ 和 $YZ_1\equiv YZ_2$，则$\angle XYZ_1\equiv XYZ_2$。

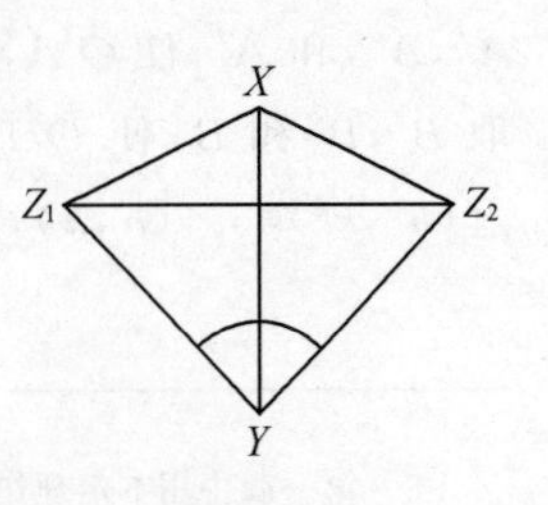


图 17

**证明** 从定理 11，$\angle XZ_1Z_2\equiv\angle XZ_2Z_1$ 和 $\angle YZ_1Z_2\equiv\angle YZ_2Z_1$(图 17)。再从定理 15[27]得合同式$\angle XZ_1Y\equiv\angle XZ_2Y$(若 $X$ 或 $Y$ 在线段 $Z_1Z_2$ 上，这合同式更易证明)。已经有了这合同式

和假设中的两个合同式 $XZ_1 \equiv XZ_2$，$YZ_1 \equiv YZ_2$，再应用公理Ⅲ$_5$，即得所要证的合同式 $\angle XYZ_1 \equiv \angle XYZ_2$。

**定理 18(三角形的合同定理三)** 若两个三角形 $ABC$ 和 $A'B'C'$ 的每对对应边合同，则这两个三角形就合同。

**证明** 由于第 6 页上证明了线段合同的对称性，现在只需要证明三角形 $ABC$ 合同于三角形 $A'B'C'$(图 18)。把 $\angle BAC$ 迁移到三角形 $A'B'C'$ 的平面上，沿着从 $A'$ 起始的射线 $A'C'$，在 $A'C'$ 的两侧。迁移后所得到的两个角，有两边在射线 $A'C'$ 的两侧。在 $A'C'$ 的 $B'$ 侧的这边上，取一点 $B_0$，使 $A'B_0 \equiv AB$；在 $A'C'$ 的另一侧的这边上，取一点 $B''$，使 $A'B'' \equiv AB$。从定理 12，得 $BC \equiv B_0C'$ 和 $BC \equiv B''C'$。根据公理Ⅲ$_2$，从上述的合同式和假设的合同式分别得

$$A'B'' \equiv A'B_0,\ B''C' \equiv B_0C'$$

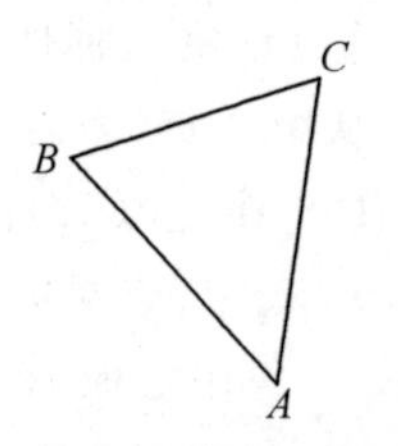


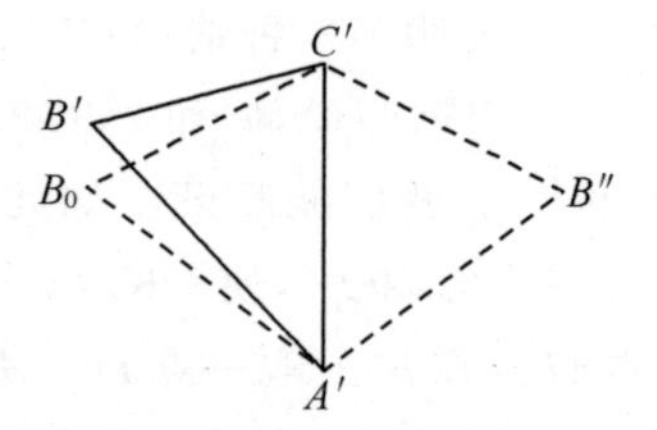


图 18

和

$$A'B'' \equiv A'B',\ B''C' \equiv B'C'$$

所以定理 17 的假设，不但 $A'B''C'$ 和 $A'B_0C'$ 这两个三角形满足，而且 $A'B''C'$ 和 $A'B'C'$ 这两个三角形也满足。因此，$\angle B''A'C' \equiv \angle B_0A'C'$，而且 $\angle B''A'C' \equiv B'A'C'$。根据公理 III$_4$，把一个角迁移到一个平面上，沿着一条给定了的射线，并且在这射线的给定了的一侧，只能得着一个角。所以射线 $A'B_0$ 就是射线 $A'B'$；即把 $\angle BAC$ 迁移到沿着 $A'C'$，在 $A'C'$ 的 $B'$ 侧，所得到的角就是 $\angle B'A'C'$。已经有了合同式 $\angle BAC \equiv \angle B'A'C'$ 和假设的线段合同式，再应用定理 12，即证得本定理。

**定理 19** 若两个角 $\angle(h',k')$ 和 $\angle(h'',k'')$，都合同于第三个角 $\angle(h,k)$，则 $\angle(h',k')$ 也合同于 $\angle(h'',k'')$①。

本定理相当于公理Ⅲ$_2$，它也可以如下表述：若两个角合同于第三个角，则这两个角互相合同。

**证明** 设这三个角的顶点分别是 $O'$，$O''$，和 $O$。在这三个角的各一边上分别取点 $A'$，$A''$，和 $A'$，使 $O'A' \equiv OA$ 和 $O''A'' \equiv OA$(图 19)。同样地，在这三个角的另一边上分别取 $B'$，$B''$ 和 $B$，使 $O'B' \equiv OB$ 和 $O''B'' \equiv OB$。有了这些合同式和假设的两个合同式 $\angle(h',k') \equiv \angle(h,k)$，$\angle(h'',k'') \equiv \angle(h,k)$，再应用定理 12，即得合同式

$$A'B' \equiv AB \quad 和 \quad A''B'' \equiv AB$$

① 第一版中用本定理作为一条公理。本定理的证明源于罗森塔尔(A. Rosenthal)；参看 Math. Ann. 卷 71。现在的公理 Ⅰ$_3$ 和 Ⅰ$_4$ 的修订形式也源于他；参看 Math. Ann. 卷 69。

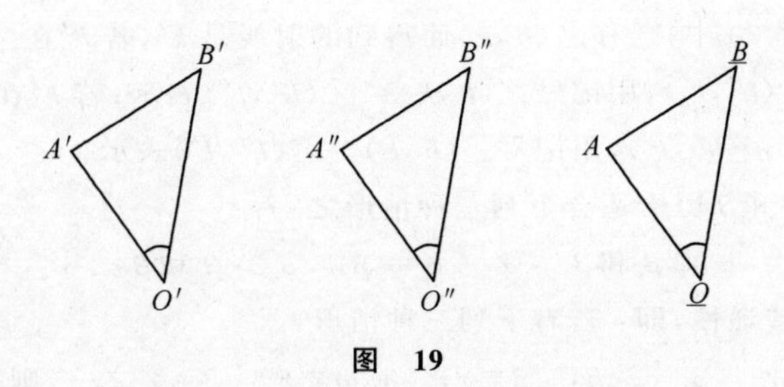


图 19

根据公理$\mathrm{III}_2$,$A'B'O'$和$A''B''O''$这两个三角形的三对边都合同,因此,再根据定理18得

$$\angle(h',k') \equiv \angle(h'',k'')$$

从公理$\mathrm{III}_2$知道线段的合同有对称性。同样地,从定理19也知道角的合同有对称性,即:若$\angle\alpha\equiv\angle\beta$,则$\angle\alpha$和$\angle\beta$互相合同。证明了角的合同有对称性之后,特别是定理12～定理14的叙述,都可以改为对称的形式了。

现在,我们能进而建立角的量的比较即角的大小的比较。

**定理20** 设给定了任意两个角$\angle(h,k)$和$\angle(h',l')$。设迁移$\angle(h,k)$到沿着$h'$,而且在$h'$的$l'$侧时,所得到的射线是$k'$;又迁移$\angle(h',l')$到沿着$h$,而且在$h$的$k$侧时,所得到的射线是$l$,这时,若$k'$在$\angle(h',l')$内,则$l$在$\angle(h,k)$外。其逆也成立(图20)。

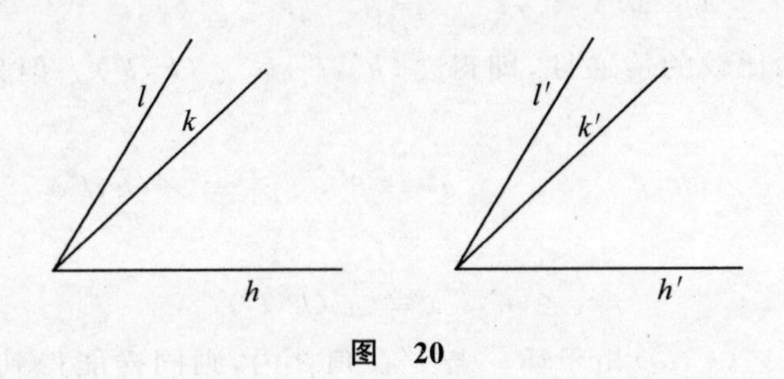


图 20

**证明** 假如$l$在$\angle(h,k)$内。既然$\angle(h,k)\equiv\angle(h',k')$,从定理16,$\angle(h',k')$内有一条射线$l''$(图21),使$\angle(h,l)\equiv\angle(h',l'')$。根据假设以及角的合同的对称性,$\angle(h,l)\equiv\angle(h',l')$;$l'$和$l''$当然不是同一条射线,所以,这合同式和公理$\mathrm{III}_4$所说的角的迁移的唯一性矛盾,其逆能同样地证明。

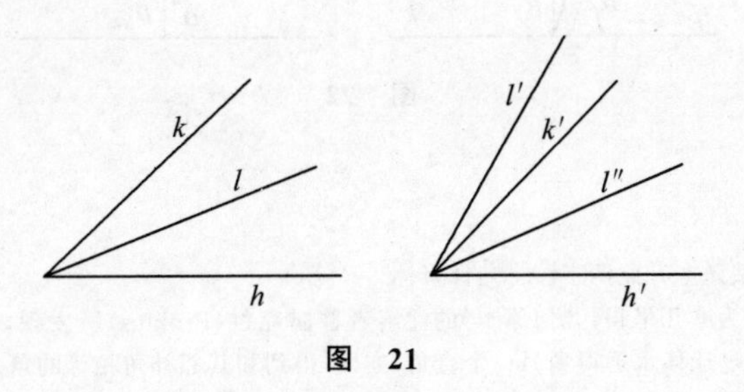


图 21

**定义**① 在定理20中，迁移$\angle(h,k)$而得到的射线是$k'$，若$k'$在$\angle(h',l')$内，我们就说：$\angle(h,k)$小于$\angle(h',l')$，用记号$\angle(h,k)<\angle(h',l')$表示；若$k'$在$\angle(h',l')$外，我们就说：$\angle(h,k)$大于$\angle(h',l')$，用记号$\angle(h,k)>\angle(h',l')$表示。

因此，两个角$\alpha$和$\beta$恒恰适合下列三种情形之一：

$$\alpha<\beta \text{ 和 } \beta>\alpha,\quad \alpha\equiv\beta,\quad \alpha>\beta \text{ 和 } \beta<\alpha$$

角的大小的比较有**传递性**，即：若有下列三种情形：

1. $\alpha>\beta$，$\beta>\gamma$； 2. $\alpha>\beta$，$\beta\equiv\gamma$； 3. $\alpha\equiv\beta$，$\beta>\gamma$ 之一，则

$$\alpha>\gamma$$ [28]

能从公理Ⅱ，公理$Ⅲ_{1\sim3}$，和第8页上所证明的线段的迁移的唯一性，直接推得线段的量的比较即线段的长短的比较以及它的有关性质。

下述的简单定理，**欧几里得**(依我的意见是不正确的)用来作为公理之一。根据角的大小的比较，我们现在就能证明这条定理。

**定理21** 所有的直角都互相合同。

**证明**② 根据定义，一个角合同于它的两个邻补角之一的叫做直角。设角$\alpha$[即$\angle(h,l)$]和角$\beta$[即$\angle(k,l)$]互为邻补角，角$\alpha'$和$\beta'$也互为邻补角，而且$\alpha\equiv\beta$，$\alpha'\equiv\beta'$。现在假定本定理不成立，即$\alpha'$不合同于$\alpha$。因此若迁移角$\alpha'$到沿着$h$，而且在$h$的$l$侧，我们得到一条和$l$不同的射线$l''$。所以$l''$或者在角$\alpha$内，或者在角$\beta$内。若$l''$在角$\alpha$内，则

$$\angle(h',l'')<\alpha,\quad \alpha\equiv\beta,\quad \beta<\angle(k,l'')$$ [29]

根据角的大小的比较的传递性，即得$\angle(h',l'')<\angle(k,l'')$。但另一方面，从假设和定理14有

$$\angle(h,l'')\equiv\alpha',\quad \alpha'\equiv\beta',\quad \beta'\equiv\angle(k,l'')$$

由此可得

$$\angle(h,l'')\equiv\angle(k,l'')$$

这和关系$\angle(h,l'')<\angle(k,l'')$相矛盾。若$l''$在角$\beta$内，则同样能得到矛盾。所以本定理得证。

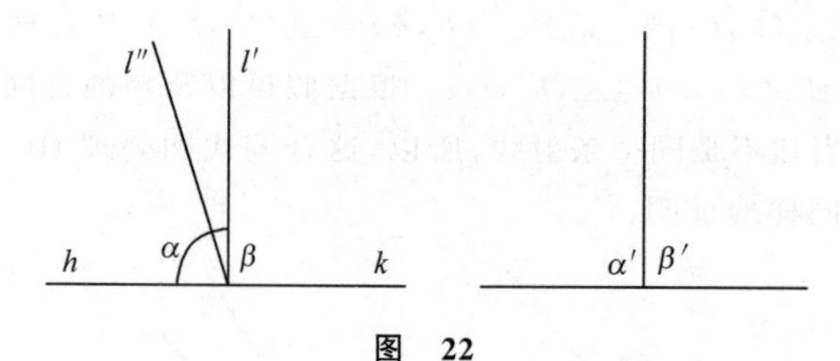


图 22

① 德文版无此两字，俄译本有此两字。——译者注

② 这个证明的思想早为欧几里得《几何原本》的注解者普儒克鲁(Proklus)所发现，不过他不是用定理14而是用下面的假设：一个直角经过迁移永远得到另一个直角，亦即，得到和其邻补角相等的角。

艾克(P. Ver Eecke)曾将普儒克鲁的注解进行法译，书名是《普儒克鲁(里西)：关于欧几里得原本第一卷的注解》(Proclus de Lycie：Les Commentaires Sur Le Premier livre des éléments d'Euclide)。此书并附有引言及注记，发表在下文中：Collection de Travaux de L'Acad internat. d'histoire des Sciences，No. 1，Brügge 1948。

**定义**　一个角大于它的邻补角的,也就是大于一直角的,叫做**钝角**;小于它的邻补角的,也就是小于一直角的,叫做**锐角**。

外角定理是一条基本定理,它在欧几里得《几何原本》中,占了很重要的地位;一系列的重要事实,可以从它推证。

**定义**　三角形 $ABC$ 的 $\angle ABC$, $\angle BCA$ 和 $\angle CAB$,叫做这三角形的**内角简称角**;它们的邻补角叫做这三角形的**外角**。

**定理 22(外角定理)**　在三角形中一个外角,大于其任一不相邻的内角。

**证明**　设 $\angle CAD$ 是三角形 $ABC$ 的一个外角(图 23)。取一点 $D$,使 $AD \equiv CB$。

先证明 $\angle CAD \not\equiv \angle ACB$。用反证法,设 $\angle CAD \equiv \angle ACB$。因为 $AC \equiv CA$,从公理 $\mathrm{III}_5$ 得:$\angle ACD \equiv \angle CAB$。从定理 14 和定理 19,又得:$\angle ACD$ 合同于 $\angle ACB$ 的邻补角,根据公理 $\mathrm{III}_4$,$D$ 就要在直线 $CB$ 之上;这结论和公理 $\mathrm{I}_2$ 矛盾。所以

$$\angle CAD \not\equiv \angle ACB$$

$\angle CAD < \angle ACB$ 也不可能。用反证法,假如这是可能的(图 24)。迁移外角 $\angle CAD$ 到沿着从 $C$ 起始的射线 $CA$,而且在 $CA$ 的 $B$ 侧。因此而得到的角的一边在 $\angle ACB$ 内,从而交线段 $AB$ 于一点 $B'$。对于三角形 $AB'C$ 说,它的外角 $\angle CAD$ 就要合同于 $\angle ACB'$。但上一段已经证明了,这是不可能的。所以就只能

$$\angle CAD > \angle ACB$$

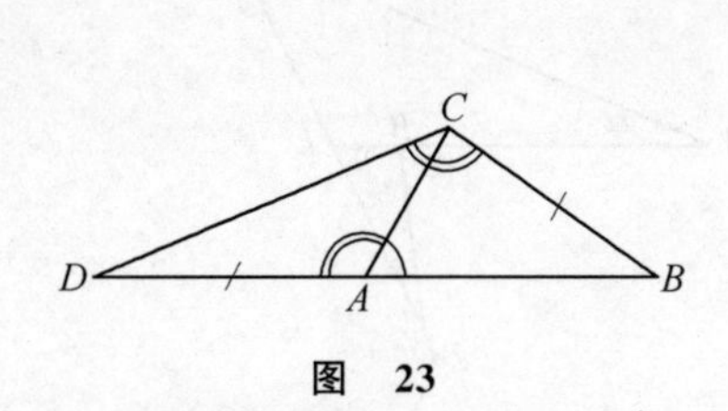

图　23

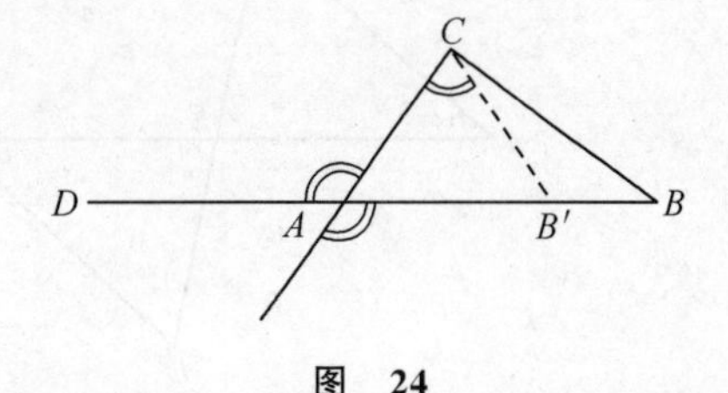

图　24

同样知道,$\angle CAD$ 的对顶角大于 $\angle ABC$(图 24)。从对顶角的合同和角的大小的比较的传递性,得

$$\angle CAD > \angle ABC$$

定理得证。

下列诸定理是外角定理的重要推论。

**定理 23**　在三角形中,长边所对的角大于短边所对的角。

**证明**　考虑长短不同的两边,把这条短边迁移到这条长边上,并且从它们的共同顶点处开始(图 25)。因为角的大小的传递性,从定理 11 和定理 22,即证得本定理。

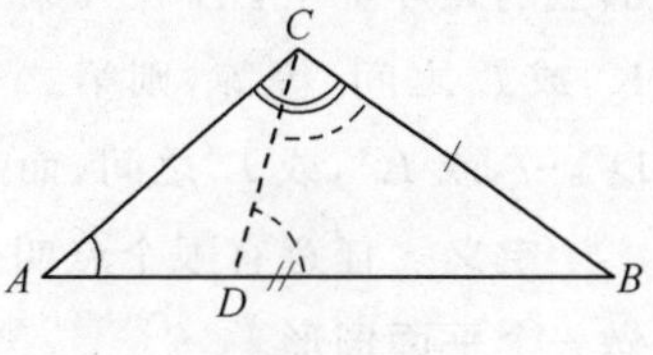

图　25

**定理 24**　若三角形有两角合同,则有两边合同。

这是定理 11 的逆定理,也是定理 23 的直接推论。

从定理 22,还能得简单地证得下述的、三角形的合同定理二的补充。

**定理 25**　若两个三角形 $ABC$ 和 $A'B'C'$ 有下列合同式

$$AB \equiv A'B', \angle A \equiv \angle A', \angle C \equiv \angle C'$$

则这两个三角形就合同[30]。

**定理 26** 每一线段都能二等分。

**证明** 设 $AB$ 是任一线段(取含有 $AB$ 的任一平面)。用 $A$ 做顶点,用射线 $AB$ 做一边,在(这平面上)直线 $AB$ 的一侧做一个角 $\alpha$,用 $B$ 做顶点,用射线 $BA$ 做一边,在(这平面上)直线 $BA$ 的另一侧也做一个角 $\alpha$。在这两个角的另两边上取合同的线段 $AC \equiv BD$(图 26)。既然 $C$ 和 $D$ 在直线 $AB$ 的两侧,线段 $CD$ 交直线 $AB$ 于一点 $E$。

$E$ 不能是 $A$ 或 $B$;因为否则立刻和定理 22 矛盾,若假定 $B$ 在 $A$ 和 $E$ 之间(图 26,右),从定理 22 得

$$\angle ABD > \angle BED > \angle BAC$$

这就和作图矛盾。同理知:$A$ 也不能在 $B$ 和 $E$ 之间。

根据定理 4,所以 $E$ 在 $A$ 和 $B$ 之间。因此$\angle AEC$ 和$\angle BED$ 是对顶角,从而合同。所以对于 $AEC$ 和 $BED$ 这两个三角形,能应用定理 25,得

$$AE \equiv EB$$

从定理 11 和定理 26,能直接推证下述事实:每一角都能二等分。

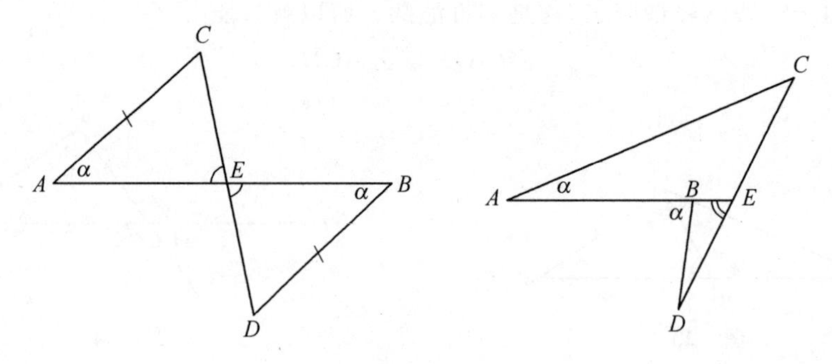


**图 26**

合同的概念可以推广应用到任意的图形上去。

**定义** 设 $A, B, C, D, \cdots, K, L$ 是直线 $a$ 上的一个点列,$A', B', C', D', \cdots, K', L'$,是直线 $a'$上的一个点列,而且所有的对应的线段 $AB$ 和 $A'B'$,$AC$ 和 $A'C'$,$BC$ 和 $B'C'$,$\cdots$,$KL$ 和 $K'L'$都两两合同,这两个点列就说是互相合同。$A$ 和 $A'$,$B$ 和 $B'$,$\cdots$,$L$ 和 $L'$叫做这**合同点列**的对应点。

**定理 27** 设有两个合同的点列,$A, B, \cdots, K, L$ 和 $A', B', \cdots, K', L'$,其中第一个中的点的顺序如下:$B$ 在 $A$ 和 $C$,或 $D$,$\cdots$,或 $K$,或 $L$ 之间,而且 $C$ 在 $A$,或 $B$,和 $D$,$\cdots$,或 $K$,或 $L$ 之间,等等,则第二个点列中的点也有同样的顺序;那就是说,$B'$ 在 $A'$ 和 $C'$ 或 $D'$,$\cdots$,或 $K'$,或 $L'$之间,而且 $C'$在 $A'$,或 $B'$和 $D'$,$\cdots$,或 $K'$,或 $L'$之间,等等[31]。

**定义** 任意有限个点叫做一个**图形**。一个图形的点若都在一个平面上,这图形就叫做一个**平面图形**。

两个图形的点之间若有一个一一对应的关系,使得由此规定的每对对应的线段都互相合同,每对对应的角都互相合同,这两个图形就说是**合同**。

从定理 14 和定理 27，可知合同图形有下述性质：若一个图形中的三个点在一条直线上，则每一个和它合同图形中的对应的三个点也在一条直线上。合同图形中的、对应平面上的对应点，对于对应直线而言的顺序相同；对应直线上的对应点，顺序也相同。

平面的和空间的最普遍的合同定理如下：

**定理 28**　设$(A,B,C,\cdots,L)$和$(A',B',C',\cdots,L')$是两个合同的平面图形。若$P$是第一个图形的平面上的一点，则第二个图形的平面上恒有一点$P'$存在，使$(A,B,C,\cdots,L,P)$和$(A',B',C',\cdots,L',P')$还是合同的图形。若图形$(A,B,C,\cdots,L)$至少含有不在同一条直线上的三点，则$P'$只有一个可能的作法[32]。

**定理 29**　设$(A,B,C,\cdots,L)$和$(A',B',C',\cdots,L')$是两个合同的图形。若$P$是任意一点，则恒有一点$P'$存在，使图形$(A,B,C,\cdots,L,P)$和$(A,B,C,\cdots,L',P')$合同。若图形$(A,B,C,\cdots,L)$至少含有不在同一平面上的四点，则$P'$只有一个可能的作法。

定理 29 说出了下述的重要事实：所有关于合同的空间事实，因此，空间中运动的性质，都是上述的直线的和平面的五条合同公理（结合着第一组和第二组公理）的推论[33]。

## §7　第四组公理：平行公理

设$\alpha$是任一平面，$a$是$\alpha$上的任一直线，而且$A$是$\alpha$上的、但不在$a$上的一点，在$\alpha$上作一直线$c$，通过$A$而且和$a$相交，再在$\alpha$上作一直线$b$，通过$A$，而且使得$c$交$a$和$b$于相等的同位角。从外角定理（定理 22），易知$a$和$b$这两直线无公共点，这就是说，在一平面$\alpha$上，而且通过一直线$a$外的一点$A$，恒有一直线不和$a$相交。

现在可将平行公理叙述如下：

**Ⅳ（欧几里得公理）**　设$a$是任一直线，$A$是$a$外的任一点，在$a$和$A$所决定的平面上，至多有一条直线通过$A$，而且不和$a$相交。

**定义**　根据上文和平行公理，我们知道：在$a$和$A$所决定的平面上，恰有一直线，通过$A$而且不和$a$相交。我们把这条直线叫做**通过 $A$ 的 $\alpha$ 的平行直线**。

平行公理Ⅳ和下述的要求等价：

如果一平面上的$a$和$b$两直线都不和这平面上的第三条直线$c$相交，那么$a$和$b$也不相交。

事实上，如果$a$和$b$有一公共点$A$，那么在同一平面上，就有了$a$和$b$这两条直线，都通过$A$而且不和$c$相交。这和平行公理Ⅳ矛盾。反之，从上述的要求，也易推得平行公理Ⅳ。

平行公理是一条平面公理。

平行公理的引进，使几何的基础大大地简单化了，也使几何的构造容易得多了。

例如，在合同公理之外，再加上平行公理，不难得到下列熟知的事实：

**定理 30**　若两平行直线被第三条直线所截，则同位角合同，错角也合同；反之，若同位角合同，或错角合同，则前两直线平行。

**定理 31** 三角形的三个内角的和等于两直角[①]。

**定义** 设 $M$ 是一平面 $\alpha$ 上的任一点。考虑 $\alpha$ 上的所有的那些点 $A$,它们使线段 $MA$ 都互相合同的。这种点 $A$ 的全体叫做一个**圆**,$M$ 叫做这个**圆的中心**。

根据这定义,我们容易从第三组和第四组公理,推证关于圆的若干熟知的定理。特别是下述的定理:通过不在同一条直线上的三点,能作一圆;关于同一条弦上的圆周角合同的定理;关于内接于圆的一个四边形的角的定理。

## §8 第五组公理:连续公理

$V_1$(度量公理或阿基米德公理) 若 $AB$ 和 $CD$ 是任意两线段,则必存在一个数 $n$ 使得沿 $A$ 到 $B$ 的射线上,自 $A$ 作首尾相接的 $n$ 个线段 $CD$,必将越过 $B$ 点。

$V_2$(直线完备公理) 一直线上的点集连同其顺序关系与合同关系不可能再这样地扩充,使得这直线上原来元素之间所具有的关系,从公理 I~III 所推出的直线顺序与合同的基本性质以及公理 $V_1$ 都仍旧保持。

所谓基本性质是指公理 $II_{1\sim3}$ 和定理 5 中所叙述的顺序性质,以及公理 $III_{1\sim3}$ 中所叙述的合同性质连同迁移线段的唯一性[②]。

再者,所谓继续保持是指。当点集扩充后,顺序关系及合同关系也将延续到扩充后的点域中去。

我们要注意公理 $I_3$ 在各种扩充后,不言而喻地仍然保持,至于在所考虑的扩充下,定理 3 仍能成立,则是保持阿基米德公理 $V_1$ 的结果。

完备公理中所要求保持的诸公理之一是阿基米德公理,这是完备公理从本质上能以建立所不可缺少的一个条件。其实我们能够证明:若直线上的一个点集能满足上面所列举的关于顺序公理和定理以及合同公理和定理,这点集就恒能够增加新点,使扩充后的点集还满足这里所提到的诸公理;也就是说,如果一条完备公理,只要求保持这里所提到的诸公理和定理,但不要求保持阿基米德公理或一条等价的公理就要产生矛盾。

这两条连续公理都是**直线**公理。

下面所述更普通的定理,主要根据直线完备公理。

**定理 32(完备定理)**[③] 几何元素(点、直线和平面)形成一个集合,它在保持关联公理、顺序公理、合同公理和阿基米德公理,从而更不用说,在保持全体公理的条件之下,不可能经由点、直线和平面再行扩充。

**证明** 把扩充前已经存在的元素,叫做旧元素;把扩充时增加的元素,叫做新元素。增加了新元素的假设,显然也导致了增加一一个新点 $N$ 的假设。

---

① 反之,这条定理能替代平行公理到何种程序?关于这个问题,可参看第二章中§12 结尾的一段话。

② 巴赫曼(F. Bachmann)在论及第七版中公理 $V_2$ 的提法时,曾将这里关于直线顺序与合同所要求的条件严格地区分开来。

③ 贝尔耐斯(P. Bernays)首先指出只要直线完备公理就够了。

从公理 $\mathrm{I}_8$，恒有四个旧点 $A,B,C,D$，而且不在同一平面上。我们能这样选择这四点的名称，使 $A,B,N$ 不在同一直线上。从公理 $\mathrm{I}_7$，$ABN$ 和 $ACD$ 这两个不同的平面，除点 $A$ 之外，还有一个公共点 $E$。$E$ 不在直线 $AB$ 上；因为，否则，$B$ 将在平面 $ACD$ 上，和假设矛盾。若 $E$ 是一个新点，旧平面 $ACD$ 上就有一个新点 $E$；若 $E$ 是一个旧点，新点 $N$ 就在旧平面 $ABE$ 上。所以，在任何情形下，有一个新点在一个旧平面上。

一个旧平面上有一个旧三角形 $FGH$，而且线段 $FG$ 上有一个旧点 $I$（图 27）。连接一个新点 $L$ 和 $I$ 这个点。从公理 $\mathrm{II}_4$，直线 $IL$ 和直线 $FH$，或和直线 $GH$ 相交于一点 $K$。若 $K$ 是新点，$FH$ 或 $GH$ 这一条旧直线上就有一个新点 $K$；若 $K$ 是旧点，$IK$ 这一条旧直线上就有一个新点 $L$。这三种假设都和直线完备公理矛盾。所以一个旧平面上增加一个新点不可能。因此，增加新元素根本不可能。

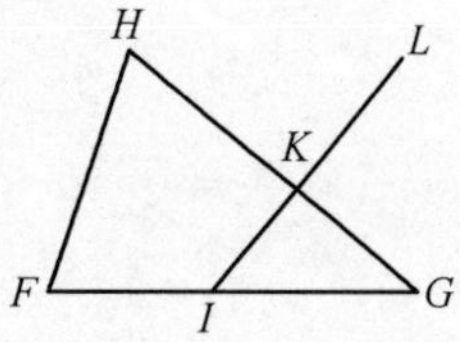

图 27

完备定理还能表成较强的形式。也就是在完备定理内所要求保持的诸公理中，有些并不是绝对需要的，为了定理能够成立，重要的倒是在所要求保持的诸公理中包含有公理 $\mathrm{I}_7$。其实我们能证明：对于满足公理 Ⅰ～Ⅴ 的元素集合恒能给添加新的点、直线和平面，使扩充后的新集合能满足除去公理 $\mathrm{I}_7$ 之外的全体公理；这就是说，一条完备定理若不包含公理 $\mathrm{I}_7$ 或一条等价的公理，就将引出矛盾[34]。

完备公理不是阿基米德公理的一个推论。实际上，只有阿基米德公理，连同公理 Ⅰ～Ⅳ，并不足以证明我们的几何和通常的笛卡儿解析几何完全相同（参看 §9 和 §12）。但是加上了完备公理（虽然这条公理并没有直接提到收敛的概念），就能证明（相当于戴德金的分割的）确界的存在，和关于凝聚点存在的波尔查诺（Bolzano）定理，从而才证明我们的几何和笛卡儿几何相同。

从上文可见，连续的要求，在本质上，分成两个不同的部分：阿基米德公理和完备公理；前者的作用是替连续的要求作准备，后者为完成整个的公理系统作基础①。

在后面的研究中，我们主要的只用阿基米德公理作根据，而普遍地不假设完备公理。

---

① 参看 §17 末尾的一段话和我的关于数的概念的报告（Berichte der Deutschen Mathematiker-Vereinigung，1900）。因为研究等腰三角形的底角相等的定理，我们得到另两条连续公理；参看本书附录Ⅱ和我的论文：等腰三角形的底角相等的定理（Proceedings of the London Mathematical Society，卷 35，1903）。

下面诸文给出关于连续公理的一些补充讨论：巴尔都斯（R. Baldus）“关于几何公理法”Ⅰ～Ⅲ（Zur Axiomatik der Geometrie，Ⅰ见 Math，Ann. 100，321—333(1928)；Ⅱ见 Atti d. Conge，int. d. Mat. Bologna 1928，Ⅳ(1931)；Ⅲ见 Sitzber. d. Heidelberger. Akad. Wiss. 1930，5te Abh.）。斯米特（A. schmidt）“绝对几何中的连续性”（Die Stetigkeit in der absoluten Geometrie，Ibid，1931，5te Abh）。贝尔耐斯“关于完备公理及有关公理的探讨”（Betrachtungen über das Vollständigkeits-axion und Verwandte Axiome，Math. Zeitschr. 63，219—292(1955)）。

# 第二章　公理的相容性和互相独立性

· *Chapter Ⅱ The Compatibility and Mutual Independence of The Axioms* ·

## §9　公理的相容性

第一章里所提到的五组公理中的公理是有相容性的(即不互相矛盾的);这就是说,不可能从所提到的这些公理出发,用逻辑推论得到和其中一条公理相矛盾的事实。我们现在就是要说明这些公理的相容性,我们的方法是用实数作成一组对象,指出这一组对象满足这五组公理中的全体公理。

首先考虑数域 $Q$,其中的数都是从 1 这个数出发,作有限次下列五种运算得来的代数数:加,减,乘,除和第五种运算 $\left|\sqrt{1+\omega^2}\right|$,这里的 $\omega$ 每次都表示运用这五种运算业已得来的某一个数。

然后把数域 $Q$ 中的任意一个数偶 $(x,y)$,看做是一个点;把 $Q$ 的任意三个数的比 $(u:v:w)$,在 $u$,$v$ 不都等于零的时候,看做是一条直线;而且在方程

$$ux+vy+w=0$$

成立的时候,就把 $(x,y)$ 这个点看做是在 $(u:v:w)$ 这条直线上。我们很容易知道,公理 $\mathrm{I}_{1\sim3}$ 和Ⅳ都将满足[35]。数域 $Q$ 中的数都是实数;考虑到它们可以按大小来排列,我们就能很容易地对我们的点和直线,作出规定,使得第二组的顺序公理也全体成立。事实上设 $(x_1,y_1)$,$(x_2,y_2)$,$(x_3,y_3)$,…是一条直线上的点。在数列 $x_1,x_2,x_3$,…或 $y_1,y_2,y_3$…是单调递减的或单调递增的序列的时候,我们就把这些点的这里写下的顺序,看做是这些点在这直线上的顺序。为了再满足公理 $\mathrm{II}_4$ 的要求,我们只需要规定:所有的点 $(x,y)$,使 $ux+vy+w$ 大于零的,在 $(u:v:w)$ 这直线的一侧;而使 $ux+vy+w$ 小于零的,在这直线的另一侧。我们很容易看出,这个规定和关于共线点的顺序的规定是符合的[36]。

我们根据解析几何里的方法,规定线段的迁移和角的迁移。下述类型的一个变换

$$x'=x+a$$
$$y'=y+b$$

给定线段的平移和角的平移,而

$$x'=x$$
$$y'=-y$$

这个变换给定对于直线 $y=0$ 的一个反射。再用 $O$ 表示点 $(0,0)$,$E$ 表示点 $(1,0)$,$C$ 表示任

意一点$(a,b)$(图 28)。考虑以$O$为固定点,以$\angle COE$为旋转角的这个旋转。经过这旋转,任意一点$(x,y)$换成$(x',y')$,其中

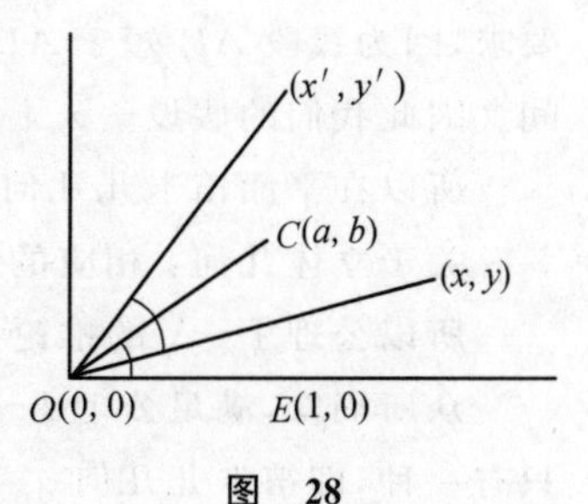

图 28

$$x'=\frac{a}{\sqrt{a^2+b^2}}x-\frac{b}{\sqrt{a^2+b^2}}y$$

$$y'=\frac{b}{\sqrt{a^2+b^2}}x+\frac{a}{\sqrt{a^2+b^2}}y$$

由于

$$\sqrt{a^2+b^2}=b\sqrt{1+\left(\frac{a}{b}\right)^2}$$

这个数仍然属于数域$Q$,所以,在我们的规定下合同公理$\text{III}_{1-4}$也成立,而且显然三角形合同公理$\text{III}_5$[37]和阿基米德公理$\text{V}_1$也是满足的。完备公理$\text{V}_2$是并不满足的。

所以直线的和平面的公理$\text{I}\sim\text{IV}$, $\text{V}_1$的推论中,若有矛盾,则每一个矛盾必定也在数域$Q$的算术中出现①。

若在上文中我们用的不是数域$Q$,而是所有的实数所成的数域,我们所得到的就是通常的平面笛卡儿几何。在这种几何里,不只是公理$\text{I}_{1\sim3}$, II, III, IV, $\text{V}_1$满足,而且完备公理$\text{V}_2$也满足,现说明如下:

在笛卡儿几何里,我们只要用顺序的和线段合同的定义,就知道:每一线段都能分成$n$个合同的部分,$n$是预先任意给定的一个数;若线段$AB$短于线段$AC$,则$AB$分成$n$份中的一份也短于$AC$分成$n$份中的一份。

现在假设平面笛卡儿几何不满足完备公理,即假设一条直线$g$上可增加点,而在$g$上还不破坏公理$\text{II}_{1\sim3}$, $\text{III}_{1\sim3}$, $\text{V}_1$,和定理 5 或迁移线段的唯一性。把增加的点中的一个叫做$N$。$N$把$g$分成两条射线。根据阿基米德公理,每一条射线都含有在扩充之前就存在的点。我们把这种点叫做旧点。所以$N$把$g$上的旧点分成两条射线。设直线$g$是用参数方程

$$x=mt+n$$
$$y=pt+q$$

表出的,在用点$N$扩充之前,这个参数$t$就已经可以取遍全体实数。因此,由于$N$把直线分成两条射线,我们也就有了实数的一个戴德金(Dedekind)的分割。关于戴德金的分割的两组,我们知道:或者第一组有一个最后的元素,或者第二组有一个最先的元素。设这个元素在直线$g$上所决定的旧点是$A$。那么$A$和$N$之间没有旧点。

但是有一个旧点$B$,使$N$在$A$和$B$之间。根据阿基米德公理,还有若干个不同的点,姑且说$n-1$个,$C_1, C_2, \cdots, C_{n-2}, D$,使$AN, NC_1, C_1C_2, \cdots, C_{n-2}D$这$n$条线段互相合同,而且使$B$在$A$和$D$之间(图 29)。把线段$AB$分成$n$个合同的部分。全体分点都是旧点;把其中离$A$最近的那一个叫做$W$。根据本证明之前所提到的直线顺序和合同的

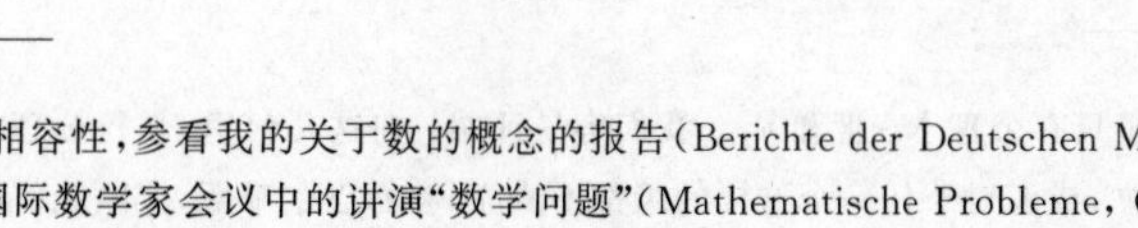

g A W N $C_1$ $C_2$ $C_1$ B D

图 29

① 关于算术公理的相容性,参看我的关于数的概念的报告(Berichte der Deutschen Mathematiker-Vereinigung, 1900),以及 1900 年我在国际数学家会议中的讲演“数学问题”(Mathematische Probleme, Göttinger Nachr, 1900)特别是其中的问题 2。

要求，因为线段 $AB$ 短于 $AD$，所以线段 $AW$ 短于 $AN$。所以 $W$ 这个旧点在 $A$ 和 $N$ 之间。因此我们的假设一 $g$ 上可以增加新点而不破坏直线公理的假设，就引起了矛盾。

所以在平面笛卡儿几何里，全体直线的和平面的公理Ⅰ～Ⅴ都成立。

关于立体几何：相应的讨论毫无困难。

所以公理Ⅰ～Ⅴ的推论中若有矛盾，则每一个矛盾必定也在实数系的算术中出现。

众所周知，满足公理Ⅰ～Ⅳ，$V_1$ 的几何有无限多种，而同时还满足完备公理 $V_2$ 的几何只有一种，即笛卡儿几何。

## §10 平行公理的独立性(非欧几里得几何)①

我们知道了公理有相容性之后，另一个有趣的问题是研究它们全体是否互相独立。实际上，我们的五组公理的每一个组成部分，都不能够是在它之前的诸组的逻辑推论。

首先，前三组公理中的个别公理，我们很容易证明：同一组中的诸公理基本上是互相独立的。

在我们的叙述中，第一组公理和第二组公理是其余的公理所根据的。所以我们还只要进而证明：第三组、第四组和第五组中的每一组公理都与其余的公理互相独立。

平行公理Ⅳ和其他公理互相独立；这可以按熟知的方式最简单地证明如下：在§9中所建立的通常的(笛卡儿)几何中，取一固定的球，并考虑使这个球不变的所有的一次变换，用这几何里所有在这个球以内的点和在这个球以内的那部分的直线和平面，而且只限于这些，当做一种空间几何的元素。并通过上述一次变换来定义这种几何的合同关系。我们知道，再加上适当的规定之后，这**"非欧几里得"**几何里，除去欧几里得公理Ⅳ之外，其他全体公理都满足了，既然§9中的通常的几何已经证明了是可能的，所以这种非欧几里得几何也是可能的[38]。

有些定理特别有趣，它们不依赖平行公理，也就是说，它们在欧几里得几何和非欧几里得几何里都成立，最重要的例子是勒让德(Legendre)的两条定理。第一条的证明，除去公理Ⅰ～Ⅲ之外，还需要公理 $V_1$，我们先证明一些辅助定理。

**定理 33** 已知一个直角三角形 $OPZ$，角 $P$ 是直角，若 $X,Y$ 是线段 $PZ$ 上的两点，使(图 30)

$$\angle XOY=\angle YOZ$$

则

$$XY\angle YZ$$

① 此外设一种几何里只有公理Ⅰ～Ⅲ和 $V_1$。我们容易证明：在这几何里，平行公理或者对于每一个包含直线 $a$ 和 $a$ 外一点 $A$ 的组都成立，或者对于任一个这样的组都不成立，参看巴尔都斯，非欧几何(Nichteuklidische Geometrie, Berlin, 1927)。

**证明**　迁移线段 $OX$ 到 $OZ$ 上，以 $O$ 为起点：

$$OX \equiv OX'$$

根据定理 22 和定理 23，$X'$ 在线段 $OZ$ 上，利用定理 22 和公理 $\mathrm{III}_5$，得

$$\angle X'ZY < \angle OYX \equiv \angle OYX' < \angle YX'Z$$

从 $\angle X'ZY < \angle YX'Z$ 这个关系，利用定理 12 和定理 23，得到本定理的结论。

**定理 34**　对于任意两个角 $\alpha$ 和 $\varepsilon$，恒能找到一个自然数 $r$，使

$$\frac{\alpha}{2^r} < \varepsilon$$

这里的 $\frac{\alpha}{2^r}$ 表示，从角 $\alpha$ 起始，继续 $r$ 次作二等分角后所得到的角。

**证明**　给定了两个角 $\alpha$ 和 $\varepsilon$。根据所假设的公理，角的二等分是可能的（见第 16 页）。考虑 $\frac{\alpha}{2}$ 这个锐角，若是 $\frac{\alpha}{2} \leqslant \varepsilon$，$r=2$ 时，定理 34 就成立了，现在设 $\frac{\alpha}{2} > \varepsilon$，从 $\frac{\alpha}{2}$ 的一边上的一点 $C$，作另一边的垂线，交另一边于点 $B$（图 31）。把 $\frac{\alpha}{2}$ 的顶点叫做 $A$。迁移 $\varepsilon$ 到沿着边 $AB$，而且在 $\angle BAC = \frac{\alpha}{2}$ 的内部，根据所假设的不等式，$\varepsilon$ 迁移后的另一边交线段 $BC$ 于一点 $D$（参看第 7 页）。阿基米德公理 $\mathrm{V}_1$ 说：有一个自然数 $n$，使

$$n \cdot BD > BC$$

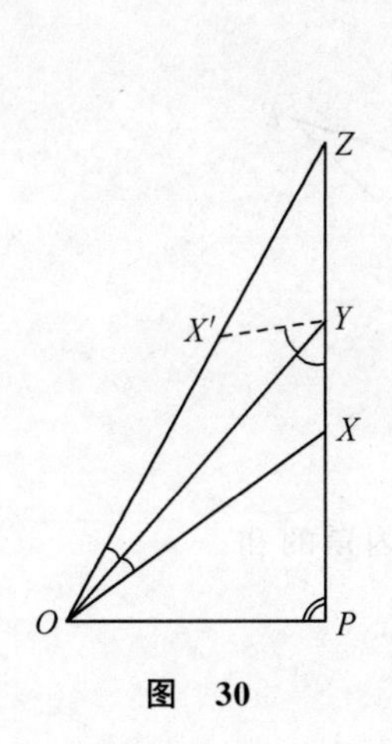


图　30

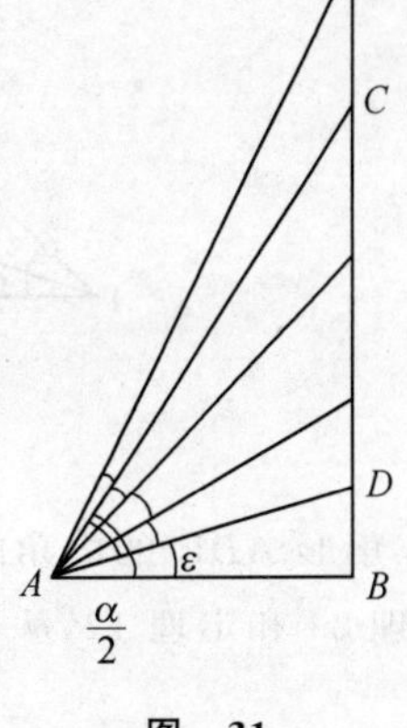


图　31

把角 $\varepsilon$ 迁移 $n$ 次；每次迁移到沿着 $\varepsilon$ 前一次迁移后的另一边。

可能至迟在最后一次，那第 $n$ 次迁移后，$\varepsilon$ 的另一边不再和射线 $BC$ 相交。在这种情形下，设第 $m$ 次的迁移是最初的一次，使 $\varepsilon$ 的另一边不再和射线 $BC$ 相交。既然在前一次迁移时，$\varepsilon$ 的另一边还和射线 $BC$ 相交，角 $(m-1)\varepsilon$ 是锐角。因此显然，经过 $m$ 次迁移所作成的角 $m\varepsilon$ 的内部在直线 $AB$ 的点 $C$ 的那一侧，而且射线 $AC$ 在角 $m\varepsilon$ 的内部，即

$$m \cdot \varepsilon > \frac{\alpha}{2}$$

另一种可能是，在 $n$ 次迁移中的每一次时，角 $\varepsilon$ 都在射线 $BC$ 上截下一条线段。根据定理 33，这条线段长于或等于线段 $BD$。设 $\varepsilon$ 第 $n$ 次迁移后的另一边交射线 $BC$ 于点 $E$。

在射线 $BC$ 上截下的 $n$ 条线段的和 $BE$ 长于 $n \cdot BD$，从而更加长于 $BC$，因此

$$n \cdot \varepsilon > \frac{\alpha}{2}$$

现在，相当于 $m$（或 $n$），定一个自然数 $r$，使 $m < 2^{r-1}$（或 $n < 2^{r-1}$）。用 $\mu$ 表示角 $m\varepsilon$（或 $n\varepsilon$）。$\frac{\mu}{2^{r-1}}$ 和 $\frac{\alpha}{2^r}$ 这两个角都能作。因为角的大小能比较，显然，一方面从不等式 $2^{r-1} > m$，得到不等式 $\frac{\mu}{2^{r-1}} < \frac{\mu}{m} = \varepsilon$；而另一方面从不等式 $\mu > \frac{\alpha}{2}$，得到不等式 $\frac{\mu}{2^{r-1}} > \frac{\alpha}{2^r}$。因此，根据大小比较的传递性（第 14 页），得

$$\frac{\alpha}{2^r} < \varepsilon$$

利用定理 34，可以证明勒让德第一定理。

**定理 35（勒让德第一定理）** 三角形的三个内角的和，小于或等于两直角。

**证明** 设一个已知的三角形的三个内角中的任意一个用 $\angle A = \alpha$ 表示；其余的两个用 $\angle B = \beta$ 和 $\angle C = \gamma$ 表示，而且 $\beta \leqslant \gamma$（图 32），根据定理 26，线段 $BC$ 有一个中点 $D$。延长线段 $AD$ 到 $E$，使 $D$ 是线段 $AE$ 的中点。因为对顶角合同（第 10 页），公理 $\mathrm{III}_5$ 能够应用到 $ADC$ 和 $EDB$ 这两个三角形，而根据定理 15，我们可以明白易懂地定义角的和，这样对于三角形 $ABE$ 的内角 $\alpha', \beta', \gamma'$，就有下列关系：

$$\alpha' + \gamma' = \alpha, \quad \beta' = \beta + \gamma$$

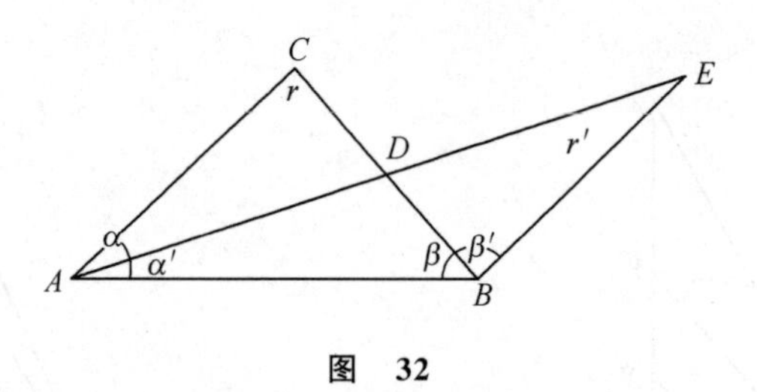


图 32

因此，三角形 $ABE$ 的内角的和等于三角形 $ABC$ 的内角的和。

根据定理 23 和定理 12，从不等式 $\beta \leqslant \gamma$，即有

$$\alpha' \leqslant \gamma'$$

于是有

$$\alpha' \leqslant \frac{\alpha}{2}$$

给定了一个三角形 $ABC$，和它的某一个角 $\alpha$，于是恒可以作出一个三角形，它的内角和和三角形 $ABC$ 的相等，而且它的一个内角小于或等于 $\frac{\alpha}{2}$。因此，在另外给定了一个自然数 $r$ 的时候，恒可以作出一个三角形，它的内角和和三角形 $ABC$ 的相等，而且它的一个内角小于或等于 $\frac{\alpha}{2^r}$。

现在假设勒让德第一定理不成立，假设给定了的三角形的内角和大于两个直角。

从定理 22，我们知道：一个三角形的两个内角的和小于两个直角。给定了的这个三

角形的内角和可表示成下述形式：

$$\alpha+\beta+\gamma=2\rho+\varepsilon$$

其中，$\varepsilon$ 表示某一个角，$\rho$ 表示一个直角。根据定理 34，我们能找到一个自然数 $r$，使

$$\frac{\alpha}{2^r}<g$$

现在再用前述的方法作一个三角形，它的内角 $\alpha^*$，$\beta^*$，$\gamma^*$ 适合下述关系：

$$\alpha^*+\beta^*+\gamma^*=2\rho+\varepsilon,\quad \alpha^*\leqslant\frac{\alpha}{2^r}<g$$

这三角形的两个内角的和

$$\beta^*+\gamma^*>2\rho$$

和定理 22 矛盾。因此，勒让德第一定理得证。

**定理 36**　若四边形 $ABCD$（图 33）的两个角 $A$ 和 $B$ 是直角，而且两条对边 $AD$ 和 $BC$ 合同，则 $\angle C$ 和 $\angle D$ 也就合同。再者，边 $AB$ 的在中点 $M$ 处的垂线，交对边于一点 $N$，使四边形 $AMND$ 和 $BMNC$ 合同。

**证明**　根据定理 21 和定理 22，$AB$ 的在点 $M$ 处的垂线是在 $\angle DMC$ 内，而且，因此利用在第 7 页中所提到的一条定理，这垂线交线段 $CD$ 于一点 $N$。从定理 12，定理 21 和定理 15，即知三角形 $MAD$ 和 $MBC$ 合同，从而三角形 $MDN$ 和 $MCN$ 也合同。然后利用定理 15，得

$$\angle BCN\equiv\angle ADN$$

四边形 $AMND$ 和 $BMNC$ 所以合同。

**定理 37**　若四边形 $ABCD$（图 34）的四个角都是直角，则每一条从直线 $CD$ 的一点 $E$ 所作的对边 $AB$ 的垂线 $EF$，也垂直于 $CD$。

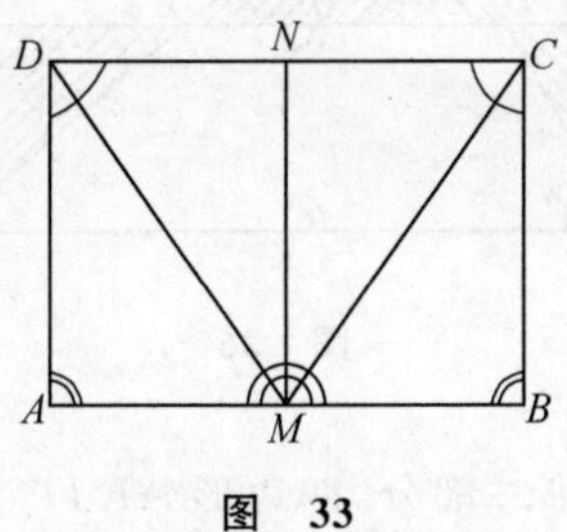

图　33

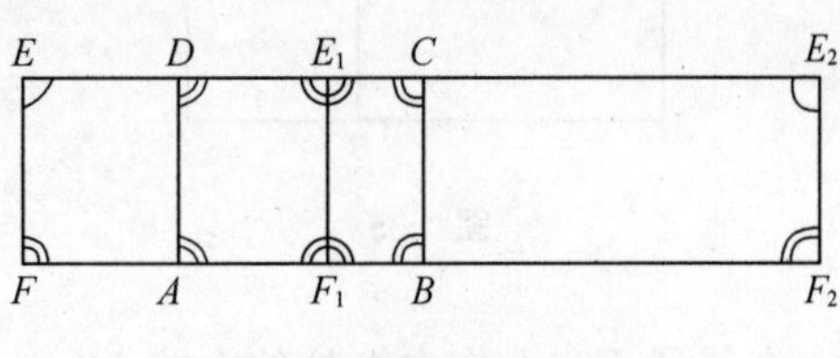

图　34

**证明**　我们引进对于一条直线 $a$ 的反射的概念如下：从某一点 $P$ 作直线 $a$ 的垂线；延长这垂线到点 $P'$，使垂足是线段 $PP'$ 的中点。$P'$ 就叫做 $P$ 的反射点。

对于直线 $AD$ 和 $BC$，反射这条线段 $EF$。从定理 36 的第二部分，反射所得的线段 $E_1F_1$ 和 $E_2F_2$ 都和 $EF$ 合同[39]。如同 $F$ 一样，$F_1$ 和 $F_2$ 也在直线 $AB$ 上；如同 $E$ 一样，$E_1$ 和 $E_2$ 也在直线 $CD$ 上。四边形 $EFF_1E_1$，$EFF_2E_2$ 和 $E_1F_1F_2E_2$ 都满足定理 36 的第一部分的假设，因此在 $E$，$E_1$ 和 $E_2$ 处的四个角都相等。在这三点中之一的地方出现两个相等的邻补角（在图 34 中的点 $E_1$ 处）；即这四个角都是直角。

**定理 38**　如果某一个四边形的四个角都是直角，那么每一个有三个直角的四边形的第四个角，也是直角。

**证明** 设$A'B'C'D'$是一个四边形,它的四个角都是直角,而且$ABCD$(图 35)是任意一个四边形,它的三个角$A,B,D$是直角。我们作一个和$A'B'C'D'$合同的四边形$AB_1C_1D_1$,它的直角$A$和四边形$ABCD$的重合。

在点$B$和$B_1$重合,或者点$D$和$D_1$重合的情形,本定理和定理 37 相同。且设$B$在$A$和$B_1$之间,而且$D_1$在$A$和$D$之间。如同在定理 36 的证明中,利用外角定理,我们知道,线段$BC$和线段$C_1D_1$相交于一点$F$。定理 37 于是告诉我们,点$F$处有一个直角,从而点$C$处也有一个直角。

在点$A,B,B_1$和$A,D,D_1$有其余可能的顺序时,本定理也同样成立。

利用定理 38,可以证明勒让德第二定理。

**定理 39(勒让德第二定理)** 若某**一**个三角形的三个内角的和等于两直角,则**每**一个三角形的三个内角的和就等于两直角。

**证明** 给定了一个三角形$ABC$,它的内角和是$2w$。对于每一个这种的三角形,我们能作一个对应的四边形,它的三个角是直角,第四个角等于$w$。为此,连接边$AC$和$BC$的中点$D$和$E$(图 36),而且从点$A,B$和$C$作这条连线$DE$的垂线$AF,BG$和$CH$。因为三角形$AFD$和$CHD$合同,又三角形$BGE$和$CHE$合同,不管这给定了的三角形$ABC$的$\angle A$或$\angle B$是否为钝角,都有

$$AF \equiv BG$$

$$\angle FAB + \angle GBA = 2w$$

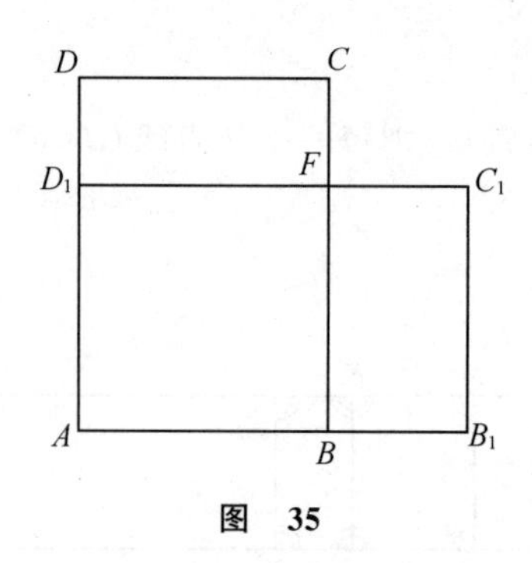


图 35

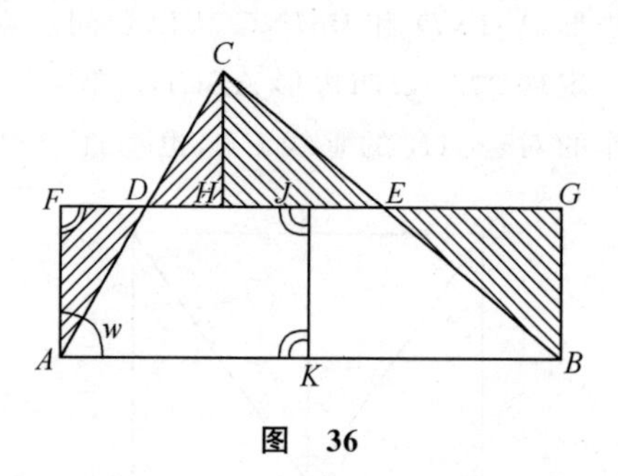


图 36

在线段$FG$上作中点处的垂线$JK$。从定理 36 的第二部分,四边形$AKJF$和$BKJG$合同,所以,这两个四边形各有三个直角,而且第四个角相等,即

$$\angle FAB \equiv \angle GBA$$

因此,

$$\angle FAB = w$$

$AKJF$就是所需要的,和这给定了的三角形相对应的四边形。

现在设某一个三角形$D_1$的内角和等于两直角,而且给定了另一个三角形$D_2$。作$D_1$和$D_2$的相应的四边形$V_1$和$V_2$,$V_1$有四个直角,而$V_2$有三个直角。根据定理 38,$V_2$的第四个角也是直角,勒让德第二定理得证。

## §11　合同公理的独立性

关于合同公理的独立性，我们要证明下述的特别重要的事实：公理$\text{Ⅲ}_5$不能够是其余公理Ⅰ，Ⅱ，$\text{Ⅲ}_{1\sim4}$，Ⅳ，Ⅴ的逻辑推论。

我们仍用通常几何的点、直线、平面当做新空间几何的元素，而且和在通常几何中一样，例如§9中所说明的。规定角的迁移；但是线段的迁移，我们却另下定义。设$A_1$，$A_2$两点，在通常几何中的坐标是$x_1,y_1,z_1$和$x_2,y_2,z_2$。然后用下述式子

$$\sqrt{(x_1-x_2+y_1-y_2)^2+(y_1-y_2)^2+(z_1-z_2)^2}$$

的正值当做线段$A_1A_2$的长度；任意两条线段$A_1A_2$和$A_1'A_2'$若是在这么规定的意义下有相等的长度，就说它们是互相合同。

在这样建立的空间几何里，公理Ⅰ，Ⅱ，$\text{Ⅲ}_{1\sim2,4}$，Ⅳ，Ⅴ（而且还有利用公理$\text{Ⅲ}_5$所证明的定理14，15，16，19，21）显然成立。

要证明公理$\text{Ⅲ}_3$也成立，我们取任意一条直线$a$，而且取其上的三个点$A_1$，$A_2$，$A_3$，其中的$A_2$在$A_1$和$A_3$之间。设直线$a$上的点$x,y,z$是用下列方程

$$x=\lambda t+\lambda'$$
$$y=\mu t+\mu'$$
$$z=\nu t+\nu'$$

给定的，其中的$t$表示一个参变数，$\lambda,\lambda',\mu,\mu',\nu,\nu'$表示常数。若$t_1$，$t_2(<t_1)$，$t_3(<t_2)$分别是点$A_1$，$A_2$，$A_3$的参变数的值，$A_1A_2$，$A_2A_3$和$A_1A_3$这三条线段的长度就分别是

$$(t_1-t_2)\left|\sqrt{(\lambda+\mu)^2+\mu^2+\nu^2}\right|$$
$$(t_2-t_3)\left|\sqrt{(\lambda+\mu)^2+\mu^2+\nu^2}\right|$$
$$(t_1-t_3)\left|\sqrt{(\lambda+\mu)^2+\mu^2+\nu^2}\right|$$

从而，$A_1A_2$和$A_2A_3$这两条线段的长度的和等于线段$A_1A_3$的长度，所以公理$\text{Ⅲ}_3$成立。

在我们的几何里，关于三角形的公理$\text{Ⅲ}_5$，不是在任何情形下都成立的。例如，在平面$z=0$上，取下列四个点：

$O$，　以$x=0,y=0$　为坐标

$A$，　以$x=1,y=0$　为坐标

$B$，　以$x=-1,y=0$　为坐标

$C$，　以$x=0,y=\frac{1}{\sqrt{2}}$　为坐标

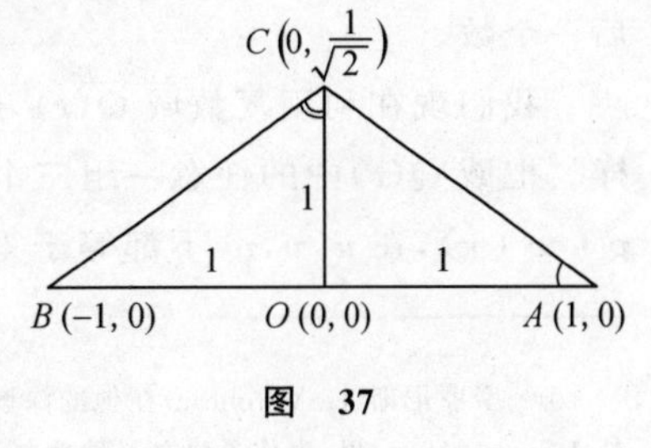

图　37

线段$OA$，$OB$，$OC$的长度都等于1。因此，在$AOC$和$COB$这两直角三角形里（图37），有下列合同式：

$$\angle AOC\equiv\angle COB$$
$$OA\equiv OC$$
$$OC\equiv OB$$

但是$\angle OAC$和$\angle OCB$不合同，公理$\text{III}_5$不满足。同时，这个例子也不满足(三角形的)合同定理1；因为$AC$的长度是$\sqrt{2-\frac{2}{\sqrt{2}}}$，而$BC$的长度是$\sqrt{2+\frac{2}{\sqrt{2}}}$。再者，对于$AOC$和$COB$这两个等腰三角形，定理11也不成立。

下述的例子，表明一种平面几何，它满足除去公理$\text{III}_5$之外的全体公理，但不满足公理$\text{III}_5$：设在一个平面$\alpha$上除去线段合同的概念之外，其余在公理中出现的概念都有通常的定义。取一个平面$\beta$，它和$\alpha$构成一个适当的锐角。现在却规定：平面$\alpha$上的一条线段的长度，就是这线段在平面$\beta$上的投影的通常长度。

## §12　连续公理的独立性(非阿基米德几何)

要想证明阿基米德公理$\text{V}_1$的独立性，我们必须建立一种几何，它满足除去公理V之外的全体公理，但公理V却不满足①。

为此，我们作出代数函数域$Q(t)$，其中的代数函数都是从$t$出发，用下列五种运算得来的：加，减，乘，除和第五种运算$\left|\sqrt{1+\omega^2}\right|$，这里的$\omega$表示运用这五种运算业已得来的某一个函数。$Q(t)$的元素的集合，如同§9中的$Q$的一样，是可数的。这五种运算都是单值的运算，而且不产生虚数；所以域$Q(t)$是只含有$t$的单值的实函数。

设$c$是域$Q(t)$中的任意一个函数，既然$c$是$t$的一个代数函数，只有有限个$t$的值能使$c$等于零；所以，在$t$的值是适当大的正值的时候，$c$的值或者恒是正的，或者恒是负的。

现在，我们把域$Q(t)$中的函数看做是一种在下一节§13的意义下的复数。显然，在这样规定的复数系中，通常的运算规律全体成立[40]。我们再进而规定大小。设$a$和$b$是这复数系中的任意两个不同的数。按照在$t$的值是适当大的正值的时候，$c=a-b$这个$t$的函数恒取正值或恒取负值。我们就说$a$大于或小于$b$，用记号$a>b$或$a<b$表示。有了这个规定，我们的复数系中的数就能按照大小而有顺序，和实数的顺序类似；而且很容易看出，对于我们的复数，下列定理成立：若是不等式的两端加以同一个数或者乘以同一个大于零的数，不等式仍然成立。

设$n$表示任意一个正整数，对于域$Q(t)$中的$n$和$t$这两数，由于差$n-t$，作为$t$的函数，在$t$的值是适当大的正值的时候，恒取负值，所以当然$n<t$。这事实可叙述如下：域$Q(t)$中的1和$t$这两个大于零的数，具有下述的性质：前一个数的任意一个倍数恒小于后一个数。

我们现在利用复数域$Q(t)$，建立一种几何，犹如在§9中根据代数数域$Q$所作的那样。把域$Q(t)$中的任意一组三个数$(x,y,z)$看做是一个点；把$Q(t)$的任意四个数$(u:v:w:r)$，在$u,v,w$不都等于零的时候，看做是一个平面，在方程：

① 费罗尼斯(G. Veronese)在他的深奥的著作《几何基础》(*Grundzüge der Geometrie*，谢卜(A. Schepp)的德译本，Leipzig，1894)里，也作了建立一种独立于阿基米德公理的几何的尝试。

$$ux + vy + wz + r = 0$$

成立的时候,就把$(x,y,z)$这个点看做是在$(u:v:w:r)$这个平面上,而且把两个具有不同的$u:v:w$的平面的全体公共点看做是一条直线。然后,如同在§9中一样,规定元素的顺序,线段的迁移和角的迁移。这样就产生了一种“**非阿基米德**”几何;正如复数系$Q(t)$的上述的性质所表明的,在这种几何里,除去连续公理之外,其余公理都满足。实际上,迁移线段1到线段$t$上,不管连续迁移多少次,线段$t$的终点都是不会超过的;这和阿基米德公理所要求的矛盾。

完备公理$\mathrm{V}_2$也和在它之前的全体公理(公理Ⅰ～Ⅳ,$\mathrm{V}_1$)互相独立。这是§9中最先建立的那种几何所表明的;因为在那种几何里阿基米德公理是满足的。

非阿基米德几何和非欧几里得几何,都具有重大的意义。特别是,阿基米德公理在勒让德定理的证明中的地位也极有兴趣。戴恩(M. Dehn)①遵照我的建议,对于这一点加以研究;他的结果把这个问题彻底澄清,戴恩的研究从公理Ⅰ～Ⅲ出发,不过他所用的顺序公理Ⅱ比本书中所说的更为普通,因此黎曼几何(椭圆几何)[41]也包括在他的研究范围之内。他的顺序公理Ⅱ略述如下:

一条直线上的四个点$A,B,C,D$,恒能分为两个点偶$A,C$和$B,D$,使$A,C$和$B,D$互相分离;其逆也成立。一条直线上的五个点恒能如是选择它们的名称为$A,B,C,D,E$,使$A,C$被$B,D$分离,也被$B,E$分离,$A,D$被$B,E$分离,也被$C,E$分离,等等。

戴恩只从公理Ⅰ～Ⅲ出发,因此不利用连续性,首先证明勒让德第二定理(定理39)的推广。

若某一个三角形的三个内角的和大于、等于或者小于两直角,则每一个三角形的三个内角的和必也都如此②。

在上文所引的论文里,还证明了勒让德第一定理(定理35)的下述的补充:

假设通过一点的,而且和一直线平行的直线,有无穷多条,根据这个假设,若是不用阿基米德公理,还不能推证一个三角形的三个内角的和小于两直角。但是一方面有一种具有下述性质的几何(非勒让德几何):通过一点的和一直线平行的直线,既有无穷多条,而且黎曼几何(椭圆几何)的定理还成立;另一方面也有一种具有下述性质的几何(半欧几里得几何):通过一点的和一直线平行的直线,既有无穷多条,而且欧几里得几何的定理还成立。

假设通过一点的和一直线平行的直线不存在。根据这个假设,一个三角形的三个内角的和恒大于两直角。

最后,我们提一提下述事实:若引进阿基米德公理,则平行公理就能用下面的定理替代:一个三角形的三个内角的和等于两直角。

---

① “关于三角形的内角和的勒让德定理”(Die Legendreschen Sätze über die Winkelsumme im Dreieck, Math. Ann. 卷53,1900)。

② 后来舒尔(F. Schur, Math. Ann. 卷55)和希姆斯来夫(Hjelmeslev, Math. Ann. 卷64)都前后证明了本定理,值得特别重视的是,后者极短的论证引出本定理中间部分的证明。也参看舒尔,几何基础(Grundlagen der Geometrie, Leipzig und Berlin, 1909)§6。

# 第三章 比 例 论

## · Chapter Ⅲ The Theory of Proportion ·

### §13 复 数 系[①]

在本章开始的时候,我们先对复数系作一个简单的说明。这个说明将使以后的叙述更为简易。

实数全体构成一个具有下述性质的体系:

**关联定理**(1～6):

1. 从一个数 $a$ 和一个数 $b$,经过"加",产生一个确定的数 $c$;用记号表示,即

$$a+b=c \quad 或 \quad c=a+b$$

2. 设 $a$ 和 $b$ 是两个给定的数,恒恰有一个数 $x$ 存在,和恒恰有一个数 $y$ 存在,分别使得

$$a+x=b, \quad y+a=b$$

3. 有一个确实的数,叫做 0(零),使得对于每一个数 $a$,同时有

$$a+0=a, \quad 0+a=a$$

4. 从一个数 $a$ 和一个数 $b$,经过另一种运算"乘",产生一个确定的数 $c$;用记号表示,即

$$ab=c \quad 或 \quad c=ab$$

5. 设 $a$ 和 $b$ 是任意两个数,而且 $a$ 不是 0,恒恰有一个数 $x$ 存在,也恒恰有一个数 $y$ 存在,分别使得

$$ax=b, \quad ya=b$$

6. 有一个确定的数,叫做 1;使得对于每一个数 $a$,同时有

$$a1=a \quad 和 \quad 1a=a$$

**运算律**(7～12):

设 $a,b,c$ 是任意三个数,下列运算律恒成立:

7. $a+(b+c)=(a+b)+c$

8. $a+b=b+a$

9. $a(bc)=(ab)c$

---

① 此处可参看补篇 $\mathrm{I}_2$。

10. $a(b+c)=ab+ac$

11. $(a+b)c=ac+bc$

12. $ab=ba$

**顺序定理**(13～16):

13. 设 $a$ 和 $b$ 是任意两个不同的数。两个数中恒恰有一个大于另一个。设前者是 $a$,后者 $b$ 也称为小于 $a$。用记号表示,即

$$a > b \quad 和 \quad b < a$$

对于任一数 $a$,$a>a$ 不成立。

14. 若 $a>b$,而且 $b>c$,则 $a>c$。

15. 若 $a>b$,则恒有

$$a + c > b + c$$

16. 若 $a>b$,而且 $c>0$,则恒有

$$ac > bc$$

**连续定理**(17～18):

17. (**阿基米德定理**) 设 $a>0$ 和 $b>0$ 是任意两个数。恒能把 $a$ 加上它自己,加到适当多次,使得所得到的和大于 $b$。用记号表示,即

$$a + a + \cdots a > b$$

18. (**完备定理**) 实数系不可能增加新元素(新元素当做一种新数),使在扩充后所得到的新体系中,在保持数间的关系的条件之下,定理 1～17 全体都成立。或者简略地说,实数所成的体系在保持全体关系和全体上述定理的条件之下,不可能再行扩充。

一组元素,只具有性质 1～18 的一部分的,叫做一个**复数系**。按照一个复数系满足或不满足 17 这要求,它就分别叫做**阿基米德复数系**或**非阿基米德复数系**。

上述的性质 1～18 中,有些是其余性质的推论。因此发生要研究这些性质在逻辑上互相依存(非独立)的问题[①]。在第六章的 §32 和 §33 里,我们将研究两个这类问题,因为它们是具有几何意义的。我们在这里只指出,性质 17 断然不是在它之前的性质的逻辑推论;例如在 §12 里所提的复数系 $Q(t)$ 有 1～16 全体性质,但不满足性质 17。

再者,在 §8 里对于几何的连续公理所说的话,对于这里的连续定理(17～18)也适用。

## §14 巴斯噶定理的证明

在本章和下一章里,我们用来作为研究根据的,是除去连续公理之外的平面公理全体;换句话说,是公理 $\mathrm{I}_{1\sim3}$ 和公理Ⅱ～Ⅳ。在这第三章里,我们要用这些公理,也就是说,要在平面上,不用阿基米德公理,来建立欧几里得的比例论(参看补篇Ⅱ)。

为此,首先我们证明一个事实,它是圆锥曲线论里的有名的巴斯噶定理的一个特殊情形。为简便起见,我们把它称为巴斯噶定理。

---

① 参看补篇 $\mathrm{I}_2$。

**定理 40**[①]**(巴斯噶定理)** 设有两条相交的直线。设 $A,B,C$ 是其中一条直线上的三个点，$A',B',C'$ 是另一条直线上的三个点，而且它们都不是这两条直线的交点(图 38)。若 $CB'$ 平行于 $BC'$，而且 $CA'$ 平行于 $AC'$，则 $BA'$ 也平行于 $AB'$。

为了证明这条定理，我们首先引进下述的记号：若是一个直角三角形的弦 $c$ 给定，而且弦 $c$ 和股(夹直角的一条边)$a$ 所夹的角 $\alpha$ 也给定(图 39)，显然，股 $a$ 也就唯一确定。这个事实简单地用下列式子表示

$$a=\alpha c$$

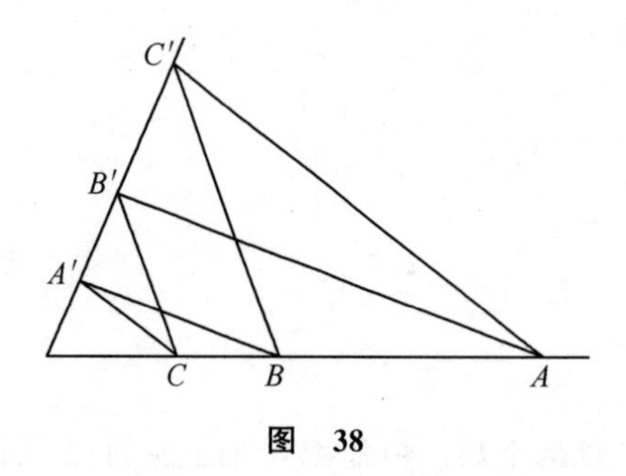


图 38

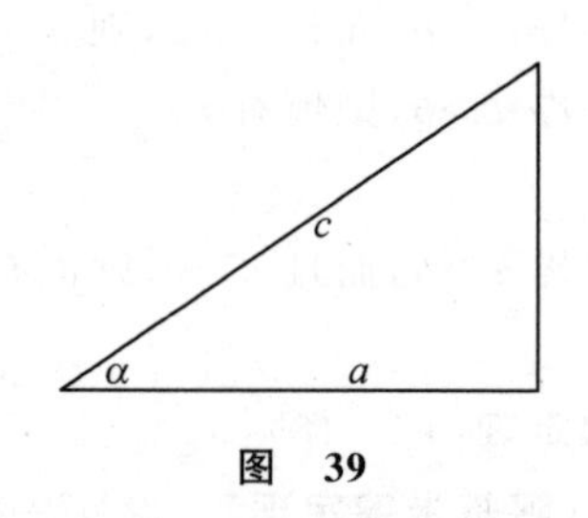


图 39

当任意给定了线段 $c$ 和锐角 $\alpha$ 时，记号 $\alpha c$ 恒意味着一条确定的线段。同样地，当任意给定了线段 $a$ 和锐角 $\alpha$ 时，方程

$$a=\alpha c$$

也恒唯一确定一条线段 $c$。

设 $c$ 是任意一条线段，而且 $\alpha$ 和 $\beta$ 是任意两个锐角，我们说，下面的线段合同式

$$\alpha\,\beta c\equiv\beta\,\alpha c$$

恒成立，因此 $\alpha$ 和 $\beta$ 这两个记号恒能交换。

要想证明上面的合同式，我们取线段 $c=AB$，而且以 $A$ 为顶点，沿着 $AB$，在 $AB$ 的两侧，分别作角 $\alpha$ 和 $\beta$(图 40)。然后从点 $B$，作角 $\alpha$ 的另一边的垂线 $BC$，角 $\beta$ 的另一边的垂线 $BD$，连接 $C$ 和 $D$，而且最后从点 $A$ 作 $CD$ 的垂线 $AE$。

既然 $\angle ACB$ 和 $\angle ADB$ 都是直角，$A,B,C,D$ 这四点就共圆；因此，$\angle ACD$ 和 $\angle ABD$ 作为同一条弦 $AD$ 上的圆周角，故彼此合同[42]。现在，一方面 $\angle ACD$ 和 $\angle CAE$ 作成一直角，另一方面 $\angle ABD$ 和 $\angle BAD$ 又作成一直角，所以 $\angle CAE$ 和 $\angle BAD$ 合同；这就是说

$$\angle CAE\equiv\beta$$

因而

$$\angle DAE\equiv\alpha$$

现在立即得到下列的线段合同式：

$$\beta c\equiv AD,\qquad \alpha c\equiv AC$$

① 舒尔发表了巴斯噶定理的一个有趣的证明，只用平面的和空间的公理Ⅰ~Ⅲ作根据，Math. Ann. 卷 51；同样的，戴恩，Math. Ann. 卷 53。后来希姆斯来夫根据赫森堡的结果(Math. Ann. 卷 61)，只用平面公理Ⅰ~Ⅲ作根据，证明了巴斯噶定理(建立平面几何的新法，Neue Begründung der ebenen Geometrie，Math. Ann. 卷 64)。参看原书的附录 III。

$$\alpha\beta c \equiv \alpha(AD) \equiv AE, \qquad \beta\alpha c \equiv \beta(AC) \equiv AE$$

从而证明了上文所说的合同式。

现在我们回到巴斯噶定理的图形。那两条直线的交点用 $O$ 表示，线段 $OA, OB, OC, OA', OB', OC', CB', BC', AC', CA', BA', AB'$ 分别用 $a, b, c, a', b', c', l, l^*, m, m^*, n, n^*$ 表示(图 41)。然后从 $O$ 作 $l, m^*, n$ 的垂线。$l$ 的垂线和 $OA, OA'$ 所夹的锐角，分别用 $\lambda', \lambda$ 表示；$m^*, n$ 的垂线和 $OA, OA'$ 所夹的锐角，分别用 $\mu', \mu$ 和 $\nu', \nu$ 表示。遵照上述的方法，在相关的直角三角形里，把这三条垂线用弦和底角表出两次，就得到下列线段合同式：

$$\lambda b' \equiv \lambda' c \tag{1}$$

$$\mu a' \equiv \mu' c \tag{2}$$

$$\nu a' \equiv \nu' b \tag{3}$$

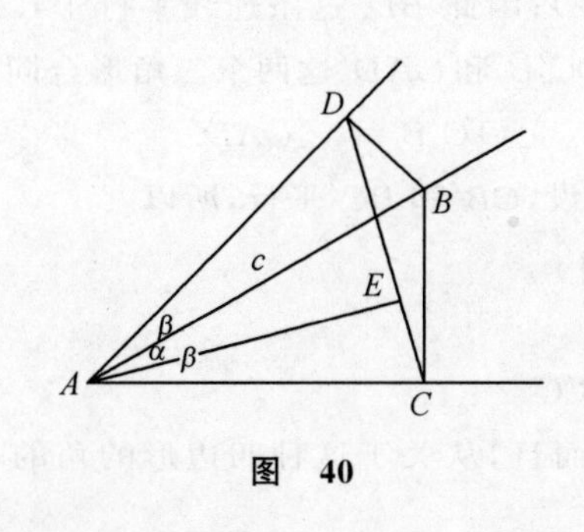


图 40

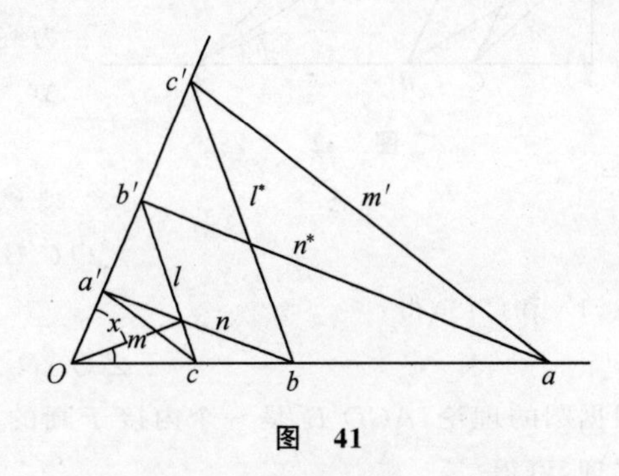


图 41

既然，根据假设，$l$ 平行于 $l^*$ 而且 $m$ 平行于 $m^*$，$l^*$ 和 $m$ 上的垂线所以分别和 $l$ 和 $m^*$ 上的垂线相同，因此得

$$\lambda c' \equiv \lambda' b \tag{4}$$

$$\mu c' \equiv \mu' a \tag{5}$$

在合同式(3)的两端的左方，同时施用记号 $\lambda'\mu$，再根据前文所证明的，考虑这些记号能交换；就得到

$$\nu\lambda'\mu a' \equiv \nu'\mu\lambda' b$$

利用(2)改换这合同式的左端，利用(4)改换右端；这合同式就变成

$$\nu\lambda'\mu' c \equiv \nu'\mu\lambda c',$$

或

$$\nu\mu'\lambda' c \equiv \nu'\lambda\mu c'$$

再利用(1)改换左端，利用(5)改换右端；这合同式就又变成

$$\nu\mu'\lambda b' \equiv \nu'\lambda\mu' a$$

或

$$\lambda\mu'\nu b' \equiv \lambda\mu'\nu' a$$

根据第 32 页上所说的我们的记号的性质，从上一个合同式立即得

$$\mu'\nu b' \equiv \mu'\nu' a$$

从而又得

$$\nu b' \equiv \nu' a \tag{6}$$

现在来看从点 $O$ 到 $n$ 上的垂线，并从 $A$ 和 $B'$ 作这条垂线上的垂线。合同式(6)表明这后两条垂线的垂足是同一个点[43]，换句话说，直线 $n^* = AB'$ 垂直于 $n$ 上的垂线，从而平

行于 $n$。这就证明了巴斯噶定理。

我们此后建立比例论，只需用巴斯噶定理的一个特殊情形，这种特殊情形满足下列两个特别条件：合同式

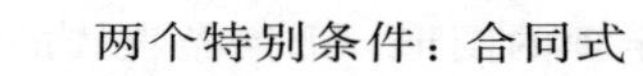

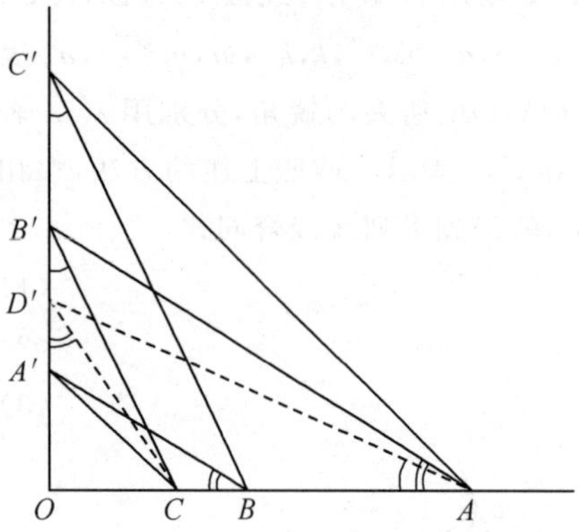

$$OC \equiv OA'$$

成立，因而合同式

$$OA \equiv OC'$$

也成立，而且 $A, B, C$ 三点在以 $O$ 为起点的同一条射线上。这种特殊情形的证明很简单，方法如下：

图 42

迁移线段 $OB$ 到射线 $OA'$ 上，以 $O$ 为起点，$D'$ 为终点（图 42）；因此 $BD'$ 这条连线平行于 $CA'$ 和 $AC'$。因为 $OC'B$ 和 $OAD'$ 这两个三角形合同，有

$$\angle OC'B \equiv \angle OAD' \qquad (1^{\dagger})$$

既然，根据假设，$CB'$ 和 $BC'$ 平行，所以

$$\angle OC'B \equiv \angle OB'C \qquad (2^{\dagger})$$

从 $(1^{\dagger})$ 和 $(2^{\dagger})$，得

$$\angle OAD' \equiv \angle OB'C$$

根据圆的理论，$ACD'B'$ 是一个内接于圆的四边形，而且，从关于这种四边形的角的一条定理，可得

$$\angle OD'C \equiv \angle OAB' \qquad (3^{\dagger})$$

另一方面，因为 $OD'C$ 和 $OBA'$ 这两个三角形合同，又得

$$\angle OD'C \equiv \angle OBA' \qquad (4^{\dagger})$$

从 $(3^{\dagger})$ 和 $(4^{\dagger})$，得

$$\angle OAB' \equiv \angle OBA'$$

这合同式就表明 $AB'$ 和 $BA$ 平行，如同巴斯噶定理所要求的。

给定了任一直线，这直线外的一点，和任一角。经过角的迁移和作平行直线，显然就能求得一直线，通过这给定了的点，而且交这给定了的直线于这给定了的角。因为这个事实，最后，我们也能利用下述的简单推论方式——这要归功于别人的告知——来证明一般的巴斯噶定理【44】。

通过 $B$ 作一条直线，交直线 $OA'$ 于一点 $D'$，而且于一已知角 $\angle OCA'$，即

$$\angle OCA' \equiv \angle OD'B \qquad (1^{*})$$

然后根据圆的理论中的一条熟知的定理，$CBD'A'$ 是一个内接于圆的四边形，因此，从弦上的圆周角合同的定理，得

$$\angle OBA' \equiv \angle OD'C \qquad (2^{*})$$

既然根据假设 $CA'$ 和 $AC'$ 平行，所以

$$\angle OCA' \equiv \angle OAC' \qquad (3^{*})$$

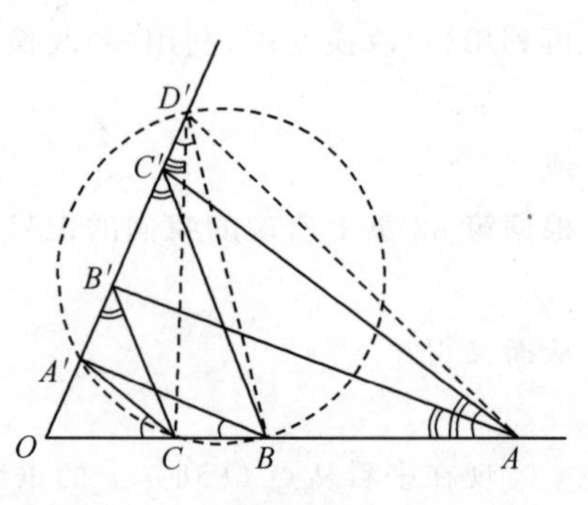


图 43

从(1*)和(3*),得

$$\angle OD'B \equiv \angle OAC'$$

然后 $BAD'C'$ 也是一个内接于圆的四边形,从而,由关于这种四边形的角的定理,得

$$\angle OAD' \equiv \angle OC'B \quad (4^*)$$

再者,根据假设 $CB'$ 平行于 $BC'$,所以有

$$\angle OB'C \equiv \angle OC'B \quad (5^*)$$

从(4*)和(5*),得

$$\angle OAD' \equiv \angle OB'C$$

这合同式最后表明 $CAD'B'$ 是一个内接于圆的四边形,因此有

$$\angle OAB' \equiv \angle OD'C \quad (6^*)$$

由(2*)和(6*),得

$$\angle OBA' \equiv \angle OAB'$$

这个合同式证明,直线 $BA'$ 和 $AB'$ 平行,就确立了巴斯噶定理。

若 $D'$ 和 $A'$,$B'$,$C'$ 三点中的一点重合,或者,$A$,$B$,$C$ 三点的顺序是另一种,证法就必须加以修改,但如何修改,显而易见①。

## §15 根据巴斯噶定理的线段计算

前一节里所证明的巴斯噶定理,使我们能在几何里引进线段的一种计算,其中的运算律和实数的运算律完全没有区别。

在线段的计算里,我们用"相等"这个名词替代"合同",用"="这个记号替代"≡"。

若 $A$,$B$,$C$ 是一直线上的三点,而且 $B$ 在 $A$ 和 $C$ 之间,我们就把 $c=AC$ 叫做 $a=AB$ 和 $b=BC$ 这两线段的和(图 44),而且写成下式:

$$c=a+b$$

我们说线段 $a$ 和 $b$ 都小于 $c$,用

$$a<c, \quad b<c$$

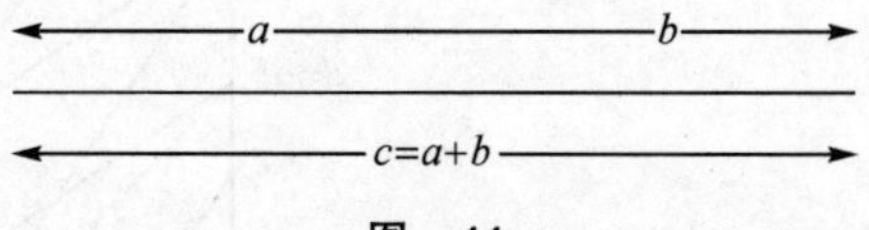

a b

c=a+b

图 44

表示;也说 $c$ 大于 $a$ 和 $b$,用

$$c>a, \quad c>b$$

表示。

① 应用三角形的高线共点这条定理,也能建立巴斯噶定理和比例论。这应用是很有趣的。参看舒尔 Math. Ann. 卷 57 和莫来卜,"Studier over den plane geometris Aksiomer",Kopenhagen,1903。

从直线的合同公理Ⅲ$_{1-3}$,即知:对于上文规定的线段的加法,结合律

$$a + (b + c) = (a + b) + c$$

和交换律

$$a + b = b + a$$

都成立。

为着要用几何的方式来规定一线段 $a$ 和一线段 $b$ 的积,我们用下述的作图法。首先选定任意一条线段;但选定之后,我们就始终都用它,我们用 1 表示这条线段。然后在以 $O$ 为顶点的一个直角的一边上,先以 $O$ 为起点,作线段 1(图 45),再以 $O$ 为起点,作线段 $b$,在另一边上,又以 $O$ 为起点,作线段 $a$。通过 1 和 $a$ 这两线段的终点,作一直线,再通过线段 $b$ 的终点,作前一直线的平行线。设这平行线在另一边上截下一线段 $c$。我们就把 $c$ 这线段叫做线段 $a$ 乘以线段 $b$ 的**积**,而且写成下式

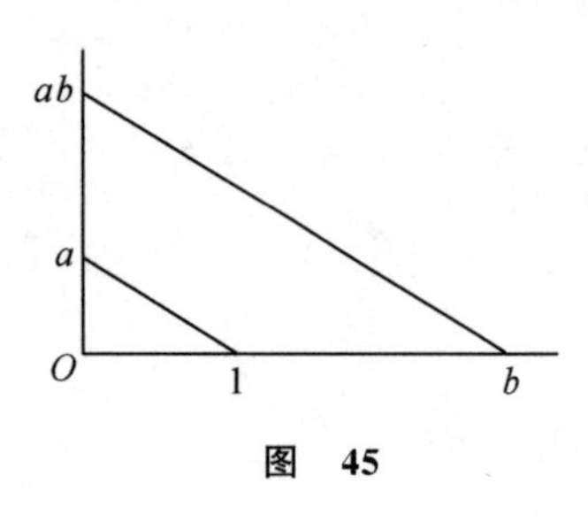

图 45

$$c = ab$$

我们首先证明,对于上文规定的线段的乘法,交换律

$$ab = ba$$

成立。为此,我们先按照上文的步骤作 $ab$ 这线段,然后在这直角的第一边上作线段 $a$,在另一边上作线段 $b$;用直线连接 1 这线段的终点和另一边上的线段 $b$ 的终点,作这直线的一条平行线,通过第一边上的线段 $a$ 的终点,这平行线从这另一边上截下一线段 $ba$;事实上,如图 46 所示,由于辅助虚线的平行,根据巴斯噶定理(定理 40),$ba$ 这线段和先前所作的线段 $ab$ 是同一线段[45]。反之,可以立刻看出,从我们的线段计算里交换律的成立也可推断第 34 页上所提的巴斯噶定理的特殊情形,对于射线 $OA$ 和 $OA'$ 作成一个直角的这种图形是成立的。

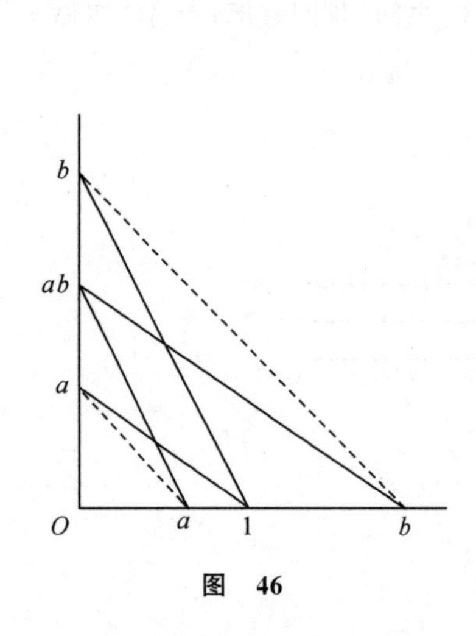

图 46

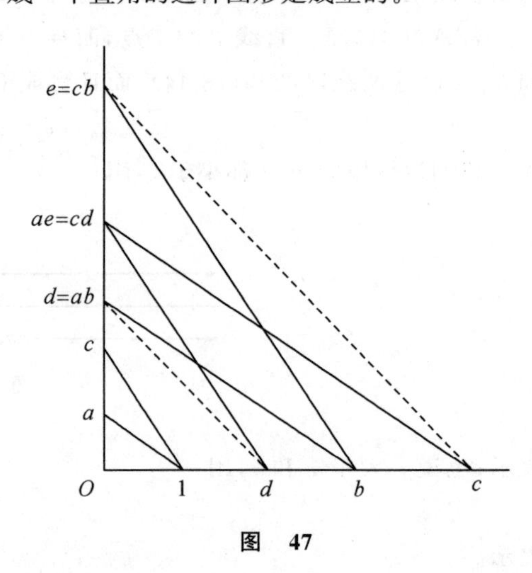

图 47

其次,要证明我们的线段乘法还适合结合律

$$a(bc) = (ab)c$$

在直角的一边上,以 $O$ 为起点,作线段 1 和 $b$;在另一边上,同样以 $O$ 为起点,作线段 $a$ 和 $c$。

然后作线段 $d=ab$ 和 $e=cb$，而且迁移 $d$ 和 $e$ 这两线段到第一边上，以 $O$ 为起点。然后再作 $ae$ 和 $cd$。再根据巴斯噶定理，如同从附图 47 可以看出的，这两条线段的终点相同，即

$$ae=cd \text{ 或 } a(cb)=c(ab)$$

利用交换律，即得

$$a(bc)=(ab)c$$ ①

可以看到，在上文中证明乘法交换律和结合律，都只用了巴斯噶定理的、在第 34 页（§ 14）上所证明的那一个特殊情形。这特殊情形的证明很简单，只需要用一次内接于圆的四边形的定理。

综上所述，我们又得到建立线段计算里的乘法定律的一个新方法。这个新方法，我认为是我们现在知道的一切方法中最简单的一个，这方法如下：

在一个直角的一边上，以顶点 $O$ 为起点，作线段 $a=OA$ 和 $b=OB$，在另一边上作单位线段 $1=OC$（图 48）。通过 $A,B,C$ 这三点的圆还交后一边于一点 $D$。我们可以不用圆规[46]，只用合同公理，很容易求得这个 $D$ 点如下：作从圆心到 $OC$ 的垂线，再作点 $C$ 关于这条垂线的反射点 $D$。因为角 $\angle OCA$ 等于角 $\angle OBD$，根据两条线段的积的定义（第 36 页）

$$OD=ab$$

又因为角 $\angle ODA$ 等于角 $\angle OBC$，再根据这积的定义

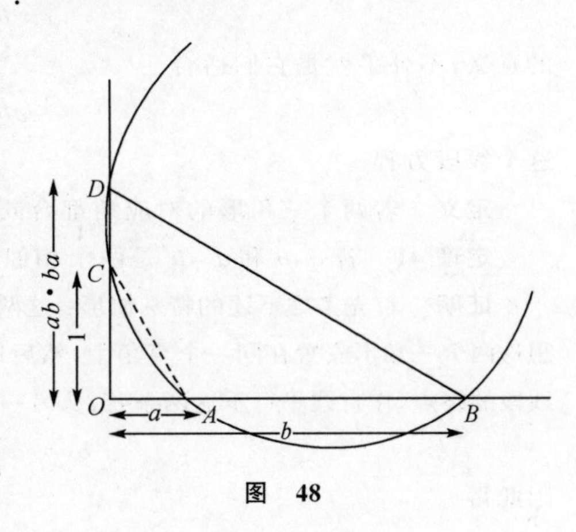


图 48

$$OD=ba$$

如此得到的乘法的交换律 $ab=ba$，再根据第 36 页上所提到的一句话，就证明了在第 34 页所说的、对于一直角的两边的、巴斯噶定理的那个特殊情形，再根据第 36 页，就得到乘法的结合律

$$a(bc)=(ab)c$$

最后，在我们的线段计算里，乘法的分配律

$$a(b+c)=ab+ac$$

也成立。为着证明分配律，我们作线段 $ab$，$ac$ 和 $a(b+c)$，然后通过 $c$ 的终点（见图 49），作一直线，平行于这直角的另一边。图中用影线表出的两个直角三角形合同，再应用平行四边形的对边相等的定理，就证明了所要证明的事实。

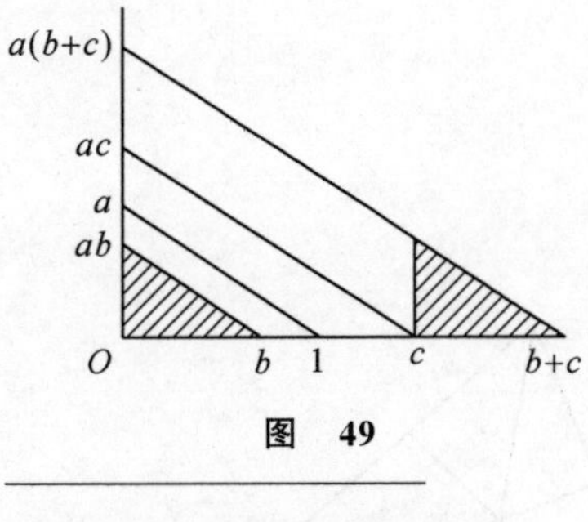

图 49

① 此处也可参看克尼塞尔（A. Kneser，Archiv für Math. und Phys.，集刊Ⅲ，卷 2）和莫来卜（J. Mollerup，Math. Ann. 卷 56，又“Studier over den plane geometris Aksiomer”，Kopenhagen，1903）在这期间建立比例论的方法；他们是把比例式放在前面。舒尔（Zur Proportionenlehre，Math. Ann. 卷 57）提到库坡费尔（Kupffer）（Sitzungsber. der Naturforschergesellschaft zu Dorpat，1893）已经正确地证明了乘法交换律。不过，库坡费尔关于建立比例论的其他论据，我们认为并不充分。

若 $b$ 和 $c$ 是任意两条线段，则恒有一条线段 $a$，使 $c=ab$。$a$ 这线段就用 $\frac{c}{b}$ 表示，叫做 $c$ 除以 $b$ 的商。

## §16 比例和相似形定理

我们利用上文所叙述的线段计算，就可以如下的建立欧几里得的比例论，使它不再有缺陷，而且使它不需要阿基米德公理。

**定义** 设 $a,b,a',b'$ 是任意四条线段。那么它们成**比例**

$$a:b=a':b'$$

的意义，不外乎就是它们适合

$$ab'=ba'$$

这个线段方程。

**定义** 若两个三角形的对应角都合同，这两个三角形就说是**相似**。

**定理 41** 若 $a,b$ 和 $a',b'$ 是两个相似三角形的对应边，则 $a:b=a':b'$。

**证明** 首先考虑下述的特殊情形：这两个三角形的边 $a,b$ 和 $a',b'$ 所夹的角是直角。设想这两个三角形安置在同一个直角上，然后以顶点为起点，在一边上作线段 1(图 50)；再通过线段的终点，作直线平行于这两条弦，从另一边上截下一线段 $e$；根据我们的线段积的定义，

$$b=ea',\quad b'=ea'$$

因此得

$$ab'=ba'$$

即

$$a:b=a':b'$$

现在考虑普遍的情形。在这两个三角形的每一个里，作内角平分线的交点 $S$ 和 $S'$ (图 51)。这交点的存在，用定理 25 很容易证明。从 $S$ 和 $S'$ 分别作三边上的三条垂线 $r$ 和 $r'$；它们把三边分成的线段用

$$a_b,\ a_c,\ b_c,\ b_a,\ c_a,\ c_b$$
$$a'_b,\ a'_c,\ b'_c,\ b'_a,\ c'_a,\ c'_b$$

表示。

从上文所证的定理的特殊情形，得到下列比例：

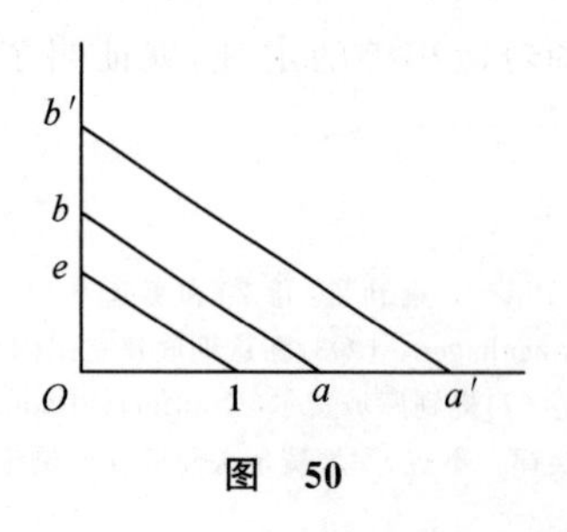


图 50

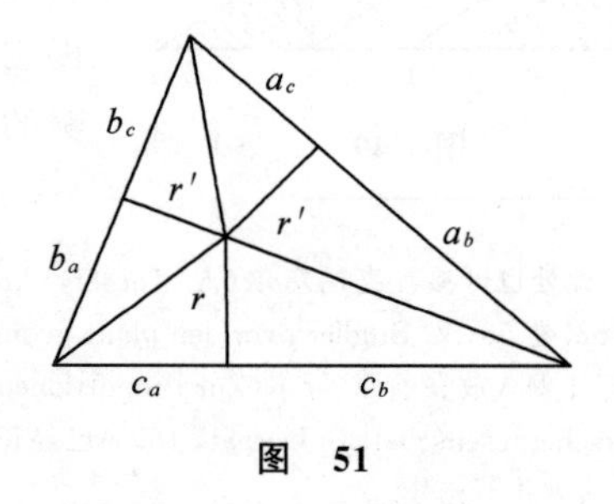


图 51

$$a_b : r = a'_b : r' \qquad b_c : r = b'_c : r'$$

$$a_c : r = a'_c : r' \qquad b_a : r = b'_a : r'$$

应用分配律到这些比例,得

$$a : r = a' : r' \qquad b : r = b' : r'$$

从而得

$$b'ar' = b'ra', \qquad a'br' = a'rb$$

应用乘法交换律到这两个方程,最后得

$$a : b = a' : b'$$

从定理41,就得到下述的比例论中的基本定理:

**定理42** 若两条平行直线在任意一角的两边上分别截下线段 $a$,$b$ 和 $a'$,$b'$,则这四条线段成比例

$$a : b = a' : b'$$

反之,若四条线段 $a$,$b$,$a'$,$b'$ 成比例,而且 $a$,$b$ 和 $a'$,$b'$ 分别放置在任意一角的两边上,都以这角的顶点为起点,则连接 $a$,$a'$ 的终点的直线必平行于连接 $b$,$b'$ 的终点的直线[47]。

## §17 直线的和平面的方程

在此前所讨论的一组线段之外,我们还增加第二种这样的一组线段。根据顺序公理,在一直线上能够很容易地区别出一个"正"方向和一个"负"方向。一条线段 $AB$,前此叫做 $a$ 的,现在要加以区别;当 $B$ 在从 $A$ 算起的正方向的时候,现在就还用 $a$ 表示这线段,否则用 $-a$ 表示。一个点我们把它叫做线段0。我们说线段 $a$ 是"正"的或大于0,用记号 $a>0$ 表示;说线段 $-a$ 是"负"的或小于0,用记号 $-a<0$ 表示。

在如此扩充的线段计算里,§13中列出的实数的运算律1～16全体都成立。下列所提的特殊结果是值得重视的:

恒有

$$a \cdot 1 = 1 \cdot a = a \quad 和 \quad a \cdot 0 = 0 \cdot a = 0$$

若 $ab=0$,必定 $a=0$ 或者 $b=0$。若 $a>b$,而且 $c>0$,恒有 $ac>bc$。若 $A_1$,$A_2$,$A_3$,…,$A_{n-1}$,$A_n$ 是一直线上的 $n$ 个点,线段 $A_1A_2$,$A_2A_3$,…,$A_{n-1}A_n$,$A_nA_1$ 的和等于0[48]。

在一个平面 $\alpha$ 中,现在取通过一点 $O$ 的两条互相垂直的直线作为固定的直角坐标轴,然后在这两条直线上,以 $O$ 为起点,分别作任意的线段 $x$,$y$;然后再在线段 $x$,$y$ 的终点处作垂线,它们必相交而得交点 $P$(图52)。$x$,$y$ 这二线段就叫做点 $P$ 的**坐标**。平面 $\alpha$ 的每一点,都由它的坐标唯一决定;这里的 $x$,$y$ 可以是正线段,负线段或者0。

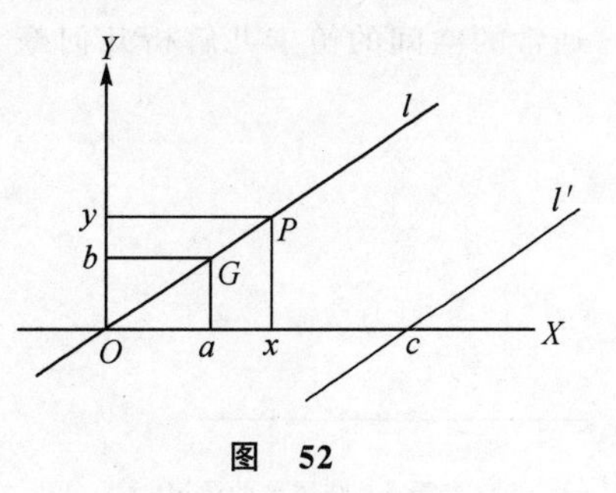

图 52

设 $l$ 是平面 $\alpha$ 中的、通过 $O$ 和以 $a$,$b$ 为坐标的点

$C$ 的直线。若是 $x,y$ 是 $l$ 的任意一点 $P$ 的坐标，从定理 42 就得到直线 $l$ 的方程

$$a : b = x : y$$

或

$$bx - ay = 0$$

设 $l'$ 是平行于 $l$ 的一条直线，而且它在 $x$ 轴上截下一条线段 $c$，我们只要把 $l$ 的方程中的线段 $x$ 用线段 $x-c$ 替代，就得到 $l'$ 的方程，即

$$bx - ay - bc = 0$$

从上文，我们不用阿基米德公理，容易得到下述结论：一个平面中的每一条直线能用坐标 $x,y$ 的一个一次方程表出，而且，反之，每一个这样的方程表出一条直线；此处所说的方程是用我们的几何中的线段作系数。

空间几何的相当结果，也能同样地容易证明。

从此以后，几何进一步的构造，能够遵照解析几何中通常所采用的方法来进行。

迄今为止，本章中都没有用阿基米德公理；现在我们假设这公理成立，那么空间中任意一条直线上的点，我们都能指定实数和它们对应。方法如下：

先在这直线上任意选取两个点，指定 0 和 1 这两个数和它们对应；然后二等分由这两点所决定的线段 01，指定 $\frac{1}{2}$ 和这样得到的中点对应，再指定 $\frac{1}{4}$ 和线段 $0\ \frac{1}{2}$ 的中点对应；继续这种方法 $n$ 次之后，就得到一个点，和它对应的数是 $\frac{1}{2^n}$。现在再迁移线段 $0\ \frac{1}{2^n}$ 到 $O$ 点处，既迁移到 $O$ 的 1 所在的一侧，又迁移到另一侧；迁移一次之后又一次，继续 $m$ 次，这样得到的两点我们分别指定 $\frac{m}{2^n}$ 及 $-\frac{m}{2^n}$ 和它们对应。从阿基米德公理很容易地得到下述结论：根据这种对应办法，这直线上的每一点有一个唯一确定的实数和它对应，而且这种对应具有下述性质：若是 $A,B,C$ 是这直线上任意三点，$\alpha,\beta,\gamma$ 是分别和它们对应的实数，而且 $B$ 在 $A$ 和 $C$ 之间，这三个实数恒适合不等式 $\alpha<\beta<\gamma$ 或 $\alpha>\beta>\gamma$。

从第二章§9 的讨论可知，给定了那里的代数数域 $Q$ 中的每一个数，这直线上必然有一个点存在，使这个数和这个点对应。至于每一个其他的实数是否也和一个点对应，那就决定于在我们的几何中完备公理 $\mathrm{V}_2$ 是否成立。

另一方面，若一种几何里，只假定阿基米德公理成立，就恒能够在原有的点，直线和平面之外，增加“无理”元素，使扩充后的几何具有下述的性质：给定了任意一组适合直线的方程的三个实数，这直线上恒有一点和这组实数对应。若是采用了适当的规约，同时还能使公理 Ⅰ～Ⅴ 在扩充后的几何里全体成立。这扩充后（增加无理元素后）的几何就和通常的空间的笛卡儿解析几何毫无差别，而且完备公理 $\mathrm{V}_2$ 在这种几何里成立①。

① 参看§8 结尾前的注记。

# 第四章　平面中的面积论

· *Chapter Ⅳ The Theory of Plane Areas* ·

## §18　多边形的剖分相等和拼补相等

本章所根据的公理和第三章一样，即连续公理之外的全体直线的和平面的公理，亦即公理 $\mathrm{I}_{1\sim3}$，Ⅱ～Ⅳ。

第三章中所阐明的比例论，和那里所引进的线段计算，使得我们有可能用上述的公理，即**在平面中而又不用连续公理**，来建立欧几里得的面积论。

既然按照第三章中的探讨，比例论的主要根据是巴斯噶定理（定理 40），所以面积论也如此。面积论的如此建立，在我看来，是巴斯噶定理在初等几何中最突出的应用之一。

**定义**　若一个简单的多边形 $P$ 的两点用任意一条折线段连接，而这折线段整个的在这多边形的内部，且不含有重点，那么就产生两个新的简单的多边形 $P_1$ 和 $P_2$，它们的内点都在 $P$ 的内部；我们说：$P$ 分割成 $P_1$ 和 $P_2$，或者剖分成 $P_1$ 和 $P_2$，或者 $P_1$ 和 $P_2$ 合并成 $P$[49]。

**定义**　若两个简单的多边形都能剖分成有限多个三角形，而且这些三角形成对的互相合同，这两个多边形就说是**剖分相等**。

**定义**　若两个简单的多边形 $P$ 和 $Q$ 能够给添加有限多个这样的成对的剖分相等的多边形 $P'$，$Q'$；$P''$，$Q''$；…；$P'''$，$Q'''$合并，使得按下列方式合并成的多边形 $P+P'+P''+\cdots+P'''$ 和 $Q+Q'+Q''+\cdots+Q'''$互相剖分相等，$P$ 和 $Q$ 就说是**拼补相等**（图 53）。

从这些定义立刻知道：若剖分相等的多边形各拼合上剖分相等的多边形，结果仍然剖分相等；若剖分相等的多边形中各去掉剖分相等的多边形，剩下的就拼补相等（参看补篇Ⅲ）。

下述定理还成立：

**定理 43**　若两个多边形 $P_1$ 和 $P_2$ 都和第三个多边形 $P_3$ 剖分相等，则它们也剖分相等。若两个多边形都和第三个多边形拼补相等，则它们也拼补相等。

**证明**　从假设，$P_1$ 和 $P_3$ 各有一个分成三角形的剖分，它们的诸三角形成对的合同；而且 $P_2$ 和 $P_3$ 也各有一个如此的剖分（图 54）。同时考虑 $P_3$ 的这两个剖分，在一般的情形下，一个剖分中的每一个三角形被另一个剖分中的诸线段分成若干个多边形。再作适当多条线段，把这些多边形的每一个都分成三角形，而且在 $P_1$ 和 $P_2$ 中分别作对应的分成三角形的剖分，然后，$P_1$ 和 $P_2$ 这两个多边形显然分成了同样多的成对的合同三角形，因此，按照定义，彼此剖分相等。

定理 43 的第二句话的证明不会发生困难[50]（参看补篇Ⅲ）。

下列概念的定义和通常的一样：**长方形、平行四边形的底边和高线，三角形的底边和高线**。

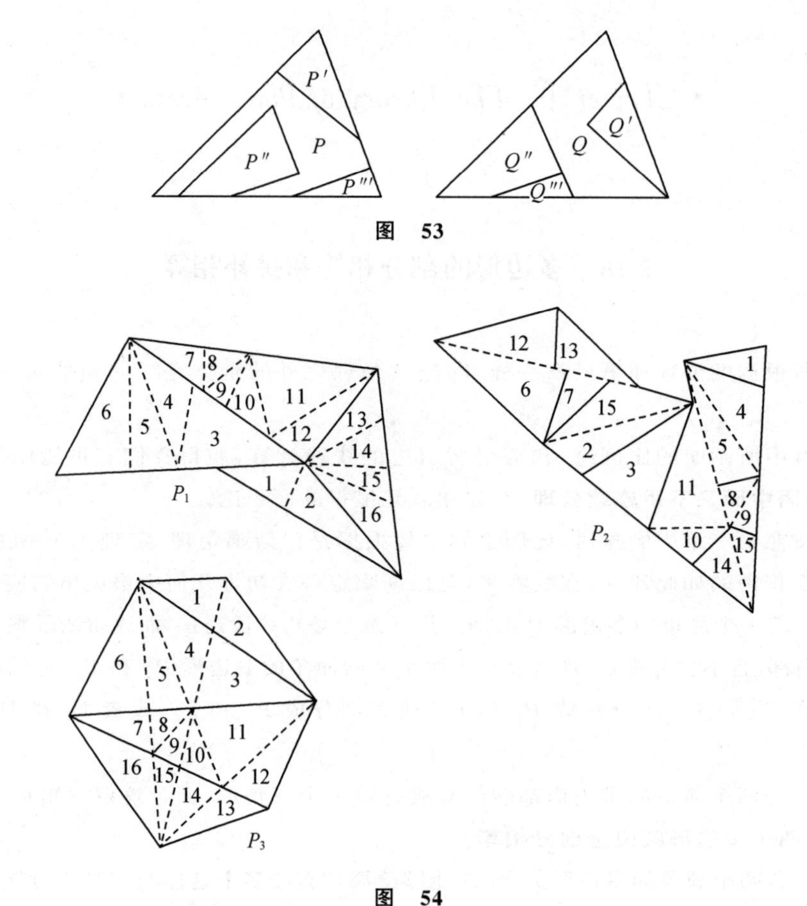


图 53

图 54

## §19 等底边和等高线的平行四边形和三角形

下面的图（图 55）所表明熟知的欧几里得的证明给我们下述定理：

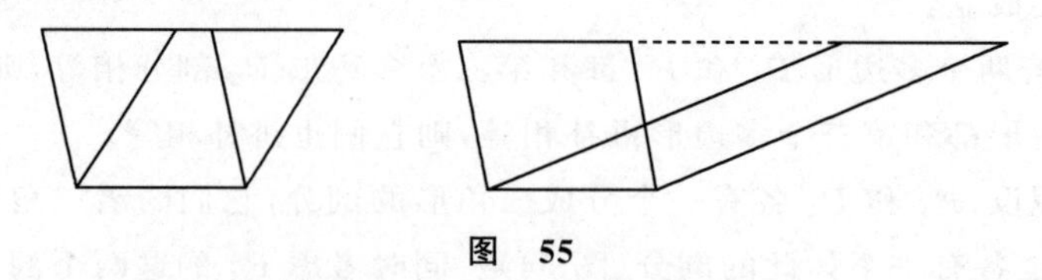

图 55

**定理 44** 等底边等高线的两个平行四边形拼补相等。

再者，有下述熟知的事实：

**定理 45** 任意一个三角形 $ABC$ 和某一个等底边而半高线的平行四边形剖分相等。

**证明** (图 56)二等分边 $AC$ 于点 $D$,边 $BC$ 于点 $E$,其次延长线段 $DE$ 两倍长到 $F$,于是三角形 $DCE$ 和 $FBE$ 合同,从而三角形 $ABC$ 和平行四边形 $ABFD$ 剖分相等。

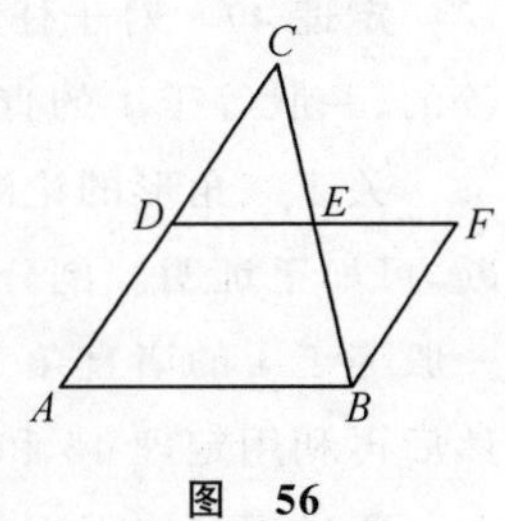


图 56

从定理 44 和定理 45,再参考定理 43,即得下述定理:

**定理 46** 等底边等高线的两个三角形拼补相等。

大家都知道,下述事实是容易证明的,如同附图(图 57)所表出的:等底边等高线的两个平行四边形,因而,从定理 43 和定理 45,等底边等高线的两个三角形,恒剖分相等,然而我们要注意,**这种证明不用阿基米德公理是不可能的**;事实上,在每一种非阿基米德几何(例如第二章 §12 中的一种这样的几何)中,能给出两个三角形,它们等底边又等高线,因而从定理 46 它们拼补相等,但是它们却不剖分相等,为证实这句话,设在一种非阿基米德几何中,在一条射线上取两条这样的线段 $AB=e$ 和 $AD=a$(图 58),使得没有整数 $n$ 适合下列关系:

$$n\cdot e\geqslant a$$

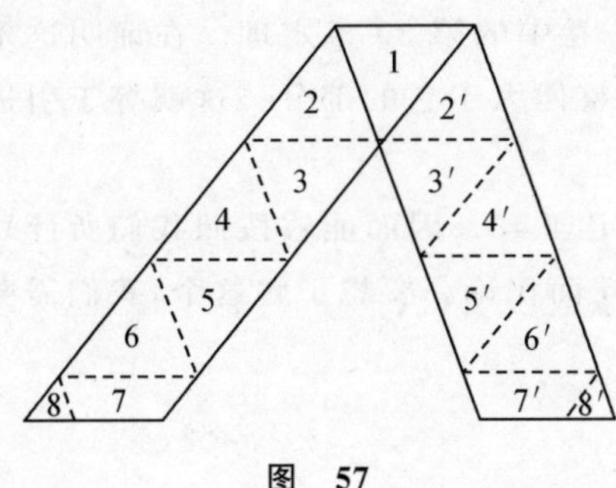


图 57

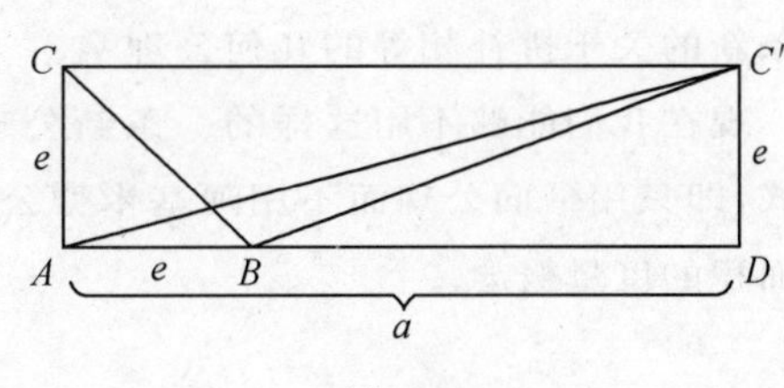


图 58

在线段 $AD$ 的两端点处,作长等于 $e$ 的垂直线段 $AC$ 和 $DC'$。根据定理 46,三角形 $ABC$ 和 $ABC'$ 拼补相等。从定理 23 得:三角形的两边的和大于第三边,这里所说的两边的和是按照第三章中所引进的线段的计算来理解的。

因此,$BC<e+e=2e$。再者,不用连续性能证明:一条完全在三角形内部的线段小于这个三角形的最长的边[51]。因此,每一条在三角形 $ABC$ 内部的线段也小于 $2e$。

假设三角形 $ABC$ 和 $ABC'$ 能剖分成有限多个(如 $k$ 个)成对的合同三角形。三角形 $ABC$ 的剖分中的每一个子三角形的每一条边,或者在三角形 $ABC$ 内,或者在 $ABC$ 的一条边上,这就是说,它小于 $2e$。所以,每一个子三角形的周长小于 $6e$;全体周长的和因而小于 $6k\cdot e$。三角形 $ABC$ 的这个剖分中的诸子三角形的周长的和必定等于三角形 $ABC'$ 的这个剖分中的诸子三角形的周长的和,所以三角形 $ABC'$ 的剖分中所用的子三角形的周长的和必定也小于 $6k\cdot e$,这个和一定含有整个的 $AC'$ 这条边,这就是说:应该有不等式 $AC'<6k\cdot e$;在这情形下,由于定理 23,更应该有不等式 $a<6k\cdot e$。但是,这后面的关系与我们关于线段 $e$ 和 $a$ 的假设相矛盾。于是,假设三角形 $ABC$ 和 $ABC'$ 能剖分成成对的合同子三角形,就发生矛盾。

在初等几何中关于多边形拼补相等的重要定理,特别是毕达哥拉斯定理,都是上文所列出的诸定理的浅易推论。我们还提出下述定理：

**定理 47** 对于任意一个三角形(因而任意一个简单的多边形)，恒有一个与它拼补相等的、一股等于 1 的直角三角形。

关于三角形的论断，根据定理 46，定理 42 和定理 43 容易推出[52]。关于多边形的论断，可如下证明。剖分简单的多边形成三角形，对于这些三角形决定和它们拼补相等且一股等于 1 的诸直角三角形，由于这些长度等于 1 的股可以看做是这些三角形的高线，然后再利用定理 43 和定理 46 合并这些三角形(第 41 页)，就证明了我们的论断[53]。

要进而完成面积的理论，我们面临着一个本质上的困难。特别是我们此前的讨论中，没有断定是否所有的多边形都拼补相等。若都拼补相等，则此前证明的定理并未告诉我们什么，而且无意义。关键的问题是：两个拼补相等的长方形若有一公共边，是否另一边也必定合同。

只要再详细地研究就会知道，要解答上述的问题，我们需要定理 46 的逆定理，即下述的定理：

**定理 48** 若两个拼补相等的三角形有相等的底边，则它们也有相等的高线。

这条基本定理 48 是**欧几里得**《几何原本》第一卷中的第 39 条定理。在证明这条定理时，欧几里得求助于下述普遍的关于量的原理：整体大于它的部分。这就等于引进了一条新的关于拼补相等的几何公理①。

现在我们能够不用这样的一条新公理来证明定理 48。因而能够按照我们所计划的方式，即只用平面公理而不用阿基米德公理，来建立面积论。要想了解这个，我们需要引进面积的度量概念。

## §20 三角形和多边形的面积的度量

**定义** 在平面几何中，一条直线 $AB$ 分布在这直线上的点为两个区域，这两个区域中的一个称为在从 $A$ 出发的射线 $AB$ 或**“有向线段 $AB$”之右**，而且在从 $B$ 出发的射线 $BA$ 或**“有向线段 $BA$”之左**；另一个称为在射线 $AB$ 之左，而且在射线 $BA$ 之右。对于两条有向线段 $AB$ 和 $AC$ 来说，若 $B$ 和 $C$ 都在从 $A$ 出发的同一条射线上，在有向线段 $AB$ 和 $AC$ 之右的区域是同一个(而且反过来也对)。若对于一条从点 $O$ 出发的射线 $g$ 来说，右区域已经确定了，而且一条从点 $O$ 起的射线 $h$ 在这区域中，由直线 $h$ 所决定的两个区域中那含有射线 $g$ 的一个称为在 $h$ 之左。我们知道，在平面几何中，这样的从一条确定的射线 $AB$ 出发，就唯一地规定了每一条射线或每一条有向线段的左右侧[54]。

一个三角形 $ABC$ 的内部(第 6 页)的点或者在边 $AB$，$BC$，$CA$ 之左，或者在 $CB$，$BA$，$AC$ 之左。在第一种情形下，我们说 $ABC$(或者 $BCA$ 或者 $CAB$)是这三角形的**正周**

① 实际上，我们要在附录Ⅱ中建立一种几何。在这种几何中，除去公理Ⅲ，(这条公理Ⅲ，将被另一条较弱的形式替代)外，这里所根据的公理Ⅰ～Ⅳ都满足了，但是，在这种几何中的定理 48，从而命题“整体大于它的部分”不成立。

**向**，而且 $CBA$（或者 $BAC$ 或者 $ACB$）是**负周向**；在第二种情形下，我们说 $CBA$ 是这三角形的正周向，而且 $ABC$ 是负周向。

**定义**　若在以 $a,b,c$ 为边的三角形 $ABC$ 中作高线 $h_a=AD$，$h_b=BE$（图 59），根据定理 41，从三角形 $BCE$ 和 $ACD$ 的相似即得到比例

$$a:h_b=b:h_a$$

即

$$ah_a=bh_b$$

因而，在每一个三角形中一条底边和它对应的高线的乘积和所选取的底边无关。因此底边和高线的乘积的一半是这三角形的一条特征线段 $a$。设在三角形 $ABC$ 中，周向 $ABC$ 是正的。这正线段 $a$（根据第 39 页上的定义）现在就称为**正周向的三角形 $ABC$ 的面积度量**，用 $[ABC]$ 表示；负线段 $-a$ 称为**负周向的三角形 $ABC$ 的面积度量**，用 $[CBA]$ 表示。

然后下述的简单定理成立：

**定理 49**　若一点 $O$ 在三角形 $ABC$ 的外部（图 60），则这三角形的面积度量有下列关系：

$$[ABC]=[OAB]+[OBC]+[OCA]$$

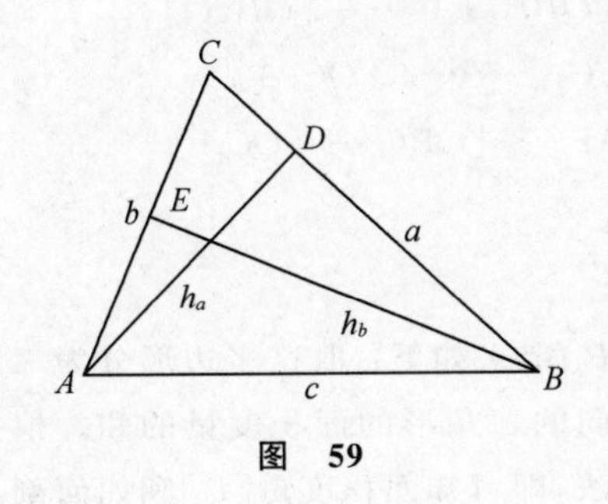


图　59

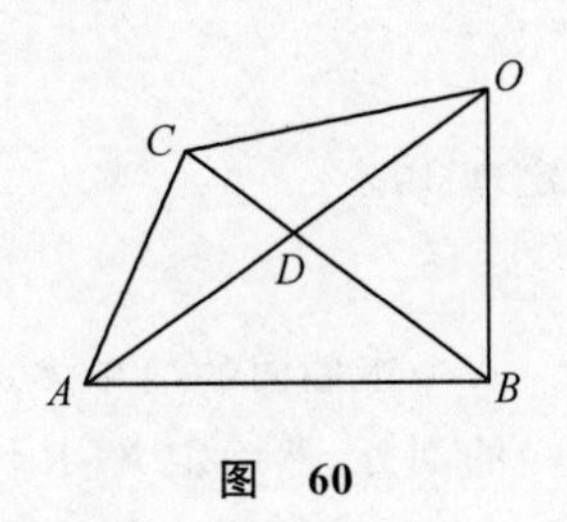


图　60

**证明**　首先，假设线段 $AO$ 和 $BC$ 交于一点 $D$。从面积度量定义，用线段计算的分配律，得到

$$[OAB]=[ODB]+[DAB]$$
$$[OBC]=-[OCB]=-[OCD]-[ODB]$$
$$[OCA]=[OCD]+[CAD]$$

把这些方程中所提到的线段加起来，而且用第 39 页上所提到的一条定理[54a]，就得到

$$[OAB]+[OBC]+[OCA]=[DAB]+[CAD]$$

由此，再根据分配律，推得：

$$[OAB]+[OBC]+[OCA]=[ABC]$$

在关于点 $O$ 的位置的其他假设下，同样可以证明定理 49 的论断。

**定理 50**　若一个三角形 $ABC$ 任意地剖分为若干个三角形 $\triangle k$，则正周向的三角形 $ABC$ 的面积度量就等于全体正周向的三角形 $\triangle k$ 的面积度量的和。

**证明**　设三角形的正周向是 $ABC$（图 61）。设 $DE$ 是三角形 $ABC$ 内部的一条线段，而且是剖分中的两个三角形 $DEF$ 和 $DEG$ 的公共边。设 $DEF$ 是三角形 $DEF$ 的正周向，那么 $GED$ 是三角形 $DEG$ 的正周向。现在在三角形 $ABC$ 外取一点 $O$；根据定理 49，下列关系成立：

$$[DEF]=[ODE]+[OEF]+[OFD]$$
$$[GED]=[OGE]+[OED]+[ODG]$$
$$=[OGE]-[ODE]+[ODG]$$

这两个线段方程相加时,在右端的面积度量$[ODE]$消去了。

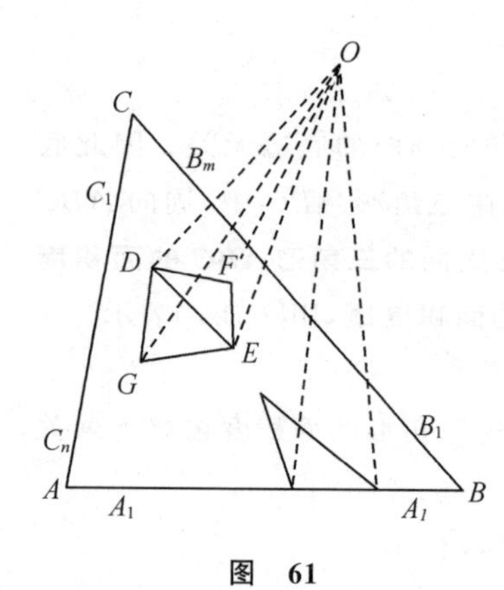


图 61

根据定理 49,把全体正周向的三角形$\triangle k$ 的面积度量都这样地写出来,把这些这样得到的线段方程都加起来。在右端中,从三角形内部中的每一条线段 $DE$ 所作成的面积度量$[ODE]$都消去了。把三角形 $ABC$ 的剖分中所用的、在这三角形的边上的点,依次用 $A, A_1, \cdots, A_l, B, B_1, \cdots, B_m, C, C_1, \cdots, C_n$ 表示,而且把全体正周向的三角形$\triangle k$ 的面积度量的和简单的叫做$\sum$。容易看出,当所有的线段方程加起来时,就得到:

$$\sum=[OAA_1]+\cdots+[OA_lB]$$
$$+[OBB_1]+\cdots+[OB_mC]$$
$$+[OCC_1]+\cdots+[OC_nA]$$
$$=[OAB]+[OBC]+[OCA]$$

因而根据定理 49,

$$\sum=[ABC]$$

**定义** 一个正周向的简单多边形的面积度量$[P]$定义如下:取这多边形分为三角形的一个确定的剖分,然后定义$[P]$为所有这些正周向的三角形的面积度量的和。根据定理 50,而且运用和 § 18 中定理 43 的证明的相似方法,即可知面积度量$[P]$和如何剖分成三角形的方式关系,因而只由这个多边形自身唯一决定[55]。

从这个定义,再根据定理 50,即得:剖分相等的多边形的面积度量相等。(此处和此后,说到面积度量,都指正周向的多边形的面积度量[56])

再者,若 $P$ 和 $Q$ 是拼补相等的多边形,则根据定义必有成对的剖分相等的多边形 $P', Q', \cdots, P'', Q''$,使得由 $P, P', \cdots, P''$所拼成的多边形 $P+P'+\cdots+P''$和由 $Q, Q', \cdots, Q''$所拼成的多边形 $Q+Q'+\cdots+Q''$剖分相等,从方程

$$[P+P'+\cdots+P'']=[Q+Q'+\cdots+Q'']$$
$$[P']=[Q']$$
$$\vdots$$
$$[P'']=[Q'']$$

容易得到

$$[P]=[Q]$$

即拼补相等的多边形的面积度量相等。

## §21 拼补相等和面积度量

在§20中已经证明了拼补相等的多边形的面积度量恒相等。由此可得定理48的证明。用 $g$ 表示这两个三角形的相等底边，用 $h$ 和 $h'$ 表示相应的高线；从所假设的这两个三角形的拼补相等，即得到它们的面积度量也相等，即

$$\frac{1}{2}gh=\frac{1}{2}gh',$$

再除以 $\frac{1}{2}g$，得到

$$h=h'$$

这就是定理48的论断。

现在，我们也能证明§20的末尾的论断的逆定理。事实上，设 $P$ 和 $Q$ 是面积度量相等的两个多边形，根据定理47作具有下述性质的两个直角三角形 $\Delta$ 和 $E$：每一个都有一股等于1，而且三角形 $\Delta$ 和多边形 $P$ 拼补相等，三角形 $E$ 和多边形 $Q$ 拼补相等。从§20的末尾的定理，即得 $\Delta$ 和 $P$ 的面积度量相等，$E$ 和 $Q$ 的面积度量也相等。因为 $P$ 和 $Q$ 的面积度量相等，所以 $\Delta$ 和 $E$ 的面积度量也相等。既然这两个直角三角形都有一股等于1，因此它们的另一股必然也相等，即这两个三角形 $\Delta$ 和 $E$ 合同，因而根据定理43这两个多边形 $P$ 和 $Q$ 拼补相等。

本节和前节中所求得的两个事实，综合成下述定理：

**定理 51** 拼补相等的两个多边形面积度量相等，而且面积度量相等的两个多边形拼补相等。

特别地，若两个拼补相等的长方形有一条公共边，则另一边必相等。还得到下述定理：

**定理 52** 设用直线把一个长方形分成若干个三角形。只要去掉了其中的一个三角形，其余的三角形就不可能填满这长方形。

德左尔特(de Zolt)[①]和斯铎尔兹(O. Stolz)[②]都用这条定理作为公理，后来舒尔(F. Schur)[③]和克林(W. Killing)[④]借助于阿基米德公理证明了它。上文我们证明了，这条定理完全不依赖于阿基米德公理。

在定理48，定理50，定理51的证明中，主要用了在第三章§15中所引进的线段计算，而且既然这计算主要是根据巴斯噶定理(定理40)，或者更确切地说，根据这定理的特殊情形(第34页)，所以巴斯噶定理是面积论的最重要的基石。

---

① "在几何等价理论上，关于多边形相等的原理"(Principü della eguaglianza di poligoni preceduti da alcuni critici sulla teoria della equivalenza geometrica. Milano，Briola 1881)。也参看"关于多面体和球面多边形相等的原理"(Principü della eguaglianza di poliedri e di poligoni sferici. Milano，Briola 1883)。

② Monatshefte für Math. und phys.，卷5，1894。

③ Sitzungsberichte der Dorpater Naturf. Ges. 1892.

④ Grundlagen der Geometrie，卷2，章5，§5，1898。

容易看出,也能够反过来从定理 46 和定理 48 得到巴斯噶定理。事实上,从直线 $CB'$ 和 $C'B$ 的平行(图 62),由定理 46 得知三角形 $OBB'$ 和 $OCC'$ 拼补相等;同样地,从直线 $CA'$ 和 $AC'$ 的平行,得知三角形 $OAA'$ 和 $OCC'$ 拼补相等,所以三角形 $OAA'$ 和 $OBB'$ 也互相拼补相等,从定理 48 得知,直线 $BA'$ 和 $AB'$ 也必定平行。

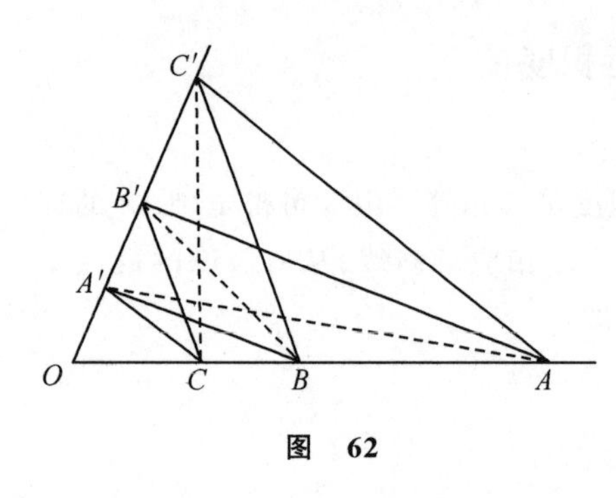

图 62

再者,容易看出,若一个多边形整个的在另一个多边形的内部中,则前者的面积度量小于后者的面积度量,而且根据定理 51,这两个多边形不拼补相等。定理 52 是这个事实的特殊情形。

于是我们建立了平面上面积论的主要定理。

高斯(Gauss)已经使数学家注意到空间中相应的问题。我曾经猜测在空间中类似地建立体积论是不可能的,而且提出下述具体的确定的问题①:求出具有下述性质的等底面和等高线的两个四面体;它们不能剖分成合同的四面体,而且它们也不能在拼补上合同的四面体之后,作成能剖分成合同的四面体的多面体。

戴恩②成功地得到证明;他严密地证明了,如同上文中建立平面上的面积论的方式,建立空间中的体积论是不可能的。

因此,在处理空间中的类似问题时,必须求助于别种方法,如卡瓦列利(Cavalieri)原理③。

在这种意义下,舒士(W. Süss)④建立了空间中的体积论。舒士用下列名称:若两个四面形有等高线和拼补相等的底面,它们就叫做卡瓦列利式相等;若两个多面体能剖分成有限多成对的卡瓦列利式相等的四面体,它们就叫做卡瓦列利式剖分相等;最后,若两个多面体能表为卡瓦列利式剖分相等的多面体的差,它们就叫做卡瓦列利式拼补相等。然后不用连续公理,能证明体积度量相等和卡瓦列利式拼补相等是等价的概念;而只有用阿基米德公理,才能证明体积度量相等的多面体也卡瓦列利式剖分相等。

对于平面而言,自定理 51 以及第 44 页的思考(紧接定理 46 之后)就得出定理:任意两个拼补相等的多边形也必剖分相等。这里特别提到西得来(J. P. Sydler)⑤最近所得到的一个结果:在阿基米德公理的假设下,上述定理能推广到空间中的多面体上去。由此,又可以推出下述结论:对于剖分相等而言,多面体的等价类的集合具有连续统的势。

---

① 参看我的报告"数学问题"第三。

② 戴恩"关于等体积多面体"(Über raumgleiche Polyeder, Göttinger Nachr. 1900)和"关于体积"(Über den Rauminhalt, Math. Ann.,卷 55,1902);再参看 Kagan. Math. Ann.,卷 57[后一篇论文中有可能的最简单的证明,参看俄文文献:B. Φ. Каган"关于多面体的变换"——单行本,初版,1913 年。"Матезис"(Одесса)出版,和再版 1933 年 ГТТИ 出版——俄译者注]。

③ 对于空间,只是定理 51 的第一部分,定理 48,定理 52,有类似的定理成立;可参看沙突诺夫斯基(Schatunowsky, C. O. Шатуновский)"关于多面体的体积"(Über den Rauminhalt der polyeder, Math. Ann.,卷 57)。戴恩在论文"关于球面三角形的面积"(Über den Inhalt sphärischer Dreiecke Math. Ann.,卷 60)中指出:建立平面上的面积论也可不用平行公理,而只用合同公理。还参看芬奇尔(Finzel)"一般几何中面积的理论"(Die Lehre Vom Flächeninhalt in der allgemeinen Geometrie, Math. Ann.,卷 72)。

④ "多面体体积理论的基础"(Begründung der Lehre vom Polyederinhalt, Math. Ann.,卷 82)。

⑤ 西得来"关于多面体的剖分"(Sur la décomposition des Polyèdres. Comm. Helv. 16,266—273,1943/44)。

# 第五章 德沙格定理

• *Chapter* Ⅴ *Desargues's Theorem* •

## §22 德沙格定理和在平面上用合同公理的证明

在第一章所列举的公理中，第Ⅱ～Ⅴ组全体公理的一部分是直线公理，一部分是平面公理，只有第Ⅰ组公理的4～8是空间公理。为了解这些空间公理的意义，我们设想已有了一种平面几何，而要普遍地研究在什么条件下，这平面几何可以看做是一种空间几何的一部分；在这空间几何中，这平面几何中所假设的公理和空间关联公理$\mathrm{I}_{4\sim8}$全体都成立。

在本章和下一章中，一般不用合同公理，因而现在必须采用平行公理Ⅳ（第17页）的一个较精确形式作为依据：

Ⅳ*（较精确形式的平行公理） 设$a$是任一直线，$A$是$a$外的任一点，则由$a$和$A$所决定的平面上必有且只有一条直线，它通过$A$而不和$a$相交[57]。

我们都知道，用第Ⅰ，Ⅱ，Ⅳ*组的公理作根据，就能够证明所谓德沙格定理[58]。这是平面上的一条有关交点的定理，我们特别突出两个三角形的对应边的交点所应共的直线作为所谓"无穷远直线"，并把如此得到的定理和它的逆定理合并起来，简单地称为德沙格定理。这定理如下（图63）：

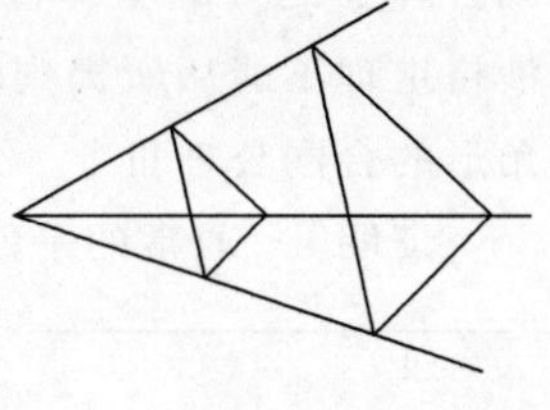

**图 63**

**定理53(德沙格定理)** 若平面上的两个三角形的每两条对应边互相平行，则对应顶点的连线或者通过同一个点，或者互相平行；而且，反过来：

若平面上的两个三角形的对应顶点的连线通过同一个点或者互相平行，而且这两个三角形的两对对应边互相平行，则这两个三角形的第三对对应边也互相平行。

我们已经提起过，定理53是公理Ⅰ，Ⅱ，Ⅳ*的推论；由于这事实在一种平面几何中德沙格定理的成立是下述事实的必要条件：这平面几何可以看做是一种空间几何的一部分，而且在这空间几何中，第Ⅰ，Ⅱ，Ⅳ*组的公理全体都成立。

如同在第三章和第四章中，我们来考虑一种平面几何，在这几何中公理$\mathrm{I}_{1\sim3}$，Ⅱ～Ⅳ都成立，而且设想在这几何中已经遵照§15引进了线段计算，然后如同§17中所说的，对于这平面的每一点，有一对线段$(x, y)$和它对应；对于每一直线，有三条线段$(u : v : w)$的比和它对应，其中的$u, v$不全是零，使得一次方程

$$ux + vy + w = 0$$

表示点和直线关联的条件，几何中的线段全体，由于§17，组成一个数域，它具有§13中所列举的性质1～16，因而如同在§9或§12中利用数系$Q$或$Q(t)$所做的，我们能用这个数域来构造一种空间几何。为着这个目的，规定一组三个线段$(x,y,z)$表示一个点，四条线段$(u:v:w:r)$的比，其中的$u,v,w$不全是零，表示一个平面，而直线由两个平面的公共点规定；因而一次方程

$$ux + uy + wz + r = 0$$

表明点$(x,y,z)$在平面$(u:v:w:r)$上。最后，对于一直线上的点的顺序，平面上的点对于这平面上的一直线而言的顺序，和最后空间中的点对于一平面而言的顺序，都如同在§9中平面的情形所作的那样，可以用线段的不等式来确定。

既然令值$z=0$时，我们就重得到原来的平面几何，所以，平面几何能够看做是一种空间几何的一部分。根据上文所说的，德沙格定理的成立是这种可能性的一个必要条件，所以在我们的平面几何中德沙格定理也成立。因此，德沙格定理是公理$\mathrm{I}_{1\sim3}$，Ⅱ～Ⅳ的一个推论。

我们注意上文所得到的事实，也不难从比例论中的定理42，或者从定理61直接推证。

## §23　在平面上不用合同公理时，不能证明德沙格定理

我们现在研究，在平面几何中，不用合同公理时，能否证明德沙格定理问题，以达到下述结果：

**定理54**　有一种平面几何存在，在这种几何里公理$\mathrm{I}_{1\sim3}$，Ⅱ，$\mathrm{III}_{1\sim4}$，$\mathrm{IV}^*$，Ⅴ，即除去合同公理$\mathrm{III}_5$之外的全体直线和平面公理都满足，而德沙格定理（定理53）不成立。因此德沙格定理不能从所提到的这些公理推证；它的证明或者需要空间公理，或者需要关于三角形的合同公理$\mathrm{III}_5$。

**证明**[①]　通常的平面笛卡儿几何能够建立，已经在第二章§9中证实了。现在改变直线的和角的定义如下。取笛卡儿几何的任一直线当做轴，决定这轴上的一个正向和一个负向，而且决定对于这条轴来说的一个正半平面和一个负半平面。

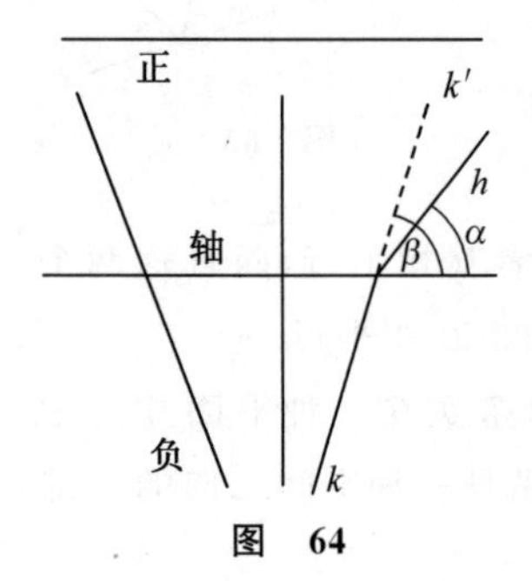

图　64

把下列种种当做新几何中的直线（图64）：这条轴；在笛卡儿几何中轴的每一条平行线；笛卡儿几何中的每一条直线，若它的在这半平面上的射线和轴的正向作成一个直角或者钝角；最后笛卡儿几何中具有下述性质的每两条射线$h,k$的组；$h$和$k$的公共端点在轴上，在正半平面上的射线$h$和轴的正向作成

① 本书的前几版在这里采用了第一种“非德沙格几何”；现在替代这种几何，我们要说明一种比较简单的，源于莫尔敦(Moulton)的非德沙格几何，可参看莫尔敦“一种简单的非德沙格平面几何”(A simple non-desarguesian plane geometry, Trans. Math. Soc.,1902)。

一个锐角$\alpha$，而且在负半平面上的射线$k$的延长线$k'$和轴的正向作成一个角$\beta$，使得下列关系

$$\frac{\operatorname{tg}\beta}{\operatorname{tg}\alpha}=2$$

在笛卡儿几何中成立。

即便在由笛卡儿几何中的两条射线所表出的那些直线上，点的顺序和线段的长度也可同通常一样地很显然地规定出来。容易知道，公理$\mathrm{I}_{1\sim3}$，Ⅱ，$\mathrm{III}_{1\sim3}$，Ⅳ*在这样规定的几何中成立【59】；例如立即可以看出，通过一点的诸直线不重复地盖满平面。此外，在这几何中公理Ⅴ也成立。

若一个角没有具有下述性质的一条边：从轴出发到正半平面而且和轴的正向作成一个锐角，这个角就如同通常在笛卡儿几何中【60】一样来度量，否则，若一个角$\omega$至少有一条边是一条具有上述性质的射线$h$，则用相当的$k'$替代$h$（参看图 64）作边，便得到另一个角$\omega'$；然后规定笛卡儿几何中角$\omega'$的量作为新几何中角$\omega$的量。图 65 说明这样定义的两对邻补角。根据角的定义，公理$\mathrm{III}_4$也成立；特别是对于每一个$\angle(l,m)$：

$$\angle(l,m)\equiv\angle(m,l)$$

另一方面，如从图 66 立刻可以看出，而且容易用计算来证实的，在这个新的平面几何中德沙格定理不成立。同样的容易作一个图，表明巴斯噶定理也不成立。

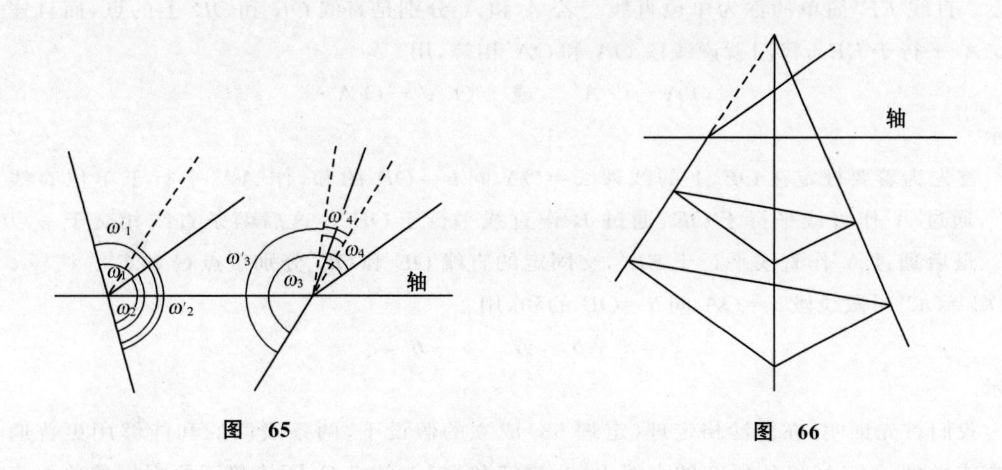


图 65　　　　图 66

这里所说明的平面“非德沙格”几何，同时也是下述的一种平面几何的例子：一种平面几何，其中公理$\mathrm{I}_{1\sim3}$，Ⅱ，$\mathrm{III}_{1\sim4}$，Ⅳ*，Ⅴ都成立，但它仍不能看做是一种空间几何的一部分①。

① 莫尔曼(H. Mohrmann) 还给出了非德沙格几何的一些有趣的例子。参看题献给希尔伯特的一本出版物(Festschrift David Hilbert)* Berlin，1922，181 页。

* 即“自然科学”(Die Naturwissenschaften)第 10 卷中的一期。——译者注

## §24 不用合同公理,用德沙格定理作根据,引进一种线段计算[①]

为着要完全了解德沙格定理(定理 53)的意义,我们从一种平面几何出发,其中公理 $\mathrm{I}_{1\sim3}$ Ⅱ,Ⅳ*[②]都成立,即除合同公理和连续公理之外的全体公理都成立;而且在这种几何中,不依赖合同公理,而用下列方式引进一种新的线段计算。

在平面上取两条固定的,相交于一点 $O$ 的直线(图 67)。此后,我们只考虑具有下述性质的线段,它们的起点是 $O$,而且它们的终点是这两条直线的一条上的任意点。点 $O$ 这单独一个点我们称为线段 0,用

$$OO=0 \quad 或 \quad 0=OO$$

表示。

设 $E$ 和 $E'$ 是这两条通过 $O$ 的固定直线上的定点,而且不在同一条直线上;这两条线段 $OE$ 和 $OE'$ 都称为线段 1,用

$$OE=OE'=1$$

或

$$1=OE=OE'$$

表示。直线 $EE'$ 简单的称为单位直线。若 $A$ 和 $A'$ 分别是直线 $OE$ 和 $OE'$ 上的点,而且连线 $AA'$ 平行于 $EE'$,我们就说线段 $OA$ 和 $OA'$ 相等,用

$$OA=OA' \quad 或 \quad OA'=OA$$

表示。

首先为着要规定在 $OE$ 上的线段 $a=OA$ 同 $b=OB$ 的和,作 $AA'$ 平行于单位直线 $EE'$,通过 $A'$ 作直线平行于 $OE$,通过 $B$ 作直线平行于 $OE'$。这后两条直线相交于一点 $A''$。最后通过 $A''$ 作直线平行于 $EE'$,交固定的直线 $OE$ 和 $OE'$ 分别于点 $C$ 和 $C'$。线段 $c=OC=OC'$ 叫做线段 $a=OA$ 同 $b=OB$ 的和,用

$$c=a+b \quad 或 \quad a+b=c$$

表示。

我们首先证明,在德沙格定理(定理 53)成立的假设下,两条线段的和能够用更普遍的方式得到。在 $A$ 和 $B$ 所在的直线上的、决定和 $a+b$ 的点 $C$,不依赖于所根据的单位直线 $EE'$ 的选择;即点 $C$ 可由下列作图法得到:

在直线 $OA'$ 上取任一点 $\overline{A}'$(图 68),通过 $B$ 作平行于 $O\overline{A}'$ 的直线,通过 $\overline{A}'$ 作平行于 $OB$ 的直线。这两条直线交于一点 $\overline{A}''$。现在作通过 $\overline{A}''$ 而且平行于 $A\overline{A}'$ 的直线,交直线

---

① 赫森堡在他的论文"关于一种几何计算"(Über einen geometrischen Kalkul, Acta. Math. ,29 卷,1904)中,运用有关位置几何的概念,推导出这种线段计算。若先用德沙格定理作根据,在平面上制定向量加法,则推导的一些部分可以更为容易。参看霍尔德尔(Hölder)"线段计算和射影几何"(Strecken kennechnurg und projektive Geometrie, Leipz. Ber. ,1911)。

② 甚至不用平行公理 Ⅳ*,而用德沙格定理的射影形式,也可以引进一种新的线段计算,关于去掉顺序公理的可能性,则可参见补篇Ⅳ。

$OA$ 于点 $C$，即决定和 $a+b$ 的点。

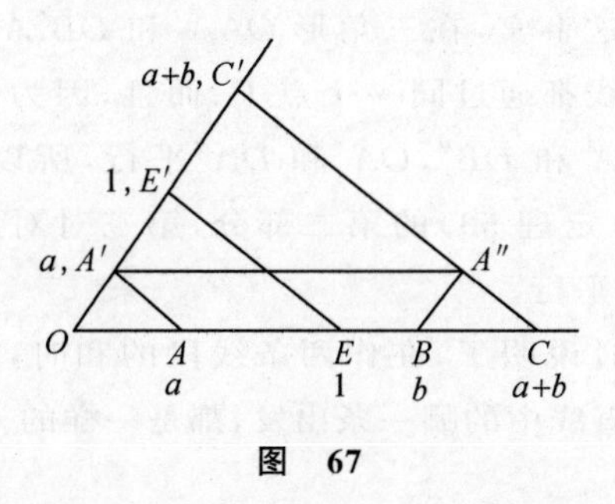


图 67

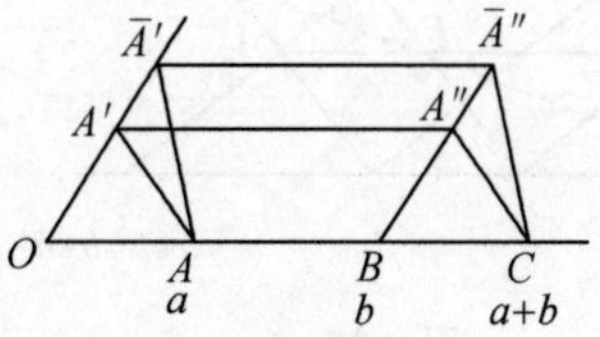

图 68

为了证明，我们假设点 $A'$ 和 $A''$，$\overline{A}'$ 和 $\overline{A}''$ 都按所说的方式得到，而且在 $OA$ 上的点 $C$ 是由平行于 $AA'$ 的直线 $CA''$ 所决定。那么要证明，$C\overline{A}''$ 也平行于 $A\overline{A}'$。在三角形 $AA'\overline{A}'$ 和 $CA''\overline{A}''$ 中，对应顶点的连线平行；而且，此外还有两对对应边 $A'\overline{A}'$ 和 $A''\overline{A}''$，$AA'$ 和 $CA''$ 平行，所以根据德沙格定理的第二部分，第三对对应边 $A\overline{A}'$ 和 $C\overline{A}''$ 也平行。

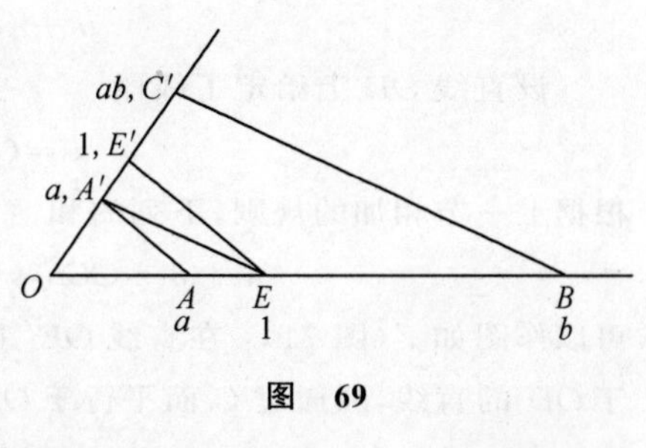


图 69

要规定一条线段 $a=OA$ 乘以一条线段 $b=OB$ 的积，完全可用 § 15 中的作图，只要把那里的直角的两边改为现在的两条固定直线 $OE$ 和 $OE'$。因而作图如下（图 69）：在 $OE'$ 上求点 $A'$，使得 $AA'$ 平行于单位直线 $EE'$，连接 $E$ 和 $A'$ 而且通过 $B$ 作 $EA'$ 的平行线；这条平行线交固定直线 $OE'$ 于一点 $C'$；然后把 $c=OC'$ 叫做线段 $a=OA$ 乘以线段 $b=OB$ 的积。用

$$c=ab \quad 或 \quad ab=c$$

表示。

## § 25 新的线段计算中，加法的交换律和结合律

我们容易证明，对于新的线段计算，§ 13 中所列举的关联定理都成立；若我们所根据的是一种平面几何，其中公理 $\mathrm{I}_{1\sim3}$，$\mathrm{II}$，$\mathrm{IV}^*$ 满足，而且德沙格定理也成立，现在我们要研究，§ 13 中所列举的运算律还有哪些是正确的。

首先要证明，对于 § 24 中所定义的加法交换律

$$a+b=b+a$$

成立。设

$$a=OA=OA',\ b=OB=OB'$$

这里的 $AA'$ 和 $BB'$，按照我们的规约，平行于单位直线（图 70）。现在作 $A'A''$，$B'B''$ 平行于 $OA$，又作 $AB''$ 和 $BA''$ 平行于 $OA'$，这样求得点 $A''$ 和 $B''$。我们立刻看出，论断所说的是连线 $A''B''$ 平行于 $AA'$。根据德沙格定理（定理 53）来证实这个论断如下：用 $F$ 表示 $AB''$ 和 $A'A''$ 的交点。用 $D$ 表示 $BA''$ 和 $B'B''$ 的交点；那么三角形 $AA'F$ 和 $BB'D$ 的对应边平

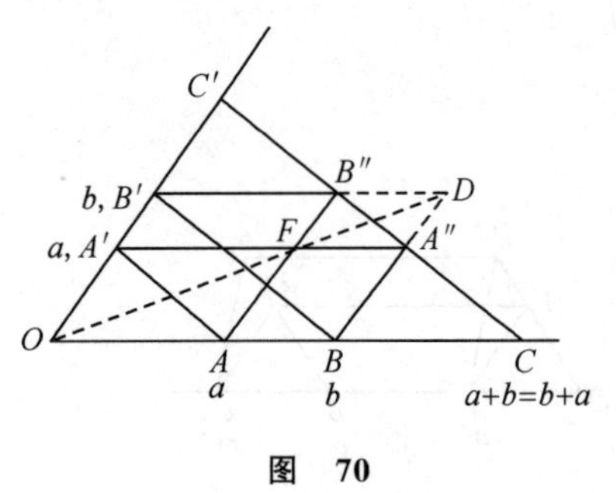


图 70

行。应用德沙格定理，我们就可以断定 $O, F, D$ 这三点共线。因为这事实，在三角形 $OAA'$ 和 $DB''A''$ 中，对应顶点的连线都通过同一个点 $F$；而且，因为还有两对对应边 $OA$ 和 $DB''$，$OA'$ 和 $DA''$ 平行，所以，根据德沙格定理（定理 53）的第二部分，第三对对应边 $AA'$ 和 $B''A''$ 也平行。

这证明同时说明了，在作两条线段的和时，不管从这两条固定直线中的哪一条出发，都是一样的。

其次，加法的结合律成立：

$$a+(b+c)=(a+b)+c$$

设直线 $OE$ 上给定了线段

$$a=OA,\ b=OB,\ c=OC$$

根据上一节相加的规则，下列的和

$$a+b=OG,\ b+c=OB',\ (a+b)+c=OG'$$

可以作图如下（图 71）：在直线 $OE'$ 上任取一点 $D$，作连线 $DA$ 和 $DB$。作通过 $B$ 而平行于 $OD$ 的直线，和通过 $C$ 而平行于 $OD$ 的直线；它们与通过 $D$ 而平行于 $OA$ 的直线分别交于点 $F$ 和 $D'$。通过 $F$ 而平行于 $AD$ 的直线，和通过 $D'$ 而平行于 $BD$ 的直线，分别交直线 $OA$ 于上文所说的点 $G$ 和 $B'$；而且，通过 $D'$ 而平行于 $GD$ 的直线，交直线 $OA$ 于上文同样说到的点 $G'$。最后，要得到和 $a+(b+c)$，首先作通过 $B'$ 而平行于 $OD$ 的直线，交直线 $DD'$ 于一点 $F'$，再作通过 $F'$ 而平行于 $AD$ 的直线。因此，问题是要证明 $G'F'$ 和 $AD$ 平行。用 $H$ 表示直线 $BF$ 和 $GD$ 的交点。用 $H'$ 表示直线 $B'F'$ 和 $G'D'$ 的交点。在三角形 $BDH$ 和 $B'D'H'$ 中，对应边平行；而且，直线 $BB'$ 和 $DD'$ 还平行，所以，根据德沙格定理，直线 $HH'$ 也和这两条直线平行。因而能应用德沙格定理的第二部分到 $GFH$ 和 $G'F'H'$ 这两个三角形，证实 $G'F'$ 平行于 $GF$，因而事实上也平行于 $AD$。

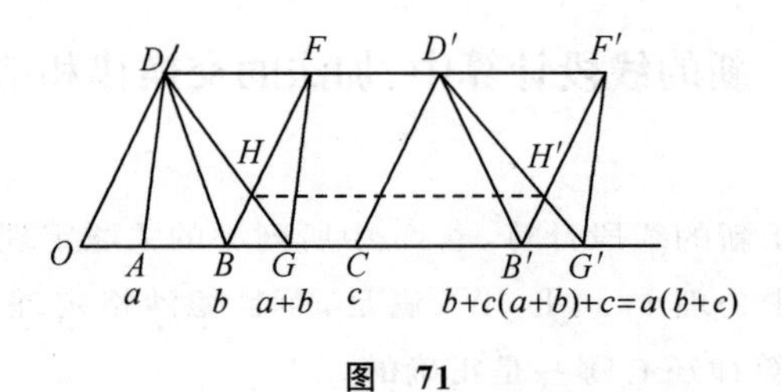


图 71

## § 26　新的线段计算中，乘法的结合律和两条分配律

在我们的假设下，线段的乘法结合律

$$a(bc)=(ab)c$$

也成立。

设在通过点 $O$（图 72）的两条固定直线的一条直线上给定了线段

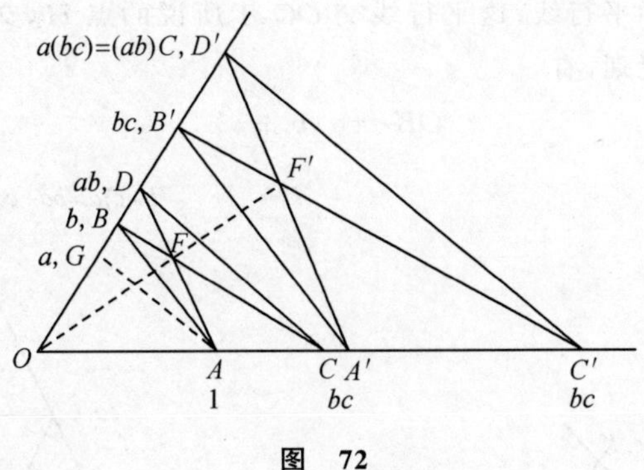


图 72

$$1 = OA, \quad b = OC$$

$$c = OA'$$

而且，在另一条直线上给定了线段

$$a = OG \quad 和 \quad b = OB$$

根据 § 24 中的规则，依次作线段

$$bc = OB' \quad 和 \quad bc = OC$$

$$ab = OD, \quad (ab)c = OD'$$

我们作 $A'B'$ 平行于 $AB$，$B'C'$ 平行于 $BC$，$CD$ 平行于 $AG$，而且 $A'D'$ 平行于 $AD$；我们立刻得出，$CD$ 也平行于 $C'D'$。把直线 $AD$ 和 $BC$ 的交点叫做 $F$，直线 $A'D'$ 和 $B'C'$ 的交点叫做 $F'$；三角形 $ABF$ 和 $A'B'F'$ 中对应边都互相平行；根据德沙格定理，所以 $O, F, F'$ 三点共线，由于这种情形，对于三角形 $CDF$ 和 $C'D'F'$ 能应用德沙格定理的第二部分，从而得知 $CD$ 确实平行于 $C'D'$。

最后，根据德沙格定理可以证明，在线段计算中，两条分配律

$$a(b + c) = ab + ac$$

$$(b + c)a = ba + ca$$

都成立。

首先证明第一条分配律

$$a(b + c) = ab + ac$$

设在两条固定直线的一条直线上给定了线段(图 73)

$$1 = OE, \quad b = OB, \quad c = OC$$

而且，在另一条直线上给定了线段

$$a = OA$$

通过 $B$ 和 $C$ 所作的直线 $EA$ 的平行线，分别交直线 $OA$ 于点 $D$ 和 $F$。根据 §24 中乘法的规则，得

$$OD = ab, \quad OF = ac$$

根据 § 24 中更普遍的加法规则，得到

$$OH = b + c$$

此处点 $H$ 的作图如下：通过 $C$ 作 $OD$ 的平行线，通过 $D$ 作 $OC$ 的平行线，再通过这两条

直线的交点 $G$ 作 $BD$ 的平行线；这平行线交 $OC$ 于所说的点 $H$，交 $OD$ 于一点 $K$。既然 $OH=b+c$，根据乘法规则，有

$$OK=a(b+c)$$

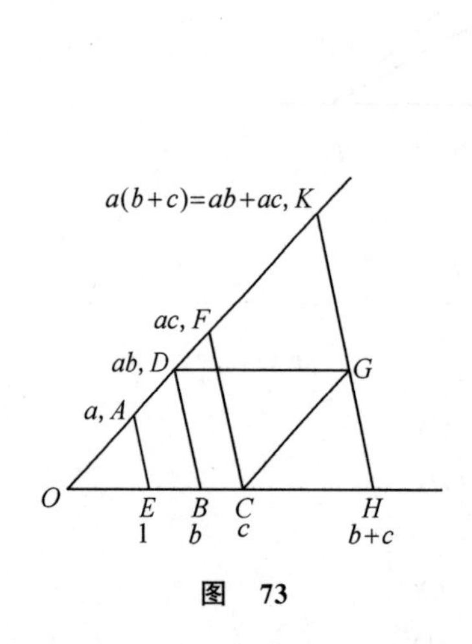


图　73

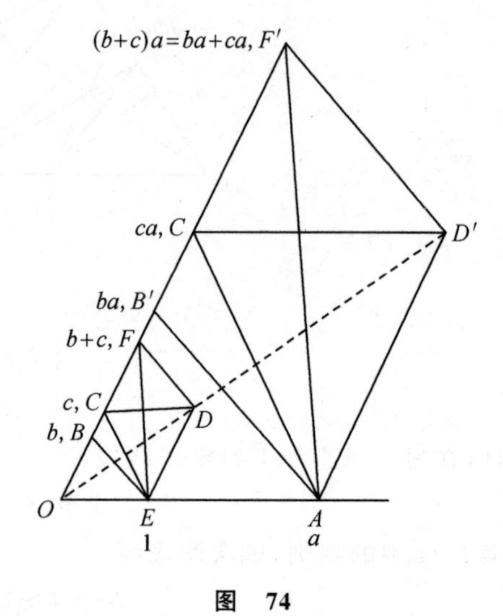


图　74

根据更普遍的加法规则，以及第 55 页上所证明的关于和的作图中固定直线 $OE$ 和 $OE'$ 的可换性，和 $ac+ab$ 终于可以如下作图：通过 $OE$ 的任意一点，姑且说 $C$，作 $OD$ 的平行线 $CG$，再通过 $D$ 作 $OC$ 的平行线 $DG$，最后通过 $G$ 作 $CF$ 的平行线 $GK$。因此得

$$OK=ac+ab$$

然后从加法的交换律就得第一条分配律。

最后证明第二条分配律。设在这两条固定直线的一条直线上给定了线段(图 74)

$$1=OE,\ a=OA$$

而且，在另一条直线上给定了线段

$$b=OB,\ c=OC$$

$EB$ 的平行线 $AB'$ 和 $EC$ 的平行线 $AC'$ 分别决定线段

$$OB'=ba,\ OC'=ca$$

在固定的直线 $OB$ 上，根据更普遍的加法规则，作线段

$$OF=b+c,\ OF'=ba+ca$$

如下：通过 $C$ 作 $OE$ 的平行线，通过 $E$ 作 $OC$ 的平行线；它们交于一点 $D$。通过 $D$ 作 $EB$ 的平行线，交 $OA$ 于上述的点 $F$。再者，通过 $A$ 作 $OC'$ 的平行线。通过 $C'$ 作 $OA$ 的平行线，它们交于一点 $D'$。通过 $D'$ 作 $AB'$ 的平行线，交 $OB$ 于所说的点 $F'$。

根据线段的乘法规则，若证明 $AF'$ 平行于 $EF$，则第二条分配律成立。

在三角形 $ECD$ 和 $AC'D'$ 中，对应边互相平行；从德沙格定理，$O,D,D'$ 三点共线。于是对于三角形 $EDF$ 和 $AD'F'$ 能够应用德沙格定理的第二部分，从而得知 $AF'$ 确实平行于 $EF$。

## §27　以新线段计算作根据的直线的方程

根据§24中所援引的公理和德沙格定理的正确性的假设，在§24到§26中引进了平面上的一种线段计算，对于这种计算，除去§13中所列举的关联定理外，加法的交换律，加法和乘法的结合律，以及两条分配律都还成立。至于乘法的交换律不一定成立，我们将在§33中得知。在本节中，我们要表明，如何能够根据这种线段计算得到点和直线的解析表示。

**定义**　把平面上通过点$O$的两条取定的直线叫做$X$轴和$Y$轴。设$P$是平面上的任意一点。若通过$P$作这两条轴的平行线，而在$X$轴和$Y$轴上所得到的线段分别是$x$和$y$，就把$P$看做是由$x$，$y$所决定的。线段$x$，$y$叫做点$P$的**坐标**。

根据新的线段计算，利用德沙格定理，我们得到下述事实：

**定理55**　任一直线的点的坐标$x$，$y$恒满足下述形式的线段方程

$$ax+by+c=0$$

在这方程里线段$a$，$b$必须在坐标$x$，$y$的左边；线段$a$，$b$不同时是零，而且$c$是一条任意的线段。

反过来：每一个这种形式的线段方程恒表示所讨论的平面几何中的一条直线。

**证明**　$Y$轴或它的平行线上的点$P$的横坐标$x$都不依赖于$P$在这直线上的位置，这就是说，这样的一条直线可用下述形式的方程表出：

$$x=\overline{c}$$

对于$\overline{c}$，有一条线段$c$存在，使得

$$\overline{c}+c=0$$

因而

$$x+c=0$$

这方程具有所要求的形式。

现在设$l$是一条直线，交$Y$轴于一点$S$(图75)，通过这直线的任一点$P$，作$Y$轴的平行线，交$X$轴于一点$Q$。线段$OQ=x$是$P$的横坐标。通过$Q$作与$l$的平行线在$Y$轴上截下一条线段$OR$；按照线段乘法的定义有

$$OR=ax$$

其中，$a$是一条线段，它只依赖于$l$的位置，而不依赖于$P$在$l$上的选择。设$P$的纵坐标是$y$。根据第77页上所给的更普遍的和的定义，而且由于第79页上证明了的从$Y$轴入手的求和的可能性，得知线段$OS$是和$ax+y$。线段$OS=\overline{c}$是一条仅由$l$的位置而决定的线段。从等式

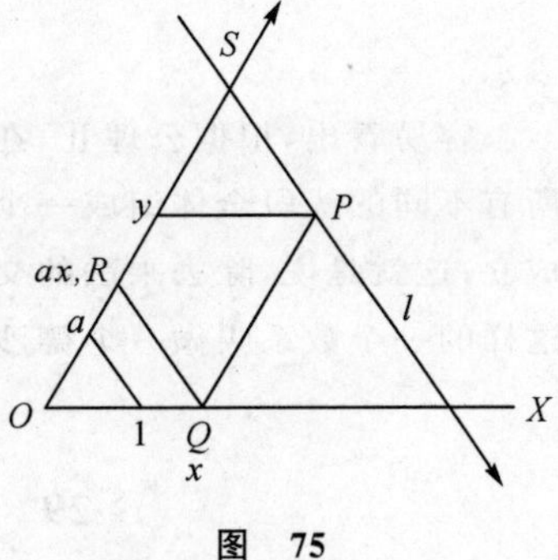

图　75

$$ax+y=\overline{c}$$

得

$$ax+y+c=0$$

其中，$c$ 还是由 $\bar{c}+c=0$ 所决定的线段。这最后的方程具有所要求的形式。

容易证明，不在 $l$ 上的点的坐标不适合这个方程。

同样地，容易证明定理 55 的第二部分成立。事实上设线段方程

$$a'x+b'x+c'=0$$

给定了，其中 $a'$和 $b'$不同时是零。在 $b'=0$ 时，用从关系 $aa'=1$ 所决定的线段 $a$，左乘这个等式的两端；在 $b'\neq 0$ 时，用从关系 $bb'=1$ 所决定的线段 $b$ 左乘。然后，根据运算律得到上文所推出的直线方程的一个，而且能在所讨论的平面几何中，作出适合这方程的一条直线。

我们还特别声明，在我们的假设下，凡形如

$$xa+yb+c=0$$

的一个线段方程其中的线段 $a$，$b$ 在坐标 $x$，$y$ 的右边，一般不表示一条直线。

在 §30 中，有定理 55 的一个重要的应用。

## §28　线段集合当做复数系

我们已经提到，对于在 §24 中建立的新的线段计算，§13 中的定理 1～6 满足了。

其次，我们利用德沙格定理，在 §25 和 §26 中看到了，对于这线段计算，§13 中的运算律 7～11 成立；因此，除去乘法交换律之外，所有的关联定理和运算律在这线段计算中都正确。

最后，为了要使线段能够排成顺序，我们作以下的规定：设 $A$，$B$ 是直线 $OE$ 的任意两个不同的点；那么根据定理 5，我们可将 $O$，$E$，$A$，$B$ 这四个点排成一个顺序，其中 $E$ 在 $O$ 之后[61]。若在这个顺序中 $B$ 在 $A$ 之后，我们就说线段 $a=OA$ 小于线段 $b=OB$，用记号

$$a<b$$

表示；若相反的，在这个顺序中 $A$ 在 $B$ 之后，我们就说线段 $a=OA$ 大于线段 $b=OB$，用记号

$$a>b$$

表示。

容易看出，根据公理Ⅱ，在线段计算中，§13 中的运算律 13～16 都满足了[62]；从而，所有不同的线段全体组成一个具有下述性质的复数系，§13 中的规则 1～11，13～16 都成立；这就是说，除去乘法的交换律和连续定理之外，所有的规则都成立。此后，我们把这样的一个数系叫做一个**德沙格数系**。

## §29　利用德沙格数系建立空间几何

设已有了一个德沙格数系 $D$；它使我们能够建立一种空间几何满足全体公理Ⅰ，

Ⅱ,Ⅳ*。

为了要表明此事,设想德沙格数系 $D$ 中的一组任意三个数$(x,y,z)$是一个点,$D$ 中的一组任意四个数$(u:v:w:r)$(其中,$u,v,w$ 不同时是零)是一个平面;而且当 $a$ 是 $D$ 中任意非零的数时,$(u:v:w:r)$和$(au:av:aw:ar)$这两组表示同一个平面。等式

$$ux+vy+wz+r=0$$

的成立表明点$(x,y,z)$在平面$(u:v:w:r)$上[63]。最后用两个平面$(u':v':w':r')$和$(u'':v'':w'':r'')$来规定一条直线,若 $D$ 中没有一个非零的数 $a$,使得

$$au'=u'',av'=v'',aw'=w''$$

若一个点$(x,y,z)$是$(u':v':w':r')$和$(u'':v'':w'':r'')$的一个公共点,这个点就说是在这直线

$$[(u':v':w':r'),(u'':v'':w'':r'')]$$

上。两条直线若含有完全相同的点,就看做是同一条直线。

按照假设,§13 中的运算律 1~11 对于 $D$ 中的数都成立。应用这些运算律,不难达到下述结果:在刚才上文所建立的空间几何中,公理Ⅰ和Ⅳ*都得到满足[64]。

要使顺序公理Ⅱ也满足,作如下规定:设

$$(x_1,y_1,z_1),(x_2,y_2,z_2),(x_3,y_3,z_3)$$

是一条直线

$$[(u':v':w':r'),(u'':v'':w'':r'')]$$

的任意三点。若下列六对不等式

$$x_1<x_2<x_3,\ x_1>x_2>x_3 \tag{1}$$

$$y_1<y_2<y_3,\ y_1>y_2>y_3 \tag{2}$$

$$z_1<z_2<z_3,\ z_1>z_2>z_3 \tag{3}$$

中至少一对满足,就说点$(x_2,y_2,z_2)$在其他两个之间。若两对不等式(1)中的一对成立,就很容易得出:第一,或者 $y_1=y_2=y_3$,或者两对不等式(2)中的一对必然满足,而且第二,同样的,或者 $z_1=z_2=z_3$,或者两对不等式(3)中的一对必然满足。事实上,用 $D$ 中适当的非零的数左乘下列方程

$$u'x_i+v'y_i+w'z_i+r'=0$$

$$u''x_i+u''y_i+w''z_i+r''=0\quad(i=1,2,3)$$

再把所得到的方程相加,就得到下述形式的一组方程

$$u'''x_i+v'''y_i+r'''=0\quad(i=1,2,3) \tag{4}$$

此处的系数 $r'''$ 断然不是零,因为否则 $x_1,x_2,x_3$ 这三个数就要相等,和假设矛盾。在 $u'''=0$ 时,就得到

$$y_1=y_2=y_3$$

若 $u'''\neq 0$,从

$$x_1\leqslant x_2\leqslant x_3$$

得到另一对不等式

$$u'''x_1\leqslant u'''x_2\leqslant u'''x_3$$

从而根据(4)得到

$$v'''y_1+r'''\lesseqgtr v'''y_2+r'''\lesseqgtr v'''y_3+r'''$$

所以
$$v'''y_1\lesseqgtr v'''y_2\lesseqgtr v'''y_3$$

而且,既然 $v'''$不是零,得到

$$y_1\lesseqgtr y_2\lesseqgtr y_3$$

在这些不等式的每一对中,或者完全取上面的不等号,或者完全取下面的不等号。

从上文的讨论得知,在我们的几何中直线顺序公理 $\mathrm{II}_{1\sim3}$是成立的。现在需要证明,在我们的几何中平面公理 $\mathrm{II}_4$ 也是成立的[65]。

为此,设给定了一个平面$(u:v:w:r)$和其中的一条直线$[(u:v:w:r),(u':v':w':r')]$。我们规定,所有在这平面$(u:v:w:r)$中的点$(x,y,z)$,使得式子 $u'x+v'y+w'z+r'$小于或大于零的,分别在那直线的一侧或另一侧;然后必须证明,这种规定具有确定的意义,而且和第 7 页上的一致,这个证明是不难的。

由此可知,在从德沙格数系 $D$ 用上述的方式所产生的空间几何中,公理Ⅰ,Ⅱ,Ⅳ$^*$都完全满足了。

既然德沙格定理是公理 $\mathrm{I}_{1\sim8}$,Ⅱ,Ⅳ$^*$ 的推论,所以我们认识到:

对于一个德沙格数系 $D$,可以用上述的方式建立一种平面几何,在这几何中数系 $D$ 的数[66]组成根据 § 24 所引进的线段计算中的元素,而且公理 $\mathrm{I}_{1\sim3}$,Ⅱ,Ⅳ$^*$ 都满足了;所以,在这种平面几何中,德沙格定理也恒成立。

这个事实是我们在 § 28 中所得到的结果的逆,在 § 24 中的结果可如下表述:

若在一种平面几何中,不但公理 $\mathrm{I}_{1\sim3}$,Ⅱ,Ⅳ$^*$ 都成立,而且德沙格定理也成立,那么,在这几何中可以按照 § 24 中所述的方式引进线段计算;在适当的规定顺序之后,这线段计算的元素恒组成一个德沙格数系。

## § 30　德沙格定理的意义

若在一种平面几何中公理 $\mathrm{I}_{1\sim3}$,Ⅱ,Ⅳ$^*$ 都满足了,而且,除此之外,德沙格定理还成立,那么,根据上节最后一条定理,恒能在这几何中引进一种线段计算,具有 § 13 中的运算律 1~11,13~16。然后再把这些线段的集合看做一个复数系,而且,根据 § 29 中的说明,用这个数系建立一种空间几何,使得满足公理Ⅰ,Ⅱ,Ⅳ$^*$。

若只考虑这空间几何中的$(x,y,0)$这种点,和那些只含有这种点的直线,就得到一种平面几何;若再考虑 § 27 中所推证的定理 55,显然可见,这平面几何必定和原来所讨论的平面几何一致,换句话说,这两种平面几何的元素间可以在保持关联和顺序不变的条件之下,建立一个一一对应[67]。于是我们得到下述定理,它可以看做是本章的整个研究的最终目的:

**定理 56**　设在一种平面几何中,公理 $\mathrm{I}_{1\sim3}$,Ⅱ,Ⅳ$^*$ 都满足;在这情形下,德沙格定理的成立是下述事实的充分必要条件:这平面几何可以看做是满足全体公理 Ⅰ,Ⅱ,Ⅳ$^*$ 的一种空间几何的一部分。

对于平面几何来说，德沙格定理可以说是标志着消去空间公理的结果。

从所得到的结果我们可以知道，每一种满足全体公理 Ⅰ，Ⅱ，Ⅳ* 的空间几何，恒可以看做是一个“任意高维的几何”的一部分；这里所说的任意高维的几何，是指点、直线、平面以及别种元素的集合，而且满足相应的扩充了的关联公理、顺序公理以及平行公理。

# 第六章 巴斯噶定理

• Chapter Ⅵ Pascal's Theorem •

## §31 关于巴斯噶定理能否证明的两条定理

前面已经说过，德沙格定理(定理 53)可以用公理Ⅰ，Ⅱ，Ⅳ* 证明，这就是说，实质上用空间公理而不再用合同公理，就可以证明；在§23中曾经指出下述事实：若不用第一组中的空间公理和合同公理Ⅲ，则即使允许用连续公理，也还不能证明德沙格定理。

在§14中从公理 $\mathrm{I}_{1\sim3}$，Ⅱ～Ⅳ推证了巴斯噶定理(定理 40)，在§22中也同样地推证了德沙格定理，所以都是未用空间公理，而主要地用了合同公理。因此发生了下述问题：是否也能够在援引空间的关联公理之下，不用合同公理，而证明巴斯噶定理，我们的研究将要指出，在这方面巴斯噶定理完全和德沙格定理不同，表现在证明前者时，阿基米德公理的容许或排除，对它的成立具有决定性的影响。由于在本章中一般不假设合同公理，所以，必须给阿基米德公理以如下的形式，作为根据：

$\mathrm{V}_1^*$ **(线段计算的阿基米德公理)** 设在一直线 $g$ 上给定一条线段 $a$ 和两个点 $A$ 和 $B$，则恒能求得一些点 $A_1, A_2, \cdots, A_{n-1}, A_n$，使得 $B$ 在 $A$ 和 $A_n$ 之间，而且线段 $AA_1$，$A_1A_2, \cdots, A_{n-1}A_n$ 等于线段 $a$；所谓等于是指在线段计算的意义下的等于，而线段计算按照§24根据公理Ⅰ，Ⅱ，Ⅳ* 和德沙格定理所能在 $g$ 上引进的[68]。

我们研究的主要结果可以综合成下述的两条定理：

**定理 57** 根据公理Ⅰ，Ⅱ，Ⅳ*，$\mathrm{V}_1^*$，即不用合同公理而借助于阿基米德公理，能证巴斯噶定理(定理 40)。

**定理 58** 根据公理Ⅰ，Ⅱ，Ⅳ*，即不用合同公理也不用阿基米德公理，不能证巴斯噶定理(定理 40)。

根据普遍的定理 56，在这两条定理的叙述中，也可以不要求空间公理 $\mathrm{I}_{4\sim8}$，而要求有一个具有德沙格定理(定理 53)的平面几何。

## §32 阿基米德数系中的乘法交换律

定理 57 和定理 58 的证明，实质上根据算术的运算律和基本事实之间的某种相互关系。这种关系的知识本身也有兴趣。我们先证下述两条定理。

**定理 59** 对于一个阿基米德数系,乘法的交换律是其余的运算律的一个必然的推论;这就是说,若一个数系具有§13中所列举的性质1～11,13～17,则必然它也适合性质12。

**证明** 首先注意:若 $a$ 是这数系的任意一个数,而且

$$n=1+1+\cdots+1$$

是一个正有理整数,则对于 $a$ 和 $n$ 乘法交换律恒成立;实际上

$$an=a(1+1+\cdots+1)=a\cdot 1+a\cdot 1+\cdots+a\cdot 1$$
$$=a+a+\cdots+a$$

而且同样地

$$na=(1+1+\cdots+1)a=1\cdot a+1\cdot a+\cdots+1\cdot a$$
$$=a+a+\cdots+a$$

现在假设和我们的论断相反,数系中有两个数 $a,b$,对于它们交换律不成立,显然,我们能够假设

$$a>0,\quad b>0,\quad ab-ba>0$$[69]

因为§13中的要求5,存在一个数 $c(>0)$,使得

$$(a+b+1)c=ab-ba$$

再者,取一数 $d$,同时适合下述不等式

$$d>0,\quad d<1,\quad d<c$$

最后,用 $m$ 和 $n$ 表示使得下述不等式

$$md<a\leqslant(m+1)d$$
$$nd<b\leqslant(n+1)d$$

分别成立的两个非负的有理整数。$m$ 和 $n$ 这两个数的存在是阿基米德定理(§13中的定理17)的直接推论。考虑到本证明开始时的注意,我们从上两个不等式经由乘法得到

$$ab\leqslant mnd^2+(m+n+1)d^2$$
$$ba>mnd^2$$

因此,由减法得到

$$ab-ba<(m+n+1)d^2$$

既然有

$$md<a,\quad nd<b,\quad d<1$$

所以

$$(m+n+1)d<a+b+1$$

即

$$ab-ba<(a+b+1)d$$

或者,由于 $d<c$,得

$$ab-ba<(a+b+1)c$$

这不等式和数 $c$ 的决定矛盾,因此定理59得证。

## §33 非阿基米德数系中的乘法交换律

**定理 60** 对于一个非阿基米德数系,乘法交换律不是其余的运算律的一个必然的推论;这就是说,存在一个数系,它具有§13中所列举的性质1～11,13～16——即根据

§28，一个德沙格数系——但其中乘法交换律(12)不成立。

**证明** 设 $t$ 是一个参数，而且 $T$ 是下述形式的、含有有限项或无穷多项的任意一个式子。

$$T=r_0t^n+r_1t^{n+1}+r_2t^{n+2}+r_3t^{n+3}+\cdots$$

其中，$r_0(\neq 0),r_1,r_2,\cdots$是任意有理数，$n$ 是任意一个有理整数$\geqq 0$。还把 0 这个数添加到这些式子的域 $T$ 中。两个这样形式的式子 $T$ 叫做相等，如果它们之中的所有的对应的数 $n,r_0,r_1,r_2,\cdots$都成对的相等。再设 $S$ 是另一个参数，而且 $S$ 是下述形式的、含有有限项或无穷多项的任意一个式子：

$$S=s^mT_0+s^{m+1}T_1+s^{m+2}T_2+\cdots$$

其中，$T_0(\neq 0),T_1,T_2,\cdots$是具有形式 $T$ 的式子，$m$ 是任意一个有理整数$\geqq 0$。把 0 这个数添加到具有形式 $S$ 的全体式子的集合，再规定下述的运算律，把这集合看做一个复数系 $Q(s,t)$。

首先，参数 $s$ 和 $t$ 本身的计算遵循§13 中的规则 7～11，而规则 12 换成下述公式

$$ts=2st \tag{1}$$

容易看出，这里的规定是无矛盾的。

现在，设 $S',S''$是具有形式 $S$ 的任意两个式子：

$$S'=s^{m'}T'_0+s^{m'+1}T'_1+s^{m'+2}T'_2+\cdots,$$

$$S''=s^{m''}T''_0+s^{m''+1}T''_1+s^{m''+2}T''_2+\cdots$$

显然，我们能够逐项相加，作成一个新的式子 $S'+S''$；它仍旧有 $S$ 的形式，而且同时唯一的决定了；$S'+S''$这式子叫做由 $S',S''$所表出的数的和。

把 $S',S''$这两个式子照通常一样的逐项相乘，我们又得到一个下述形式的式子。

$$\begin{aligned}S'S''=&s^{m'}T'_0s^{m''}T''_0+(s^{m'}T'_0s^{m''+1}T''_1+s^{m'+1}T'_1s^{m''}T''_0)\\&+(s^{m'}T'_0s^{m''+2}T''_2+s^{m'+1}T'_1s^{m''+1}T''_1\\&+s^{m'+2}T'_2s^{m''}T''_0)+\cdots\end{aligned}$$

这个式子，利用公式(1)之后，显然变成一个唯一决定的具有形式 $S$ 的式子；所得到的式子叫做 $S'$所表示的数乘以 $S''$所表示的数的积。

在计算方法如此规定的情形下，§13 中的运算律 1～4 和 6～11 显然正确[70]。§13 中的规则 5 的正确性，也不难证明。为了这个目的，姑且设给定了具有形式 S 的两个式子是

$$S'=s^{m'}T'_0+s^{m'+1}T'_1+s^{m'+2}T'_2+\cdots$$

和

$$S''''=s^{m''''}T''''_0+s^{m''''+1}T''''_1+s^{m''''+2}T''''_2+\cdots$$

注意根据我们的规定，$T'_0$ 中的第一个系数 $r'_0$ 必非 0。现在比较方程

$$S'S''=S'''' \tag{2}$$

两端中 $S$ 的幂；首先唯一地决定一个整数 $m''$，作为幂指数，然后依次地决定式子

$$T''_0,T''_1,T''_2,\cdots$$

使得式子

$$S''=s^{m''}T''_0+s^{m''+1}T''_1+s^{m''+2}T''_2+\cdots$$

在公式(1)条件之下适合方程(2)。对于方程

$$S'''S'=S''''$$

也有相似的结果。这样便完成了所需要的证明。

最后,要使我们的数系 $Q(s,t)$ 的数能够排成顺序,我们作下述规定:按照在表示一个数的式子 $S$ 中 $T_0$ 的第一个系数 $r_0<0$ 或者 $r_0>0$,这个数就分别叫做 $<0$ 或者 $>0$。若 $a$ 和 $b$ 是这复数系中的任意两个数,按照 $a-b<0$ 或者 $a-b>0$,就分别说 $a<b$ 或者 $a>b$。在如此规定的情形下,立刻看出,§13 中的规则 13～16 也有效,即 $Q(s,t)$ 是一个德沙格数系(参看 §28)。

§13 中的规则 12 在我们的复数系 $Q(s,t)$ 中不满足,如同方程(1)所指出的;因此定理 60 完全证明了。

由于定理 59,所以在刚才所建立的数系 $Q(s,t)$ 中,阿基米德定理(§13 中的定理 17)不成立。

## §34　关于巴斯噶定理的两条命题的证明

### (非巴斯噶几何)

若在一种空间几何中,全体公理Ⅰ,Ⅱ,Ⅳ$^*$ 都满足,那么德沙格定理(定理 53)也成立,而且,根据 §28 中的最后一条定理,在这几何的每一对相交的直线上能够引进线段计算,适合 §13 中的规则 1～11,13～16。若再在这几何中假设阿基米德公理 $V_1^*$,则对于这个线段计算阿基米德定理(§13 的定理 17)显然成立,从而,根据定理 59,乘法交换律也成立。从所附的图(图 76)可见,乘法交换律不是别的,正是对于这两条轴的巴斯噶定理。因此证明了定理 57。

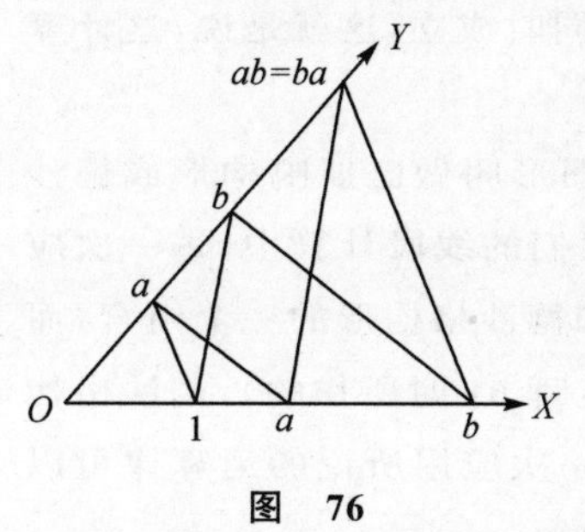

图　76

要证明定理 58,取 §33 中所引进的德沙格数系 $Q(s,t)$,而且按照 §29 中所描写的方法用这数系来建立一种空间几何,在这几何中全体公理Ⅰ,Ⅱ,Ⅳ$^*$ 都满足。虽然如此,巴斯噶定理不成立,因为乘法交换律在这个德沙格系数 $Q(s,t)$ 中不成立。如此建立的"非巴斯噶几何",由于"这里所证明的定理 57,必然也同时是一个"非阿基米德几何"。

即使这空间几何是任意高维的一种几何的一部分(这高维的几何中除点、直线、平面之外,还有别种元素;而且作为根据的有一组相应的关联公理,顺序公理,以及平行公理),在我们的假设之下,巴斯噶定理还显然不能证明。

## §35　利用巴斯噶定理来证明任意交点定理

首先,证明下述重要的事实:

**定理 61**　只用公理 $\text{Ⅰ}_{1\sim3}$,Ⅱ,Ⅳ$^*$,因而不用合同公理和连续公理,能从巴斯噶定理

(定理 40)证明德沙格定理(定理 53)。

**证明**① 定理 53 的两部分的每一部分,显然是另一部分的直接推论。因此,只需要证明其中的一部分,例如第二部分。首先,我们增加假设,在附加的假设之下完成证明。

设三角形 $ABC$ 和 $A'B'C'$ 的位置如下(图 77):对应顶点的连线通过一点 $O$,而且 $AB$ 平行于 $A'B'$,$AC$ 平行于 $A'C'$。我们再假设,直线 $OB'$ 和 $A'C'$ 不平行,直线 $OC'$ 和 $A'B'$ 也不平行。现在作 $OB'$ 的通过 $A$ 的平行线,交直线 $A'C'$ 于一点 $L$,交直线 $OC'$ 于一点 $M$。其次再假设直线 $LB'$ 既不平行于 $OA$,又不平行于 $OC$。直线 $AB$ 和 $LB'$ 断然不平行,即它们有一交点 $N$;把 $N$ 连到 $M$ 和 $O$。

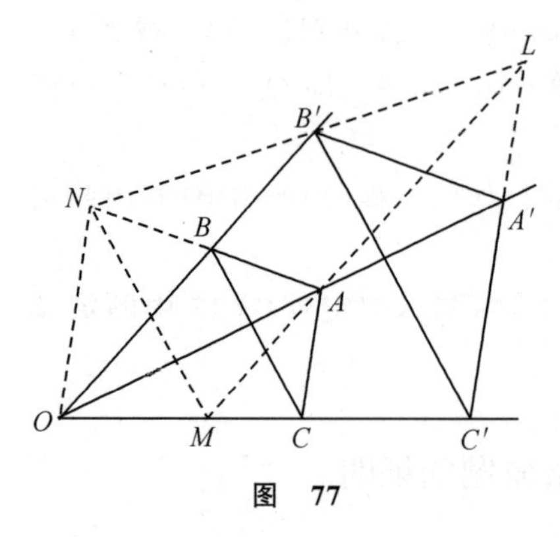

图 77

根据作图,巴斯噶定理能应用到构形 $ONALA'B'$ 上去,因此可知,$ON$ 平行于 $A'L$,也平行于 $CA$。现在,巴斯噶定理也能应用到构形 $ONMACB$ 和 $ONMLC'B'$,而得到 $MN$ 既平行于 $CB$,也平行于 $C'B'$。所以边 $CB$ 和 $C'B'$ 平行。

这证明中所作的附加假设,可以一个一个地去掉。去掉附加假设的这部分的证明,我们这里省略了[71]。

设现在有一种平面几何,其中除公理 $\mathrm{I}_{1\sim3}$,Ⅱ,Ⅳ* 之外,巴斯噶定理还成立。定理 61 告诉我们,在这几何中德沙格定理也成立。所以在这几何中我们能按照 § 24 引进线段计算;而且根据 § 34,对于这个计算,巴斯噶定理和乘法交换律同时成立,这就是说,这计算法遵循 § 13 中的所有运算律 1～12。

如果把相当于巴斯噶定理或德沙格定理的内容的一个图形叫做巴斯噶构形或德沙格构形,那么 § 24～ § 26 和 § 34 中的结果可综述如下:在我们的线段计算中,每一次应用运算律( § 13 的定理 1～12)可以表为有限个巴斯噶构形和德沙格构形的一个组合,而且,既然通过适当的辅助点和辅助直线的作图(如同在证明定理 61 时所作的),德沙格构形能表为巴斯噶构形的组合,所以在我们的线段计算中,每一次应用所说的运算律可以表为有限个巴斯噶构形的组合。

按照 § 27 中所说的和乘法交换律,在这线段计算中,一个点用一对实数$(x,y)$表示,一条直线用三个实数的比[72]$(u:v:w)$表示,其中前两个不同时是零,点和直线位置关联的条件是方程

$$ux+vy+w=0$$

而且两直线$(u:v:w)$和$(u':v':w')$平行的条件是

$$u:v=u':v'$$

设在如此给定了的几何中,有一条纯粹的交点定理。所谓一条纯粹的交点定理,所指的是具有下述性质的定理:只含有关于点和直线的位置关联以及关于直线的平行性的

① 这里所指出的定理 61 的证明,源于赫森堡"从巴斯噶定理证明德沙格定理"(Beweis des Desarguesschen Satzes Aus dem pascalschen; Math. Ann. 卷 61)。

叙述，而同时不用其他关系（如合同和垂直）。平面几何的每一条这种的纯粹的交点定理都可以表述如下：

首先任意取一组有限个点和直线，然后按照预定的方式作这些直线中的某些任意平行线，在这些直线中的某些直线上取任意点，而且通过这些点中的某些点作任意直线；在按照预定的方式作了连线，交点以及通过已经存在的点的平行线之后，终于得到一组有限条直线，它们就是定理所论断的、通过同一个点或互相平行的直线。

开始时我们完全任意取了点和直线，把它们的坐标看做是参数 $p_1\cdots,p_n$；然后我们又在有限度的任意性之下取了点和直线，它们的若干坐标能够看做是另一些参数 $p_{n+1},\cdots,p_r$，其余的都将由 $p_1,\cdots,p_r$ 这些参数决定了。以后再作出的所有的连线，交点和平行线的坐标，都是依赖于这些参数的诸有理式 $A(p_1,\cdots,p_r)$。在这样的情形下，所要证明的交点定理的内容化为下述的论断：当参数值相同时，某一些这种的式子取相同的值；换句话说，交点定理就是说：当参数 $p_1,\cdots,p_r$，用所讨论的几何中所引进的线段计算中的任意元素代入时，这些参数的某一些完全确定的有理式 $R(p_1,\cdots,p_r)$都等于零。既然这些元素的域是无穷的，我们从一条已知道的代数定理得到下述结论：在§13中的运算律1～12的基础之上，这些式子 $R(p_1,\cdots,p_r)$恒等于零[73]。但是要想证明式子 $R(p_1,\cdots,p_r)$ 在我们的线段计算中恒等于零，根据我们在上文所证明了的关于应用运算律的事实，应用巴斯噶定理就足够了。这样，我们证明了下述结论：

**定理 62** 设一种平面几何中，公理 $\mathrm{I}_{1\sim3}$，Ⅱ，$\mathrm{IV}^*$ 都满足，而且巴斯噶定理正确。这几何中的每一条纯粹的交点定理，可以通过作适当的辅助点和辅助直线，表为有限个巴斯噶构形的组合。

于是，利用巴斯噶定理，交点定理的证明就不需要再求助于合同公理和连续公理。

## 历史的注记

关于第五章和第六章的发展的研究始于韦纳（Hermann Wiener）“关于几何学的基础和建立”（über Grundlagen und Aufbau der Geometrie）一文中所作的探讨。此文是1891年在哈雷（Halley）举行的自然研究会议上所作的报告（参看韦纳于 Jahresber. d. Deutschen Mathem-Vereiaigung, Bd. Ⅰ 45—48页（1892）上所发表的文章）。韦纳也是在“Bereichten. der Kgl. Sächs Ges. d. Wiss., Leipzig 1890，1891，1893 上所连续刊登“可换的双镜面反射变换”（Vertauschbare Zweispiegelige Verwandschaften）的作者。

# 第七章　根据公理Ⅰ～Ⅳ的几何作图

· *Chapter* Ⅶ *Geometrical Construction Based Upon The Axioms* Ⅰ—Ⅴ ·

## §36　利用直尺和迁线器*的几何作图

设有一种空间几何，在这几何中全体公理Ⅰ～Ⅳ都成立；为简单起见，我们在本章中只考虑这空间几何中的平面几何，研究这平面几何中哪些初等作图问题一定能够解决(假设有适当的实际工具)。

根据公理Ⅰ，Ⅱ，Ⅳ，恒能够解决下述问题：

**问题1**　作一直线连结两点；求非平行的两直线的交点。

根据合同公理Ⅲ，能够迁移线段和角，即在我们的几何中恒能够解决下列问题：

**问题2**　迁移一给定的线段到一直线上的一给定的点处，并且在这点的给定的一侧。

**问题3**　迁移一给定的角，到沿着一给定的直线，以这直线上的一给定点作顶点，并且在这直线的给定的一侧，或者作一直线，交一给定的直线于一给定的点，并且交于一给定的角。

显然，在用公理Ⅰ～Ⅳ作根据时，只有那些可化为上述问题1～3的作图问题才能够解决。

在基本的问题1～3之外，我们再增添下列两个问题：

**问题4**　作一直线通过一给定的点，平行于一给定的直线。

**问题5**　作一给定的直线的垂线。

我们立刻知道，这两个问题能够用不同的方式化为问题1～3。

问题1的实际作图需要直尺。为了问题2～5的实际作图，如同下面将要证明的，直尺之外还需要应用迁线器；迁线器是一个工具，它能够迁移唯一的一条完全确定了的线段[②]，例如单位线段。因此有下述结果：

**定理63**　根据公理Ⅰ～Ⅳ所能解决的几何作图问题，一定可以利用直尺和迁线器实

---

*　希尔伯特在配合他的公理系统作图时设计一个作图工具，他将这个工具叫"Eichmaß"。1902年美国人汤森德(E. J. Townsend)将第一版德文原著译成英文时，根据此字的意义译为"Transferer of segments"。今根据此英译名词译作"迁线器"。——译者注

②　只需要要求能够迁移唯一的一条线段，是魁尔夏克(J. Kürschák)注意到的；参看他的"线段的迁移"(Das Strechenabtragen, Math. Ann. 卷55。1902)。

际作图。

**证明**　要实际解决问题 4(图 78),连接这给定的点 $P$ 和给定的直线 $a$ 上的任意一点 $A$,而且用迁线器继续两次迁移单位线段到 $a$ 上的点 $A$ 处,先到点 $B$,再从 $B$ 到 $C$。再设 $D$ 是 $AP$ 上任意一点,但既非 $A$ 又非 $P$,而且使得 $BD$ 不平行于 $PC$。因而 $CP$ 和 $BD$ 交于一点 $E$,而且 $AE$ 和 $CD$ 交于一点 $F$。如同施泰因纳尔(Steiner)曾经指出的[74],$PF$ 就是所求的 $a$ 的平行线。

我们解决问题 5 如下(图 79):设 $A$ 是给定的直线上的任意一点;然后用迁线器迁移单位线段到这直线上的点 $A$ 的两侧,得到 $AB$ 和 $AC$;再在通过 $A$ 的任意另外两条直线上决定点 $E$ 和 $D$,使得线段 $AD$ 和 $AE$ 也等于单位线段。直线 $BD$ 和 $CE$ 交于一点 $F$,直线 $BE$ 和 $CD$ 交于一点 $H$,则 $FH$ 是所求的垂线。事实上:角$\angle BDC$ 和$\angle BEC$ 都是在直径 $BC$ 上的半圆的圆周角,因而都是直角;把三角形的三高线共点的定理应用到三角形 $BCF$,得知 $FH$ 也垂直于 $BC$。

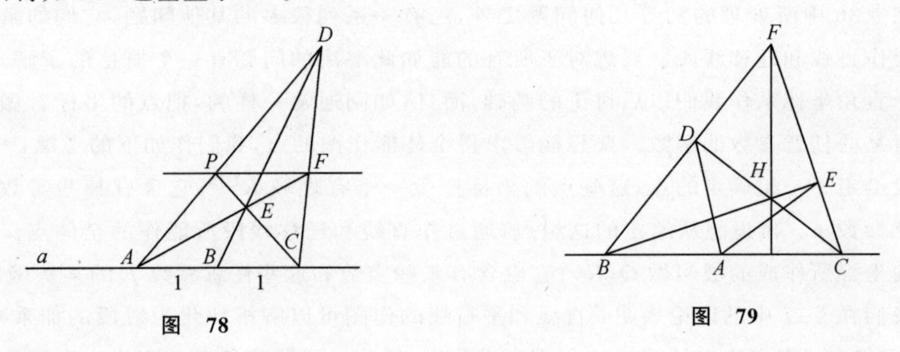


图　78　　　　　　图　79

根据问题 4 和问题 5,恒能够从给定的直线 $a$ 外的给定的点 $D$,作 $a$ 的垂线,或者通过 $a$ 上的一点 $A$,作 $a$ 的垂线。

现在能够只用直尺和迁线器解决问题 3;我们采取下述方法,这方法只需要作给定的直线的平行线和垂线:设 $\beta$ 是要迁移的角(图 80),$A$ 是这个角的顶点。通过 $A$,作直线 $l$ 平行于给定的直线,即给定的角 $\beta$ 要迁移到的直线。从 $\beta$ 的两边的任意一边上的任意一点 $B$,作到 $\beta$ 的另一边和到 $l$ 的两条垂线。设这两条垂线的垂足是 $D$ 和 $C$,$C$ 和 $D$ 不是同一点,而且 $A$ 不在 $CD$ 上。能从 $A$ 作 $CD$ 的垂线;设垂足是 $E$。根据第 47 页所证明的定理,$\angle CAE=\beta$。若 $B$ 是取在给定的角的另一边上,$E$ 就落在 $l$ 的另一侧。通过给定的直线上的给定的点,作 $AE$ 的平行线;于是问题 3 解决了。

最后,要解决问题 2,我们用下述的,魁尔夏克(J,Kürschák)所给的简单作图法:设 $AB$ 是要迁移的线段(图 81),而且 $P$ 是给定的直线 $l$ 上的给定的点。通过 $P$ 作 $AB$ 的平行线,用迁线器迁移单位线段到这平行线上的点 $P$ 处,在 $AP$ 的 $B$ 侧,到一点 $C$;再迁移单位线段到 $l$ 上的点 $P$ 处,在给定的那一侧,到一点 $D$。通过 $B$ 作 $AP$ 的平行线,交直线 $PC$ 于 $Q$,通过 $Q$ 作 $CD$ 的平行线,交 $l$ 于 $E$:则 $PE=AB$。若 $l$ 和直线 $PQ$ 重合,而且 $Q$ 不在 $P$ 的那给定的一侧,作图法能够容易修正。

如是证明了,问题 1～5 全体能用直尺和迁线器解决,从而定理 63 完全证明了。

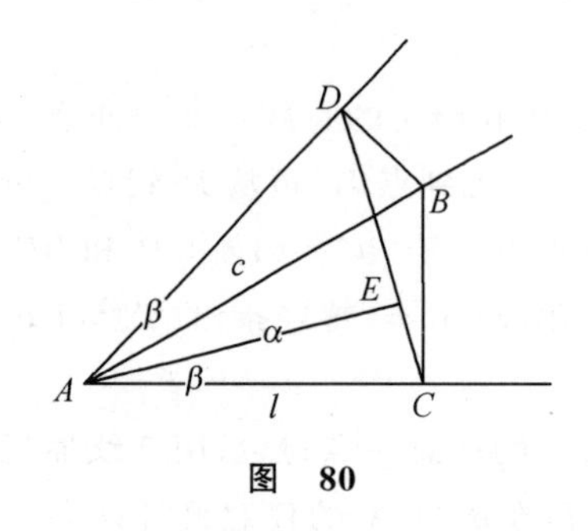


图 80

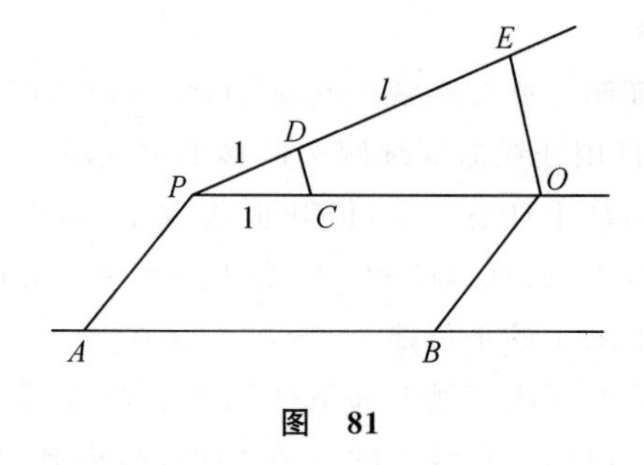


图 81

## §37 几何作图能否用直尺和迁线器作出的准则

在§36中所处理的初等几何问题之外，还有一系列很多的其他问题，它们的解决也只需要作直线和迁移线段。要想对于所有的能如此解决的问题有一个概括的了解，我们用一个直角坐标系作我们以后讨论的基础，而且，如同通常一样的，把点的坐标看做是实数或者某些任意参数的函数。要想能够求得全体能作图的点，我们作如下的考虑：

设给定了一组确定的点；这些点的坐标产生一个有理域 $R$【75】，它含有某些实数和某些任意参数 $p$。再设想从给定的这组点，通过作直线和迁移线段所能作的全体点。把这些点的坐标所作成的域叫做 $Q(R)$；它也含有某些实数和这些任意参数 $p$ 的某些函数。

我们在§17中的讨论表明：直线和平行线的作图可以解析地化为线段的加乘减除；再者，已知的§9中给出的旋转的公式告诉我们，迁移一线段到任意一直线上所需要的解析运算，只是求两个平方的和的平方根，而这两个平方的底是已经作出来了的。反过来，根据毕达哥拉斯定理，利用一个直角三角形，我们恒能够通过迁移线段作出两个线段的平方的和的平方根。

从这些考虑就得到，域 $Q(R)$ 所含有的实数和参数 $p$ 的函数，是而且只是那些从 $R$ 中的实数和参数的函数，经过有限次下列五种运算所产生的：四种初等运算和求两个平方的和的平方根这五种运算。这些结果叙述如下：

**定理 64** 一个几何作图问题能通过作直线和迁移线段解决，即能利用直尺和迁线器解决，其充分必要条件如下：在用解析方法处理这问题时，所求的点的坐标是给定点的坐标的这样的函数，它们的建立只需要有理运算和求两个平方的和的平方根这个运算，而且只需要应用有限次的这五种运算。

从这定理立刻知道，不是每一个用圆规能解决的问题也能只用直尺和迁线器解决。为此，我们从§9中利用代数数域 $Q$ 所建立的那种几何出发；在这几何中只有能用直尺和迁线器作出的线段，即由域 $Q$ 的数所决定的线段。

设 $\omega$ 是 $Q$ 中的任意一个数，从域 $Q$ 的定义，很容易知道，每一个和 $\omega$ 共轭的代数数必定也在 $Q$ 中；而且，既然域 $Q$ 中的数都显然是实数，所以域 $Q$ 只能含有完全实数【76】；所谓完全实数，指的是只有实共轭数的实代数数。

现在，我们提出下述问题：作一个直角三角形，其弦是 1 而且一股是 $|\sqrt{2}|-1$。表出

另一股的数值是代数数$\sqrt{2|\sqrt{2}|-2}$；它不在$Q$中出现，因为它的共轭数$\sqrt{-2|\sqrt{2}|-2}$成为虚数。如是所提出的问题在我们据以出发的几何中不能解决，从而也不能用直尺和迁线器解决，虽然它是可以利用圆规立刻解决的。

我们的考虑也可以反转过来，即有：

自有理数经过实平方根所得的每一个完全实数都在域$Q$中，因此每一条由这样的数所决定的线段都能够利用直尺和迁线器作出①。这定理的证明将从更普遍的考虑得来。实际上我们将要找出一个准则，使对于一个能用直尺和圆规解决的几何作图问题，能直接从这问题的解析性质和它的解来判断它是否也能只用直尺和迁线器来解决。下述定理就提供给我们这个准则：

**定理 65** 设有一个几何作图问题，在解析的处理时，其中所求的点的坐标，只要通过有理运算和开平方，就能从给定的点的坐标求出。设$n$是足够用来计算点的坐标的平方根的最少个数。我们的作图问题可以只经过作直线和迁移线段实际解决的充分必要条件如下：对于给定的点的所有的位置，即对于作为任意参数的给定的点的坐标的所有的值，这个几何问题恰好有$2^n$个实解②，无穷解也计算在内。

根据本节开始时的考虑，所说的准则的必要性显然。至于准则的充分性，由于下述的定理：

**定理 66** 设参数$p_1,\cdots,p_n$的一个函数$f(p_1,\cdots,p_n)$是经过有理运算和开平方而作成的。若对于参数的每一组实数值，这函数都是一个完全实数，则这函数属于域$Q(R)$。这里的域是从$1,p_1,\cdots,p_n$出发，经过初等运算和两个平方的和的开平方而得到的。

先注意：在域$Q(R)$的定义中，只取两个平方的这个限制可以去掉。事实上，公式

$$\sqrt{a^2+b^2+c^2}=\sqrt{(\sqrt{a^2+b^2})^2+c^2}$$

$$\sqrt{a^2+b^2+c^2+d^2}=\sqrt{(\sqrt{a^2+b^2+c^2})^2+d^2}$$

$$\cdots\cdots$$

表明任意多个平方的和的开平方可以化为继续两个平方的和的开平方。

因此，设一个有理数域是由逐次附加在函数$f(p_1,\cdots,p_n)$的构造中每次居于最里面的平方根扩张而成的。在考虑这种的一个有理数域时，只需要证明，这些平方根的每一个的被开方数，在前一个有理数域中都可以表为平方和，这个证明根据于下述的代数定理：

**定理 67** 若一个以有理数为系数的有理函数$\rho(p_1,\cdots,p_n)$，对于参数的所有的实值，都取非负值，它就可以表成以有理数为系数的、变数$p_1,\cdots,p_n$的有理函数的平方的和③。

我们把这条定理述成下式：

---

① 此处在第七版中所出现的错误系由巴赫曼所指出。

② 此处参看补篇Ⅳ$_2$。

③ 在一个变数时，我最先讨论这个问题，然后兰道(E. Landau)完成了对于一个变数的这条定理的证明，而且用的是很简单的和初等的工具，Math. Ann. 卷 57，1903。近来阿廷丁(Artin)得到了完全的证明，Hamburger Abhandlungen，卷 5，1927。

**定理 68** 在由 $1, p_1, \cdots, p_n$ 决定的有理数域中，每一个永远非负（对于变数的每一组实数值都非负）的函数是一个平方和。

现在设有一个函数 $f(p_1, \cdots, p_n)$，它具有定理 66 中所说的性质。附加构造函数 $f$ 所必需的平方根，逐步地作扩张，就得到一个域。我们能推广上述的论断，使得它在这域中成立。即对于这个域有下述事实。若一个函数和它的所有的共轭函数都永远非负，它就可以表为这域中的函数的平方和。

用数学归纳法证明。首先考虑经过附加 $f$ 中的最里面的一个平方根扩张 $R$ 而成的一个域。这个平方根的被开方数是一个有理函数 $f_1(p_1, \cdots, p_n)$。设 $f_2(p_1, \cdots, p_n)$ 是经过这个扩展而成的域 $(R, \sqrt{f_1})$ 中的一个函数，它和它的所有的共轭函数都只取非负值，而且它不恒等于零；它有 $a+b\sqrt{f_1}$ 的形式，其中的 $a$ 和 $b$ 以及 $f_1$ 都是有理函数。从关于 $f_1$ 所作的假设，可知函数 $a+b\sqrt{f_1}$ 和 $a-b\sqrt{f_1}$ 的和 $\varphi$ 与积 $\psi$ 都只取非负值。函数

$$\varphi = 2a, \psi = a^2 - b^2 f_1$$

还是有理的，所以根据定理 68 可以表为 $R$ 中的函数的平方和。此外，$\varphi$ 不能恒等于零。

从 $f_2$ 所满足的方程

$$f_2^2 - \varphi f_2 + \psi = 0$$

得到

$$f_2 = \frac{f_2^2 + \psi}{\varphi} = \left(\frac{f_2}{\varphi}\right)^2 \cdot \varphi + \frac{\varphi\psi}{\varphi^2}$$

根据关于 $\varphi$ 和 $\psi$ 所说的，所以 $f_2$ 可以表为域 $(R, \sqrt{f_1})$ 中的函数的平方和。这里对于域 $(R, \sqrt{f_1})$ 所得到的结果相当于对于域 $R$ 而言的定理 68。对于其余的扩张，重复上面应用的步骤，我们最后得到下述结果：在作成函数 $f$ 所得到的诸域的每一个中，若一个函数和它的所有的共轭函数都永远非负，则它就是从对应域中取的函数的平方和。现在考虑任意一个在 $f$ 中出现的平方根式，它和它的所有共轭函数应该都是实的，所以被开方式以及它的所有的共轭式，在它所在的域中，应该都是永远非负的函数，因此这个被开方式是这域中的平方和。因此定理 66 证明了；所以，定理 65 所给出的准则也是充分的。

能用直尺和圆规作图的正多边形是定理 65 的应用的例子。在这情形下，没有任意参数 $p$ 出现，所要作的式子都是代数数。我们容易看出，定理 65 的准则满足了[77]，因此，只通过作直线和迁移线段，就能做出每一个正多边形。这个结果也可以从圆周等分理论直接得到。

其他有关初等几何中的已知的作图问题，这里我们只提马耳发提（MaLfatti）问题[78]能只用直尺和迁线器解决，而亚波隆尼亚（Apollonius）相切问题[79]则不能①。

① 关于其他用直尺和迁线器的几何作图问题，参看 M. Feldblum。“关于初等几何作图”，就职论文，Göttingin，1899。

# 结 束 语

## • Conclusion •

本书对于几何的原理作了一个批评的研究；在研究的过程中，指导我们的原则是：在讨论每一个当前问题时，要同时检查能否遵照预定的方式利用限定的辅助工具，得到这问题的解答。在我看来，这是我们应该采取的一个普遍的而且自然的原则；事实上，当我们作数学研究而遇到一个问题或猜测一条定理时，只有等待这问题完全得到了解决，而且完成了这定理的严密证明，或者彻底了解了不可能成功的原因，因而同时了解了失败的必然性，我们的求知本能才能得到满足。

在近代数学里，某一些解答的或问题的不可能性的研究占有突出的地位，而且对于这种问题的努力往往引到新的和富有成果的研究领域的发现，我们只需要回忆下述的事实：阿贝尔(Abel)的不可能用方根解五次方程的证明，平行公理的证明的不可能性，埃尔米特(Hermite)和林德曼(Lindemann)的 e 和 π 这两个数不可能用代数方法作出的定理的证明。

这个原则，我们应该随时都讨论证明的可能性的原理的这个原则，也和证明方法的"纯粹性"的要求有极密切的联系，而这要求是被好几位数学家所强调唤起注意的。这要求实际正是我们这里所遵循的原则的主观说法。事实上，我们所作的几何研究，是要一般地寻求说明，一个初等几何真理的证明究竟需要什么公理、假设或者辅助的工具；至于，从所采取的观点看来，究竟什么证明方法较为优越，就要留待个别的判断了。

达芬奇的《最后的晚餐》以几何图形为基础设计画面，体现出数学的对称美。
有人评价这幅画是科学与艺术成了婚，而哲学又在这种完美的结合上留下了亲吻。

# 附　　录

• *Appendix* •

民用航空问世不久，一次，大数学家希尔伯特受邀去外地做数学演讲，题目由他定。于是，他将题目定为“费尔马大定理的证明”。果不其然，听者如潮。可是，演讲内容与费尔马大定理毫无关系。后来有人问他，为什么选一个与演讲内容完全无关的题目，他说：“‘费尔马大定理的证明’这个题目是为万一飞机失事而准备的。”

EUCLID

# 附录Ⅰ　直线作为两点间的最短距离①

（转载自 Math. Ann. ，卷 46）

（给克莱因(F. Klein)先生的一封信）

如果将点、直线和平面取作元素，则下面的公理能够作为一种几何学的基础：

1. 说明元素间**相互结合的公理**，简单地叙述如下：

任意两点 $A$ 和 $B$ 恒定一直线 $a$。——任意不共线三点 $A,B,C$ 恒定一平面 $\alpha$。——如果一直线 $a$ 上两点 $A,B$ 在一平面 $\alpha$ 上，则直线 $a$ 将全部位于平面 $\alpha$ 上。——如果两个平面 $\alpha,\beta$ 有一公共点 $A$，则它们至少还有另一公共点 $B$。——每一直线上至少有两点，每一平面上至少有三个不共线点，空间至少有四个不共面点。

2. **顺序公理**　即说明赖以引入直线上线段的概念和点序列概念的公理；这些公理首先由 M。帕士(M. Pasch)②所引入并系统地加以研究。它们可基本归纳如下：

直线上两点 $A,B$ 之间恒至少有这直线上的一个第三点 $C$。——一直线上三点中恒有一个且仅有一个点在另两个点之间。——如果 $A,B$ 在一直线 $a$ 上，则在同一直线 $a$ 上恒有一点 $C$ 使 $B$ 在 $A$ 和 $C$ 之间。——直线 $a$ 上任意四点 $A_1,A_2,A_3,A_4$ 可以这样排列，即当下标 $h$ 小于 $i$，而 $k$ 大于 $i$ 时，则 $A_i$ 将落于 $A_h$ 和 $A_k$ 之间。——在一平面 $\alpha$ 上每一直线 $a$ 将这平面上的点分成两个区域，且具有下面的性质：一个区域中任意点 $A$ 和另一个区域中任意点 $A'$ 决定线段 $AA'$，在线段 $AA'$ 内有直线 $a$ 上的点；另一方面，同一区域中任意两点 $A,B$ 所决定的线段不含有直线 $a$ 上任何一点。

3. **连续公理**　这个公理我以下述形式给出：

如果 $A_1,A_2,A_3,\cdots$ 是直线 $a$ 上的无穷点列，而 $B$ 是 $a$ 上另一点，使得当下标 $h$ 小于 $i$ 时，点 $A_i$ 落在 $A_h$ 和 $B$ 之间，则存在点 $C$ 具有下述性质：无穷点列 $A_2,A_3,A_4,\cdots$ 的所有点将落在 $A_1$ 和 $C$ 之间。当 $C'$ 是另一点时，则有同样论断，即 $C$ 将落于 $A_1$ 和 $C'$ 之间。

由这些公理就可完全严格地论证调和点列的理论。利用类似于 F。林德曼(F. Lin-

◀牛津大学自然历史博物馆内欧几里得的雕像

① 关于这个问题更一般的说明，可参看 1900 年在巴黎国际数学会议上我的报告"数学问题"(Mathematische Probleme)，见 Cöttinger Nachr. 1900，No. 4，以及 G. Hamel 1901 年在格丁根的就职论文报告和他的文章"论直线为最短的几何学"(Über die Geometrien，in denen die Geraden die Kürzesten sind)，见 Math. Ann. ，卷 57，1903。

② 参看帕士《新几何学讲义》(Vorlesungen über neuere Geometrie，Teubner，1882)。

demann)[①]所曾作过的，则我们可得出下面的定理：

对于空间内每个点，总有三个有限实数 $x,y,z$ 和它相对应。而且对于每个平面就有三个这样的实数间的线性关系和它相对应使得满足线性关系的 $x,y,z$ 所对应的全部点都在这个平面上；反过来，这个平面上的点所对应的三个数 $x,y,z$ 都将适合这个线性关系。再者如果将 $x,y,z$ 理解为通常欧几里得空间中一点的直角坐标，则原空间的点就对应着欧几里得空间里某个无处是凹的体的内部的点；反过来，无处是凹的体的内部所有点将对应着原空间的点。这样一来，原空间映射到欧几里得空间中无处是凹的体的内部。

无处是凹的体系指具有下述性质的一个体：假如在其内部两点用一直线相连，则此直线介于这两点的部分将整个位于这个体的内部。

请您注意这里所研究的无处是凹的体在闵可夫斯基(H. Minkowski)[②]的数论研究中起着很大的作用。同时也请注意闵可夫斯基曾给它一个简明的解析定义。

反过来说，如果在欧几里得空间给出任意一个无处是凹的体，则它将确定一种几何学(下面称为广义几何学)。在这种几何里，适合开始所提的全部公理。无处是凹的体内的每一个点与广义几何学中的一个点相对应。在体的内部所作欧几里得空间的每条直线和每个平面将分别对应着这种广义几何学的直线和平面，而在体的边界或外部的欧几里得空间的点以及全部位于欧几里得空间外部的直线和平面将不与这种广义几何中的任何元素相对应。

这样，从上面所建立广义几何中的点到欧几里得空间中无处是凹的体的内部的点所建立映射的定理，说明广义几何元素中的一个性质：即这种广义几何从内容说完全等价于开始所给的全部公理。

现在我们来确定广义几何中长度的概念。为达到这个目的，将原空间中两点 $A$ 和 $B$ 所对应的欧几里得空间两点仍用相同的字母 $A$ 和 $B$ 来表示。然后将欧几里得空间中直线 $AB$，沿点 $A$ 和点 $B$ 向外延长与无处是凹的体的边界分别交于 $X$ 和 $Y$。欧几里得空间中任意两点 $P$ 和 $Q$ 的欧几里得距离一般用 $\overline{PQ}$ 表示。于是实数值

$$\widehat{AB}=\log\left\{\frac{\overline{YA}}{\overline{YB}}\cdot\frac{\overline{XB}}{\overline{XA}}\right\}$$

称为广义几何中线段 $AB$ 的长度。因为

$$\frac{\overline{YA}}{\overline{YB}}>1,\frac{\overline{XB}}{\overline{XA}}>1$$

所以长度恒为正数。

利用 $\widehat{AB}$ 的表示式容易列举出长度概念的性质，但为了这封信不使您过于疲倦，我将这些略去。

在所给 $\widehat{AB}$ 的公式中，同时说明这个量是如何依赖于无处是凹的体的形状。令 $A$ 和 $B$ 在体内固定，而仅将体的边界变动，使得边界点 $X$ 和 $Y$ 分别向 $A$ 和 $B$ 运动，显然两个商

$$\frac{\overline{YA}}{\overline{YB}},\frac{\overline{XB}}{\overline{XA}}$$

① 参看克来伯士-林德曼(Clebsch-Lindemann)《几何学讲义》(Vorlesungen über Geometrie)，第2卷第1分册433页以后。

② 参看《数的几何》(Geometrie der Zahlen, Teubner, 1896和1910)。

中的每一个都将增大，因此 $\overset{\frown}{AB}$ 之值也将增大。

现在给定无处是凹的体内的三角形 $ABC$（附图 1）。此三角形所在的平面 $\alpha$ 割这个体成一无处是凹的卵形线。其次将三角形的三边 $AB,AC,BC$ 中的每条边从两端点向外延长和卵形线的边界相交，令交点分别是 $X$ 和 $Y$，$U$ 和 $V$，$T$ 和 $Z$，作直线 $UZ$ 及 $TV$ 且延长它们相交于 $W$。此二直线和直线 $XY$ 的交点分别用 $X'$ 和 $Y'$ 来表示。现在考虑以三角形 $UWT$ 代替平面 $\alpha$ 上的无处是凹的卵形线。容易看出，这种由三角形 $UWT$ 所定的平面几何中长度 $\overset{\frown}{AC}$ 和 $\overset{\frown}{BC}$ 将与原几何中所定的长度完全一样，

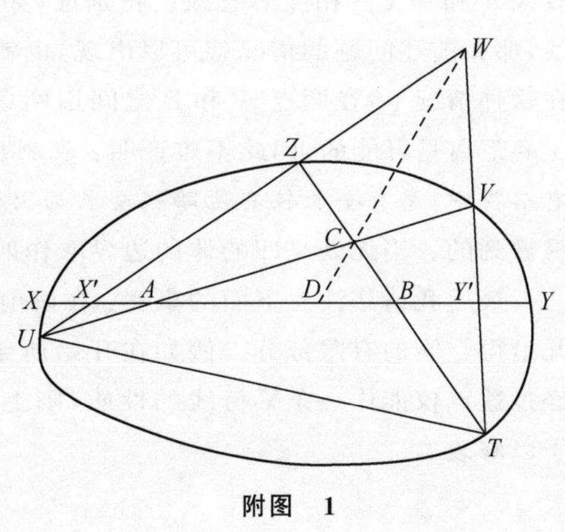


附图　1

而边 $AB$ 将增大。设边 $AB$ 的新长度用不同于原长度 $\overset{\frown}{AB}$ 的 $\overset{\frown}{\overset{\frown}{AB}}$ 来表示，于是 $\overset{\frown}{\overset{\frown}{AB}}>\overset{\frown}{AB}$ *。

由是三角形 $ABC$ 各边之间，存在一个简单关系

$$\overset{\frown}{\overset{\frown}{AB}}=\overset{\frown}{AC}+\overset{\frown}{BC}$$

为了证明，联结 $W$ 和 $C$ 并延长之与 $AB$ 相交于 $D$，由于两个点列 $X',A,D,Y'$ 和 $U,A,C,V$ 具有透视位置，则由周知的交比定理得：

$$\frac{\overline{Y'A}}{\overline{Y'D}}\,\frac{\overline{X'D}}{\overline{X'A}}=\frac{\overline{VA}}{\overline{VC}}\,\frac{\overline{UC}}{\overline{UA}}$$

又由于两个点列 $Y',B,D,X'$ 和 $T,B,C,Z$ 具有透视位置，故得

$$\frac{\overline{X'B}}{\overline{X'D}}\,\frac{\overline{Y'D}}{\overline{Y'B}}=\frac{\overline{ZB}}{\overline{ZC}}\,\frac{\overline{TC}}{\overline{TB}}$$

将此两等式相乘即得

$$\frac{\overline{Y'A}}{\overline{Y'B}}\,\frac{\overline{X'B}}{\overline{X'A}}=\frac{\overline{VA}}{\overline{VC}}\,\frac{\overline{UC}}{\overline{UA}}\cdot\frac{\overline{ZB}}{\overline{ZC}}\,\frac{\overline{TC}}{\overline{TB}}$$

这个等式即可证明上面的论断。

从上面的研究您可看出：仅仅在此信开始所列举的公理的基础上，利用已给的长度定义及其简单性质，下述的一般定理一定成立。

*在每个三角形中两边之和大于或等于第三边。*

同时显见相等的情况恰于三角形 $ABC$ 所在平面 $\alpha$ 与这无处是凹的体的边界交成两个直线段 $UZ$ 和 $TV$ 时方能出现。至于上面所提的条件不借助于无处是凹的体也可以表示出来。如果在原几何中给出某一平面 $\alpha$ 上的两条直线 $a$ 和 $b$ 并且它们交于某点 $C$，那么，一般说来，平面 $\alpha$ 分成以 $C$ 为顶点的四个平面角形区域，在每个区域中可能存在与两

* 由于 $\frac{\overline{YA}}{\overline{YB}}=1+\frac{\overline{AB}}{\overline{YB}}$，$\frac{\overline{Y'A}}{\overline{Y'B}}=1+\frac{\overline{AB}}{\overline{Y'B}}$ 故 $\frac{\overline{YA}}{\overline{YB}}<\frac{\overline{Y'A}}{\overline{Y'B}}$，同理可得 $\frac{\overline{XB}}{\overline{XA}}<\frac{\overline{X'B}}{\overline{X'A}}$，将此二不等式相乘，即得证。——译者注

直线 $a$ 和 $b$ 无一相交的直线。特别地，如果两个相对的平面角形区域里不存在这样的直线，那么前述问题的情况就可以出现，也就是：恒存在着三角形，它的两边和等于第三边。在这种情况下，在两点 $A$ 和 $B$ 之间用两条直线段所作的路径的总长度等于由 $A$ 直接到 $B$ 的距离是可能的，因此不难证明：在利用相同性质（方法）联结两点 $A$ 和 $B$ 的路径的所有路径中，总有全长较其他路径全长为大的路径。对于进一步研究较短路径的问题是容易做到的。当无处是凹的体的边界取作四面体的情况时将是特别有趣的。

最后我请您注意下面的事实：在以前所展开的讨论中，常假设无处是凹的体位于欧几里得空间的有限部分。假如在开始所给的公理所建立的几何中存在一直线和一点且经过这点仅能作一条平行线的性质，则上述假定即不能成立。容易看出，我的论断必须予以修改。

---

关于这个附录所提问题的近代发展可以参看下列著作：

1. 布兹曼（H. Busemann），《短程线几何》（Geometry of Geodesics 1955）。

2. 布兹曼，《问题Ⅳ，德沙格空间》（Problem Ⅳ，Desarguesian Spaces，Math. Development Arising from Hilbert problems.，Proceedings of Symposia in Pure Math. Vol. 28，1976）。

3. 鲁斯帕尔尼克（L. A. Lysternik），《最短线，变分问题》（The Shortest Lines，Variational Problems，1976，1983 2nd. Printing，Mir publishers，Moscow）。

4. 普格芮娄夫（A. V. Pogorelov），《希尔伯特第四问题》（Hilbert's Fourth Problem，1979，John Wiley and Sons，N. Y.）。——译者注

# 附录Ⅱ 等腰三角形底角相等的定理

这篇附录是我的论文“等腰三角形底角相等的定理”(Über den Satz von der Gleichheit der Basiswinkel im gleichschenkligen Dreieck)[①]的修正稿,它说明这个定理在平面欧几里得几何中的作用。

这里假设下面的公理:

Ⅰ. 平面关联公理,即公理 $\mathrm{I}_{1\sim3}$(1 页);

Ⅱ. 顺序公理(2 页);

Ⅲ. 下述的合同公理:

未改变形式的公理 $\mathrm{III}_{1\sim4}$(6~8 页),较狭形式的三角形合同公理 $\mathrm{III}_5$,即只需要具有相同周向的三角形的情况。在 44 页,依平面几何中三角形的周向的规定系在它们间根据“右”和“左”来区分。从一直线的右侧和左侧的定义,立即说明任何角可以用唯一的方法来确定它的一条边作为右侧边,另一边则为左侧边,亦即:按照位置与方向,角的右侧边系指位于角的另一边所在直线的右侧,角之左侧边系指位于角的另一边所在直线的左侧。两角的右侧边称为关于这两个角具有相同位置,关于两角的左侧边也是同样的。

三角形合同公理的较狭形式可叙述如下:

$\mathrm{III}_5^*$. 如果在两个三角形 $ABC$ 和 $A'B'C'$ 中,合同式 $AB\equiv A'B'$,$AC\equiv A'C'$ 及 $\measuredangle BAC\equiv\measuredangle B'A'C'$ 成立,则合同式

$$\measuredangle ABC\equiv\measuredangle A'B'C'$$

也成立,假如 $AB$ 及 $A'B'$ 分别是两角 $\measuredangle BAC$ 及 $\measuredangle B'A'C'$ 具有相同位置的边。

从较广形式的公理 $\mathrm{III}_5$ 及公理 $\mathrm{III}_4$ 的第二部分可立即得出“底角定理”(定理 11,12 页)。反过来,较广形式的公理 $\mathrm{III}_3$ 可以借用上面所提到的公理Ⅰ,Ⅱ,$\mathrm{III}_{1\sim4}$,$\mathrm{III}_5^*$,底角定理和下面的两公理来证明:

$\mathrm{III}_6$. 如果角 $\measuredangle(h',k')$ 和角 $\measuredangle(h'',k'')$ 均合同于角 $\measuredangle(h,k)$,则角 $\measuredangle(h',k')$ 也合同于角 $\measuredangle(h'',k'')$,

这个公理的陈述借助于较广形式的公理 $\mathrm{III}_5$,在 12 页上作为定理 19 已经证明。

$\mathrm{III}_7$. 自角 $\measuredangle(a,b)$ 的顶点引二射线 $c$ 和 $d$ 均位于这个角的内部,则角 $\measuredangle(ab)$ 将不合同于 $\measuredangle(c,d)$。

借用上述公理以及底角定理。关于公理 $\mathrm{III}_5$ 的证明这里从略[②]。

Ⅳ. 平行公理这里可采取较弱形式Ⅳ(17 页)。

---

① Proceedings of the London Math. Soc. Vol. XXXV。(原文刊载于第七版以前的《几何基础》书内作为附录Ⅱ。从第 7 版起由希尔伯特本人重行改写,去掉原发表杂志的名称,直到第十二版未曾变动。——译者注)

② 这个证明原来是由查贝尔(W. Zabel)利用一个较广泛的公理来给出的。现在用公理Ⅲ,来代替是足够的。这个注记是由贝尔耐斯所给出的。参看 213 页的脚注。

V．下面的连续公理：

$V_1$．阿基米德公理$V_1$（18 页）。

（$V_2$。此处不用完备性公理$V_2$。）

$V_3$．（邻域公理）已知任意线段 $AB$，则存在一个三角形，于其内部不可能找出一线段与 $AB$ 合同。

这个公理可用较广形式的三角形合同公理$Ⅲ_5$来证明。这个证明建立在从定理 11 及定理 23 所导出的定理“三角形两边之和大于第三边”之上。

下面的结果是正确的，其证明从略①。

*从前面所引入的公理Ⅰ～Ⅴ可以证明底角定理（定理 11），因之也可以证明较广形式的三角形的合同公理。*

于是就出现下面的问题，从较狭形式的三角形的合同公理不用连续公理$V_1$和$V_3$是否也能证明较广形式的三角形的合同公理。下面的研究将指出阿基米德公理不能去掉，甚至在比例论的定理成立下，邻域公理也不能去掉。依我看来，在我随后所建立的种种几何学里将阐明新的见解，就是关于等腰三角形的定理和平面几何的其他初等定理，特别是和面积论中定理的逻辑联系。

如果 $t$ 是参数，$\alpha$ 是任一个具有有限项或无限项的表示式，

$$\alpha = a_0 t^n + a_1 t^{n+1} + a_2 t^{n+2} + \cdots$$

其中 $a_0(\neq 0), a_1, a_2, \cdots$ 表示任意实数，又 $n$ 为任意整有理数 $\begin{pmatrix} > \\ =0 \\ < \end{pmatrix}$。今就形如 $\alpha$ 的表示式的全体连同 0 在内加以考虑。当它们适合下列公约后即可作为§13 意义上的一个复数系 $T$。也就是在数系 $T$ 里的任何数相加、相减、相乘和相除与在通常绝对收敛幂级数里一样，而这个幂级数是按照变量 $t$ 的升幂排列的。所得的和、差、积、商结果仍是形如 $\alpha$ 的表示式，因而仍是复数系 $T$ 中的数。根据 $T$ 中 $\alpha$ 表示式的首系数 $a_0<0$ 或 $>0$ 而分别将 $\alpha$ 称为 $<0$ 或 $>0$。已知复数系 $T$ 中任意两数 $\alpha,\beta$，则依据 $\alpha-\beta<0$ 或 $>0$ 而分别称为 $\alpha<\beta$ 或 $\alpha>\beta$。据此，显然可见§13 中的规律 1～16 均成立，然而对数系 $T$ 作§13 中的第 17 条阿基米德公理并不成立。这是因为不管正实数 $A$ 选的如何大，总有 $A_t<1$。故复数系 $T$ 是非阿基米德数系。

如果 $\tau$ 是形如

$$\tau = a_0 t^n + a_1 t^{n+1} + a_2 t^{n+2} + \cdots$$

的一个表示式，其中 $a_0(\neq 0), a_1, a_2, \cdots$ 是任意实数，且指数 $n$ 是 $t$ 的最低次正幂，则 $\tau$ 称为复数系 $T$ 的一个无限小数。

任意形如

$$\varphi(\tau) = c_0 + c_1\tau + c_2\tau^2 + \cdots$$

① 这个证明是由斯米特（Arnold Schmidt）在他的文章“从平面运动导入反射”（Die Herleitung der Spiegelung aus der ebenen Bewegung, Math, Ann., Bd. 109, 1934）给出的。

的幂级数，其中 $c_0, c_1, c_2, \cdots$ 是任意实数且 $\tau$ 是数系 $T$ 的无限小数，仍是数系 $T$ 中的一个数。诚然，它可以按照参数 $t$ 的增幂排列，其中每一个系数可由实数经过有限次运算而得出。

再者，设 $\alpha$ 和 $\beta$ 是数系 $T$ 中任意两数，则

$$\alpha + \mathrm{i}\beta$$

叫做复数系 $T$ 中的一个虚数，其中 i 是虚单位，亦即 $\mathrm{i}^2 = 1$，且 $\alpha + \mathrm{i}\beta = \alpha' + \mathrm{i}\beta'$ 系指 $\alpha = \alpha', \beta = \beta'$。

如果无限小数 $\tau$ 的函数 $\sin\tau, \cos\tau, \mathrm{e}^{\tau}, \mathrm{e}^{\mathrm{i}\tau}$ 是由幂级数来规定的，则函数值分别是数系 $T$ 中的数或是这系中的虚数。现在设 $\vartheta$ 是一个实数，则 $T$ 中的 $\sin(\vartheta + \tau), \cos(\vartheta + \tau), \mathrm{e}^{\mathrm{i}(\vartheta+\tau)}, \mathrm{e}^{\mathrm{i}\vartheta + (1+\mathrm{i})\tau}$ 能够用下面的公式来规定：

$$\sin(\vartheta + \tau) = \sin\vartheta\cos\tau + \cos\vartheta\sin\tau$$

$$\cos(\vartheta + \tau) = \cos\vartheta\cos\tau - \sin\vartheta\sin\tau$$

$$\mathrm{e}^{\mathrm{i}(\vartheta+\tau)} = \mathrm{e}^{\mathrm{i}\vartheta}\mathrm{e}^{\mathrm{i}\tau}$$

$$\mathrm{e}^{\mathrm{i}\vartheta+(1+\mathrm{i})\tau} = \mathrm{e}^{\tau}\mathrm{e}^{\mathrm{i}(\vartheta+\tau)}$$

从这些定义，我们将得到熟知的关系

$$\cos^2(\vartheta + \tau) + \sin^2(\vartheta + \tau) = 1$$

$$\cos(\vartheta + \tau) \pm \mathrm{i}\sin(\vartheta + \tau) = \mathrm{e}^{\pm\mathrm{i}(\vartheta+\tau)}$$

现在可以借助复数系 $T$ 建立一种几何学如下：

将数系 $T$ 中一对数 $(x, y)$ 作为一点，并且 $T$ 中任意三数比 $(u : v : w)$ 作为一条直线，其中 $u, v$ 不同时是零。而且令方程

$$ux + vy + w = 0$$

表示点 $(x, y)$ 在直线 $(u : v : w)$ 上。

在复数系里按照已知的方法所建立的平面几何适合§13 的 1—16 规律，则如同§9 所指出的也必适合公理 $\mathrm{I}_{1\sim3}$ 和Ⅳ。

容易看出，一直线也可以由它上面的一点 $(x_0, y_0)$ 和两个均不是零的数 $\alpha, \beta$ 的比来确定。方程

$$x + \mathrm{i}y = x_0 + \mathrm{i}y_0 + (\alpha + \mathrm{i}\beta)s \quad (\alpha + \mathrm{i}\beta \neq 0)$$

其中 $s$ 是数系 $T$ 中任意数，它将表示点 $(x, y)$ 与已知直线相结合的特征。设直线上的点按参数 $s$ 的大小排列，则从已知直线上的点 $(x_0, y_0)$ 所引的两条半线将分别由辅助条件 $s > 0$ 或 $s < 0$ 来决定。设参数值 $s_a$ 和 $s_b (> s_a)$ 对应着一直线上的两点 $A$ 和 $B$，则线段 $AB$ 可由这直线的方程和辅助条件 $s_a \leqslant s \leqslant s_b$ 来表示。此时公理 $\mathrm{II}_{1-3}$ 成立。为了使公理 $\mathrm{II}_4$ 也成立，我们给出下面的公约：点 $(x_3, y_3)$ 位于两点 $(x_1, y_1)$ 和 $(x_2, y_2)$ 所定直线的一侧或另一侧，系依行列式

$$\begin{vmatrix} x_2 - x_1 & y_2 - y_1 \\ x_3 - x_1 & y_3 - y_1 \end{vmatrix}$$

的符号分别为正或负而定。容易使人确信，对于上面所规定的关于在一直线侧的定义并不依赖于两点 $(x_1, y_1)$ 和 $(x_2, y_2)$ 的选择，并且它与前面所给关于侧的定义是一致的。

关于合同的定义，取变换

$$x' + \mathrm{i}y' = \mathrm{e}^{\mathrm{i}\vartheta+(1+\mathrm{i})\tau}(x + \mathrm{i}y) + \lambda + \mathrm{i}\mu$$

可以简单地写成下列形式

$$x'+\mathrm{i}y'=[\vartheta;\tau;\lambda+\mathrm{i}\mu](x+\mathrm{i}y)$$

其中 $\vartheta$ 是任意实数，$\tau$ 是数系 $T$ 中任意无限小数，又 $\lambda,\mu$ 表示数系 $T$ 中任意两数。这个形式的变换叫做合同映射，$\lambda,\mu$ 均是零的合同映射叫做关于(0,0)的一个旋转。

这些合同映射的集合形成一群，亦即具有下面的四条性质：

1. 存在一个合同映射[0,0;0]使所有点不动，即

$$[0,0;0](x+\mathrm{i}y)=x+\mathrm{i}y$$

2. 陆续施行两个合同映射，则其结果仍是一个合同映射。

$$[\vartheta_2,\tau_2;\lambda_2+\mathrm{i}\mu_2]\{[\vartheta_1,\tau_1;\lambda_1+\mathrm{i}\mu_1](x+\mathrm{i}y)\}$$

$$=[\vartheta_2+\vartheta_1,\tau_2+\tau_1;\lambda_2+\mathrm{i}\mu_2+\mathrm{e}^{\mathrm{i}\vartheta_2+(1+\mathrm{i})\tau_2}(\lambda_1+\mathrm{i}\mu_1)]\times(x+\mathrm{i}y)$$

对每个合同映射存在它的一个反逆：

$$[-\vartheta,-\tau;-(\lambda+\mathrm{i}\mu)\mathrm{e}^{-\mathrm{i}\vartheta-(1+\mathrm{i})\tau}]\{[\vartheta,\tau;\lambda+\mathrm{i}\mu](x+\mathrm{i}y)\}-x+\mathrm{i}y$$

这个性质是性质1,2,4,5的推论。

合同映射这一运算适合结合律，亦即，给定三个合同映射 $K_1,K_2,K_3$，且按照2，陆续施行 $K_1,K_2$ 所得的合同映射用 $K_2K_1$ 来表示，则

$$K_3(K_2K_1)=(K_3K_2)K_1$$

永成立。

除此以外，下面再指出合同映射的一些性质：

3. 一个点还能映射成这种几何的一个点。

数系 $T$ 中的一个数偶 $x,y$ 经过合同映射仍映射成数系 $T$ 中的一个数偶 $x',y'$。

4. 一直线仍映射成一直线，且其上点的顺序不变。

我们容易推出下列关系

$$[\vartheta,\tau;\lambda+\mathrm{i}\mu][x_0+\mathrm{i}y_0+(\alpha+\mathrm{i}\beta)s]$$

$$=x_0'+\mathrm{i}y_0'+(\alpha'+\mathrm{i}\beta')s$$

其中由于指数函数永不为零，自 $\alpha+\mathrm{i}\beta\neq0$ 总有 $-\alpha'+\mathrm{i}\beta'\neq0$。

作为直接结果：两个不同的点仍映射成两个不同点。

5. 恰有一个合同映射使已知射线 $h$ 映射成已知射线 $h'$。

如果 $h$ 的方程是

$x+\mathrm{i}y=x_0+\mathrm{i}y_0+(\alpha+\mathrm{i}\beta)s,\alpha+\mathrm{i}\beta\neq0,s>0$

$h'$的方程是

$x'+\mathrm{i}y'=x_0'+\mathrm{i}y_0'+(\alpha'+\mathrm{i}\beta')s',\alpha'+\mathrm{i}\beta'\neq0,s'>0$

将 $h$ 映射成 $h'$的一个合同映射$[\vartheta,\tau;\lambda+\mathrm{i}\mu]$首先要使 $h$ 的射出点 $x_0+\mathrm{i}y_0$ 映射成 $h'$的射出点

$$x_0'+\mathrm{i}y_0'=\mathrm{e}^{\mathrm{i}\vartheta+(1+\mathrm{i})\tau}(x_0+\mathrm{i}y_0)+\lambda+\mathrm{i}\mu \tag{1}$$

再者，对 $s$ 的每一个正值，必须给出 $s'$的一个正值，而使

$$x_0'+\mathrm{i}y_0'+(\alpha+\mathrm{i}\beta)s'=[\vartheta,\tau;\lambda+\mathrm{i}\mu][x_0+\mathrm{i}y_0+(\alpha+\mathrm{i}\beta)s]$$

因此有

$$(\alpha'+\mathrm{i}\beta')s'=\mathrm{e}^{\mathrm{i}\vartheta+(1+\mathrm{i})\tau}(\alpha+\mathrm{i}\beta)s \tag{2}$$

反过来，适合方程(1)和方程(2)的每个合同映射必将 $h$ 映射成 $h'$。

将方程(2)用其共轭式来除即得

$$\frac{\alpha'+\mathrm{i}\beta'}{\alpha'-\mathrm{i}\beta'}=\mathrm{e}^{2\mathrm{i}(\vartheta+\tau)}\frac{\alpha+\mathrm{i}\beta}{\alpha-\mathrm{i}\beta} \tag{3}$$

设

$$\frac{\alpha'+\mathrm{i}\beta'}{\alpha'-\mathrm{i}\beta'}\cdot\frac{\alpha-\mathrm{i}\beta}{\alpha+\mathrm{i}\beta}=\xi+\mathrm{i}\eta$$

我们得到

$$(\xi+\mathrm{i}\eta)(\xi-\mathrm{i}\eta)=\xi^2+\eta^2=1$$

其中 $\xi$ 和 $\eta$ 都是数系 $T$ 中的数，它们均是参数 $t$ 的幂级数。由比较系数得知后一方程没有参数 $t$ 的负幂项。而且它们可以写作

$$\xi=a+\xi',\eta=b+\eta'$$

其中 $a$，$b$ 是普通实数，且 $\xi'$，$\eta'$ 表示 $T$ 中无限小数，并且具有关系

$$\begin{aligned}&a^2+b^2=1\\&2(a\xi'+b\eta')+\xi'^2+\eta'^2=0\end{aligned} \tag{4}$$

由方程(3)得

$$\mathrm{e}^{2\mathrm{i}}(\vartheta+\tau)=\xi+\mathrm{i}\eta$$

借用所给三角函数的定义可得下述形式：

$$\begin{aligned}&\cos2(\vartheta+\tau)=\cos2\vartheta\cos2\tau-\sin2\vartheta\sin2\tau=\xi=a+\xi\\&\sin2(\vartheta+\tau)=\sin2\vartheta\cos2\tau+\cos2\vartheta\sin2\tau=\eta=b+\eta'\end{aligned} \tag{5}$$

在这两等式中当 $\tau$ 有相同的幂时，则将系数看做是相同的，因此可得等式

$$\cos2\vartheta=a,\sin2\vartheta=b$$

以方程 $a^2+b^2=1$ 为基础，实数 $\vartheta$ 在 $\pi$ 的整倍数范围内唯一确定。将 $\cos2\vartheta=a$，$\sin2\vartheta=b$ 代入方程(5)得到关系式

$$\cos2\tau=1+a\xi'+b\eta',\sin2\tau=a\eta'-b\xi'$$

因为由方程组(4)两式右端的平方和等于1，所以无限小数 $\tau$ 唯一确定。从比较后两方程中之一的系数即可计算。

$\vartheta$ 既然在 $\pi$ 的整倍数范围内来确定，于是因数 $\mathrm{e}^{\mathrm{i}\vartheta+(1+\mathrm{i})\pi}$ 仅在正负两个符号内确定。容易看出，仅对两个符号中之一，在方程(2)中一个正的 $s$ 就得出一个正的 $s'$。因此实数 $\vartheta$ 在 $2\pi$ 的整倍数范围内来确定。将 $\vartheta$，$\tau$ 的一对值代入方程(1)也唯一确定 $T$ 中的一对数 $\lambda$ 和 $\mu$，最后，自方程(1)和方程(3)，及所求出的值 $\vartheta$，$\tau$，$\lambda$，$\mu$ 可以看出与半线 $h$ 及 $h'$ 的表示形式无关。

6. 任意两点 $A$ 和 $B$，永有一合同映射使 $A$ 映射成 $B$，$B$ 映射成 $A$。

如果两点 $A$ 和 $B$ 的坐标分别是 $x_1$，$y_1$ 和 $x_2$，$y_2$，则合同映射

$$[\pi,0;x_1+x_2+\mathrm{i}(y_1+y_2)]$$

即为所求。

7. 如果一个合同映射将半线 $h$ 映射成 $h'$，而且将 $h$ 右侧或左侧的一点 $P$ 映射成点 $P'$，则 $P'$ 也将分别在 $h'$ 的右侧或左侧。简言之，$P$ 和 $P'$ 分别关于 $h$ 和 $h'$ 具有相同位置。

其次将证明两个行列式

$$\begin{vmatrix} x_2-x_1 & y_2-y_1 \\ x_3-x_1 & y_3-y_1 \end{vmatrix}, \begin{vmatrix} x_2'-x_1' & y_2'-y_1' \\ x_3'-x_1' & y_3'-y_1' \end{vmatrix}$$

具有相同符号，当且仅当点$(x_3,y_3)$和$(x_3',y_3')$分别关于$(x_1,y_1)$和$(x_2,y_2)$以及$(x_1',y_1')$和$(x_2',y_2')$所决定的有向直线具有相同位置。其次，所给“右”和“左”的定义可以得出点$(x_3,y_3)$和$(x_2,y_2)$将分别关于$(x_1,y_1)$和$(x_2,y_2)$以及$(x_1,y_1)$和$(x_3,y_3)$所决定的有向直线不具有相同位置(附图 2)。事实上，所相应的行列式仅有符号之差。这个断言由下列事实得出：即一直线侧的定义借助于已知行列式的符号适合于前面所给出的关于直线侧的性质。

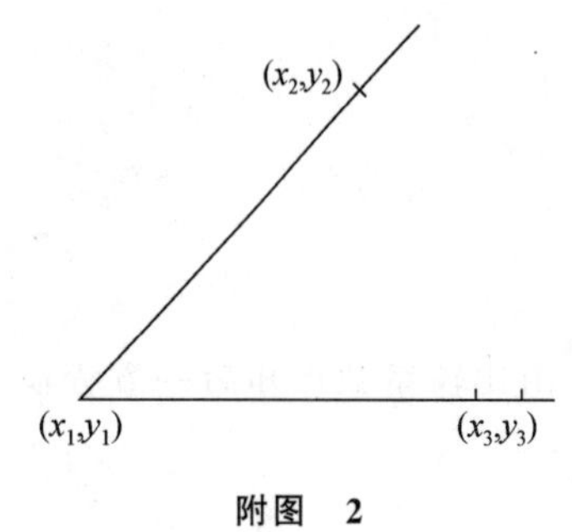

附图 2

假如行列式

$$\begin{vmatrix} x_2-x_1 & y_2-y_1 \\ x_3-x_1 & y_3-y_1 \end{vmatrix}$$

的符号经过合同映射不变，则性质 7 立即证明。由于这个行列式仅与商

$$\frac{(x_3+\mathrm{i}y_3)-(x_1+\mathrm{i}y_1)}{(x_2+\mathrm{i}y_2)-(x_1+\mathrm{i}y_1)}$$

的虚部相差一个正因子，故直接看出这个商在合同映射下不变。

现在已知：一个线段与另一个线段合同，当而且仅当存在一个合同映射使第一个映射成第二个，又一个角与另一个角合同，当而且仅当存在一个合同映射使第一个映射成第二个。

下面将要证明：

**若所假设的合同映射具有性质 1～7，则上面关于线段与角的合同定义，满足公理Ⅲ$_{1\sim6}$。**

公理Ⅲ$_1$ 是性质 5 的直接推论。

公理Ⅲ$_2$ 的正确性可用下列方式来证明：设合同映射 $K_1$ 和 $K_2$ 将线段 $A'B'$ 和 $A''B''$ 分别映射成 $AB$。自性质 1,2,4,5 推出合同映射 $K_2$ 存在一个逆合同映射 $K_2^{-1}$。由性质 2 存在合同映射 $K_2^{-1}K_1$ 使线段 $A'B'$ 映射成 $A''B''$。

公理Ⅲ$_6$ 的正确性可用类似的方法来证明。

现在将要证明：如果线段 $AB$ 与线段 $A'B'$ 合同，则合同映射 $K$ 将使半线 $AB$ 映射成半线 $A'B'$ 且使 $B$ 映射成 $B'$，设线段 $AB$ 和 $A'B'$ 的合同由合同映射 $K_1$ 所建立。在 $K_1$ 将 $A$ 映射成 $A'$ 的情况下，则由性质 4 合同映射 $KK_1^{-1}$ 将半线 $A'B'$ 映射到它自身，再由性质 1 和 5 可知它必是恒同映射。但在 $K_1$ 将 $A$ 映射成 $B'$ 的情况下，由性质 6，存在映射 $K_2$ 使 $A$ 映射成 $B$，$B$ 映射成 $A$。合同映射 $K(K_2K_1^{-1})$ 将使半线 $A'B'$ 映射到它自身，因而是恒同映射。

从这里所证的结果以及性质 4 和性质 5 立即推出公理Ⅲ$_3$ 的正确性，并且从这些结果以及性质 4,5 和 7 也立即可以推出公理Ⅲ$_5^*$ 的正确性。

最后，公理Ⅲ$_4$ 的正确性可作如下证明：如果给出一个角$\measuredangle(a,b)$及一半线 $c$，则由性质 5 恰存在合同映射 $K_1$ 及 $K_2$ 分别使 $a$ 映射成 $c$，$b$ 映射成 $c$。考虑合同映射 $K_1^{-1}$，由性质 4 可以看出 $K_1$ 将 $b$ 映射成与 $c$ 不同的半线 $b'$，同理 $K_2$ 将半线 $a$ 映射成与 $c$ 不同的半线 $a'$。合同映射 $K_2K_1^{-1}$ 将使 $c$ 映射成 $a'$，$b'$ 映射成 $c$。由性质 7，$a'$ 和 $b'$ 将位于 $c$ 的异侧。于是公理 $\mathrm{III}_4$ 的第一部分得以证明。第二部分则是性质 1 的直接推论。

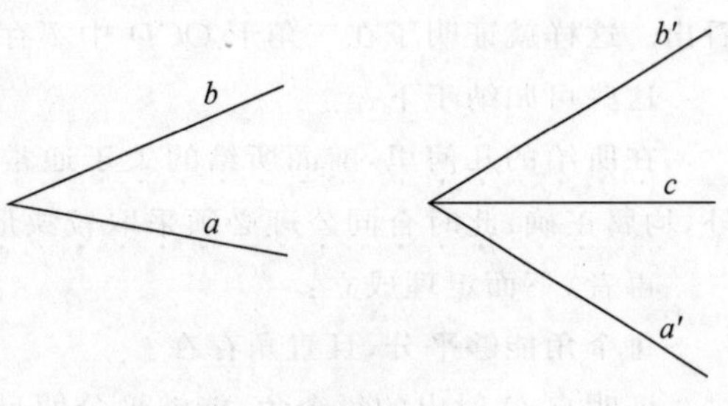

附图 3

从下面的考虑，公理 $\mathrm{III}_7$ 的正确性是显然的。从 $O(0,0)$ 点所射出的半线可以由形如

$$x+\mathrm{i}y=\mathrm{e}^{\mathrm{i}(\vartheta+\tau)}s;s>0$$

的方程来表示，且它可由正 $x$ 轴旋转 $[\vartheta,\tau,0]$ 而得到。自 $O$ 向上半平面所射出的两半线中，我们可以看出，具有较小和 $\vartheta+\tau(\mathrm{mod}2\pi)$ 的一条半线将位于另一条半线及正 $x$ 轴之间。

如果一个角的右侧边 $h$ 与正 $x$ 轴重合，其左侧边 $k$ 的方程是

$$x+\mathrm{i}y=\mathrm{e}^{\mathrm{i}(\vartheta_1+\tau_1)}s;\ s>0$$

在此角的内部，自 $O'$ 作半线 $h'$，于是恰好存在一个合同映射使 $h$ 映射成 $h'$，此即一个旋转 $[\vartheta_2,\tau_2;0]$。它将 $k$ 映射成半线 $k'$，它的方程是

$$x+\mathrm{i}y=\mathrm{e}^{\mathrm{i}(\vartheta_1+\vartheta_2+\tau_1+\tau_2)}s;\ s>0$$

因为

$$\vartheta_1+\vartheta_2+\tau_1+\tau_2>\vartheta_1+\tau_1,\mathrm{mod}2\pi$$

$k'$ 将不在 $\measuredangle(h,k)$ 的内部。

邻域公理 $\mathrm{V}_3$ 的正确性可用下列方式证明。利用第二合同定理及公理Ⅳ容易证明：对三角形内部的每一个线段可以找到自一个顶点射出的一个合同线段，它或者在三角形的一边上或者在其内部。

自公理 $\mathrm{III}_1$，对一已知线段 $AB$ 恰存在一个自 $O$ 射出的一个线段 $OB'$，它具有正 $x$ 轴的方向，且与 $AB$ 合同。令 $B'$ 的横坐标 $\beta$ 表示线段 $AB$ 的长度，即

$$\overline{AB}=\beta$$

今考虑以 $O(0,0)$，$C\left(\frac{\beta}{2},0\right)$，$D\left(\frac{\beta}{4},\frac{\beta}{4}\sqrt{3}\right)$ 为顶点的三角形。它必是等边三角形且其内角相等，这可以由合同映射 $\left[\frac{2\pi}{3},0;\frac{\beta}{2}\right]$ 将 $O$ 映射成 $C$，$C$ 映射成 $D$，$D$ 映射成 $O$ 来证明。自 $O$ 射出自由端点为 $F$ 的一个线段，它位于 $\measuredangle COD$ 的一边上或其内部且与 $AB$ 合同，此点可用

$$[\vartheta,\tau;0]\beta,0\leqslant\vartheta+\tau\leqslant\frac{\pi}{3}$$

来表示。然而，因此形式所表示的所有点将位于不含 $O$ 点的直线 $C$ 的一侧，这可将 $O$ 及 $F$ 的坐标代入 81 页 $CD$ 所表示的行列式

$$\begin{vmatrix} 1 & -\sqrt{3} \\ x_3-\frac{\beta}{2} & y_3 \end{vmatrix}$$

看出。这样就证明了在三角形 $OCD$ 中不存在与 $AB$ 合同的线段。

这些可归纳于下：

在所给的几何里，前面所给的关于通常平面几何的全部公理除阿基米德公理 $\mathrm{V}_1$ 以外，均属正确；此时合同公理必须采取较狭形式的 $\mathrm{III}_5^*$。

再者，下面定理成立：

每个角能够平分，且直角存在。

证明自 $O$ 射出的每个角，能够平分便足够了。设 $[\vartheta,\sigma;0]$ 为使角的右边映射到左边的旋转。旋转 $\left[\frac{\vartheta}{2},\frac{\tau}{2};0\right]$ 将使角的右边映射到它的角平分线上。

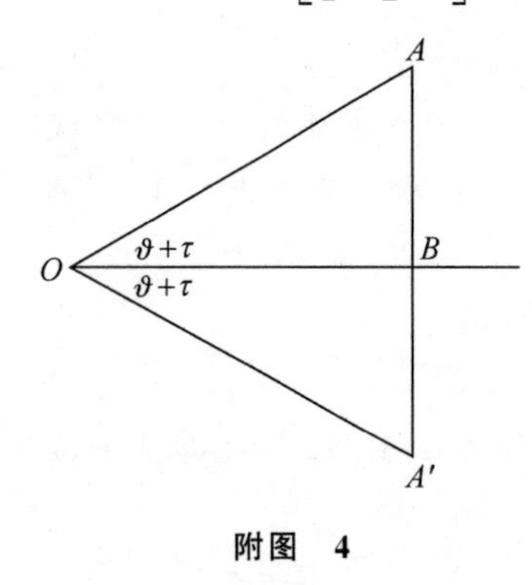


附图 4

考虑旋转 $\left[\frac{\pi}{2},0;0\right]$，即可得知直角的存在。现在我们用下列方法引出关于直线 $a$ 的反射的概念。自任一点 $A$ 到任一直线 $a$ 作垂线(附图 4)，垂足是 $B$，且延长到点 $A'$ 使线段 $BA'$ 合同于 $AB$，则点 $A'$ 称为点 $A$ 的象点。首先将坐标为 $\alpha>0,\beta>0$ 的点 $A$ 关于正 $x$ 轴作反射。设半线 $OA$ 和正 $x$ 轴间的角$\measuredangle AOB$ 等于 $\vartheta+\tau$。再者位于 $x$ 轴上的一点 $x=\gamma$ 经旋转角为 $\vartheta+\tau$ 的旋转映射到 $A$，则有

$$e^{i\vartheta+(1+i)\tau}\gamma=\alpha+\beta i$$

点 $A$ 关于 $x$ 轴的反射点 $A'$ 的坐标是 $\alpha,-\beta$。若旋转 $\vartheta+\tau$，将点 $A'$ 映射到一点，以复数表示为

$$e^{i\vartheta+(1+i)\tau}(\alpha-i\beta)=\frac{\alpha+i\beta}{\gamma}(\alpha-i\beta)=\frac{\alpha^2+\beta^2}{\gamma}$$

即此点位于正 $x$ 轴上。因此角$\measuredangle A'OB$ 等于 $\vartheta+\tau$，也就是等于角$\measuredangle AOB$。这个结果可叙述如下：

如果在两个有对称位置的直角三角形中两条直角边对应相等，则它们所对斜边上的一对对应角亦必相等。

同时我们得到更普遍的定理：

在一个图形的反射图形中的角和原图形的对应角相等。

在所给的几何里，规定直线用一次方程来表示则不难导出比例论的基本定理(定理 42)和巴斯噶定理(定理 40)。自此得出：

在所给的几何里，比例论是正确的，并且仿射几何中的所有定理也都正确(参看 § 35)。

由于公理 $\mathrm{III}_7$ 的正确性，能够证明所给几何中的角可以用唯一的方法按照其数值来比较。

利用这个结果，能够证明三角形的外角定理(定理 22)，这是因为在所给的几何里，对顶角永远相等，15～16 页的证明可以移放到这里。从这个结果，在我们的几何里，两角之和可以唯一规定，借公理Ⅳ，我们即得关于三角形的角和定理(定理 31)。

现在我们将接近于基本问题：即在给定的几何里，等腰三角形底角相等的定理能否成立(定理 11)。

从这个定理以及外角定理可得关于底角定理的逆命题的一个间接证法，并借助于所

熟知的欧几里得定理：在每个三角形中，两边之和大于第三边。然而在所给的几何中这两个定理均不成立，因而同时将证明底角定理是不成立的。

考虑三角形 $OQP$（附图 5），其顶点具有坐标 $0,0;\cos t,0;\cos t,-\sin t$，分别利用合同映射$[0,t;0]$和$\left[\frac{\pi}{2},0;-\cos t\cdot e^{i\frac{\pi}{2}}\right]$可得线段 $OP$ 与 $QP$ 的长度（参看 85 页）。

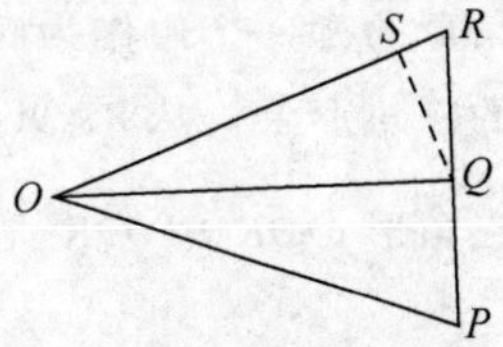

$$\overline{OP}=e^{t}=1+t+\frac{t^{2}}{2}+\cdots$$

$$\overline{QP}=\sin t=t-\frac{t^{3}}{6}+\cdots$$

$$\overline{OQ}=\cos t=1-\frac{t^{2}}{2}+\cdots$$

附图　5

从数系 $T$ 中顺序的定义可以看出

$$\overline{OQ}+\overline{QP}<\overline{OP}$$

**于是任意三角形两边之和大于第三边的定理在我们的几何里不成立。**

从这里看出这个定理基本地依赖于广义的三角形合同公理。

利用这个结果同时得出：

在所给的几何里，关于等腰三角形的定理不成立，因之广义的三角形合同公理也就不能成立。

同时关于等腰三角形底角定理的逆命题也不成立，这可由三角形 $OPR$（附图 5）的例子直接得出。三角形 $OPR$ 的顶点 $R$ 是点 $P$ 关于直线 $OQ$ 的反射象，即点 $R$ 具有坐标 $\cos t,\sin t$。那么由前面所证明的定理（86 页），

$$\measuredangle OPR\equiv\measuredangle ORP$$

尽管如此，边 $OP$ 和 $OR$ 却不能互相合同。经过旋转$[0,-t;0]$，线段 $OR$ 的长度由计算得

$$\overline{OR}=e^{-t}\neq\overline{OP}=e^{t}$$

由此我们看出：具有对称位置和一公共直角边的两个直角三角形，一般说来，其斜边是不同的。因此，关于直线的反射来说，一线段的象并不必须等于原图形上的原线段。

正如罗赛曼[①]（W. Rosemann）曾经证明过的：在所给的几何里，关于合同三角形的第三个定理（定理 18）甚至对具有相同位置的三角形在狭义形式下也不能成立。为了证明这个结论，首先取点 $A=0,B=t,C=te^{i\frac{\pi}{3}}$ 所形成的等边三角形，其次考虑点（附图 6）

$$D=\frac{t}{1-e^{(1+i)t}}$$

因为合同映射$[0,t;t]$将点 $D$ 映射到自身，而将点 $A$ 映射

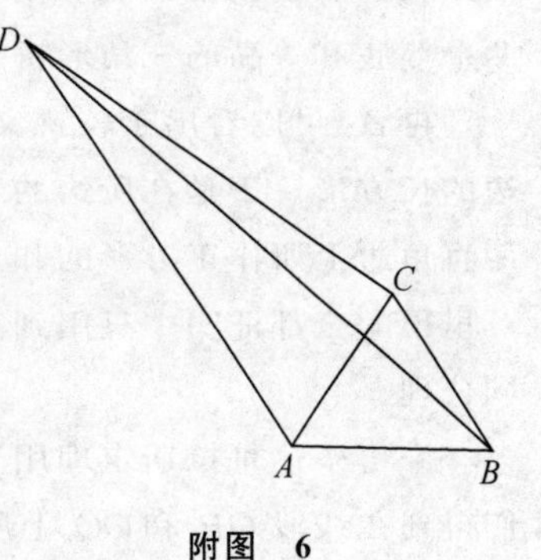


附图　6

① 见“不用对称公理，平面几何的建立”（Der Aufbau der ebenen Geometrio ohne das Symmetrieaxiom, Dissertation Göttingen, 1922, Math. Ann. Bd. 90）。在这里首先证明关于合同映射的若干性质成立的相关性。

到点 $B$。这就看出了 $AD \equiv BD$,并能确认点 $A$ 和 $B$ 在直线 $CD$ 的同侧。由此首先得出三角形 $ACD$ 和 $BCD$,对应边均相等,且占有相同位置,其次它们的对应角则均不能相等。

下面将讨论我们几何中多边形面积的欧几里得理论。这个理论建立在 §20 三角形**面积**的度量概念上。三角形面积的度量等于底和高的乘积之半,而不依赖于它所采用三角形的哪一个边作为底边,它的证明,曾借助于将三角形合同公理应用到具有对称位置的三角形上。从 87 页的例中可以看出不用这公理的广义形式就不能证明这个问题。在三角形 $OQR$ 中,$QR$ 是边 $OQ$ 上的高。利用合同映射 $\left[-\frac{\pi}{2},0;-\cos t\cdot e^{-i\frac{\pi}{2}}\right]$ 即得长度

$$\overline{QR}=\sin t$$

因为 $\overline{OQ}=\cos t$,一方面就可得出面积数量是

$$J=\frac{\cos t\cdot\sin t}{2}$$

另一方面,计算 $Q$ 到 $OR$ 上的垂足 $S$ 而得

$$S=\cos t+ie^{it}\sin t\cos t$$

再利用合同映射

$$\left[-\frac{\pi}{2},-t;-\cos t\cdot e^{-i\frac{\pi}{2}-(1+i)t}\right]$$

即得长度

$$\overline{QS}=e^{-t}\sin t\cos t$$

因为 $\overline{OR}=e^{-t}$,故又得面积

$$J=\frac{e^{-t}\cdot e^{-t}\cos t\sin t}{2}$$

它确小于

$$\frac{\cos t\sin t}{2}$$

此时在没有广义形式的三角形合同公理 $\mathrm{III}_5$ 下,面积的度量概念失去了意义,**然而多角形剖分相等和多角形拼补相等**的概念恰如 §18 所定义的。于是可得恰如 §19 的定理 46,两个等底和等高的三角形拼补相等。

再者,可以看出于较狭义形式公理 $\mathrm{III}_5^*$[①] 下,在每一线段上可作一正方形,即具有等边的长方形。于是在所给的几何里,毕达哥拉斯定理也成立,这就是在任意直角三角形两直角边上所作正方形的和与斜边上正方形拼补相等,这是由于在毕达哥拉斯定理的欧几里得的全部证明中只用到具有相同位置的三角形的合同性,因此只需要狭义形式的合同公理[②]。

今将毕达哥拉斯定理用于(87 页)的三角形 $OQP$ 和三角形 $OQR$ 上,借助定理 43,我们得到在线段 $OP$ 和 $OQ$ 上所作的正方形拼补相等,然而这两线段由上面的计算彼此并

① 这里需要平行公理以及直角的存在性。

② 参看补篇 $\mathrm{V}_1$。

不相等(附图 7)。

将这种情况和定理 52 相联系可以得出：两个等底的拼补三角形具有等高的欧几里得基本定理在我们的几何里也不成立。

事实上，定理 48 在§20～§21 中利用面积的概念在本质上已经证明了。

于是在所给的几何里得出如下结果：

*甚至于假定比例论是正确的，而以较狭义的三角形合同公理作为欧几里得面积论的基础是不可能的。*

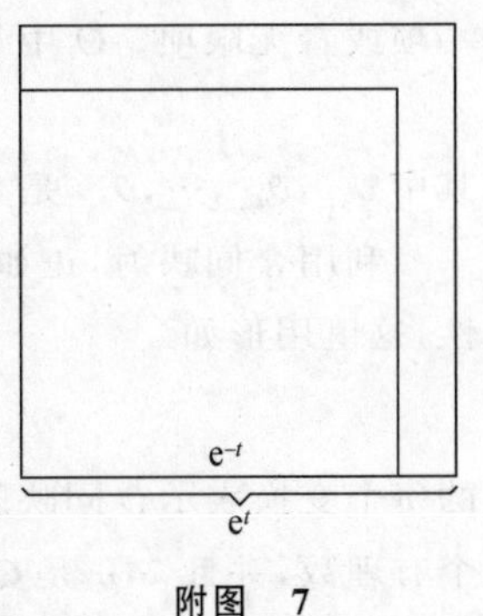


附图 7

因为在所给几何里，对熟知的直角三角形的直角边和斜边的关系，即普通几何里的毕达哥拉斯定理，都不成立。故这种几何称为非毕达哥拉斯几何。

非毕达哥拉斯几何的主要结果可归纳如下：

*如果采取狭义形式的三角形合同公理，及连续公理中仅邻域公理成立，甚至在假设比例论成立的情况下，等腰三角形底角相等的定理不能予以证明，欧几里得面积论也不能得出，甚至于三角形两边之和大于第三边的定理以及具有相同位置的两个三角形的第三合同公理都不是所给假定的必然结论。*

现在我们建立另外一种非毕达哥拉斯几何，它与上面主要的不同是：阿基米德公理 $V_1$ 成立，但是邻域公理 $V_3$ 不成立。

这种几何系建立在实数所成的子域 $Q$ 上，这个子域是由数 1 及 $\tau=\tan 1$ 经过有限次加法 $\omega_1+\omega_2$，减法 $\omega_1-\omega_2$，乘法 $\omega_1\cdot\omega_2$，除法 $\omega_1:\omega_2$（其中 $\omega_2\neq 0$）以及乘方 $\omega_1^{\infty 2}$ ①诸运算产生的。这里 $\omega_1$ 和 $\omega_2$ 表示由数 1 及 $\tau$ 经过指出的五种运算所得到的数。为了从 1 和 $\tau$ 得到数 $\omega$，设将第一种运算作了 $n_1$ 次，第二种运算作了 $n_2$ 次，…，第五种运算作了 $n_5$ 次。于是域 $Q$ 的数 $\omega$ 可用递增的和 $n_1+n_2+\cdots+n_5$ 来表出。

在这个数系上如同 81 页在数系 $T$ 上建立第一种非毕达哥拉斯几何的同样规约来建立一种平面几何。恰如那里，公理 $\text{I}_{1\sim3}$，Ⅱ，Ⅳ的正确性在所给的几何里可由以下事实看出，于自然确定的顺序下，§13 的所有运算 1～16 在 $Q$ 内成立。

在增加数∞所扩充的域 $Q$ 中的每个数 $\omega$，存在无穷个数 $\vartheta$ 适合

$$\vartheta=\arctan\omega$$

适合这个方程的数 $\vartheta$ 的全体形成一个域 $\Theta$，它与 $Q$ 虽不完全相同，但与 $Q$ 同样是可数的。取 $\Theta$ 的任一个可数子集，在其中存在第一个数，它不是 $\pi$ 的倍数，用 $\vartheta_{k_1}$ 来表示。设 $\Theta$ 中第一个数不能表示成

$$\vartheta=r\pi+r_1\vartheta_{k_1}$$

其中 $r,r_1$ 是任意有理数。如果这样的数全然存在则用 $\vartheta_{k_2}$ 来表示，以次类推，设 $\Theta$ 中第一个数不能表示成

$$\vartheta=r\pi+r_1\vartheta_{k_1}+r_2\vartheta_{k_2}+\cdots+r_n\vartheta_{k_n}$$

---

① 乘方仅对正 $\omega_1$ 来进行，也可用 $\omega_1^{\frac{1}{k}}$（$k$ 表自然数）来代替 $\omega_1^{\infty 2}$。

如果这样的数全然存在，则用 $\vartheta_{k_{n+1}}$ 来表示。这样所定义的数列 $\vartheta_{k_1},\vartheta_{k_2},\vartheta_{k_3},\cdots$ 一定包含一项或者无限项。$\Theta$ 中每个数 $\vartheta$ 能唯一地表示成

$$\vartheta=r\pi+r_1\vartheta_{k_1}+r_2\vartheta_{k_2}+\cdots+r_n\vartheta_{k_n}$$

其中 $\vartheta_{k_1},\vartheta_{k_2},\cdots,\vartheta_{k_n}$ 是上面所规定数列的首 $n$ 项，且 $r_1,r_2,\cdots,r_n$ 是任意有理数。

利用合同映射，正如 84 页第一种非毕达哥拉斯几何那样，我们规定线段与角的合同性，这里用形如

$$x'+\mathrm{i}y'=2^{r_1}\mathrm{e}^{\mathrm{i}\vartheta}(x+\mathrm{i}y)+\lambda+\mathrm{i}\mu$$

的每个变换表示合同映射，其中 $\vartheta$ 是 $\Theta$ 中的一个数，在 $\vartheta$ 的表示式中，所出现的 $r_1$ 是一个有理数，并且 $\lambda,\mu$ 是 $Q$ 中任意数。

我们容易看出合同映射形成一个群。它具有 81 页所引入的性质 1 和性质 2，性质 3 可由下列事实得出，即数

$$2^{r_1},\cos\vartheta=\frac{1}{\sqrt{1+\tan^2\vartheta}},\sin\vartheta=\frac{\tan\vartheta}{\sqrt{1+\tan^2\vartheta}}$$

是域 $Q$ 中的数。性质 5 可由下面的方法得到：

这个证明类似于 82 页所作，将简化为从方程

$$2^{r_1}\mathrm{e}^{\mathrm{i}\vartheta}=\frac{\alpha'+\mathrm{i}\beta'}{\alpha+\mathrm{i}\beta}\cdot\frac{S'}{S}$$

在 $2\pi$ 的整倍数内确定 $\Theta$ 中唯一的一个 $\vartheta$。

将虚部以实部去除

$$\tan\vartheta=\frac{\alpha\beta'-\beta\alpha'}{\alpha\alpha'+\beta\beta'}$$

从这个方程可以确定 $\pi$ 的整倍数内数系 $\Theta$ 中的数 $\vartheta$。如同第一种非毕氏几何，这种确定在 $2\pi$ 整倍数内（参看 83 页），性质 4，6 和 7 的推证恰如那里所证的一样。

从已经证明的合同映射的七条性质，利用在 84 页所给的一般证明可以得到在所给几何中公理 $\mathrm{III}_{1\sim6}$ 成立，与第一种非毕达哥拉斯几何方法类似，公理 $\mathrm{III}_7$ 也成立。

借助顺序与合同的定义，由域 $Q$ 是实数域的子域的事实可推出阿基米德公理 $\mathrm{V}_1$ 的正确性。

至于邻域公理 $\mathrm{V}_3$ 不成立可由下面的方法来证明：对于每个三角形能够找到一个合同的三角形 $OAB$，它的顶点是 $O=(0,0)$，$A=(\alpha,0)$，$B=(\beta,\gamma)$，其中 $\alpha$ 及 $\gamma$ 是正数。于是证明一个单位线段，能位于这样的三角形内就足够了。不论 $\beta$ 是否为零射线，$OB$ 可以表示成下列形式：

$$x+\mathrm{i}y=\mathrm{e}^{\mathrm{i}\arctan^{-1}\frac{\gamma}{\beta}}\cdot s$$

其中 $s$ 表示 $Q$ 中的一个正参数。因为 $\alpha\gamma$ 与 $|\alpha-\beta|+\gamma$ 都是正的，可能找到一个整数 $\gamma_1$，它不必须是正数，而适合不等式

$$2^{r_1}<\frac{\alpha\gamma}{|\beta-\alpha|+\gamma}\tag{1}$$

就已知数 $\gamma_1,\vartheta_{k_1},\arctan\dfrac{\gamma}{\beta}>0$ 一定存在两个整数 $a$ 及 $b$ 适合不等式

$$0 < \frac{a}{2^b}\pi + r_1\vartheta_{k_1} < \arctan\frac{\gamma}{\beta} \tag{2}$$

从公式

$$\tan\frac{\vartheta}{2} = \frac{-1 \pm \sqrt{1+\tan^2\vartheta}}{\tan\vartheta}$$

可知$\frac{\pi}{2^b}$以及正切函数加法公式可知

$$\vartheta = a\,\frac{\pi}{2^b} + r_1\vartheta_{k_1}$$

均是数域 $\Theta$ 中的数。自不等式(2)可得出半线

$$x + \mathrm{i}y = \mathrm{e}^{\mathrm{i}\vartheta}\cdot s, s > 0$$

位于角$\measuredangle AOB$ 的内部。自 $O$ 点射出的射线上一个单位线段的自由端点 $C$(附图 8)可表示成

$$x + \mathrm{i}y = 2^{r_1}\mathrm{e}^{\mathrm{i}\vartheta}$$

点 $O$ 和点 $C$ 位于直线 $AB$ 的同侧,这是因为两个行列式

$$\begin{vmatrix} \beta-\alpha & \gamma \\ -\alpha & 0 \end{vmatrix} = -\alpha\gamma$$

$$\begin{vmatrix} \beta-\alpha & \gamma \\ 2^{r_1}\cos\vartheta-\alpha & 2^{r_1}\sin\vartheta \end{vmatrix} > -2^{r_1}|\beta-\alpha| - 2^{r_1}\gamma + \alpha\gamma$$

均为正,后一个利用了不等式(1)。故 $C$ 位于三角形 $OAB$ 的内部;亦即在三角形内部存在一个单位线段。

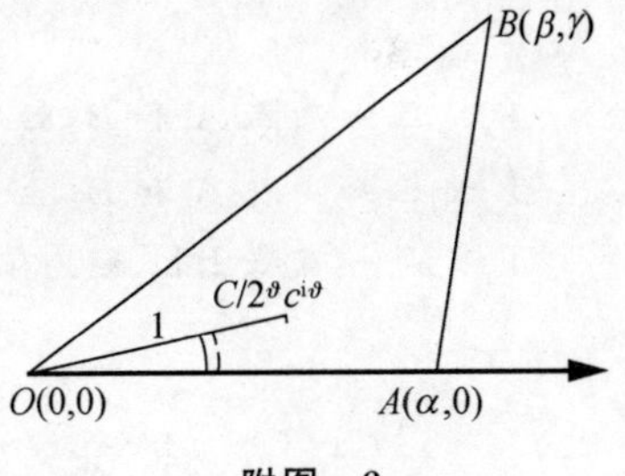


附图 8

一角平分的可能性以及直角的存在恰如第一种非毕达哥拉斯几何那样能得到证明。在 86 页和 88 页所引入的反射映象的定理以及比例论和仿射几何中的所有定理也同样能够证明均为正确。这种几何的所有角也在欧几里得几何里出现,并且量的顺序是同样的。从此也可推出外角定理(定理 22)和三角形角和定理(定理 31)的正确性。然而,等腰三角形底角相等的定理是不成立的。从这个定理并借助外角定理,如同上面所说明的,可以立即得出它的逆命题。但在这种几何里,逆命题并不成立,这可由下例看出。就三角形 $OPR$ 加以考虑,其中 $O\equiv(0,0)$,$P\equiv(\cos\vartheta_{k_1}, -\sin\vartheta_{k_1})$,$R=(\cos\vartheta_{k_1}, +\sin\vartheta_{k_1})$,它在 $P$ 与 $R$ 处有等角,但是边长 $\overline{OP}=2$,$\overline{OR}=2^{-1}$ 不等。

欧几里得面积论也不成立。同样,三角形两边和大于第三边的定理也不成立。因为从这个定理可立即推出位于三角形内部的每一线段小于其周界,这样邻域公理 $\mathrm{V}_3$ 必成立。

从非毕达哥拉斯几何的研究得到下面的结果:

为了证明等腰三角形底角相等定理,即不能去掉阿基米德公理 $\mathrm{V}_1$ 又不能去掉邻域公理 $\mathrm{V}_3$。

关于这个附录的一些补充见后面的补篇 $\mathrm{V}_1$ 和 $\mathrm{V}_2$。

# 附录Ⅲ　鲍雅义-罗巴切夫斯基几何的新基础

（转载自 Math. Ann.，卷 57）

在我的献礼《几何基础》(Grundlagen der Geometrie)* 一书第一章中，我曾归纳出一组欧几里得几何公理，然后证明了仅用这组中的平面公理，甚至不用连续公理就可能建立平面欧几里得几何。在下面的讨论中，我将平行公理用与鲍雅义-罗巴切夫斯基几何中所相应需要的公理来代替，于是证明专用平面公理，而不用连续公理即可作为鲍雅义-罗巴切夫斯基几何的基础①。

这里所论到的鲍雅义-罗巴切夫斯基几何的新基础从简练方面来说并不亚于我所见到的，大家熟知的鲍雅义-罗巴切夫斯基同时所用的极限球法和克来因所用的射影法。但是那些方法实质上用到了空间以及连续性。

为了便于理解，按照我的献礼《几何基础》列出以后用到的平面几何公理于下②：

## Ⅰ. 关联公理

Ⅰ$_1$. *已知两点 $A$ 和 $B$，恒有一直线 $a$，它与两点 $A$，$B$ 中的每一点相关联。*

Ⅰ$_2$. *已知两点 $A$ 和 $B$，至多有一直线，它与两点 $A$，$B$ 的每一点相关联。*

Ⅰ$_3$. *每一直线上恒至少有两点，至少有三点不在同一直线上。*

## Ⅱ. 顺序公理

Ⅱ$_1$. *若一点 $B$ 在一点 $A$ 和一点 $C$ 之间，则 $A$，$B$ 和 $C$ 是一直线上的不同三点，而且 $B$ 也在 $C$ 和 $A$ 之间。*

---

* 指本书第一版，见第十二版的中译本序言。——译者注

① 同时也曾就不用公理Ⅳ(94 页)来表示鲍雅义-罗巴切夫斯基几何特性的相应问题进行研究。其次，德恩(M. Dehn)在他的文章“论球面三角形的面积”(Über den Inhalt sphärischer Dreiecke, Math Ann. Bd. 60)就曾不用连续公理展开平面椭圆几何的面积理论的研究。以后海森伯格(G. Hessenberg)在他的文章“椭圆几何的基础”(Begründung der elliptische Geometrie, Math. Ann. Bd. 61)中，于同样假设下成功地给出平面椭圆几何交点定理的证明。最后杰尔姆斯勒(J. Hjelmslev)在他的文章“平面几何的新基础”(Neue Begründung der ebenen Geometrie, Math. Ann. Bd. 64)中不用连续公理甚至不用交线和不交线的任何假设即可建立平面几何。

② 公理Ⅰ～Ⅲ系按目前这一版的形式列出。

$\mathrm{II}_2$. 已知两点 $A$ 和 $C$，在直线 $AC$ 上恒至少有一点 $B$，使得 $C$ 在 $A$ 和 $B$ 之间。

$\mathrm{II}_3$. 一直线的任意三点中，至多有一点在其他两点之间。

**定义** 两点 $A$ 和 $B$ 之间的点也叫做线段 $AB$ 或线段 $BA$ 的点。

$\mathrm{II}_4$. 设 $A$，$B$ 和 $C$ 是不在同一直线上的三点；且 $a$ 是平面 $A$，$B$，$C$ 上的一直线，但不通过 $A$，$B$，$C$ 三点中的任一点，若直线 $a$ 通过线段 $AB$ 的一点，则它也必通过线段 $BC$ 的一点，或线段 $AC$ 的一点。

## Ⅲ. 合同公理

**定义** 每一直线被它上面的任一点分成两条半线(射线)或者说分成两侧。

$\mathrm{III}_1$. 设 $A$，$B$ 是直线 $a$ 上的两点，$A'$ 是直线 $a'$ 上的一点，则在直线 $a'$ 上由 $A'$ 所确定的一侧，总可找到一点 $B'$，使得线段 $AB$ 和线段 $A'B'$ 合同或相等；用记号表示，即

$$AB \equiv A'B'$$

$\mathrm{III}_2$. 若两线段 $A'B'$ 和 $A''B''$ 都和另一线段 $AB$ 合同，则这两线段 $A'B'$ 和 $A''B''$ 也合同。

$\mathrm{III}_3$. 设 $AB$ 和 $BC$ 是同一直线 $a$ 上，无公共点的两线段，而且 $A'B'$ 和 $B'C'$ 是在此直线上或另一直线 $a'$ 上亦无公共点的两线段。若 $AB \equiv A'B'$，$BC \equiv B'C'$，则 $AC = A'C'$。

**定义** 自一点 $A$ 作两条不在同一直线上的半线 $h$ 和 $k$，我们把它叫做一个角，且用

$$\measuredangle(h,k) \text{ 或 } \measuredangle(k,h)$$

来表示。

在公理Ⅱ的基础上，我们可以规定面上的一条直线来规定它的两侧的概念。一平面的点与 $k$ 均位于 $h$ 的同侧，同时它与 $h$ 又均位于 $k$ 的同侧，这些点叫 $\measuredangle(h,k)$ 的内点；它们形成这个角的角形区域。

$\mathrm{III}_4$. 设给定了一个角 $\measuredangle(h,k)$，一直线 $a'$ 和 $a'$ 的一侧，设 $h'$ 是直线 $a'$ 上，从一点 $O'$ 发出的一条半线，则恰有一条半线 $k'$ 使角 $\measuredangle(h,k)$ 与角 $\measuredangle(h',k')$ 合同或相等，用记号表示：

$$\measuredangle(h,k) \equiv \measuredangle(h',k')$$

并且角 $\measuredangle(h',k')$ 的全部内点同在 $a'$ 的已知一侧。

每一个角和它自己合同，即

$$\measuredangle(h,k) \equiv \measuredangle(h,k)$$

$\mathrm{III}_5$. 两个三角形 $ABC$ 和 $A'B'C'$ 若有下列合同式：

$$AB \equiv A'B', AC \equiv A'C' \text{ 和 } \measuredangle BAC \equiv \measuredangle B'A'C'$$

则必有合同式

$$\measuredangle ABC \equiv \measuredangle A'B'C'$$

从公理Ⅰ～Ⅲ容易推出三角形合同定理以及等腰三角形定理，且同时可以理解自线上一点或线外一点作垂线以及平分一个已知线段或一个已知角的可能性。

特别是，每个三角形两边之和大于第三边定理的推出恰如在欧几里得情况下一样。

## Ⅳ. 相交线和不交线的公理

在鲍雅义-罗巴切夫斯基几何中与欧几里得几何的平行公理相当的公理可叙述如下：

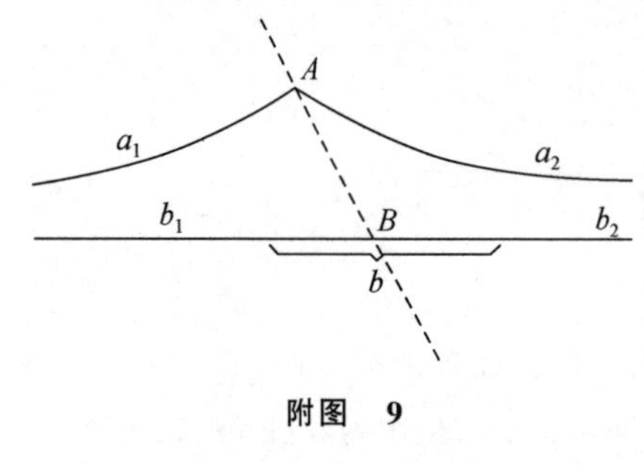


附图 9

*Ⅳ. 如果 $b$ 是任一直线，且 $A$ 是不在这直线上的一点，则过 $A$ 存在两条半线 $a_1$，$a_2$ 它们不在同一条直线上且与直线 $b$ 都不相交，而在 $a_1$，$a_2$ 所成角形区域内，从 $A$ 所射出的每条半线与 $b$ 相交*(附图 9)。

**定义** 若直线 $b$ 由它上面一点 $B$ 分成两条半线 $b_1$，$b_2$ 且 $a_1$，$b_1$ 在直线 $AB$ 的一侧，$a_2$，$b_2$ 在直线 $AB$ 的另一侧。于是半线 $a_1$ 称为与半线 $b_1$ 平行，且类似地，半线 $a_2$ 称为与半线 $b_2$ 平行。同理半线 $a_1$，$a_2$ 将称为与直线 $b$ 平行，并且两半线 $a_1$ 和 $a_2$ 所在直线也分别称为与直线 $b$ 平行。

自此立即推出下面两个命题的正确性：

如果一直线或一半线平行于另一直线或半线，则后者也将永远平行于前者①。

如果两半线均与第三半线平行，则它们也彼此平行。

**定义** 每一半线确定一个端点。彼此平行的所有半线将确定同一个端点。一般来说，从 $A$ 点射出的端点是 $\alpha$ 的半线，用记号$(A,\alpha)$来表示。一直线有两个端点。具有两个端点 $\alpha$ 和 $\beta$ 的直线一般用记号$(\alpha,\beta)$来表示。

如果 $A$，$B$ 和 $A'$，$B'$是两对点，且 $\alpha$ 和 $\alpha'$是两个端点而线段 $AB$ 和 $A'B'$相等且 $AB$ 及半线$(A,\alpha)$所成的角等于 $A'B'$及半线$(A',\alpha')$所成的角。于是容易看出，$BA$ 与$(B,\alpha)$所成的角也等于 $B'A'$与$(B',\alpha')$所成的角。这两个图形 $AB\alpha$ 和 $A'B'\alpha'$称为互相合同。

最后用熟知的方法规定反射下的映象于下：

**定义** 自一点向一直线作垂线，并自垂足延长到一点，使其距离等于原垂线长，则所得点叫做已知点关于这直线的反射映象。

一直线上所有点的映象仍在一直线上，这直线叫做已知直线的反射映象。

## §1 引　　理

现在依次证明下面的引理：

**引理 1** 如果两直线与第三直线相交成相等的错角，则此两直线不互相平行。

**证明** 假设结论不成立，即这两直线沿某一方向平行。如果沿第三直线所截成的线

① 这个证明可以由高斯所给的方法得出，参看薄罗那-李勃曼(Bonola-Liebmann)《非欧几何》(Die nichteuklidische Geometrie. Leipzig，1908 和 1921，§ 32)。

(此书有卡斯罗(H. S. Carslaw)英译本。——译者注)

段的中点来将整个图形作半个旋转,即在这个线段的另一侧形成一个合同三角形,于是,已知两直线将沿另一方向平行,此与公理Ⅳ相矛盾。

**引理 2** 已知两直线 $a$ 和 $b$,它们既不相交,也不互相平行,则存在一条直线同时与这两直线垂直。

**证明** 自直线 $a$ 上任意两点 $A$ 和 $P$ 作直线 $b$ 的垂线 $AB$ 和 $PB'$(附图 10),设垂线段 $PB'$ 大于垂线段 $AB$。于 $B'P$ 上自点 $B'$ 取点 $A'$ 使 $A'B'$ 等于 $AB$,于是 $A'$ 落在 $P'$ 和 $B$ 之间。过 $A'$ 作直线 $a'$ 与 $B'A'$ 交于 $A'$,使它们所成之角连同方向等于直线 $a$ 与垂线 $BA$ 交于 $A$ 点处所成之角。下面将证明直线 $a'$ 必须与直线 $a$ 相交。

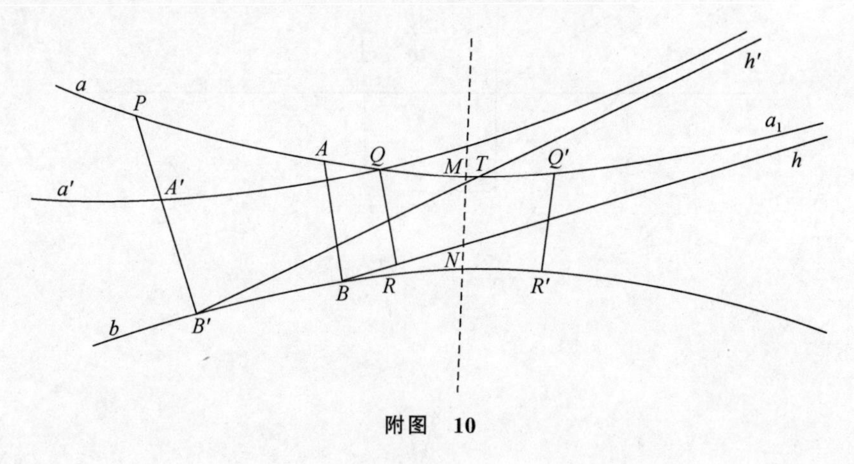


附图 10

为了达到这个目的,直线 $a$ 于 $P$ 点分成两条半线,其中含有 $A$ 者为 $a_1$,过 $B$ 作半线 $h$ 平行于 $a_1$。再者设 $h'$ 是由 $B'$ 所射出的半线而使这半线与 $b$ 所成之角连同方向等于自 $B$ 所射出半线 $h$ 与 $b$ 所成之角。这样,由引理 1,半线 $h'$ 不与 $h$ 平行,因此也不与 $a_1$ 平行。且一定不与 $h$ 相交,自公理Ⅳ,它必与 $a_1$ 相交。设 $h'$ 与 $a_1$ 的交点是 $T$,由作图 $a'$ 既与 $h'$ 平行,自公理 $\text{II}_4$,直线 $a'$ 必须经过边 $PT$ 离开三角形 $PB'T$。再用下面所论即得到所要求的证明。设直线 $a$ 与 $a'$ 的交点为 $Q$。

自 $Q$ 作 $b$ 的垂线 $QR$,于 $b$ 上取 $R'$ 使 $BR'=B'R$,且 $B$ 到 $R'$ 的方向与 $B'$ 到 $R$ 的方向相同。同理于 $a$ 上自 $A$ 作线段 $AQ'$ 使其连同方向与自 $A'$ 所作线段 $A'Q$ 相同。分别取线段 $QQ'$ 和 $RR'$ 的中点 $M$ 和 $N$,则连线 $MN$ 即是 $a$ 与 $b$ 的公垂线。

事实上,自四角形 $A'B'Q'R$ 和 $ABQR'$ 的合同得出线段 $QR$ 和 $Q'R'$ 必相等且 $Q'R'$ 与 $b$ 垂直。由是可得:四角形 $QRMN$ 及 $Q'R'MN$ 的合同以及所要求的论证。因之引理 2 得以完全证明。

**引理 3** 已知任两条彼此不平行的半线,则必存在一条直线与这两条半线平行,亦即存在一条直线它具有两个预先给定的端点 $\alpha$ 和 $\beta$。

**证明** 自任意点 $O$ 作已知两半线的平行线,并在这两半线上自 $O$ 点到 $A$ 和 $B$ 截取相等线段(附图 11),则有

$$OA=OB$$

且自 $O$ 过 $A$ 所作半线的端点为 $\alpha$,自 $O$ 过 $B$ 所作半线的端点为 $\beta$。

$$OA=OB$$

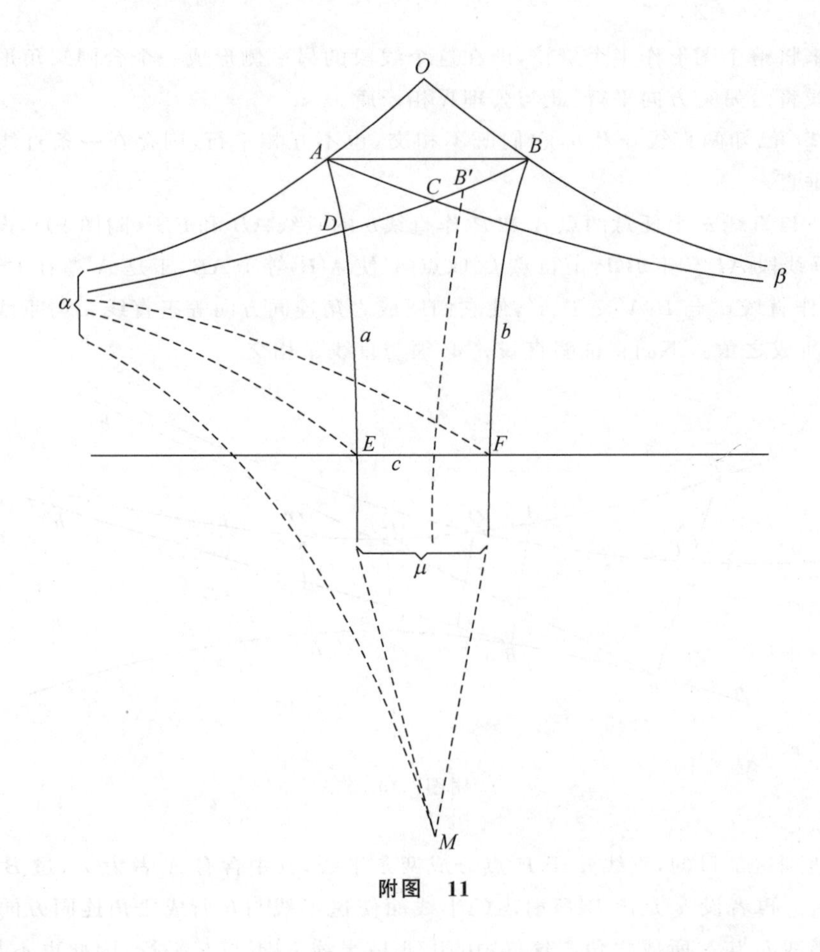


附图 11

于是联结点 $A$ 和 $\beta$ 并平分过 $A$ 所引的两条半线所成的角，同样联结 $B$ 和 $\beta$ 并平分过 $B$ 所引的两条半线所成的角。这两条平分线中的第一条和第二条分别用 $a$ 和 $b$ 来表示。由图形 $OA\beta$ 和 $OB\alpha$ 的合同得出

$$\measuredangle(OA\beta)=\measuredangle(OB\alpha)$$

$$\measuredangle(\alpha A\beta)=\measuredangle(\alpha B\beta)$$

从后面一个等式以及角的平分性质得到下面角的公式

$$\measuredangle(\alpha Aa)=\measuredangle(aA\beta)=\measuredangle(\alpha Bb)=\measuredangle(bB\beta)$$

首先要证明两个角平分线 $a$ 和 $b$ 既不相交也不互相平行。

若 $a$ 和 $b$ 相交于点 $M$，则由作图 $OAB$ 是等腰三角形，而有

$$\measuredangle BAO=\measuredangle ABO$$

并利用前面方程

$$\measuredangle BAM=\measuredangle ABM$$

因此

$$AM=BM$$

今用半线联结 $M$ 与端点 $\alpha$，自上面线段的相等和角$\measuredangle(\alpha AM)$及$\measuredangle(\alpha BM)$的相等得知图形 $\alpha AM$ 和 $\alpha BM$ 合同。自此合同将得出角$\measuredangle(\alpha MA)$和$\measuredangle(\alpha MB)$的相等。由于这个结论

显然不成立，因之角平分线 $a$ 和 $b$ 相交的假定必须除掉。

其次，假设 $a$ 与 $b$ 互相平行。且将它们的端点用 $\mu$ 表示，假设自 $B$ 射出过 $\alpha$ 的半线与自 $A$ 射出过 $\beta$ 的半线交于点 $C$ 且与 $a$ 交于点 $D$。今证明线段 $DA$ 和 $DB$ 将相等。事实上，假定不相等，于 $DB$ 上取 $B'$ 使 $DB'=DA$，然后用半线联结 $B'$ 与 $\mu$，自图形 $DA\alpha$ 与 $DB'\mu$ 的合同将推出两角$\measuredangle(DA\alpha)$和$\measuredangle(DB'\mu)$的相等，这样两角$\measuredangle(DB'\mu)$和$\measuredangle(DB\mu)$必相等。由引理 1，此为不可能：

两线段 $DA$ 和 $DB$ 相等产生两角$\measuredangle(DAB)$和$\measuredangle(DBA)$的相等。由前可知两角$\measuredangle(CAB)$及$\measuredangle(CBA)$亦必相等，因此推出两角$\measuredangle(DAB)$及$\measuredangle(CAB)$也相等。但这结论显然不成立，故 $a$ 和 $b$ 平行的假设也必须除去。

由于这些论断，知两直线 $a$，$b$ 既不相交也不平行。于是按照引理 2，存在 $a$ 和 $b$ 的公垂线 $c$ 分别与它们交于 $E$ 和 $F$。可以断定直线 $c$ 就是两已知端点 $\alpha$ 和 $\beta$ 的连线。

假如这个结论不成立，设 $c$ 不含有端点 $\alpha$，则将 $E$ 和 $F$ 分别与端点 $\alpha$ 相连，再连接线段 $AB$ 和 $EF$ 的中点。甚易得出 $EA=FB$。又自两图形 $\alpha EA$ 和 $\alpha FB$ 合同可以得出两角$\measuredangle(AE\alpha)$和$\measuredangle(BF\alpha)$相等，这样自 $E$ 与 $F$ 所作半线将与 $c$ 成相等的角。这个结论显与引理 1 相矛盾。同理也可证明 $c$ 含有端点 $\beta$，本引理得以完全证明。

**引理 4** 设 $a$ 和 $b$ 是两条平行线，且 $O$ 是在 $a$ 和 $b$ 所成平面区域内部的一点。且设 $O_a$ 和 $O_b$ 分别是 $O$ 关于 $a$ 和 $b$ 的反射映象，又 $M$ 是 $O_aO_b$ 的中点，于是自 $M$ 所作与 $a$ 和 $b$ 均平行的半线将是 $O_aO_b$ 于点 $M$ 处的垂线。

**证明** 假如结论不成立(附图 12)，就在 $O_aO_b$ 的同一侧，自点 $M$ 作 $O_aO_b$ 的一条垂线。设 $O_aO_b$ 与 $a$ 和 $b$ 分别交于 $P$ 和 $Q$。由于 $PO<PQ+QO$，故有 $PO_a<PO_b$，以及 $QO_b<QO_a$。因之 $M$ 必须在 $a$ 和 $b$ 所成平面区域的内部，则在点 $M$ 所作的垂线必与 $a$ 或 $b$ 相交。如果它与 $a$ 相交于 $A$ 点，则将推出 $AO_a=AO$ 以及 $AO_a=AO_b$，因之 $AO=AO_b$，即 $A$ 也是 $b$ 上一点，此与定理的假设相矛盾①。

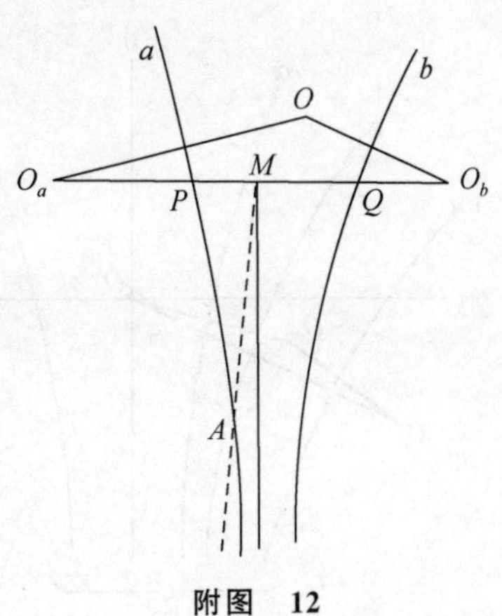

附图 12

**引理 5** 如果 $a$，$b$ 和 $c$ 是三条直线，它们有公共端点 $\omega$，且关于此三直线的反射分别用 $S_a$，$S_b$ 和 $S_c$ 来表示。于是存在具有端点 $\omega$ 的一直线 $d$，而使关于 $a$，$b$，$c$ 陆续所作反射的结果与关于 $d$ 所作反射 $S_d$ 相同，亦即

$$S_cS_bS_a=S_d$$

**证明** 首先假设直线 $b$ 位于直线 $a$ 与 $c$ 所成平面区域的内部，设 $O$ 为 $b$ 上一点且 $O$ 关于 $a$ 和 $c$ 的反射映象分别记作 $O_a$ 和 $O_c$。联结线段 $O_aO_c$ 的中点与端点 $\omega$ 的直线 $d$，于是自引理 4，$O_a$ 和 $O_c$ 是关于 $d$ 的反射映象，这样运算 $S_dS_cS_bS_a$ 将使点 $O_a$ 不动，同时也

① 此结论本质上与罗巴切夫斯基的一个结果相一致。可参看他的《利用平行线完备理论的几何新原理》(Neue Anfangsgründe der Geometrie mit einer vollständigen Theorie der Parallellinen)一书。

(此书有哈尔斯泰(G. B. Halsted)的英译本。——译者注)

使 $O_a$ 与 $\omega$ 所连直线不动。因为这个运算包含四个反射,合同定理证明它是一个恒等式,故得断言。

其次,当直线 $c$ 与 $a$ 互相重合时,引理 5 的正确性亦可立即得出。设直线 $b'$ 是直线 $b$ 关于 $a$ 的反射映象,且关于 $b'$ 的反射用 $S_{b'}$ 来表示,于是公式

$$S_a S_b S_a = S_{b'}$$

的正确性能立即看出。

最后,如果直线 $c$ 位于直线 $a$ 和 $b$ 所成平面区域的内部,则由本证明的第一部分,存在一直线 $d'$ 而有公式

$$S_a S_c S_b = S_{d'}$$

设用 $d$ 表示 $d'$ 关于 $a$ 的反射映象,则由证明的第二部分

$$S_c S_b S_a = S_a S_a S_c S_b S_a = S_a S_{d'} S_a = S_d$$

因之,引理 5 得以完全证明。

## § 2 端点的加法

已知一直线,它的端点用 0 和∞来表示,在这直线(0,∞)上取一点 $O$,并于此点作垂线。又此垂线的端点用+1 和-1 来表示(附图 13)。

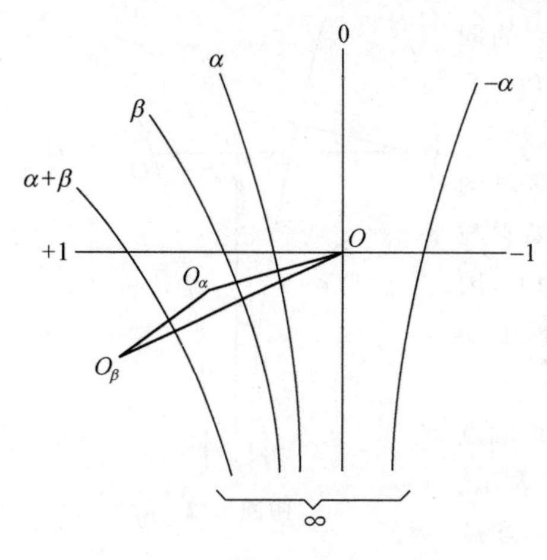


附图 13

今规定两个端点的加法于下:

**定义** 设 $\alpha,\beta$ 是任意两个与∞不同的端点。并设 $O_\alpha$ 为 $O$ 点关于直线$(\alpha,\infty)$的反射映象,$O_\beta$ 为 $O$ 点关于直线$(\beta,\infty)$的反射映象。联结线段 $O_\alpha O_\beta$ 的中点和端点∞。这样所作直线的另一端点叫做两端点 $\alpha$ 和 $\beta$ 之和,且用 $\alpha+\beta$ 来表示。

如果以 $\alpha$ 为端点的半线关于直线(0,∞)作反射,则结果所得半线的端点将用 $-\alpha$ 表示。

甚易看出下列等式的正确性:

$$\alpha+0=\alpha$$

$$1+(-1)=0$$

$$\alpha+(-\alpha)=0$$

$$\alpha+\beta=\beta+\alpha$$

最后一个等式表示端点加法的交换律。

为了证明端点加法的结合律,今用 $S_0, S_\alpha, S_\beta$ 分别表示关于直线$(0,\infty)$,$(\alpha,\infty)$和$(\beta,\infty)$的反射;自 § 1 引理 5,存在一直线$(\sigma,\infty)$使得公式

$$S_\sigma = S_\beta S_0 S_\alpha$$

成立,其中 $S_\sigma$ 是关于这条直线的反射。由于运算 $S_\beta S_0 S_\alpha$,点 $O_\alpha$ 变成点 $O_\beta$,因此 $O_\beta$ 必是 $O_\alpha$ 关于直线$(\sigma,\infty)$的反射映象。故有 $\sigma=\alpha+\beta$,亦即

$$S_{\alpha+\beta} = S_\beta S_0 S_\alpha$$

成立。

如果 $\gamma$ 也表示一个端点，则重复利用前面所推出的公式，即得

$$S_{\alpha+(\beta+\gamma)}=S_{\beta+\gamma}S_0S_\alpha=S_\gamma S_0S_\beta S_0S_\alpha$$
$$S_{(\alpha+\beta)+\gamma}=S_\gamma S_0S_{\alpha+\beta}=S_\gamma S_0S_\beta S_0S_\alpha$$

故有

$$S_{\alpha+(\beta+\gamma)}=S_{(\alpha+\beta)+\gamma}$$

因此，

$$\alpha+(\beta+\gamma)=(\alpha+\beta)+\gamma$$

上面所推导的公式

$$S_{\alpha+\beta}=S_\beta S_0S_\alpha$$

同时还指出所给的两个端点和作图与直线$(0,\infty)$上点 $O$ 的选择无关。因此，如果 $O'$ 表示直线$(0,\infty)$上与点 $O$ 不同的任何点，且 $O'_\alpha$ 和 $O'_\beta$ 分别表示点 $O'$ 关于直线$(\alpha,\infty)$和$(\beta,\infty)$的反射映象，则线段 $O'_\alpha O'_\beta$ 的中垂线就是直线$(\alpha+\beta,\infty)$。

这里我们将引入研究§4所必需的其他结果。

如果直线$(\alpha,\infty)$关于直线$(\beta,\infty)$作反射，则所得反射直线是$(2\beta-\alpha,\infty)$。

事实上，如果 $P$ 是直线$(\alpha,\infty)$关于直线$(\beta,\infty)$反射所得直线上的任一点，则连续经过反射

$$S_\beta,S_0,S_{-\alpha},S_0,S_B$$

$P$ 点显然不变。然而由于上面公式

$$S_\beta S_0S_{-\alpha}S_0S_\beta=S_{2\beta-\alpha}$$

即，复合运算相当于关于直线$(2\beta-\alpha,\infty)$的一个反射，因此 $P$ 点必在这最后一直线上。

## §3 端点的乘法

我们规定两个端点的积如下：

**定义** 如果一个端点与端点$+1$位于直线$(0,\infty)$同侧，则称为正；如果一个端点与端点$-1$位于直线$(0,\infty)$同侧，则称为负。

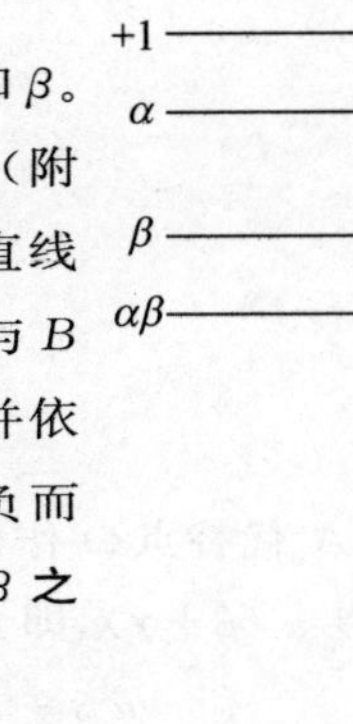

附图 14

现在设有与$(0,\infty)$不同的任意两个端点 $\alpha$ 和 $\beta$。两直线$(\alpha,-\alpha)$和$(\beta,-\beta)$将与直线$(0,\infty)$垂直（附图14），它们与直线$(0,\infty)$分别交于 $A$ 和 $B$，于直线$(0,\infty)$上取线段 $BC=OA$，且使 $O$ 到 $A$ 的方向与 $B$ 到 $C$ 的方向相同，于 $C$ 点作直线$(0,\infty)$的垂线，并依据两端点 $\alpha,\beta$ 均是正以及均是负或者一正和一负而分别称这垂线的正端点或负端点为**两端点** $\alpha$ **和** $\beta$ **之积** $\alpha\beta$。

最后假设

$$\alpha \cdot 0 = 0 \cdot \alpha = 0$$

自线段合同公理Ⅲ$_{1\sim3}$ 立即得知下面公式

$$\alpha\beta = \beta\alpha$$

$$\alpha(\beta\gamma) = (\alpha\beta)\gamma$$

成立。即端点乘法交换律和结合律均成立。

容易看出公式

$$1 \cdot \alpha = \alpha, (-1)\alpha = -\alpha$$

也成立。并且一直线的端点 $\alpha$,$\beta$ 适合方程

$$\alpha\beta = -1$$

则此直线必过点 $O$。

除法的可能性立即变得明显。再者,对于每个正端点 $\pi$ 常存在一个正端点(并且也存在一个负端点),它的平方等于端点 $\pi$,故此端点能用$\sqrt{\pi}$表示。

为了证明端点运算的分配律,首先从端点 $\beta$ 和 $\gamma$ 利用 §2 的方法作出端点 $\beta+\gamma$(附图 15)。其次,再按照上面所说的方法确定端点 $\alpha\beta$,$\alpha\gamma$ 和 $\alpha(\beta+\gamma)$。可以看出上面的作图恒同于平面到自身的一个合同映射,它是由线段 $OA$ 沿直线$(0,\infty)$所产生的一个平

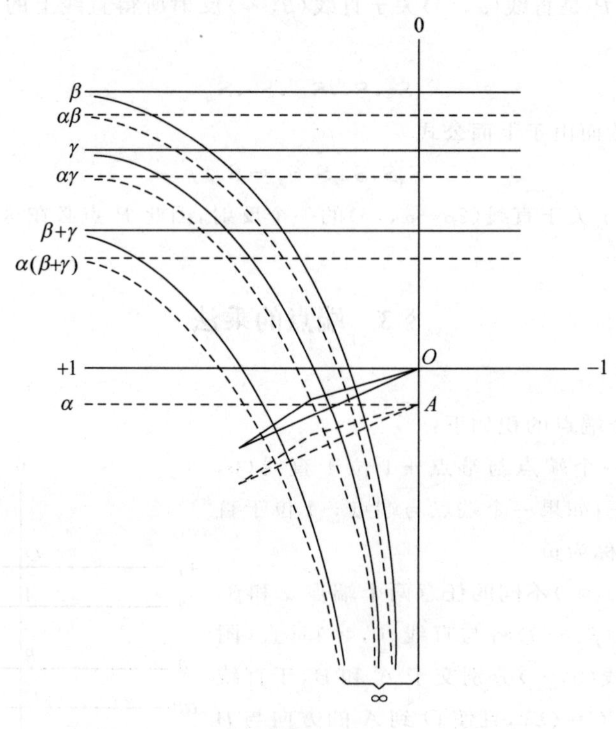


附图 15

移。从 §2 的注意,自点 $A$ 代替点 $O$ 作两个端点 $\alpha\beta$ 及 $\alpha\gamma$ 之和的作图是允许的。于是可得这个和实际上就是端点 $\alpha(\beta+\gamma)$,即公式

$$\alpha\beta + \alpha\gamma = \alpha(\beta+\gamma)$$

是正确的。

## §4 点的方程

自§2～§3我们已看出端点的运算律与寻常数的运算完全相同，因而几何学的建立并无多大困难，这可用下面的方法来完成。

如果$\xi,\eta$是任意直线的端点，并且将端点

$$u=\xi\eta, v=\frac{\xi+\eta}{2}$$

叫做这直线的坐标，于是下面的基本命题成立：

设$\alpha,\beta,\gamma$是三个端点，且具有端点$4\alpha\gamma-\beta^2$为正的一个特性，则坐标$u,v$适合方程

$$\alpha u+\beta v+\gamma=0$$

的所有直线将过同一点。

**证明** 按照§2～§3，我们作端点

$$\kappa=\frac{2\alpha}{\sqrt{4\alpha\gamma-\beta^2}}, \lambda=\frac{\beta}{\sqrt{4\alpha\gamma-\beta^2}}$$

于是由坐标$u,v$的意义和在$\alpha\neq 0$的情况下，上面的方程可以写作如下形式

$$(\kappa\xi+\lambda)(\kappa\eta+\lambda)=-1$$

今考虑一个任意变动端点$\omega$的变换

$$\omega'=\kappa\omega+\lambda$$

为了作这个变换，首先考虑两个变换

$$\omega'=\kappa\omega \text{ 以及 } \omega'=\omega+\lambda$$

关于第一个变换，即动端点$\omega$和一个常端点$\kappa$的乘法，由§3它恒同于平面内由一个与$\kappa$有关的线段沿直线$(0,\infty)$所作的平移。

至于第二个变换，亦即常端点$\lambda$和一个动端点$\omega$的加法。它对应着仅与$\lambda$有关的，平面到自身的一个运动，也就是平面关于端点$\infty$的旋转。

为了证明，按照§2的结论，直线$(\omega,\infty)$关于直线$(0,\infty)$的反射是直线$(-\omega,\infty)$。再者，它经过关于$\left(\frac{\lambda}{2},\infty\right)$的反射变为直线$(\omega+\lambda,\infty)$。于是端点$\lambda$和动端点$\omega$的加法恒等于就两直线$(0,\infty)$和$\left(\frac{\lambda}{2},\infty\right)$连续所作的两次反射。

由上面所证可以看出：如果$\xi,\eta$是一直线的两个端点，则经过与$\kappa,\lambda$有关的平面的运动，所产生直线的端点将由

$$\xi'=\kappa\xi+\lambda$$

$$\eta'=\kappa\eta+\lambda$$

来表示，于是由上面方程

$$(\kappa\xi+\lambda)(\kappa\eta+\lambda)=-1$$

将得到关于端点$\xi',\eta'$的方程

$$\xi'\eta'=-1$$

由§3的一个注记，这个关系表示已知直线经过点 $O$ 的条件，于是可见适合原方程

$$(\kappa\xi+\lambda)(\kappa\eta+\lambda)=-1$$

的所有直线$(\xi,\eta)$将过同一个点。所提定理得以完全证明。

已经看出在线坐标系下点的方程是一次的，容易导出关于一对直线的巴斯噶定理的特殊情形和成透视位置的三角形的德沙格定理以及射影几何的其他定理。鲍雅义-罗巴切夫斯基几何中一些熟知的公式也可无困难地导出。于是仅借助公理Ⅰ～Ⅳ这种几何学即可完全建立[①]。

---

① 作为本附录开始(92页注①)所提文献的补充，今列出下列较新的教材：

巴赫曼(F. Bachmann)《由反射概念所建立的几何》(*Aufbau der Geometrie aus dem Spiegelungsbegriff*, Berlin-Göttingen-Heidelberg, 1959)；

伯尔苏克和斯兹密尔鲁(K. Borsuk und W. Szmielew)《几何基础》(*Podstawy Geometrii*)，此书有英译本，见玛尔魁(E. Marquit)《几何基础》(*Foundations of Geometry*, Amsterdam, 1960)。

下述文章也可作参考：

皮夹士(W. Pejas)"绝对几何的希尔伯特公理体系的模型"(Die Modelle des Hilbertschen Axiomensystems der absoluten Geometrie, Math. Ann., Bd. 143,212—235(1961))。

巴赫曼"平行问题"(Zur Parallelenfrage, Abh. Math. Seminar University Hamburg. Bd. 27,173—192(1964))。

# 附录Ⅳ 几何学基础①

（转载自 Math. Ann.，卷 56，1902）

黎曼(Riemann)和黑姆霍尔兹(Helmholtz)关于几何基础的研究促使李(Lie)根据群的概念从事于几何公理法的研究，并使这位有远见的数学家作出了一组公理系统，由此出发，借助于他的变换群的理论证明，这组公理，足以发展几何学②。

在论证他的变换群理论时，李总是假定定义群的函数是可微的。因此，在李的研究中尚未讨论的是：按照有关的几何公理，函数可微性的假定是否确实不可避免，还是说所涉及的函数可微性是群概念以及其他几何概念的更确切的直接推论。在李阐明自己的方法时也不得不明确提出以下的公理：即运动群由无穷小变换所构成。这些要求以及李在规定等距点轨迹方程的性质的基本公理的主要组成部分都能从纯几何的形式表出。但这很勉强也很复杂。另外，它们仅作为李所用的解析方法而不是由问题的本身而出现。

因此，我在下文中力求为平面几何建立一个公理系统。这一系统同样是建立在群的概念之上，仅包含简单的且在几何上一目了然的要求，特别是绝不以运动所导出函数的可微性为前提，我所建立的公理系统是包含在李的公理系统中作为特殊组成部分，或者像我所认为的那样可以立即从李的公理中推出的。

我的论证完全不同于李的方法，我主要是用康托尔点集论的概念进行推论并且利用约当的定理：每条无重点、闭的连续平面曲线划分平面成内部区域和外部区域。

在我所列举的公理系统中肯定也有个别部分是多余的，然而我放弃了对这一情况的继续研究，考虑公理简单化的可能，尤其是我希望避免复杂的和几何上不明显的证明。

在下文中我所研究的仅是平面的公理，尽管我认为可以为空间建立一个类似的公理系统，用类比的方法就可建立空间几何学③。

我们现在先作几个解释。

解释：所谓数平面系指赋予直角坐标系 $x$，$y$ 的普通平面。

在数平面上，不含重点，且包含端点在内的连续曲线称为约当曲线。如果约当曲线是闭的，则由它所围成数平面上的内部区域称为约当区域。

为了叙述简便和便于理解，在目前所进行的研究工作中我将给出的平面的定义要比

---

① 对于下面几何的发展纲要，与本书正文的纲要相比较，其特征可参看本篇文章的结尾(125 页)。

② Lie-Engel，《变换群的理论》(*Theorie der Transformationsgruppen*)卷 3，问题 5。

③ 我相信通过以下的研究，能够同时回答有关群论的一般问题，见《数学问题》(*Göttinger Nachrichten*，1900)第五个问题，关于平面运动的特殊情形。

我的论证所要求的要狭些[①]。即假设我们几何中的所有点能够一一映射到数平面点的有限区域上或其某个确定的子集上。由此使我们几何中的每一点能由一个固定的数对 $x$ 和 $y$ 所决定。于是平面的概念可写作如下形式：

平面的定义　平面是以点为对象的集合，这些点能被映射到数平面点的有限区域或它的某个子集上，这里它们具有唯一的逆。而数平面的点（即象点）也将用来表示平面上的点。

对于平面上的任一点 $A$，存在数平面内的一个约当区域，其中包含点 $A$ 的象，而且这区域中的所有点也都表示平面上的点。我们将此约当区域叫做点 $A$ 的邻域。

每个包含在点 $A$ 邻域的约当区域其中包含 $A$ 的象点仍是点 $A$ 的一个邻域。

若点 $B$ 是点 $A$ 邻域中的任意一点，则点 $A$ 的邻域同时也是点 $B$ 的邻域。

对于平面上任意两点 $A$，$B$ 则存在一个点 $A$ 的邻域，它也包含点 $B$。

---

运动将定义为平面到自身的一个单值可逆变换。显然从开始就可将平面的单值可逆变换区分为两种类型。在数平面上任取一条具有定向的闭约当曲线则经此变换它仍变为具有某定向的闭约当曲线。在今后的研究中，每当利用数平面到自身的变换所定义的运动时，总可认为与原约当曲线具有相同的定向。这个假定[②]决定了运动概念的以下形式：

运动的定义　运动是数平面到自身的连续变换且具唯一的逆，它使闭约当曲线的定向恒保持不变。运动变换的逆变换仍是运动。

保持一个点 $M$ 不变的运动称为关于点 $M$ 的旋转。

在引进"平面"和"运动"两个概念之后，来建立以下三条公理：

**公理 1**　若连续实施两个运动则平面到自身的合成变换仍是一个运动。

简言之：

**公理 I　运动构成群。**

---

① 关于平面较广形式的定义，可与我的《几何基础》(*Göttinger Nachrichten*，1902)相比较，在那里给出平面更一般的定义：

平面是以点为对象的集合。每一点 $A$ 确定包含该点的某些子集，并将它们叫做点的邻域。

一个邻域中的点总能映射到数平面上某约当区域，在此方式下它们有唯一的逆。这个约当区域称为邻域的象。

含于一个邻域的象之中而点 $A$ 的象在其内部的每个约当区域，仍是点 $A$ 的一个邻域的象。若给同一邻域以不同的象，则由一个约当区域到另一个约当区域之间的一一变换是连续的。

如果 $B$ 是 $A$ 的一个邻域中的任一点，则此邻域也是 $B$ 的一个邻域。

对于一点 $A$ 的任意两个邻域，则存在 $A$ 的第三个邻域，它是前两个邻域的公共邻域。

如果 $A$ 和 $B$ 是平面上任意两点，则总存在 $A$ 的一个邻域它也包含点 $B$。

依我看来，在二维情形下，这些要求包含了以下概念的严明定义，黎曼和黑姆霍尔兹称它是多重拓广流形，而李称为数流形，而且所有他们的研究都是在这个基础上进行的。对于拓扑的严格公理化的展开他们也能以它作为基础。

采用上面关于平面的狭义定义，显然排除了椭圆几何，因为它的点不能映射到位于数平面的有限区域内的点在某种意义上是与公理之一相符合。然而，如果我们采取平面概念的较广形式，在讨论中认识这种改变的必要并不困难。

② 这个假定包含在李的要求中，即运动群由无穷小变换所生成，相反的假定（即反演可能性的假定）主要便于证明，因为在这种情形下，"真直线"就可直接定义为点的轨迹，而这些点是在改变定向且具有两个不动点的变换下保持不变。

**公理Ⅱ** 如果 $A$ 和 $M$ 是平面上任意两个不同点，则点 $A$ 经绕点 $M$ 的旋转可得到无穷多个位置。

在这个平面几何里，若把不同于 $M$ 的一点绕点 $M$ 的所有旋转所得点的全体叫做一个真圆[①]，则公理Ⅱ就可有以下的形式：

**公理Ⅲ 每个真圆都由无穷多个点组成。**

---

在叙述公理Ⅲ之前先给出以下定义：

**定义** 假定 $AB$ 是一个确定的点对，并以相同的字母表示这些点在数平面上的象。分别利用 $\alpha$ 和 $\beta$ 描述数平面上点 $A$ 和点 $B$ 的邻域。如果点 $A^*$ 属于邻域 $\alpha$，点 $B^*$ 也属于邻域 $\beta$，则称点对 $A^*B^*$ 位于点对 $AB$ 的邻域 $\alpha\beta$ 内，且邻域 $\alpha\beta$ 能够任意小，此将理解为 $A$ 和 $B$ 的邻域 $\alpha$ 和 $\beta$ 分别能够任意小。

令 $ABC$ 是这种几何中的一个三点组，并用同样字母表示这些点在数平面上的象。以 $\alpha,\beta$ 和 $\gamma$ 分别表示点 $A,B,C$ 在数平面上的三个邻域。如果点 $A^*$ 属于邻域 $\alpha$，点 $B^*$ 属于邻域 $\beta$，点 $C^*$ 属于邻域 $\gamma$，则称三点组 $A^*B^*C^*$ 属于三点组 $ABC$ 的邻域 $\alpha\beta\gamma$，且表示邻域 $\alpha\beta\gamma$ 能够任意小可理解为 $A,B$ 和 $C$ 的邻域 $\alpha,\beta,\gamma$ 分别能任意的小。

在应用"点对"和"三点组"中，我们并未假定两个点或三个点必须是不同的。

**公理Ⅲ** 如果存在着运动使任意靠近三点组 $ABC$ 的三点组，经运动后能与三点组 $A'B'C'$ 任意靠近，则存在一个运动将三点组 $ABC$ 恰好变换到三点组 $A'B'C'$[②]。

这条公理可简要叙述如下：

**公理Ⅲ 运动构成一个闭集。**

在公理Ⅲ中如果允许三点组的某些点可以重合，容易得到公理Ⅲ的一些特殊情形，今特指出如下：

如果存在关于点 $M$ 的旋转使任意靠近点对 $AB$ 的点对经旋转带到与点对 $A'B'$ 任意靠近，则总存在关于点 $M$ 的一个旋转将点对 $AB$ 恰好带到点对 $A'B'$。

如果存在关于点 $M$ 的旋转使任意靠近点 $A$ 的那些点经旋转带到与点 $A'$ 任意靠近的点，则存在关于点 $M$ 的一个旋转将点 $A$ 恰好带到点 $A'$。

在今后的叙述里，我要经常利用公理Ⅲ的特殊情形中的最后一条，在那里将用点 $M$ 代替点 $A$[③]。

---

现在证明以下论断：

*满足公理Ⅰ～Ⅲ的平面几何或是欧几里得平面几何或是鲍雅义-罗巴切夫斯基几何。*

如果我们希望单独得到欧几里得几何，则由公理Ⅰ仅需添加"运动群要包含一个正

---

① 本文中，"真圆"的表示指出它是以这样的方式确定的图形。并将证明它同构于数圆。对表示"真直线"(107 页)和"真线段"(119 页)可相应地阐明。

② 同李所假定的一样，对于充分小的邻域假定满足公理Ⅲ就够了。在我的论证中，可作某些变更使在那里用时仅需较狭的假设。

③ "运动不能使两点间相互任意靠近"这是 1901 年在格丁根 Ges. d. Wiss. 的一个纪念会议上，在我的报告中作为一个特殊公理的推论提出的。留待研究的是在什么范围或在包含此推论在内的哪些要求下，上面公理Ⅲ能被代替。

规子群”这一规定。这个规定代替了平行公理。

下面想简略地叙述一下我的论证中的一系列想法。利用一个特殊的方法在任一点 $M$ 的邻域中作某一个点图形 $kk$ 且在它的上面确定一点 $K$(§1～§2)。然后对经过 $M$ 和 $K$ 的真圆 $x$ 加以研究(§3)。于是可得真圆 $x$ 是闭的且是自稠密的,即它是一个完备点集。

下一步研究的课题是要论证真圆 $x$ 是一条闭约当曲线①。首先能做的是要证实真圆 $x$ 上的点排列顺序的可能性(§4～§5),从而得到真圆 $x$ 的点到普通圆上的点之间的一个具有唯一的逆的映射(§6～§7),最后证明这个映射必须连续(§8)。于是可得原来所作的点图形 $kk$ 与真圆 $x$ 是恒同的(§9),则有定理真圆 $x$ 内的每个真圆仍是一条闭约当曲线(§10～§12)。

其次转而研究绕点 $M$ 旋转平面将真圆 $x$ 变到自身的变换群(§13)。此群具有下列性质:(1) 关于点 $M$ 的每一个旋转若使真圆 $x$ 的一点保持不动则其所有点都保持不动(§14)。(2) 总存在一个关于点 $M$ 的旋转使真圆 $\kappa$ 上任一给定的点变到 $\kappa$ 的任意其他点(§15)。(3) 关于点 $M$ 的旋转群是连续的(§16)。这三条性质完全决定了真圆 $\kappa$ 到自身的所有旋转对应的变换群的结构。由此建立了以下定理:真圆 $\kappa$ 到自身的变换是关于点 $M$ 的旋转,它组成的变换群是全面同构于普通圆到自身的普通旋转群(§17～§18)。

下一步来研究平面上所有点关于点 $M$ 的旋转所成的变换群。除恒同变换外,下述定理成立:不存在关于点 $M$ 的旋转使真圆上的每一点都保持不动(§19)。现在可以看出每个真圆是闭约当曲线,并得到关于点 $M$ 的所有旋转群的变换公式(§20～§21)。最后,得到这些定理:如果在一个平面运动下任意两点保持不动,则所有点保持不动。即运动是恒同的。平面上每一点经过一个适当的运动能变到平面上的另外一点(§22)。

下面重要的课题是定义这种几何中真直线的概念,并为这种几何的构成说明有关真直线的必要性质。其次定义半旋转和线段中点的概念(§23)。一个线段至多有一个中点(§24),且已知一个线段的中点则每一较小线段也有一个中点(§25～§26)。

为考察线段中点的位置,有关真圆相切的几个定理是必要的,且首先要想到两个合同的圆彼此外切于一点且仅切于一点的作图(§27)。其次引进有关内切圆的一般定理(§28),并导出一个定理的特殊情形即切于内部的一圆通过切圆的中心(§29)。

现取一个相当小但确定的一个线段作为单位线段,通过反复平分和半旋转形成它的一个点集使得集合中的每一点都对应着一个确定的且分母仅为 2 的幂的有理数 $a$(§30)。在建立了所指定的规则以后(§31),结果集中的点在它们自己当中是有序的,在那里前面相切圆定理开始起了作用(§32)。现在能够证明对应于数 $\frac{1}{2},\frac{1}{4},\frac{1}{8},\cdots$ 的那些点收敛于 0(§33)。这个定理是逐步加以归纳的,直到看出集中的每个点序列收敛当所对应的数序列收敛(§34～§35)。

在作了这些准备以后,就可得到真直线作为点集的定义,它是由两个基点,通过重复取中点,作半旋转,并添加所得点的全部极限点而生成的(§36)。于是可以证明真直线

① 参见 A. Schönflies 所提出的有类似目的的一个有趣的短评,“Über einen grundlegenden Satz der Analysis Situs”, Göttinger Nachrichten, 1902, 有关进一步的说明和资料在 Berichte der Deutschen Mathematiker-Vereinigung, 补充的卷Ⅱ(1908),158 页和 178 页。

是一条连续曲线（§37），没有重点（§38），且与其他任一真直线至多有一公共点（§39）。进一步可以得到真直线与在它上面的任一点的周围所作的每个圆相交，且由此可得平面上任意两点总能以一条真直线联结（§40）。在这种几何中也可以看到尽管合同定理成立，而两个三角形合同仅当它们有相同的定向（§41）。

关于所有真直线的相关位置，有两种情形需加区别，依据平行公理是否成立或对一条已知直线和线外一点是否存在过此点的两条直线把与已知直线相交的和不相交的直线分开。在第一种情形里可得到欧几里得几何，而在第二种情形则得鲍雅义-罗巴切夫斯基几何（§42）。

---

§1. 设 $M$ 是这种几何中的任意一点而且也是数平面 $x, y$ 上的像点。其次的课题是围绕点 $M$ 构造某些点图形最后这些图形实际上将是关于点 $M$ 的真圆。

在数平面上作一个关于点 $M$ 的“数圆”，即在通常度量意义上的一圆 $\mathscr{R}$，它是如此的小使得 $\mathscr{R}$ 上和 $\mathscr{R}$ 内部的点也都是像点且也有 $\mathscr{R}$ 外部的点，则在 $\mathscr{R}$ 内存在一个与 $\mathscr{R}$ 同心的圆 $\zeta$ 使得经过关于点 $M$ 的任何旋转圆 $\zeta$ 的所有像点仍然在 $\mathscr{R}$ 内。

为了证明，我们考虑数平面上一组同心圆 $\zeta_1, \zeta_2, \zeta_3, \cdots$ 的无穷序列，它们具有渐减而收敛于 0 的半径。现作相反的假设，如果这些圆中的每一圆经绕点 $M$ 的某一旋转存在一个象点落于圆 $\mathscr{R}$ 的外部或到圆周上。令 $A_i$ 是位于圆 $\zeta_i$ 内部的一个像，在旋转 $\Delta_i$ 下它变到圆 $\mathscr{R}$ 的外部或保留在相同位置。设想每个数圆从点 $M$ 到每一个点 $A_i$ 作的半径 $r_i$ 经旋转 $\Delta_i$ 变为曲线 $r_i$。因曲线 $\gamma_i$ 经过从点 $M$ 到圆 $\mathscr{R}$ 外部或其上的某些点，故 $\gamma_i$ 必与圆 $\mathscr{R}$ 相交。令 $B_i$ 是这样的一个交点且 $B$ 是点 $B_1, B_2, B_3, \cdots$ 的一个极限点[①]。又令 $c_i$ 是半径 $r_i$ 上的点它经旋转 $\Delta_i$ 变换到点 $B_i$。因为点 $c_1, c_2, c_3, \cdots$ 收敛于 $M$，根据公理Ⅲ存在一个关于点 $M$ 的旋转，经此旋转将位于圆周 $\mathscr{R}$ 上的点 $B$ 变到点 $M$。这与上面所给运动的定义相矛盾。

§2. 如同§1所规定设 $\zeta$ 是 $\mathscr{R}$ 内的一个数圆并满足这里所证明定理的条件，因此 $\zeta$ 内所有的象点在关于 $M$ 的旋转下仍在 $\mathscr{R}$ 内。且令 $k$ 是 $\zeta$ 内的一个数圆，所有它的点在关于点 $M$ 的旋转下仍在 $\zeta$ 内。简言之，数平面的点都被 $k$ 内或 $k$ 上的点经绕点 $M$ 以任何方式的旋转而得的点所覆盖。由公理Ⅲ立即可得这些覆盖点形成一个闭集。且令 $A$ 是 $\mathscr{R}$ 外部的一个确定点，它的像是这种几何中的一点。现在我们说一个非覆盖点 $A'$ 位于 $kk$ 之外是指如果它能同 $A$ 以仅含非覆盖点的约当曲线相连接。特别是，数圆 $\zeta$ 外部的所有点一定在 $kk$ 的外部。每个覆盖点是 $kk$ 上的一点是说在覆盖点的每个任意小的邻域里都包含 $kk$ 外部的点。在 $kk$ 上的点形成一个闭集。如点 $J$ 既不在 $kk$ 外部也不在 $kk$ 上则说这点是 $kk$ 内部的点。特别地，所有覆盖点不能任意靠近非覆盖点，例如点 $M$ 和 $k$ 的内部点，因此一定位于 $kk$ 内。

§3. 我们注意到确定 $\zeta$ 的过程在绕点 $M$ 的旋转下点 $A$ 永不能落在 $\zeta$ 内，可以看出在绕点 $M$ 的每一个旋转下 $kk$ 外部的点仍变为 $kk$ 外部的点，$kk$ 上的点仍变到 $kk$ 上的点以及 $kk$ 内部点仍变为 $kk$ 内部的点。

---

① 在这上下文里，极限点是指习惯上叫做的聚点。

根据已给的定义，$kk$ 上的每一点是一覆盖点，而且已知 $k$ 内的点也位于 $kk$ 内部，因此就有以下的结论：

对于 $kk$ 上的每一点 $K$ 存在一个关于 $M$ 的旋转 $\Delta$，使经旋转后位于 $k$ 周界上的一点 $K'$ 与 $K$ 重合。数圆 $k$ 的半径 $MK'$ 经旋转 $\Delta$ 后就形成一条连接点 $M$ 同 $kk$ 上的点 $K$ 的约当曲线且此曲线完全位于 $kk$ 的内部。

同时可以看出数圆 $k$ 的周界上至少有一点 $K'$ 在 $kk$ 上。

将点 $M$ 与在 $kk$ 外部的一点 $A$ 用任一约当曲线连接，并用 $K$ 表示此曲线与 $kk$ 的交点，于是在约当曲线上位于 $K$ 和 $A$ 之间的所有点都在 $kk$ 的外部。于是我们考虑由点 $K$ 经关于点 $M$ 的各旋转而产生的所有点的集合，即通过点 $K$ 关于点 $M$ 的真圆 $\kappa$，这个真圆的所有点都在 $kk$ 上。

由公理Ⅱ，真圆 $\kappa$ 包含无穷多个点。如果 $K^*$ 是真圆 $\kappa$ 的点的一个极限点，则由公理Ⅲ它也是 $\kappa$ 的一个点。用 $K_1$ 表示真圆 $\kappa$ 的任一点，则在完成将 $K^*$ 变到 $K_1$ 的关于点 $M$ 的旋转后，可知 $K_1$ 也是真圆 $\kappa$ 点的一个极限点。如此可得下面的定理：

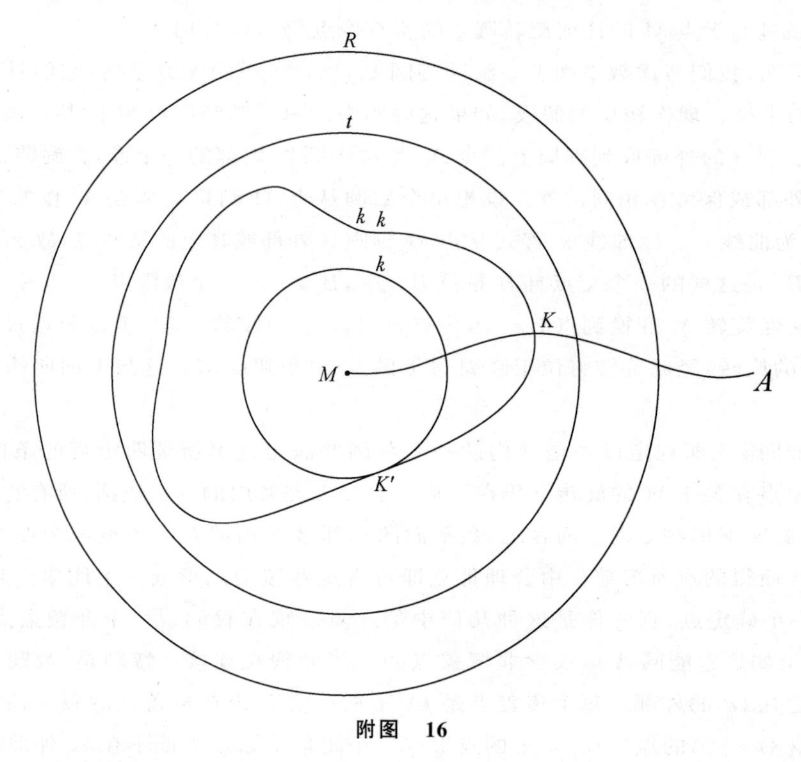


附图　16

真圆 $\kappa$ 是一个闭的且自稠密的集合，亦即是一个完备点集。

§4. 下面叙述的最重要的课题是证明真圆 $\kappa$ 是一条闭约当曲线。而实际情况也就是真圆 $\kappa$ 与 $kk$ 相重合。

首先将证明对于真圆 $\kappa$ 的任意两点 $K_1$，$K_2$ 总能用一条约当曲线连接，这条曲线除端点外全部在 $kk$ 内部，同样这条约当曲线除端点外也可全部在 $kk$ 的外部。

事实上，按照以上的论点，在 $kk$ 内部将中点 $M$ 分别与 $K_1$ 和 $K_2$ 连接成约当曲线

$MK_1$ 和 $MK_2$，并在曲线 $MK_1$ 上确定始点在 $M$，终点在 $MK_2$ 上的一点 $P$，则第一条约当曲线的弧 $PK_1$ 与第二条约当曲线的弧 $PK_2$ 一起形成原所要求的一条连接曲线。

另一方面，考虑将 $K$ 变到 $K_1$ 或 $K_2$ 的关于点 $M$ 的旋转。这样由点 $A$ 产生的点 $A_1$ 或 $A_2$（根据§3）落在 $kk$ 内部，因此在 $kk$ 外能与 $A$ 连接。从这些连接曲线和约当曲线，其中这些约当曲线是由§3 所构造的约当曲线 $AK$ 经旋转而得到的，组成一条在 $K_1$ 和 $K_2$ 之间且完全位于 $kk$ 外部的约当曲线是很容易的。

§5. 从上面推导出的定理使我们有可能用特定方法对真圆 $\kappa$ 上的点进行排列。

设 $K_1,K_2,K_3,K_4$ 是真圆 $\kappa$ 的任意四个不同点。将 $K_1$ 和 $K_2$ 用完全位于 $kk$ 内部的一条约当曲线（即在 $K_1$ 和 $K_2$ 之间）连接并用完全位于 $kk$ 外部的另一约当曲线连接。由于这两条包含端点 $K_1$ 和 $K_2$ 的连接曲线是连续的，它们一起形成了一条闭约当曲线。设以上述方式从 $K_1$ 和 $K_2$ 所生成的一条曲线用 $\overline{K_1K_2}$ 表示。于是由熟知的约当曲线定理除去 $\overline{K_1K_2}$ 的整个数平面被分割成两个区域，即曲线 $\overline{K_1K_2}$ 的内部区域和外部区域。而就点 $K_3$ 和 $K_4$ 的位置关系现有两种可能。第一种是点 $K_3$ 和 $K_4$ 不被曲线 $\overline{K_1K_2}$ 所分离，即它们同在 $\overline{K_1K_2}$ 的内部或外部。第二种是点 $K_3$ 和 $K_4$ 被曲线 $\overline{K_1K_2}$ 分离，即 $K_3$ 在曲线 $\overline{K_1K_2}$ 的内部而 $K_4$ 在 $\overline{K_1K_2}$ 的外部或是相反。如果用另外某种方式连接点 $K_1$ 和 $K_2$，使其中一条路径完全位于 $kk$ 内，另一条完全位于 $kk$ 外部，则容易看出点 $K_3$ 和 $K_4$ 相对于新得到的闭约当曲线 $\overline{\overline{K_1K_2}}$ 的位置关系，和前面所说的相同。诚然，例如第一种情形成立，两点 $K_3,K_4$ 都在 $\overline{K_1K_2}$ 的内部区域，并用位于 $kk$ 内部的一个路径 $W$ 连接 $K_3$ 和 $K_4$。此路径必留在闭曲线 $\overline{K_1K_2}$ 的内部区域而沿其余部分终归要回到内部区域。所以我们用非常接近于全部落在 $kk$ 和 $\overline{K_1K_2}$ 内部的 $\overline{K_1K_2}$ 弧段的一个路径来代替路径 $W$ 位于 $\overline{K_1K_2}$ 外部的那一部分，这一定是可能的。因此在 $K_3$ 和 $K_4$ 之间这样所产生的一个连接路径 $W^*$ 也完全位于 $kk$ 和 $\overline{K_1K_2}$ 内部。从位于 $kk$ 内部的曲线 $\overline{K_1K_2}$ 的一部分及位于 $kk$ 外部的曲线 $\overline{\overline{K_1K_2}}$ 的一部分形成一条新的闭约当曲线 $\overline{\overline{\overline{K_1K_2}}}$，则 $W^*$ 显然是在新约当曲线内部且不穿过曲线 $\overline{\overline{\overline{K_1K_2}}}$ 的一条连接 $K_3$ 与 $K_4$ 的路径，即 $K_3$ 和 $K_4$ 确实不被 $\overline{\overline{\overline{K_1K_2}}}$ 所分离。由相应的解释在 $kk$ 外部 $K_3$ 和 $K_4$ 也不被曲线 $\overline{\overline{K_1K_2}}$ 所分离。在第一种情形下可简单地说点对 $K_3,K_4$ 不被点对 $K_1,K_2$ 所分离。于是在第二种情形下也可简单地说点对 $K_3,K_4$ 被点对 $K_1,K_2$ 所分离。

现作关于点 $M$ 的某一旋转，它将点 $K_1,K_2,K_3,K_4$ 变到点 $K'_1,K'_2,K'_3,K'_4$。注意到旋转是定义为数平面上具有唯一逆的连续变换，它把 $kk$ 内部的点变到 $kk$ 内部的点，$kk$ 外部的点变为 $kk$ 外部的点，于是可得两个点对 $K'_1,K'_2$和 $K'_3,K'_4$是否彼此分离取决于点对 $K_1,K_2$ 和 $K_3,K_4$ 是否彼此分离，也就是说，在关于点 $M$ 的旋转下，点对 $K_1,K_2$ 和 $K_3$，$K_4$ 的相关位置保持不变。

应用类似的方法我们能够推出一些定理，它们对应着有关普通数圆的周界上点对的相关位置的其他熟知事实。这定理是：

如果 $K_1,K_2$ 被 $K_3,K_4$ 分离，则 $K_3,K_4$ 被 $K_1,K_2$ 分离。如果 $K_1,K_4$ 被 $K_2,K_5$ 分

离且 $K_2$,$K_4$ 被 $K_3$,$K_5$ 分离,则 $K_1$,$K_4$ 被 $K_3$,$K_5$ 分离。

这就带来以下结果:

*真圆 $\kappa$ 上的点是循环排列的,也就是说,关于它上面点对的相互分离情况恰如普通数圆上点的排列情况一样。这种排列在真圆 $\kappa$ 关于中心 $M$ 的旋转下保持不变。*

§6. 有关真圆 $\kappa$ 的另一重要性质叙述如下:

*对于真圆 $\kappa$ 的每一点对总存在 $\kappa$ 上的另一点对,而这个点对分离前一点对。*

以 $K_\infty$ 表示真圆 $\kappa$ 上的一个确定点,并设 $K_1$,$K_2$,$K_3$ 是 $\kappa$ 上任意三点,而 $K_2$ 是否位于 $K_1$ 和 $K_3$ 之间取决于点对 $K_2$,$K_\infty$ 是否分离点对 $K_1$,$K_3$。

若作与以上断言相反的假定,设 $K$ 和 $K'$ 是真圆 $\kappa$ 上的两点且不被任意点对分离,则由所作的约定可知在 $K$ 和 $K'$ 之间没有 $\kappa$ 上的点,若进一步假定存在一点 $K_1$ 使得点对 $K_1$,$K'$ 被点对 $K$,$K_\infty$ 分离。若不是这种情况,则在以下讨论中可以交换 $K$ 和 $K'$ 的作用。其次我们选取真圆 $\kappa$ 的一个收敛于点 $K$ 的无穷点序列 $R$,并用位于 $kk$ 内部的一条曲线和位于 $kk$ 外部的一条曲线连接 $K_1$ 和 $K'$。将这两条曲线合并一起得到一条闭约当曲线 $\overline{K_1K'}$,它将 $K_\infty$ 和 $K$ 分离因而也必将收敛于点 $K$ 的 $R$ 中的无穷多个点分离。设 $K_2$ 是序列 $R$ 的这些点中的一点。因为 $K_2$ 在 $K_1$ 与 $K'$ 之间而不在 $K$ 与 $K'$ 之间,则 $K_2$ 必在 $K_1$ 和 $K$ 之间。现在同样地用一条闭约当曲线 $\overline{K_2K'}$ 连接 $K_2$ 与 $K'$。这样可得序列 $R$ 的一点 $K_3$,它位于 $K_2$ 与 $K$ 之间,等等。用这样的方法我们可得一个无穷点序列 $K_1$,$K_2$,$K_3$,…,它们中的每个点都位于它前面一点与 $K$ 之间,并且它们收敛于点 $K$。

现作关于点 $M$ 的一个旋转,它使点 $K$ 变到点序列 $K_1$,$K_2$,$K_3$,…中的一点,记为 $K_i$,在这个旋转下设点 $K'$ 变到点 $K'_i$。由假设 $K$ 和 $K'$ 不能被任何点对分离对于点对 $K_i$,$K'_i$ 同样成立。由于如此 $K'_i$ 必与 $K_{i-1}$ 或 $K_{i+1}$ 重合或位于 $K_{i-1}$ 和 $K_{i+1}$ 之间。于是在任何情况下 $K'_i$ 都位于 $K_{i-2}$ 和 $K_{i+2}$ 之间,因而无穷点序列 $K_1$,$K'_3$,$K_5$,$K'_7$,$K_9$,$K'_{11}$,…也具有这个性质,即点序列中的每一点都位于它前面一点与 $K$ 之间。

现将证明点序列 $K'_3$,$K'_7$,$K'_{11}$,…也必收敛于点 $K$,事实上,如果点 $K'_3$,$K'_7$,$K'_{11}$,…有一个异于点 $K$ 的极限点 $Q$,从它们之中选取一点 $K'_l$。由于 $K'_{l+4}$,$K'_{l+8}$,$K'_{l+12}$,…都位于 $K'_l$ 和 $K$ 之间,这里存在一条闭约当曲线 $\overline{K'_lK}$,它将点 $K_\infty$ 同点 $K'_{l+4}$,$K'_{l+8}$,$K'_{l+12}$,…分离,从而也同点 $Q$ 分离,即 $Q$ 必在 $K'_l$ 和 $K$ 之间。鉴于点 $K_i$ 和 $K'_i$ 间的对应关系可得点 $Q$ 也落在点 $K_1$,$K_5$,$K_9$,…和 $K$ 之间,因此闭约当曲线 $\overline{QK_\infty}$ 必将所有点 $K_1$,$K_5$,$K_9$,…同 $K$ 分离。但点 $K_1$,$K_5$,$K_9$,…不能收敛于 $K$,于是它必是这样了。

现在考虑点 $K_3$,$K_7$,$K_{11}$,…收敛于 $K$ 而点 $K'_3$,$K'_7$,$K'_{11}$,…根据什么同时收敛于 $K$。由于经过关于 $M$ 的旋转点 $K$ 变到 $K_i$ 而同时 $K'$ 变到 $K'_i$,则由公理Ⅲ必存在一个旋转,它将 $K$ 和 $K'$ 同时变到公共的收敛点 $K$。然而这与旋转的定义矛盾。这样就驳斥了假设而完全证明了本节开始提出的定理。

§7. 由§6 开始的定义如果将排除了点 $K_\infty$ 的真圆 $\kappa$ 作为康托尔意义上的一个有序点集,则这个集合的序型是线性连续统(序型)。

为了证明首先要确定真圆的一个可数点集 $S$,它的极限点形成真圆 $\kappa$ 自身。根据康托尔[①],集合 $S$ 的序型是所有有理数的自然顺序型,即在集合 $S$ 的点与有理数之间可以这样建立一种对应,如果 $A,B,C$ 是 $S$ 的任意三点,其中 $B$ 在 $A$ 和 $C$ 之间,则对指定的三个有理数 $a,b,c$,数 $b$ 的值总在 $a$ 和 $c$ 之间。

令 $K$ 是真圆 $\kappa$ 的任意一点但它不属于集合 $S$。若 $A,B$ 是 $S$ 中的两点,则根据 $K$ 在还是不在 $A$ 和 $B$ 之间,分别称为 $A$ 和 $B$ 在 $K$ 的异侧还是同侧。将对 $S$ 中点的这个约定转到它们对应的有理数上,我们就得到有理数集合的一个确定的戴德金分割,它是由点 $K$ 诱导出来的。令由此分割确定的无理数对应于点 $K$。

真圆 $\kappa$ 上不存在两个不同的点 $K$ 与 $K'$,它们能与同一无理数对应。事实上,如果作一条闭约当曲线 $\overline{KK'}$ 并设 $H$ 是 $\kappa$ 上位于 $K$ 和 $K'$ 之间的任意一点,因而它落于 $\overline{KK'}$ 内部,因为 $H$ 是集合 $S$ 的一个极限点,于是在 $S$ 内也必存在一点 $A$ 此点位于 $\overline{KK'}$ 内部,因而也必位于 $K$ 与 $K'$ 之间。所以,有理数 $a$ 对应于点 $A$ 就暗示着由点 $K$ 和 $K'$ 所诱导的分割是不同的。

反过来,我们将证明,对每一个无理数 $\alpha$ 真圆 $\kappa$ 上存在一点与它对应。为此令 $a_1$, $a_2,a_3,\cdots$ 是一个递增的数序列且 $b_1,b_2,b_3,\cdots$ 是一个递减的数序列,它们每一个都收敛于 $\alpha$。作依次对应于这些数的点 $A_1,A_2,A_3,\cdots$ 和 $B_1,B_2,B_3,\cdots$ 并用 $K$ 表示点 $A_1,A_2,A_3$, $\cdots,B_1,B_2,B_3,\cdots$ 的任一极限点,点 $K$ 必须对应数 $\alpha$。因为一般地讲如果作一条闭约当曲线 $\overline{A_iB_i}$,则点 $A_{i+1},A_{i+2},A_{i+3},\cdots,B_{i+1},B_{i+2},B_{i+3},\cdots$,而且也有极限点,都将位于曲线 $\overline{A_iB_i}$ 的内部,亦即在点 $A_i,B_i$ 之间。因此由 $K$ 诱导的分割恰是确定数 $\alpha$ 的。

现在我们考虑任一个普通单位数圆的圆周上的点。指定这些点中的一个对应符号 $\pm\infty$ 并记作点 $K_\infty$。然而对其余的点对应于具有连续逐次性的全体实数且这些数依次对应真圆 $\kappa$ 的点。于是得到以下结果:*真圆 $\kappa$ 的点能依次映射到普通单位数圆的周界上的点且映射是单值可逆的。*

§8. 为完成§4所提出的课题仅剩下去证明所得映射的连续性,即证明真圆 $\kappa$ 是无间隙的。为此,假定真圆 $\kappa$ 的点是由数平面的坐标 $x,y$ 所确定而单位数圆的点是由从某一固定点算起的弧长 $t$ 所确定,则证明 $x,y$ 是 $t$ 的连续函数是必要的。

现令 $t_1,t_2,t_3,\cdots$ 是收敛于 $t^*$ 的一个递增或递减的序列且 $K_1,K_2,K_3,\cdots$ 是分别对应于这些参数值的真圆 $\kappa$ 上的点,并令 $t^*$ 对应 $x$ 上一点 $K^*$。其次,令 $Q$ 是点 $K_1,K_2,K_3$, $\cdots$ 的一个极限点。如果作一条闭约当曲线 $\overline{K_iK^*}$,则点 $K_{i+1},K_{i+2},K_{i+3},\cdots$ 以及它们的极限点 $Q$ 必将位于 $\overline{K_iK^*}$ 内部,即点 $Q$ 也将在 $K_i$ 和 $K^*$ 之间。于是对应于点 $Q$ 的参数值 $t$ 也必在 $t_i$ 和 $t^*$ 之间。如果 $Q$ 与 $K^*$ 重合,最后矛盾才能解决。因而点 $K_1,K_2,K_3$, $\cdots$ 收敛于 $K^*$。至此,关于参数 $t$ 的函数 $x,y$ 的连续性得以完全证明,并得到§4提出的作为研究中第一个重要课题即下面的定理:

*真圆 $\kappa$ 是数平面上一条闭约当曲线。*

---

① Beiträge zur Begründung der transfiniten Mengenlehre, Math. Ann. 卷46,§9。对于本文的其他结论,可参照§11。

§9. 现在我们已知，真圆 $\kappa$ 的所有点都在 $kk$ 上。反过来将有 $kk$ 上的点也全在 $\kappa$ 上，于是下面广泛的定理将成立：

*真圆 $\kappa$ 上的点和 $kk$ 上的点是相同的。位于 $\kappa$ 内部的点也是 $kk$ 内部的点，且位于 $\kappa$ 外部的点也是 $kk$ 外部的点。*

证明这个定理首先要证明点 $M$，即真圆 $\kappa$ 的"中心"与 $\kappa$ 内每一点 $J$ 能由一条不通过真圆 $\kappa$ 的连续曲线连接。

事实上，在数平面上过点 $J$ 作一条普通直线，称它为"数直线"，令 $K_1$ 和 $K_2$ 是这条数直线上的两点，它们是从点 $J$ 开始按两个方向与真圆 $\kappa$ 相交的点。因为 $K_1$ 和 $K_2$ 也是 $kk$ 上的点，它们能分别与 $M$ 用约当曲线 $MK_1$ 和 $MK_2$ 连接，这两条曲线完全在 $kk$ 内部且一定不通过真圆 $\kappa$。若这两条约当曲线之一与线段 $K_1K_2$ 相交于点 $B$，则弧段 $MB$ 连同线段 $JB$ 形成所要求的连接路径。另外，$MK_1$ 和 $MK_2$ 同线段 $K_1K_2$ 一起形成一条闭约当曲线 $\gamma$。由于曲线 $\gamma$ 完全在数圆 $\zeta$ 内部(§1)因而位于数圆 $\mathscr{R}$ 外的一点 $A$ 一定不能与 $\gamma$ 内的点连接而不穿过曲线 $\gamma$ 的一点。曲线 $\gamma$ 仅包含 $kk$ 内的点，$kk$ 上的点以及 $\kappa$ 内的点。由于从 $A$ 开始后面各点是易接近的，仅穿过 $\kappa$ 上一点，它也是 $kk$ 上的一点，完全位于 $\gamma$ 内的区域也必在 $kk$ 内。于是在 $\gamma$ 内以一连续路径连接 $M$ 与 $J$，此路径一定不与真圆 $\kappa$ 相交，而是我们所要求类型的一条路径。

*由此可以推出点 $M$ 在真圆 $\kappa$ 内部即真圆 $\kappa$ 的中心 $M$ 在它的内部。*

由于 $kk$ 的每一点与 $M$ 也能用一条约当曲线连接，此曲线除去端点完全位于 $kk$ 内部，而且它一定不与 $\kappa$ 相交，$kk$ 上的每一点必在 $\kappa$ 上或在 $\kappa$ 内部。如果存在 $kk$ 上且在 $\kappa$ 内的一点 $P$，则位于 $\mathscr{R}$ 之外的点 $A$ 不能与任意靠近 $P$ 的点连接而不穿过真圆 $\kappa$ 的点。然而由于 $\kappa$ 的每点是覆盖点，因此 $P$ 不能是 $kk$ 上的点，这是一个矛盾。于是 $kk$ 上的所有点也都是真圆 $\kappa$ 上的点，这样就完全证明了以上的论断。

§10. 在§2 里，我们借助一种可靠的作图由数圆 $k$ 引进了点图形 $kk$。正如§3 指出的，数圆 $k$ 至少有一点在 $kk$ 上而其他点全部在 $kk$ 上或在 $kk$ 内且由§9 知道 $kk$ 上的点都恰是真圆 $\kappa$ 上的点，前面的作图也是从数圆 $k$ 获得真圆 $\kappa$ 的一种手段，它是环绕数圆且与其外切的一条闭约当曲线。在这里以及今后约定，若一条约当曲线位于另一条约当曲线的内部区域且至少有一公共点，则称第一条曲线对第二条曲线内侧相切，而称第二条对第一条曲线外侧相切。

将前述方法稍加变更，即指定 $k$ 内及 $k$ 外的点交换一下它们的作用而从数圆 $k$ 能作另一个真圆。现在我们将数平面上的点叫做覆盖点，如果它们是从 $k$ 外或 $k$ 上的点以任何方式关于点 $M$ 作旋转而得到的。而所有其他点则叫做非覆盖点。若一非覆盖点与点 $M$ 能用仅含非覆盖点的一条约当曲线连接，则称此点在 $kkk$ 内。在 $kkk$ 内部点的界点称为 $kkk$ 上的点而所有其他点称为 $kkk$ 外部的点。类似于§3～§9，将能证明，*$kkk$ 上的点构成一个关于点 $M$ 的真圆，它是环绕中心 $M$ 的一条闭约当曲线，且位于数圆 $k$ 内并从内部与它相切。*

§11. 现在我们在数圆 $k$ 内选任意一条包含点 $M$ 在其内部区域的闭约当曲线 $z$ 来代替数圆 $k$，这是能够做到的。*利用相同的作图法，对于曲线 $z$ 我们得到一个确定的关于点 $M$ 的真圆，它环绕 $z$ 且是一条与 $z$ 外侧相切的闭约当曲线，以及一个确定的关于点 $M$ 的*

真圆，它们于 $z$ 内且是一条与 $z$ 内侧相切的闭约当曲线。

还应注意每一个由约当曲线 $z$ 这样作出的真圆也能由数圆作出。我们仅需在已知的真圆内选一个数圆且它与真圆内侧相切或是一个环绕真圆与它外侧相切的数圆。对于两个都是闭约当曲线的真圆，无论它们环绕同一个数圆还是完全位于数圆内，并且都与它相切它们必有一公共点因而是恒同的。

§12. 现在我们将无特殊困难可以证明一个重要的结果，过 $\kappa$ 内任一点 $P$，关于点 $M$ 的每个真圆，如同在§11 中所作的真圆一样，乃是包含点 $M$ 在内的闭约当曲线。

为了证明，一方面考虑所有关于点 $M$ 的真圆，它们是闭约当曲线并且不包含（或不环绕）点 $P$。我们称它们为第一种真圆。另一方面考虑所有是闭约当曲线且包含（或环绕）点 $P$ 的真圆。并将它们称为第二种真圆。

首先，考虑由每个中心为 $M$ 的数圆所生成的环绕真圆并仔细考虑由第一种真圆所产生的数圆。然后对这些数圆找一个界圆 $g$，即包含所有数圆的最小的一个数圆。所有小于 $g$ 的数圆则给出第一种真圆。如果由数圆 $g$ 产生的真圆 $\gamma$ 不经过点 $P$，它也就不能围绕该点。因为若点 $P$ 在 $\gamma$ 内，则可作一条全部在 $\gamma$ 内且（环绕）点 $M$ 和点 $P$ 的闭约当曲线，从它就可得到包围它的真圆。因为这个真圆确切地位于数圆 $g$ 的内部区域，则此真圆能由小于 $g$ 的数圆生成。而且它应包含点 $P$，这是不可能的。因为，如上面所提到的，所有关于点 $M$ 的真圆都是闭约当曲线，它们也由关于点 $M$ 的数圆产生。很明显，由 $g$ 产生的真圆是第一种真圆，它包围了第一种的其他所有真圆。

另一方面，从考察中心为 $M$ 的数圆生成的真圆且它不包围数圆，则利用类似方法能够证明存在第二种的一个真圆，它被第二种的所有其他真圆所包围。

如果这样找到的两个真界圆不通过点 $P$，则在它们之间的环形域内可作一约当曲线，利用所给方法，它一定能产生一个本身是闭约当曲线的真圆，但它既不是第一种也不是第二种。这是一个矛盾。因而在本节开始所述的论断得以证明。

§13. 在前面已经得到以 $M$ 为中心且经过 $\kappa$ 内部点的真圆的重要性质，以后将转到对运动群的研究，而所有的运动是平面上关于点 $M$ 使真圆 $\kappa$ 变到自身的旋转。

令真圆 $\kappa$ 上的点依照§8 的叙述有序地映射到单位数圆的圆周上的点 $t$。于是对每一个平面上关于点 $M$ 的旋转 $\Delta$ 对应着一个将单位圆上的点 $t$ 变到自身的具有唯一逆的连续变换，因由§5 真圆上点的顺序在旋转下保持不变，故依§7 参数值 $t$ 的顺序在旋转下也保持不变。这个变换能用公式表示为

$$t'=\Delta(t)$$

这里 $\Delta(t)$ 是连续的递增或递减函数，而当自变量增加 $2\pi$ 时，它的值也改变 $2\pi$。

对于自变量 $t$ 增大函数值减小的函数 $\Delta(t)$，相应的是改变真圆定向的变换，且由于对运动所采取的定义，它的定向必须保持不变，故得当 $t$ 增大时函数 $\Delta(t)$ 必总增大。

§14. 现在提出这样一个问题，对所有关于点 $M$ 的旋转所成的群中是否存在一个旋转，在该旋转下使真圆 $\kappa$ 的一点 $A$ 能保持不变。设点 $A$ 对应的参数值是 $t=a$，并设它在适当旋转 $\Delta$ 下不变，这个旋转用公式表示为

$$t'=\Delta(t)$$

又令 $B$ 是真圆上的任一点，它对应的参数值是 $t=b$ 并在旋转 $\Delta$ 下它改变位置。不

失一般性,我们假定 $b<a$。

$\Delta(t)$ 及它的逆函数 $\Delta^{-1}(t)$ 随变量 $t$ 的增大而增大。由于 $\Delta(a)=a$,我们能够逐步推出所有的值能用乘幂符号表示为

$$\Delta(b),\Delta\Delta(b)=\Delta^2(b),\Delta^3(b),\cdots,\Delta^{-1}(b),\Delta^{-2}(b),\Delta^{-3}(b),\cdots$$

它们都小于 $a$。当 $\Delta(b)>b$ 时,则值

$$\Delta(b),\Delta^2(b),\Delta^3(b),\cdots$$

构成一个单调递增数序列。当 $\Delta(b)<b$ 时对于值序列

$$\Delta^{-1}(b),\Delta^{-2}(b),\Delta^{-3}(b),\cdots$$

则同样成立。

从这些事实可以断定在第一种情形下对 $b$ 连续实施旋转 $\Delta$ 和在后一种情形 $\Delta(b)$ 具有负指数的乘幂符号两者必趋于一个极限值 $g$,而 $g$ 或在 $a$ 和 $b$ 之间或与 $a$ 重合。如果 $g$ 对应于真圆 $\kappa$ 上的某点 $G$,则 $\Delta$ 具有正或负指数的方幂组成运动,在这些运动下点 $B$ 最后要变到任意邻近 $G$ 的那些点,同时将 $G$ 的任意小邻域内的点仍保留在 $G$ 的任意小邻域内。因而,由公理Ⅲ必存在将 $B$ 变到 $G$ 且同时保持 $G$ 不变的一个运动。但这与运动定义相矛盾。*因此保持点 $A$ 不变的旋转变换 $\Delta$ 必然保持真圆 $\kappa$ 的所有点不变,即对真圆 $\kappa$ 来说它是恒同变换。*

§15. 从真圆的定义以下事实是显而易见的:

*总存在一个关于点 $M$ 的旋转将真圆 $\kappa$ 的任一已知点 $O$ 变到它上面另一已知点 $S$。*

§16. 现在将导出有关真圆到自身的运动群的其他性质:

设 $O,S,T,Z$ 是真圆 $\kappa$ 上四个点,使得经绕点 $M$ 的旋转将 $O$ 变到 $S$ 而 $T$ 向 $Z$ 移动,这样 $Z$ 的位置由点 $O,S,T$ 唯一决定。将 $O$ 固定让 $S$ 和 $T$ 沿真圆移动,*则由 $S$ 和 $T$ 的连续变动也产生 $Z$ 的连续变动。*

为了证明这个论断,选择收敛于点 $S$ 的一个无穷点序列 $S_1,S_2,S_3,\cdots$ 及收敛于点 $T$ 的无穷点序列 $T_1,T_2,T_3,\cdots$。用 $\Delta_1,\Delta_2,\Delta_3,\cdots$ 表示关于点 $M$ 的旋转,经过这些旋转 $O$ 变到 $S_1,S_2,S_3,\cdots$ 并设点 $T_1,T_2,T_3,\cdots$ 依次经旋转 $\Delta_1,\Delta_2,\Delta_3,\cdots$ 变为点 $Z_1,Z_2,Z_3,\cdots$,于是必须证明点 $Z_1,Z_2,Z_3,\cdots$ 收敛于 $Z$。设 $Z^*$ 是点 $Z_1,Z_2,Z_3,\cdots$ 的一个极限点。由公理Ⅲ,则存在一个关于点 $M$ 的旋转将 $O$ 变到 $S$ 且同时将 $T$ 变到 $Z^*$。如此看来 $Z^*$ 被唯一决定且与 $Z$ 恒同。

§17. 在§14～§16,我们已经得到将真圆 $\kappa$ 变到自身的所有旋转作成的群具有以下性质:

1. 除恒同变换外,不存在关于点 $M$ 的旋转使真圆 $\kappa$ 上一点保持不变。

2. 如果 $O,S$ 是真圆 $\kappa$ 的任意两点,则存在一个关于点 $M$ 的旋转将 $O$ 变到 $S$。

3. 在关于点 $M$ 的一个旋转下 $O$ 向 $S$ 移动同时 $T$ 变到 $Z$。如果 $S$ 和 $T$ 在 $\kappa$ 上连续改变它们的位置,则由 $O,S,T$ 唯一地确定点 $Z$ 在 $\kappa$ 上的一个连续变动。

这三条性质完全决定了变换 $\Delta(t)$ 的群的结构,而这些变换对应着真圆到其自身的运动。于是有下述定理:

*真圆 $\kappa$ 到自身的所有运动组成的群,其中的运动是关于点 $M$ 的旋转,与数圆到自身的关于点 $M$ 的普通旋转所成的群同构。*

§18. 假定将真圆 $\kappa$ 上具有参数值 0 的点 $O$ 变到具有参数值 $s$ 的点 $S$ 的关于点 $M$ 的旋转由以下变换公式表示：

$$t'=\Delta(t,s),$$

取 $\Delta(t,0)=t$。于是根据旋转群的已有性质看到 $\Delta(t,s)$ 是变量 $t,s$ 的单值连续函数，这时也得到，$s$ 由在 $2\pi$ 倍数以内的两个对应值 $t$ 和 $t'$ 所唯一确定。上述函数 $\Delta(t,s)$ 在 $t$ 是常数 $s$ 增加时或仅是单调递增或仅是单调递减，且因 $t=0$ 时，它变为 $s$，必出现第一种情形。现

$$\Delta(t,t)>\Delta(0,t),\Delta(0,t)=t,(t>0)$$

且由于

$$\Delta(2\pi,s)=2\pi+\Delta(0,s)=2\pi+s$$

于是有

$$\Delta(2\pi,2\pi)=4\pi$$

当 $t$ 由 0 增到 $2\pi$ 时，$t$ 的单变量函数 $\Delta(t,t)(>t)$ 在 0 到 $4\pi$ 上具有单调递增性质。故即得下述结论：

对给定的任意正数 $t'\leqslant 2\pi$，有且仅有一个正数 $t$ 使得

$$\Delta(t,t)=t'$$

$t<t'$。参数值 $t$ 对应真圆上的一点，使之经关于点 $M$ 的旋转点 $t=0$ 移到点 $t$ 且同时点 $t$ 移到点 $t'$。

设对使

$$\Delta(t,t)=2\pi$$

的 $t$ 值用 $\varphi\left(\frac{1}{2}\right)$ 表示；而使

$$\Delta(t,t)=\varphi\left(\frac{1}{2}\right)$$

的 $t$ 值用 $\varphi\left(\frac{1}{2^2}\right)$ 表示；使

$$\Delta(t,t)=\varphi\left(\frac{1}{2^2}\right)$$

的 $t$ 值用 $\varphi\left(\frac{1}{2^3}\right)$ 表示，……；此外令

$$\Delta\left(\varphi\left(\frac{a}{2^n}\right),\varphi\left(\frac{1}{2^n}\right)\right)=\varphi\left(\frac{a+1}{2^n}\right)$$

这里 $a$ 是整数，$n$ 是大于或等于 1 的整数。且令

$$\varphi(0)=0,\varphi(1)=2\pi$$

函数 $\varphi$ 对于分母是 2 的方幂的所有有理数都这样一致的规定。

若 $\sigma$ 是小于 1 的一个任意正变量，今将 $\sigma$ 展成二进位分式的形式

$$\sigma=\frac{z_1}{2}+\frac{z_2}{2^2}+\frac{z_3}{2^3}+\cdots$$

这里所有的 $z_1,z_2,z_3,\cdots$ 表示数字 0 或 1。因为序列的数

$$\varphi\left(\frac{z_1}{2}\right),\varphi\left(\frac{z_1}{2}+\frac{z_2}{2^2}\right),\varphi\left(\frac{z_1}{2}+\frac{z_2}{2^2}+\frac{z_3}{2^3}\right),\cdots$$

非减且每项都小于或等于 $\varphi(1)$，它们趋向于一个极限，记为 $\varphi(\sigma)$。函数 $\varphi(\sigma)$ 是随自变量增加而单调递增的。以下将证明 $\varphi(\sigma)$ 也是连续的。倘若 $\varphi(\sigma)$ 在一点确实不连续，

$$\sigma=\frac{z_1}{2^1}+\frac{z_2}{2^2}+\frac{z_3}{2^3}+\cdots=\underset{n=\infty}{\mathrm{L}}\frac{a_n}{2^n}=\underset{n=\infty}{\mathrm{L}}\frac{a_n+I}{2^n}$$

$$\left(\frac{a_n}{2^n}=\frac{z_1}{2}+\frac{z_2}{2^2}+\cdots+\frac{z_n}{2^n}\right)$$

则两个极限

$$\underset{n=\infty}{\mathrm{L}}\varphi\left(\frac{a_n}{2^n}\right)\text{和}\underset{n=\infty}{\mathrm{L}}\varphi\left(\frac{a_n+I}{2^n}\right)$$

必不同，因而对应于参数

$$t=\varphi\left(\frac{a_1}{2}\right),t=\varphi\left(\frac{a_2}{2^2}\right),t=\varphi\left(\frac{a_3}{2^3}\right),\cdots$$

的无穷点序列与对应于参数

$$t=\varphi\left(\frac{a_1+I}{2}\right),t=\varphi\left(\frac{a_2+I}{2^2}\right),t=\varphi\left(\frac{a_3+I}{2^3}\right),\cdots$$

的无穷点序列，它们必收敛于不同的点。将点 $t=\varphi\left(\frac{a_n}{2^n}\right)$ 变到点 $t=\varphi\left(\frac{a_n+I}{2^n}\right)$ 的旋转同时将点 $t=\varphi\left(\frac{I}{2^n}\right)$ 变到点 $t=\varphi\left(\frac{I}{2^{n-1}}\right)$，且因数序列 $\varphi\left(\frac{I}{2}\right),\varphi\left(\frac{I}{2^2}\right),\varphi\left(\frac{I}{2^3}\right),\cdots$ 是单调递减而这些参数所对应的点序列必收敛于一点 $A$，于是由经常运用的基于公理Ⅲ的论断，上述的两个无穷点序列也必收敛于同一点。

因函数 $\varphi(\sigma)$ 是单调递增且连续，故它有一个单值且连续的逆。

将点 $t=0$ 变到点 $t=\varphi\left(\frac{a_n}{2^n}\right)$ 的绕点 $M$ 的旋转同时也将点 $t=\varphi\left(\frac{b_m}{2^m}\right)$ 变到点 $t=\varphi\left(\frac{b_m}{2^m}+\frac{a_n}{2^n}\right)$，其中 $b_m$ 是某整数。因当 $n=\infty$ 时，$\varphi\left(\frac{a_n}{2^n}\right)$ 收敛于 $\varphi(\sigma)$ 且同时 $\varphi\left(\frac{b_m}{2^m}+\frac{a_n}{2^n}\right)$ 收敛于 $\varphi\left(\frac{b_m}{2^m}+\sigma\right)$。由公理Ⅲ存在着将点 $t\equiv\varphi(\sigma)$ 变到 $t=\varphi(\sigma)$ 且同时将点 $t=\varphi\left(\frac{b_m}{2^m}\right)$ 变到点 $t=\left(\frac{b_m}{2^m}+\sigma\right)$ 的一个旋转，亦即

$$\Delta\left(\varphi\left(\frac{b_m}{2^m}\right),\varphi(\sigma)\right)=\varphi\left(\frac{b_m}{2^m}+\sigma\right)$$

且因 $\varphi$ 是连续函数，则对于任意参数 $\tau,\sigma$ 有

$$\Delta(\varphi(\tau),\varphi(\sigma))=\varphi(\tau+\sigma)$$

由已证结果，在变换公式

$$t'=\Delta(t,s)$$

中，对 $t,t',s$ 如果引进新参数 $\tau,\tau',\sigma$ 并利用具有唯一逆的某函数 $\varphi$ 连同

$$t=\varphi(\tau),t'=\varphi(\tau'),s=\varphi(\sigma)$$

则旋转公式可用新参数表成

$$\tau'=\tau+\sigma$$

这个定理证明了§17中所述论断的正确性。

将参数$\omega=2\pi\sigma$来代替$\sigma$且将$\omega$称为真圆$\kappa$上点$O(\sigma=0)$与点$S$(即$\sigma$)之间的角或弧长。而将点$O(\sigma=0)$变到点$S$(即$\sigma$)的旋转称为真圆$\kappa$到自身经角$\omega$的一个旋转。

§19.由§17中定理的证明,有关真圆到自身的旋转的研究业已完成。考虑到§11和§12可以看到,所利用的结论和对真圆证明的结果对于含在$\kappa$之内关于点$M$的所有真圆也都是正确的。

由平面上绕定点$M$的旋转生成所有点的变换群将转到其后并依次证明下述定理。

已知关于点$M$的真圆$\mu$是包含点$M$的闭约当曲线,则除去恒同变换外,不存在关于点$M$的平面旋转变换使真圆$\mu$上每点保持不变。

为了证明,令关于点$M$且保持$\mu$上每点不变的一个旋转用$M$表示。首先作与论断相反的假定,在$\mu$上存在着任意靠近点$A$的点,而这些点经过旋转$M$改变了它们的位置。作关于点$A$的真圆$\alpha$,并经过在旋转$M$下变动位置的一点,即该真圆$\alpha$是足够小,为了按上面要求它满足§14中的定理。由§12可知这样做是可能的,令$B$是此圆$\alpha$与$\mu$的交点,则旋转$M$立即可描述为真圆$\alpha$到自身的一个旋转且保持点$B$不变。然而由§14,在该旋转下$\alpha$上的所有点都保持不变。这就出现矛盾。因此第一个假定不成立。

现作关于点$M$的闭约当曲线的一个集合,其中包括$\mu$,并使集中的一条或完全包含或完全围绕另外的曲线,因此过数平面的每一点有且仅有集中的一条曲线通过。现作与上述论断相反的假定,在此集合中有一条位于$\mu$内或$\mu$外的曲线$\lambda$,使得在$\mu$和$\lambda$之间的环形域中的所有点在每一个旋转$M$下保持不变,而任意靠近曲线$\lambda$存在着在每一旋转$M$下都变动的点。

令$A$是$\lambda$上一点而任意邻近该点的都是经旋转$M$可变动的点。作关于点$A$并经过一个可变动点的一个真圆$\alpha$,并且它是足够的小以便对它可应用§14中的定理。由于这个足够小的真圆在任何情况下都经过环形域的部分区域而该区域在运动$M$下保持不变,运动$M$能立即被描绘成真圆$\alpha$到其自身的旋转,在此旋转下$\alpha$的无穷多个点保持不变。然而,由§14$\alpha$的所有点在$M$下都必保持不变,于是出现了矛盾,这就证明了在所有旋转$M$下平面上的点都保持不变。

§20.现在作出以下重要论断:

每个真圆是一条闭约当曲线。关于任一点$M$所有真圆的集合填满整个平面因而关于$M$的每个真圆或包含或围绕每一个其他真圆。关于点$M$平面的旋转$\Delta[\omega]$的全体能表成变换公式的形式

$$x'=f(x,y;\omega),y'=g(x,y;\omega),$$

其中$x,y$和$x',y'$都是平面内点的坐标且$f,g$是三个变量$x,y,\omega$的单值连续函数。此外,对每点$x,y$,就自变量$\omega$来讲函数$f,g$的最小联合周期是$2\pi$,即真圆上的每一点是一次且仅一次地从点$(x,y)$及从0到$2\pi$范围内每次$\omega$的取值而得到。最后对旋转角为$\omega,\omega'$的两个旋转的合成以下公式成立

$$\Delta[\omega]\Delta[\omega']=\Delta[\omega+\omega']$$

§21.为证明所述论断,首先仍要考虑§3到§18所研究的关于点$M$的真圆$\kappa$,它是一条闭约当曲线并考察该圆到其自身的旋转。按§18引进的角$\omega$,对于0到$2\pi$之间$\omega$

的一个特定值唯一确定真圆到自身的一个运动。然而，对真圆到其自身的每个旋转仅对应一个确定的关于点 $M$ 平面的旋转，因为按照 § 19 由真圆 $\kappa$ 上所有点保持不变整个平面上所有点都保持不变。所以在 § 20 的变换式中所给的函数 $f,g$ 对关于点 $M$ 的一个平面上的旋转来讲是 $x,y,\omega$ 的单值函数，且对于 $\omega$ 而言，它的周期是 $2\pi$。

其次将证明 $f,g$ 是 $x,y,\omega$ 的连续函数。为此，令 $O$ 是 $\kappa$ 上的任意一点。且令 $\omega_1$，$\omega_2,\omega_3,\cdots$ 是收敛于定值 $\omega$ 的无穷数序列，且 $T_1,T_2,T_3,\cdots$ 是收敛于某点 $T$ 的平面上的无穷点序列。利用从点 $O$ 经旋转角 $\omega_1,\omega_2,\omega_3,\cdots$ 作的旋转所产生的点以 $S_1,S_2,S_3,\cdots$ 表示，从点 $T_1,T_2,T_3,\cdots$ 分别又经过旋转 $\omega_1,\omega_2,\omega_3,\cdots$ 所产生的点分别以 $Z_1,Z_2,Z_3,\cdots$ 表示。最后，令点 $O$ 和点 $T$ 经旋转角为 $\omega$ 的一个旋转所产生的点分别以 $S$ 和 $Z$ 表示，则证明点 $Z_1,Z_2,Z_3,\cdots$ 收敛于点 $Z$ 就足够了。

因点 $T_1,T_2,T_3,\cdots$ 收敛于点 $T$，可以确定一个包含所有点 $M,T,T_1,T_2,T_3,\cdots$ 在内的约当区域 $G$，对于这样的约当区域作一个将点 $O$ 移到点 $S$ 的旋转。令以这种方式由 $G$ 构成的约当区域用 $H$ 表示。$H$ 包含点 $M$ 和点 $Z$。最后，作一条包含整个区域 $H$ 在内的闭约当曲线 $\alpha$，也就是说约当曲线 $\alpha$ 包含区域 $H$ 且 $H$ 中的点不在该曲线上。

我们将证明点序列 $Z_1,Z_2,Z_3,\cdots$ 中的点仅有有限个落在 $\alpha$ 的外部，事实上，假定点序列中有无穷多个点 $Z_{i_1},Z_{i_2},Z_{i_3},\cdots$ 落在 $\alpha$ 的外部，则点 $M$ 与点 $T_{i_k}$ 可由 $G$ 内的一条约当曲线 $r_h$ 连接，并对曲线 $r_h$ 作一旋转角为 $\omega_{i_h}$ 的旋转。以这样方式得到的曲线连接了点 $M$ 与点 $Z_{i_h}$，因而与曲线 $\alpha$ 相交于某点 $B_h$，令 $A_k$ 是 $r_h$ 上的一点，此点经旋转角为 $\omega_{i_h}$ 的旋转变到 $B_h$。因所有点 $A_1,A_2,A_3,\cdots$ 都在 $G$ 内且所有点 $B_1,B_2,B_3,\cdots$ 都在 $\alpha$ 上，就存在一个指标的无穷序列 $h_1,h_2,h_3,\cdots$，使得 $A_{h_1},A_{h_2},A_{h_3},\cdots$ 收敛于一点 $A$，此点落在 $G$ 内或 $G$ 的边界上，且同时 $B_{h_1},B_{h_2},B_{h_3},\cdots$ 收敛于 $\alpha$ 上的一点 $B$。而点 $S_1,S_2,S_3,\cdots$ 收敛于点 $S$。由公理Ⅲ必存在关于点 $M$ 的一个旋转，它将点 $O$ 移到点 $S$ 且同时将点 $A$ 移到点 $B$。然而这是不可能的。在这样的旋转下点 $A$ 必须变到 $H$ 内或 $H$ 边界上的一点，但 $B$ 是曲线 $\alpha$ 上的一点而 $\alpha$ 完全包含区域 $H$ 在它内部。

这样就看出，点集 $Z_1,Z_2,Z_3,\cdots$ 必全部落在某约当区域内。

现令 $Z^*$ 是点集 $Z_1,Z_2,Z_3,\cdots$ 的一个极限点。因点序列 $S_1,S_2,S_3,\cdots$ 收敛于点 $S$，由公理Ⅲ存在着关于点 $M$ 的一个旋转，在此旋转下点 $O$ 变到点 $S$ 且同时点 $T$ 变到点 $Z^*$。然而，因为在关于点 $M$ 且将 $O$ 变到 $S$ 的旋转下，$T$ 必变为 $Z$，考虑到上面证明的函数 $f$，$g$ 的单位性，$Z^*=Z$，亦即点集 $Z_1,Z_2,Z_3,\cdots$，仅积聚于一点 $Z$。于是证明了函数 $f,g$ 关于 $x,y,\omega$ 是连续的。

我们将位于圆 $\kappa$ 内或外的平面上任一点 $P$ 的坐标代入函数 $f,g$ 中的 $x,y$。这样得到关于 $\omega$ 的函数 $f(\omega),g(\omega)$ 不能有任意小的联合周期。因它们是 $\omega$ 的连续函数，于是它们必都是常数；但另一方面在关于点 $M$ 的所有旋转下，点 $P$ 应保持不变，它与公理Ⅱ矛盾。因此，函数 $f(\omega),g(\omega)$ 的极小联合周期必为 $\frac{2\pi}{n}$ 的形式，这里 $n$ 是正整数。故得过点 $P$ 的真圆以公式表为

$$x=f(\omega),y=g(\omega)$$

这里 $\omega$ 的取值是从 0 到 $\frac{2\pi}{n}$。这个曲线是闭的且无重点。因而它表示过点 $P$ 的真圆，对

平面作一个旋转角为$\frac{2\pi}{n}$的旋转，则过 $P$ 的真圆上的所有点都保持不变，且由 §19 可知平面上所有点必保持不变，然而真圆 $\kappa$ 上的点保持不变仅当 $n=1$。因此，§20 中所述定理的论断得以完全证明。

§22. 现在容易看到以下结果的正确性：

若在一平面运动下任意两点保持不变，则平面上所有点保持不变，即此运动是恒同的。

经过一个运动(指两个旋转)平面上每一点可变到平面上其他任一点。

第一个结论由 §20 的定理立即可得。

第二个结论由以下事实推出，关于两点中的每一个点作真圆且通过另外一个点，这两圆必相交。

§23. 下面最重要的课题是在这种几何中引进真直线概念且对这种几何的研究导出必要的性质。

为此，引进以下术语：如果 $A,B$ 和 $A',B'$ 是两对象点，由一个运动使得 $A$ 变为 $A'$ 且 $B$ 变为 $B'$，则称(真)线段 $AB$ 合同于(记为≡)(真)线段 $A'B'$。此外，如果存在一个运动，将圆必和真圆本身分别变为另一个真圆的圆心和它自身，则称此两圆相互合同。

关于点 $M$ 的半旋转 $H$ 是指旋转角为 $\pi$ 的一个旋转，即当重复实施这个旋转结果是恒同的。如果 $A,B,C$ 是三个点，使得经过关于点 $B$ 的半旋转 $A$ 变到 $C$，且由这个旋转 $C$ 变到 $A$，则称 $B$ 是线段 $AC$ 的中心。

如果一点 $C$ 在关于点 $A$ 且过点 $B$ 的真圆的内部或外部，则分别称线段 $AC$ 较小于或较大于线段 $AB$。为了用类似方法对任意线段或圆定义“较小于”和“较大于”的概念，将它们实施这样的运动，使得在该运动下，线段的端点或圆的中心分别变到相同点。

§24. 一直线段 $AC$ 至多有一个中点。假定 $AC$ 有两个中点，用 $H_1$ 和 $H_2$ 分别表示关于这两个中点的半旋转，则积 $H_1H_2^{-1}$ 表示保持点 $A$ 和点 $C$ 不变的运动。这样由 §22，得到 $H_1H_2^{-1}$ 是恒同的且用符号 1 表示，于是有

$$H_1H_2^{-1}=1, \text{即 } H_1=H_2$$

两个中心重合。特别地，可导出下述结果：

如果两个线段合同，则它们的一半也合同。

§25. 为了进一步的研究需要下述引理：

令点 $A_1,A_2,A_3,\cdots$ 收敛于点 $A$ 且点 $M_1,M_2,M_3,\cdots$ 收敛于点 $M$。如果经关于点 $M_i$ 的半旋转点 $A_i$ 变为 $B_i$，则点 $B_1,B_2,B_3,\cdots$ 收敛且趋于一点 $B$，此点是由 $A$ 经关于点 $M$ 的半旋转产生的。

可以找到一个约当区域，使所有点 $B_1,B_2,B_3,\cdots$ 都落在其内部。应用在 §21 中对点 $Z_1,Z_2,Z_3,\cdots$ 的同样论述就可证实这一点。

现令 $B^*$ 表示点 $B_1,B_2,B_3,\cdots$ 的一个极限点，由公理Ⅲ必存在一个运动，将三点 $A,M,B^*$ 分别变到三点 $B^*,M,A$。也就是说，$B^*$ 是由 $A$ 经关于 $M$ 的半旋转而产生，而 $B$ 也是由 $A$ 经关于 $M$ 的半旋转产生的，故有 $B^*=B$，因而证明得以完成。

§26. 令 $M$ 是某线段 $AB$ 的中点。我们将证明较小于 $AB$ 的每一线段 $AC$ 也有一个中点 $N$。

为此，作由点 $A$ 到点 $M$ 的任一连续曲线 $r$，且对 $r$ 上的每一点 $M'$，确定一点 $B'$，使得 $M'$成为 $AB'$的中点。于是，从§25 所证的引理可以推出，点 $B'$的轨迹是一连续曲线 $r'$。假定沿曲线 $r$ 点 $M'$趋向于点 $A$，则曲线 $r'$终止于点 $A$。如果不是这种情形，设 $M_1$，$M_2$，$M_3$，…是 $r$ 上且收敛于点 $A$ 的无穷点序列，且 $B_1$，$B_2$，$B_3$，…是 $r'$上相应的点。设 $B_1$，$B_2$，$B_3$，…有异于点 $A$ 的一个极限点 $A^*$，则可推测，存在一个运动，它使任意趋近于 $A$ 的某些点仍任意趋近于 $A$ 且同时使 $A$ 任意趋近于 $A^*$，则根据公理Ⅲ，由某旋转，$A$ 应保持不变但同时变到 $A^*$，这无论如何是不可能的。

由于假设 $AC$ 较小于 $AB$，作关于 $A$ 且过 $C$ 的真圆必与连接 $A$ 与 $B$ 的连续曲线 $r'$相交于某点 $B'$。在曲线 $r$ 上对应于该点的点 $M'$是真线段 $AB'$的中点，又因 $AC\equiv AB'$，则线段 $AC$ 的中点 $N$ 可由 $M'$利用关于 $A$ 适当的旋转而获得。

利用关于中点 $N$ 的半旋转，线段 $AC$ 变到 $CA$，由上面所证的定理可推得：

线段 $AC$ 恒合同于线段 $CA$，如果线段 $AC$ 较小于线段 $AB$，这是§26 开始所假设的。

同时能够看出，若点 $C_1$，$C_2$，$C_3$，…趋向于点 $A$，则线段 $AC_1$，$AC_2$，$AC_3$，…的中点 $N_1$，$N_2$，$N_3$，…也趋向于点 $A$。

§27. 为了进一步研究有关真圆相切的某些定理是必要的，且首先要注意的是，两个彼此合同的且仅外切于一点的圆的作图。

为此，选取一个如此小的圆 $\kappa'$，使得在其内部不容有合同于§26 中所假设的线段。在§11 中的定理指出这是可能的。因为点 $A$ 和点 $B$ 能被不同的移动而趋近于点 $M$。令 $\kappa$ 是在 $\kappa'$内与它同心的圆。在圆 $\kappa$ 上任取两点，且以它们为心，作两个如此小且合同的圆 $\alpha$ 和 $\beta$，使得位于 $\alpha$ 内而在 $\kappa$ 上的任意二点在 $\kappa$ 上的点有序的意义下，永不能被位于 $\beta$ 内而

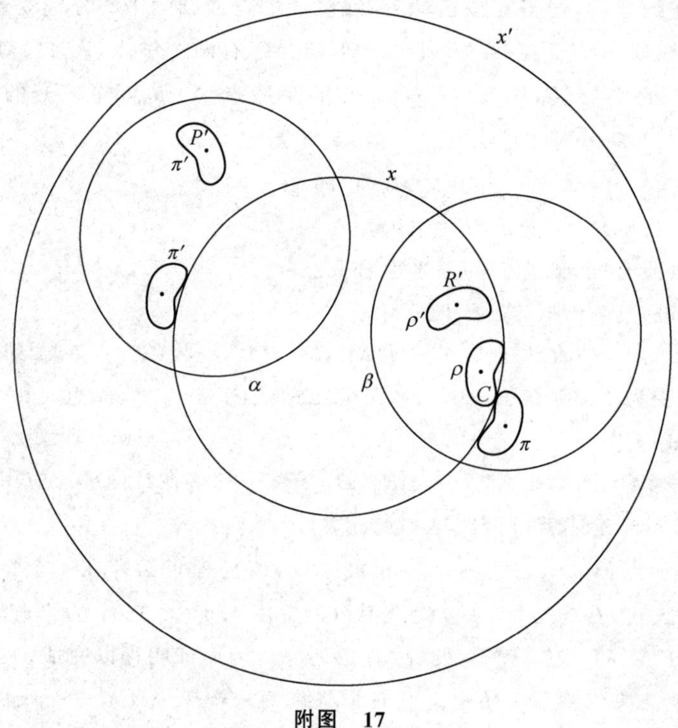


附图 17

在 $\kappa$ 上的任意两点所分离。且令所选的圆 $\alpha$ 和 $\beta$ 能够如此小，使得它们全部位于圆 $\kappa'$ 内。这样，在 $\alpha$ 内而在 $\kappa$ 外取一点 $P'$，并在 $\beta$ 内且在 $\kappa$ 内取点 $R'$，以 $P'$ 和 $R'$ 为心，作两个合同的且如此小的圆 $\pi'$ 和 $\rho'$，使得 $\pi'$ 全部落在 $\alpha$ 内而在 $\kappa$ 外，而 $\rho'$ 全部在 $\beta$ 内且在 $\kappa$ 内。作关于 $\alpha$ 的中心的旋转，使圆 $\pi'$ 变到与圆 $\kappa$ 相外切的圆 $\pi''$。而这些切点形成一个集，以 $T$ 表示。

因根据圆 $\alpha$ 和 $\beta$ 的选择，在 $\kappa$ 上没有集 $S$ 中的两点能被集 $T$ 中的一对点所分离，于是，可利用关于圆的中心的平面旋转将 $\kappa$ 上集 $S$ 的最外点之一同 $\kappa$ 上集 $T$ 的最外点之一覆盖，通过这种方式 $S$ 中其他的点都变到不同于 $T$ 中的点。由这个旋转圆 $\pi''$ 变到与圆 $\rho$ 相切，在这种方式下重合的点 $C$ 是唯一的切点。令 $\pi$ 表示新位置的圆 $\pi''$ 并用 $P$ 和 $R$ 分别表示 $\pi$ 和 $\rho$ 的中心。

现将证明切点 $C$ 必是两个中心 $P$ 和 $R$ 间的中点。事实上，考虑到 $\kappa'$ 的选择，线段 $PR$ 必小于定线段 $AB$。因此，由§26可知 $PR$ 有一中点，记为 $C^*$。于是，由关于 $C^*$ 的半旋转，两圆 $\pi,\rho$ 中的每一个变到另一个。因点 $C$ 是两个圆 $\pi$ 和 $\rho$ 的公共点，所以在这样的半旋转下，它也应变到两个圆 $\pi$ 和 $\rho$ 的公共点中的一个。因而，在这个半旋转下应保持不变，因此在完成这旋转时它与点 $C^*$ 必重合。

由上面所证的定理同时得到下述结论：

*与圆 $\pi$ 外切于点 $C$ 的圆 $\rho$ 是由 $\pi$ 经绕 $\pi$ 上一点 $C$ 的旋转而得到。除去 $\rho$ 不存在其他的圆它与 $\pi$ 合同且与 $\pi$ 外切于点 $C$ 且仅切于点 $C$。*

§28. 此外，下述定理成立：

如果任一圆 $\iota$ 包含于圆 $\pi$ 且与它相切，则仅切于一点。

为了证明起见，假定 $Q,Q'$ 是圆 $\iota$ 和 $\pi$ 的两个不同切点。作关于 $Q'$ 的半旋转，在这半旋转下，$\pi$ 变为圆 $\pi'$ 且与 $\pi$ 仅相切于点 $Q'$，并且 $\iota$ 变为圆 $\iota'$，它位于 $\pi'$ 内因而全部在 $\pi$ 外。两圆 $\pi$ 和 $\pi'$ 仅于点 $Q'$ 相切。现作关于圆 $\pi$ 的中心的旋转，经该旋转 $Q$ 变为 $Q'$，由 $\iota$ 所生成的圆 $\iota''$ 完全落在 $\pi$ 内，因而也在 $\iota'$ 外，$\iota''$ 与 $\iota'$ 仅相切于点 $Q'$。于是有两个圆 $\iota$ 和 $\iota''$ 都与它们合同的圆 $\iota'$ 外切于点 $Q'$ 且仅切于点 $Q'$。这与§27中定理相矛盾。

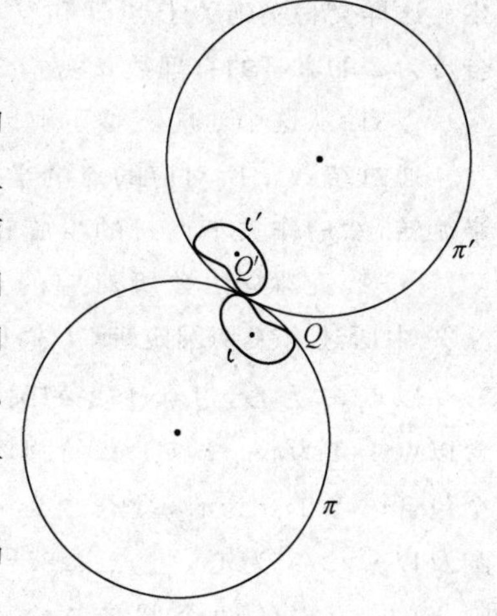

附图 18

如果以较小的圆来替代 $\pi$ 和 $\rho$，§27和§28所述的结论仍保持正确。

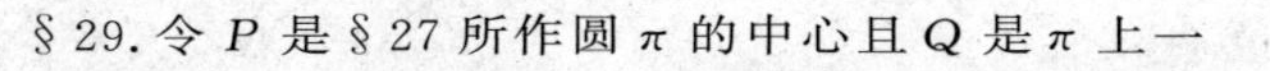

§29. 令 $P$ 是§27所作圆 $\pi$ 的中心且 $Q$ 是 $\pi$ 上一点。此外，令 $O$ 是任意一点。我们采用§26末的推论和§20中的定理，如同§27可以确定如此靠近 $O$ 的一点 $E$，使得以线段 $OE$ 的中点 $M$ 为心或关于 $M$ 通过 $O$ 和 $E$ 所作的圆 $\iota$ 的内部不存在与 $PQ$ 合同的线段。对每一个点 $E'$，如它比 $E$ 更靠近 $O$[①]，并作相应的圆 $\iota'$，则上述论断也同样成立。

于是有下述定理：

---

① 选择关于 $O$ 的圆 $\alpha$ 在其内部不存在合同于 $PQ$ 的线段。以 $E$ 表示该圆的一个界点。该圆内的每一点及每个界点同 $O$ 相连确定一个线段，它的中点 $M'$ 必在 $\alpha$ 内，以 $M'$ 为心过 $O$ 的圆和以 $O$ 为心过 $M'$ 的圆是合同的。

以 $OE$（或 $OE'$）的中点 $M$（或 $M'$）为心的圆 $\iota$（或 $\iota'$）完全包含于以 $O$ 为心且过 $E$（或 $E'$）的圆内，而且它们仅在点 $E$（或 $E'$）相切。

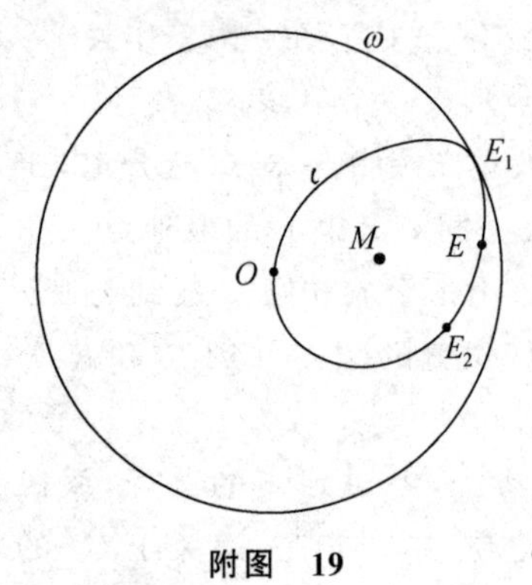

附图 19

为此，首先作关于 $O$ 的圆 $\omega$，使它包含圆 $\iota$ 且同时与 $\iota$ 相切。该圆 $\omega$ 必较小于圆 $\pi$。否则，作关于 $O$、合同于 $\pi$ 的圆必落在圆 $\iota$ 内部。因而，在 $\iota$ 内应存在与 $PQ$ 合同的线段，这是不可能的。根据§28所证定理，圆 $\omega$ 与 $\iota$ 仅能有一个切点，令它为 $E_1$。若 $E_1$ 不同于 $E$，作关于 $M$ 使 $E_1$ 趋于 0 的一个旋转，在这旋转下 $O$ 移到圆 $\iota$ 上异于点 $E_1$ 的一点 $E_2$。因线段 $OE_1$ 合同于 $E_2O$，因而也合同于 $OE_2$，则 $E_2$ 也必是圆 $\omega$ 上的一点。这与以下事实相矛盾，$E_1$ 是两圆 $\omega$ 和 $\iota$ 的仅有公共点亦即圆 $\omega$ 经过点 $E$，于是论断得证。

§30. 在下面的论述中，首先利用§29中所作线段 $OE$，并指定数值 0 和 1 分别对应点 $O$ 和 $E$。然后作 $OE$ 的中点且指定它对应数值 1/2，于是线段(0,1/2)和(1/2,1)的中点分别对应数值 1/4 和 3/4。因而指定线段(0,1/4)，(1/4,1/2)，(1/2,3/4)，(3/4,1)的中点分别为数值 1/8,3/8,5/8,7/8 等。此外，作整个线段(0,1)关于点 $O$ 的半旋转且一般指定数值 $-a$ 对应的点是由对应于数值 $a$ 的点所产生。然后作关于点 1 的一个半旋转且一般指定数值 $2-a$ 对应的点是由对应数值 $a$ 的点所产生。这样交替实施关于点 $O$ 和点 $E$ 这样的半旋转，并以数来对应新产生的点，直到每一个分母为 2 的方幂的有理数 $a$ 被指定对应一个确定点为止。

§31. 从这个对应不难了解以下规则：

通过绕数 $a$ 所对应的点的半旋转，每点 $x$ 变到点 $2a-x$。因此，若作关于点 $O=0$ 的半旋转，然后作关于点 $a$ 的半旋转，则每点 $x$ 变到点 $x+2a$。

§32. 为建立由数所对应的点之间的顺序及比较介于这些点之间的线段，将采用§29中所述有关切圆定理，方式如下：

以点 $O$ 为心，过点 1/2 的圆完全包含以点 1/4 为心，过点 1/2 的圆，而它完全包含以点 1/8 为心，过点 2/8＝1/4 的圆及以点 3/8 为心，过点 4/8＝1/2 的圆，这样所得的两个圆依次包含以点 1/16 为心，过点 2/16＝1/8，以点 3/16 为心，过点 4/16＝1/4，以点 5/16 为心，过点 6/16＝3/8 及以点 7/16 为心，过点 8/16＝1/2 的圆等等，于是我们可以看到，线段(0,1/2)大于所有形如(0,$a$)的线段，只要 $a$ 是一个分母为 2 的方幂且其值大于 1/2 的正有理数。

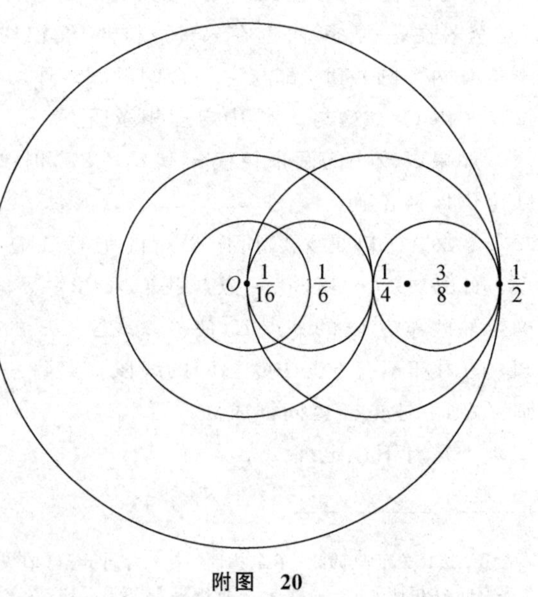

附图 20

而且，以点 $O$ 为心，过点 1/4 的圆包含以点 1/8 为心，过点 2/8＝1/4 的圆，而第二个圆本身包含以点 1/16 为心，过点 2/16＝1/8 的圆及以点 3/16 为心，过点 4/16＝1/4 的圆。这样所得到的圆依次包含更小的圆，其中心分别为点 1/32，3/32，5/32，7/32 等等。因此，可以看到线段(0，1/4)大于所有形如(0，$a$)的线段，只要 $a$ 是一个分母为 2 的方幂且其值小于 1/4 的正有理数。

以下考虑以点 $O$ 为心，过点 1/8 的圆，它包含以点 1/16 为心，过点 2/16＝1/8 的圆并且它又依次包含更小的圆，其中心为点 1/32，过点 2/32 的圆等等。因此，看到线段(0，1/8)大于所有形如(0，$a$)的线段，只要 $a$ 是一个分母为 2 的方幂且其值小于 1/8 的正有理数，将此过程继续下去，我们得到下面的一般结果：

如果 $a$ 是一个分母为 2 的方幂且其值小于 $1/2^m$ 的有理数，则线段(0，$a$)总小于线段(0，$1/2^m$)。

§33. 现要依次证明下述引理：

对应于数 1/2，1/4，1/8，1/16，…的点收敛于点 $O$。

否则，因线段(0，1/2)，(0，1/4)，(0，1/8)，(0，1/16)，…是单调递减，点 1/2，1/4，1/8，…必在以点 $O$ 为心的真圆 $\kappa$ 上有它们的极限点。于是令$\frac{1}{2^{n_1}}, \frac{1}{2^{n_2}}, \frac{1}{2^{n_3}}$，…是收敛于 $\kappa$ 上一点 $K$ 的点序列，且令点$\frac{1}{2^{n_1+1}}, \frac{1}{2^{n_2+1}}, \frac{1}{2^{n_3+1}}$，…收敛于一个极限点 $K^*$。由§25 中定理可以得到 $K^*$ 应是线段 $OK$ 的中点。由§27 末所得结果，这与 $K^*$ 也在圆 $\kappa$ 上的事实相矛盾。

§34. 设 $a_1, a_2, a_3$，…是分母为 2 的方幂的正有理数。如果无穷数序列 $a_1, a_2, a_3$，…收敛于 0，则与其相应的点序列也收敛于点 0。

为此，我们选整指数 $n_1, n_2, n_3$，…，使得

$$a_1 < \frac{1}{2^{n_1}}, a_2 < \frac{1}{2^{n_2}}, a_3 < \frac{1}{2^{n_3}}, \cdots$$

且数序列$\frac{1}{2^{n_1}}, \frac{1}{2^{n_2}}, \frac{1}{2^{n_3}}$，…收敛于 0。因由§32 定理，点 $a_1$ 落在以 $O$ 为心，过点$\frac{1}{2^{n_i}}$的圆内，且由§33 所证引理，以 $O$ 为心，分别过点$\frac{1}{2^{n_1}}, \frac{1}{2^{n_2}}, \frac{1}{2^{n_3}}$，…的各圆收敛于 0，论断立即得证。

§35. 最后以下定理成立。

设 $a_1, a_2, a_3$，…是分母为 2 的方幂且收敛于某一实数 $a$ 的一个有理数的无穷序列，则对应的点序列 $a_1, a_2, a_3$，…也收敛于某个确定点。

为此，作相反假设，如果对于点 $a_1, a_2, a_3$，…存在两个不同的极限点 $V'$ 和 $V''$；令点 $a_{1'}, a_{2'}, a_{3'}$，…收敛于 $V'$ 而点 $a_{1''}, a_{2''}, a_{3''}$，…收敛于 $V''$。根据§31 中所指出的对于每个点 $a_k$ 存在着由两个半旋转所组成的一个运动。它将点 $a_{i'}$ 变到点 $a_{i'} - a_k$，同时将点 $a_{i''}$ 变到点 $a_{i''} - a_k$，在指标增加情况下数 $a_{i'} - a_k$ 与数 $a_{i''} - a_k$ 一样都能任意地趋于 0，于是根据§34 的定理能够看出存在一个运动，它使与 $V'$ 任意靠近的点且同时也与 $V''$ 任意靠近的点都任意地靠近于点 O。利用基于公理Ⅲ的一个常用的结论即知这是不可能的。

§36. 若将点序列 $a_1, a_2, a_3$，…的收敛点以数 $a$ 表示，则每个实数对应着平面上的一个确定点。所有这些点的集合称为真直线，因此真直线可被理解为点的集合，它是由两

个点 $O,E$ 通过重复取中点，进行半旋转及由这种方式产生的所有点的邻近的全部极限点所组成。从这些真直线的运动而产生的点的一切集合也称为真直线。每条真直线被它上的每一点划分为两条射线（或半线）。

§37. 利用§25中的引理不难看到在关于真直线上任一点 $a$ 的半旋转下，点 $x$ 变到点 $2a-x$。在完成关于点 $O$ 和点 $a$ 的两个半旋转时，点 $x$ 变到点 $x+2a$。

由§35中定理不难推出即使 $a_1,a_2,a_3,\cdots$ 是收敛于 $a$ 的任意数，则它们的对应点 $a_1,a_2,a_3,\cdots$ 总收敛于对应点 $a$，即真直线是连续曲线。

§38. 假定存在两个数 $a$ 和 $b$，它们表示真直线上同一点 $P$。点 $\frac{a+b}{2}$ 是线段 $(a,b)$ 的中点且必与点 $P$ 重合。同样地，对两个线段 $\left(a,\frac{a+b}{2}\right)$ 和 $\left(\frac{a+b}{2},b\right)$ 的中点即点 $\frac{3a+b}{4}$ 和 $\frac{a+3b}{4}$ 也是成立的。由重复取中点不难看出凡形如 $\frac{A_na+B_nb}{2^n}$ 的所有点都与点 $P$ 恒同，其中 $A_n,B_n$ 是其和为 $2^n$ 的正整数。由§37得到，在数 $a$ 和数 $b$ 之间的全体实数都对应于直线上同一点 $P$。这个矛盾的说法表明真直线没有重点。同时也能看出真直线不能重回到它的自身。

§39. 两条直线至多有一公共点。

事实上如果它们有两个公共点 $A$ 和 $B$，并设这两点在一直线上对应着数 $a$ 和 $b$，而在另一直线上对应着数 $a'$ 和 $b'$，则由§24可知两个中点 $\frac{a+b}{2}$ 和 $\frac{a'+b'}{2}$ 应互相重合。如§38通过重复取中点，用类似的方式能够推出，$a$ 和 $b$ 之间的所有点或 $a'$ 和 $b'$ 之间的所有点都在这两条直线上，因而这些直线是恒同的。

§40. 真直线和关于其上任一点 $O$ 的每个圆相交。

事实上，作相反假定仅有两种可能情形。或存在关于点 $O$ 的一个圆 $\kappa$，真直线 $g$ 与它相交而与关于点 $O$ 围绕 $\kappa$ 的圆都不交；或存在一圆 $\kappa$，$g$ 与 $\kappa$ 不交而与关于点 $O$ 位于 $\kappa$ 内的所有圆都相交。

因根据真直线 $g$ 结构的性质，$g$ 总能从它的每点延伸，且如§38所述它能没有重点。于是在第一种情形中存在着关于点 $O$，在 $\kappa$ 内的一个圆，$g$ 与该圆相交于在 $O$ 同侧的两点 $A$ 和 $B$，其中 $B$ 是在 $g$ 的延长线上在 $A$ 之后且在 $\kappa$ 内非常靠近于 $A$ 的一点。作关于点 $O$ 的一个旋转，它将点 $A$ 变到点 $B$，则直线 $g$ 变为另一直线，它与 $g$ 不仅交于 $O$ 也交于 $B$。根据§39所证的定理这是不可能的。

在第二种情形下令 $K$ 是与直线 $g$ 任意靠近圆 $\kappa$ 上的一点。作关于点 $K$ 小于 $\kappa$ 的真圆 $\pi^*$ 且与 $g$ 相交于一点 $M$。作关于点 $M$ 大于 $\pi^*$ 而小于 $\kappa$ 的圆 $\pi$。因圆 $\pi$ 大于圆 $\pi^*$，$\pi$ 就包含了点 $K$，又因 $\pi$ 小于圆 $\kappa$，由所作的假定连同上面业已证明的命题表明过 $M$ 的直线 $g$ 仍位于 $\pi$ 内，从它的一个方向或另一方向延长，$g$ 过 $\pi$ 上一点而离开 $\pi$ 且不回到 $\pi$。然而，因假定 $g$ 是任意靠近位于 $\pi$ 内的点 $K$，则它必包含点 $K$。这和现在的假设矛盾。

因为关于一点所有圆的集合无间隙地覆盖了全平面，由前所述也可看出，这种平面几何的两个点总能以一条真直线连接。

§41. 现在仅需证明在这种几何中合同公理成立。

为此，选择一个确定的真圆$\kappa$并对$\kappa$上的点按照§18引进参数$\omega$来表示。若$\omega$取值由0到$2\pi$，则真圆$\kappa$将给予一个定向。由这个参数的引进对于与$\kappa$合同的每个其他真圆也将得到一个确定的定向，如按§22由连续实行两个旋转将已知圆的中心与圆$\kappa$的中心相合而得到的一个定向。因为根据本文开始对旋转的定义不可能按相反的定向使圆$\kappa$与它本身重合。于是对每个圆诚然存在一个确定的定向。

现从同一点$M$引两条射线，而它们不能构成一条真直线，作一个关于$M$合同于$\kappa$的圆，并固定由射线将圆所划分的一部分，使这部分对应小于$\pi$的参数区间。于是暗示定向的规定是沿定弧从二射线之一到另一条。二射线分别叫做它们所成角的右侧边和左侧边，而角的取值在参数区间($<\pi$)内。由运动的定义于是可得关于两个三角形的第一合同公理有如下形式：

*若对两个三角形$ABC$和$A'B'C'$以下合同式*

$$AB \equiv A'B', AC \equiv A'C', \measuredangle BAC \equiv \measuredangle B'A'C'$$

*成立，且$AB$，$A'B'$和$AC$，$A'C'$分别对应$\measuredangle BAC$和$\measuredangle B'A'C'$的右侧边和左侧边，则合同式*

$$\measuredangle ABC \equiv \measuredangle A'B'C', \measuredangle ACB \equiv \measuredangle A'C'B', BC \equiv B'C'$$

*恒成立。*

§42. 在§30～§40里已定义了真直线并导出了它的性质有两种情形必须划分。

第一种情形，假定过一点仅存在一条直线与已知直线不相交(平行公理)。于是对这个平面来讲，在本书正文(第一章)所建立的全部平面公理除合同公理$\mathrm{III}_5$在§41所取较狭形式外全都成立。即使采用合同公理的这个较狭形式，也必然能得到欧几里得平面几何(参阅附录Ⅱ79页及第一章18～19页)。

第二种情形，假定过每一点$A$存在两条射线，它们不能形成同一条直线且与一直线$g$不相交，而对始于点$A$且位于上述两射线所成角空间内的每条射线与$g$相交。如是$A$位于$g$之外部。

借助于连续性，不难得到，对于从一点$A$引出而不能形成同一直线的任意两条射线，总对应着一直线$g$，它与这两条射线不相交，但与从$A$引出位于二已知射线所成角空间内部的其他每条射线相交。在这种情况下，就得到了鲍雅义-罗巴切夫斯基平面几何，即使采取公理$\mathrm{III}_5$的较狭形式，借助我的“端点”算术计算[①]是能够证明的。

在结束本文时，我要指出现在对几何的论述和我在本书正文中试图阐述的几何基础之间存在的独特差异。在那里公理的排列，连续性公理是放在公理中的最后一个。于是自然地会产生这样的问题，在什么范围内初等几何中熟知的定理和证明与连续性无关。然而在现在的研究中则相反，由于平面和运动的定义，连续性需放在公理中的首位，因而在这里最重要的工作莫过于决定条件的最少个数通过广泛地利用连续性去获得几何的基本图形(圆和直线)以及它们对这种几何结构的必要性质。事实上，目前的研究已表明，公理Ⅰ—Ⅲ所提出的要求已经足够。

1902.5.10 格丁根

① 参看附录Ⅲ我的文章“鲍雅义-罗巴切夫斯基几何的新发展”。为了利用连续性及回避有关等腰三角形底角相等定理的一个应用，在那里所引的论据应作适当的修改。为得到端点加法定理(98～99页)可以认为加法作为平面旋转的极限情形当旋转点沿一直线远退到无穷。

# 附录Ⅴ 常高斯曲率曲面*

## 负常曲率曲面

按照贝尔特拉米(Beltrami)①的意图，如果取负常曲率曲面的测地线作为罗巴切夫斯基平面(非欧平面)的直线，且将曲面上实际的长度和角度作为罗氏平面内的长度和角度，则这个负常曲率曲面就可以理解为罗氏平面的一部分。在负常曲率曲面的研究中至今还没有发现在每一点的邻域内由于切面连续变化而曲面却能到处连续伸展。甚至在人们所熟知的具有奇异曲线的负常曲率曲面中，当其切面连续变化时，曲面却能连续伸展也是不可能的。由于这个原因，没有人能借助一个熟知的负常曲率曲面，而将其理解为完整的全部罗氏平面。这就引出一个具有原则性的有趣问题，按照贝尔特拉米的思想方法，是否整个罗氏平面能用一个负常曲率解析②曲面来表示。

为了回答这个问题，我们将从具有负常曲率为$-1$的曲面开始。假定这个曲面在有限区域处处正则且没有奇异点。我们证明这个假定将引出矛盾。对这样假定的一个曲面，我们可以用下述论断完全地刻画出来：

位于曲面的有限区域内曲面上点的每个极限点也是这曲面的点**。

设$O$是曲面上任一点，则总能以$O$为原点建立直角坐标系，且在原点邻近，曲面方程可以写作

$$z=ax^2+by^2+\mathscr{B}(x,y) \tag{1}$$

其中$a,b$是常数且适合关系

$$4ab=-1^{***}$$

又$\mathscr{B}(x,y)$为$x,y$的幂级数，它仅包含$x,y$的三次幂和高次幂。显见$z$轴是沿曲面的法线，而$x$轴及$y$轴的方向则是由曲面的主曲率所决定。

方程

$$ax^2+by^2=0$$

---

* 希尔伯特“论常高斯曲率曲面”(Über Fläche Von Konstanter Gauβcher Krümmung)一文曾发表在美国的数学杂志 Trans. AMS. Vol. 2,1901上，以后转载于第七版以前的《几何基础》书内而作为附录Ⅴ，从第七版起由希尔伯特本人重新改写，去掉原发表杂志的名称，直到第十二版未曾变动。——译者注

① Giornale di Matematiche, Bd. 6,1868。

② 为了简单的叙述，这里假设所考虑的曲面具有解析性，虽然就其论述以及所得结果(129～130页)，当方程(1)中的$\mathscr{B}(x,y)$是$x,y$充分可微的非解析函数时仍能成立。吕特开美尔(G. Lütkemeyer)在我的激励下在他的就职论文报告“论偏微分方程的积分的解析特性”(Über den analytiscnen Charakter der Integrale von partielle Differentialgleichungen, Göttingen,1902)中曾经证明了确实存在曲面理论意义下非解析的负常曲率曲面(按照后面证明的定理没有一个处处具有连续变化的切面而却能连续伸展的曲面)。

** 利用现代数学语言就是说这个曲面是完备曲面。即曲面上每一个哥西点叙列仍收敛于这个曲面上一点。——译者注

*** 经过计算，曲面于$O$点处高斯曲率是$+4ab$即$-1$。—— 译者注

确定 $XY$ 面上过点 $O$ 的曲面的两条主切线 * 。由此可见这两切线永远不相重，且它们给出曲面上所取任意点 $O$ 的两条渐近曲线的方向。这两条渐近曲线中的每一条都属于某一个单参渐近曲线族，且它们规律地覆盖着 $O$ 点的整个邻域而没有任何空隙。取两个足够小的数值 $u$ 及 $v$ 而完成下面的作图：沿过点 $O$ 的两条渐近曲线之一截取长度等于参数 $u$ 的值而得到一个端点，再作过此端点的另一条渐近曲线，并截取其长等长参数 $v$ 之值的一端点，则这个端点将是曲面上由参数 $u$ 和 $v$ 唯一确定的一点。设曲面上一点的直角坐标 $x, y, z$ 作为 $u, v$ 的函数，即

$$x = x(u, v), y = y(u, v), z = z(u, v)$$

则就 $u, v$ 足够小的值，它们是 $u, v$ 的正则解析函数。

由熟知的常曲率为 $-1$ 的曲面理论，可进一步得到下面的结果：

如果 $\varphi$ 是过点 $(u, v)$ 的两条渐近曲线的夹角，则可得曲面的三个第一类基本量的值为

$$\mathrm{e} = \left(\frac{\partial x}{\partial u}\right)^2 + \left(\frac{\partial y}{\partial u}\right)^2 + \left(\frac{\partial z}{\partial u}\right)^2 = 1$$

$$f = \left(\frac{\partial x}{\partial u}\right)\left(\frac{\partial x}{\partial v}\right) + \left(\frac{\partial y}{\partial u}\right)\left(\frac{\partial y}{\partial v}\right) + \left(\frac{\partial z}{\partial u}\right)\left(\frac{\partial z}{\partial v}\right) = \cos\varphi$$

$$g = \left(\frac{\partial x}{\partial v}\right)^2 + \left(\frac{\partial y}{\partial v}\right)^2 + \left(\frac{\partial z}{\partial v}\right)^2 = 1$$

因此，这曲面上任意一条曲线的弧长关于参数 $t$ 的导数的平方将由下面的形式得出：

$$\left(\frac{\mathrm{d}s}{\mathrm{d}t}\right)^2 = \left(\frac{\mathrm{d}u}{\mathrm{d}t}\right)^2 + 2\cos\varphi \frac{\mathrm{d}u}{\mathrm{d}t}\frac{\mathrm{d}v}{\mathrm{d}t} + \left(\frac{\mathrm{d}v}{\mathrm{d}t}\right)^2 \tag{2}$$

将角 $\varphi$ 作为 $u, v$ 的函数，则它适合偏微分方程

$$\frac{\partial^2\varphi}{\partial u \partial v} = \sin\varphi \text{①} \tag{3}$$

如果去掉数对 $u, v$ 与曲面上点之间的一一对应的要求，则我们可就任一对 $u, v$ 值来说明上面的作图。的确，过 $O$ 点所作的 $u$ 曲线甚至可能是封闭的。但不论哪种情况，前面有关曲面的假设，沿过 $O$ 点的 $u$ 曲线的两侧均可截取任意大的长度 $u$。这样关于每一个 $u$ 值，对应着渐近曲线上的一点。

今考虑经过这样的每一个点 $P$ 作另一条渐近曲线。在这曲线上，自 $P$ 点(沿一个方向)取长度为参数 $v$ 的一段，再者，沿这条渐近曲线，于 $P$ 之两侧取足够大的长度也是可能的。

这样，每对 $u, v$ 之值就唯一地对应着曲面上某一点，然而一般说来不能是唯一且是可逆的。用几何语言来说就是：我们将得到由整个欧几里得 $(u, v)$ 平面到已知曲面的某覆盖(重叠)曲面或者它的一部分的一个映射。

现在的问题是要证明曲面上每一条 $u$ 曲线是渐近曲线，且参数 $u$ 是它的弧长。对于曲线 $v=0$ 的情况这是已经知道的。再者由(2)所表示的弧元素，对点 $(u, 0)$ 邻域的 $v$ 曲

---

* 它们是原点处杜班(Dupin)标线的渐近线，因此俄译本译作渐近切线。——译者注

① 以这些公式为基础，我首先证明不具有奇异性的负常曲率曲面不可能存在(Trans. AMS, Vol. 2, 1901)。其后赫尔姆格兰(E. Holmgren)也以公式(3)为基础给出一个更广泛的解析证明(Comptes rendus, 巴黎, 1902)。本文引进修改了的 Holmgren 的证明与 W. Blaschke 在他的微分几何中[Vorlesungen üleer Differentialgeometrie, I, section 80 (1921)]所介绍的相符合。同我的原始证明一道也接近于 L. Bieberbach, Acta. Mathematica, Vol. 48。

线的弧长也是成立的。

关于一般情况,仅证明下列论断就够了。

设 $a$ 是一个正数,$b$ 是任一实数,则每个线段

$$-a \leqslant u \leqslant +a, v=b$$

在曲面上的象是一条渐近曲线的一个弧段,或者是沿这样一条曲线上弧段的并且 $u$ 表示它的长度。

其次这个命题于 $b=0$ 时成立,而且可以证明:

1. 如果这个命题于 $b=b_0$ 时成立,则对不同于 $b_0$ 而与 $b_0$ 充分接近的每一 $b$ 值也将成立。

2. 如果这个命题于 $b_1<b<b_2$ 时成立,则于 $b=b_1$ 及 $b=b_2$ 时也成立。

这些可以经过连续性论证及利用海因内-波雷尔(Heine-Borel)有限覆盖定理的一个应用来证明。

于是这个命题就 $b$ 的所有值得以证明。

如果 $\varphi=\varphi(u,v)$ 表示过曲面上点 $(u,v)$ 的两条渐近曲线的交角,这个角系由正 $u$ 方向到正 $v$ 方向来度量的。于是 $\varphi(u,v)$ 是对 $(u,v)$ 的所有值规定的连续函数。这个函数具有适合微分方程(3)的连续偏导数。

适当选取正 $u$ 方向和正 $v$ 方向即可推出不等式

$$0<\varphi<\pi \text{ 和 } \frac{\partial\varphi}{\partial u} \geqslant 0$$

于点 $u=v=0$ 处成立。

因为 $\varphi$ 无处等于 0 或 $\pi$,于是由 $\varphi(u,v)$ 的连续性,

$$0<\varphi(u,v)<\pi$$

这样就 $u,v$ 所有值

$$\sin\varphi>0$$

然而具有这些性质的函数 $\varphi(u,v)$ 是不能存在的。

自微分方程

$$\frac{\partial^2\varphi}{\partial u\partial v}=\sin\varphi$$

可得

$$\frac{\partial^2\varphi}{\partial u\partial v}>0$$

于是 $\frac{\partial\varphi}{\partial u}$ 随 $v$ 值增加而增加。

特别地,

$$\frac{\partial\varphi}{\partial u}(0,1)>\frac{\partial\varphi}{\partial u}(0,0) \geqslant 0$$

因之可以确定一个正数 $a$ 使得 $a \leqslant u \leqslant 3a$ 时,

$$\frac{\partial\varphi}{\partial u}(u,1)>0$$

设 $m$ 表示

$$\frac{\partial\varphi}{\partial u}(u,1)，\text{对 } 0\leqslant u\leqslant 3a$$

的正极小值。

于是就 $v\geqslant 1$：

$$\left.\begin{aligned}\varphi(a,v)-\varphi(0,v)&=\frac{\partial\varphi}{\partial u}(\theta a,v)\cdot a\\ \geqslant\frac{\partial\varphi}{\partial u}(\theta a,1)\cdot a&\geqslant m\cdot a\end{aligned}\right\}\quad(0<\theta<1)$$

同时也有

$$\varphi(3a,v)-\varphi(2a,v)\geqslant m\cdot a$$

因之

$$\varphi(a,v)\geqslant\varphi(0,v)+m\cdot a>m\cdot a$$

且有

$$\varphi(2a,v)\leqslant\varphi(3a,v)-m\cdot a<\pi-m\cdot a$$

再者就 $0\leqslant u\leqslant 3a, v\geqslant 1$：

$$\frac{\partial\varphi}{\partial u}(u,v)\geqslant\frac{\partial\varphi}{\partial u}(u,1)>0$$

因之 $\varphi(u,v)$ 随 $u$ 单调增加，故对

$$a\leqslant u\leqslant 2a, v\geqslant 1$$

$$0<m\cdot a<\varphi(a,v)\leqslant\varphi(u,v)\leqslant\varphi(2a,v)<\pi-m\cdot a$$

而得

$$\sin\varphi(u,v)>\sin(m\cdot a)=M$$

这里 $M>0$ 且与 $u,v$ 无关。

于是展布在以

$$(a,1),(2a,1),(2a,V),(a,V)(V>1)$$

为顶的矩形上的二重积分

$$\iint\sin\varphi(u,v)\,\mathrm{d}u\,\mathrm{d}v$$

的数值将大于

$$M\cdot a(V-1)$$

当适当选取 $V$ 时，可使其大于 $\pi$。

另一方面，从微分方程(3)可以得出

$$\begin{aligned}\iint\sin\varphi\,\mathrm{d}u\,\mathrm{d}v&=\int_a^{2a}\int_1^V\frac{\partial^2\varphi}{\partial u\partial v}\mathrm{d}u\,\mathrm{d}v\\&=(\varphi(2a,V)-\varphi(a,V))-(\varphi(2a,1)-\varphi(a,1))<\pi\end{aligned}$$

这是由于

$$\varphi(2a,V)-\varphi(a,V)<\varphi(2a,V)<\pi$$

以及

$$\varphi(2a,1)-\varphi(a,1)>0$$

的缘故。

因此得到一个矛盾。这样开始所给的基本假设应被推翻。亦即，可以看出，不存在非奇且处处正则具有负常曲率的解析曲面。特别地在开始时所提的问题，按照贝尔特拉米的想法，是否整个罗巴切夫斯基平面能被理解为空间的一个正则解析曲面，这个问题的回答是不可能的。

## 正常曲率曲面[①]

在开始研究这个问题之前，我们回顾对处处正则且在有限区域内解析的负常曲率的曲面，结果是这样的曲面并不存在。现在借助于相应的方法来研究关于正常曲率曲面的同样问题。显然，球面是封闭的且不具备奇异性的正常曲率曲面，并且在我的激励下，李勃曼[②]（H. Liebmann）所给出的证明推出不存在其他具有同样性质的闭曲面，这个结果可以归纳成下面的一个定理，它对于无奇异性的正常曲率曲面[③]的任何部分都是适合的。

在正常曲率为$+1$的曲面上，如果规定一个有限的、不具有任何奇异性的单连通或多连通区域，在此区域的每个内点连同其界点作曲面的两个主曲率半径。假如曲面是单位球面的一部分，则于这个区域内部中的点达不到这两个主曲率半径较大者的极大值，因之也达不到较小者的极小值。

为了证明，首先由假设，两个主曲率半径之积处处等于1，因之两个主曲率半径之大者必须大于或等于1。假如曲面块上每点的两个主曲率半径均为1，则较大的主曲率半径显然为1。在这种特别情况下，曲面块的每一点均是脐点，我们可以用熟知的方法断定曲面块必是单位球面的一部分。

其次假设曲面的两个主曲率半径的极大值大于1。假定前面所说结论不成立，则在曲面块内部存在一点$O$在此点具极大值。由于这个点不能是脐点，而是曲面的一个正则点，因之在这点邻近被两个曲率线族的每一个所覆盖而无空隙。取这两族曲线为坐标曲线且以$O$为原点，则根据熟知的正常曲率曲面理论得到下面事实[④]：

设$r_1$表示在原点$O=(0,0)$的邻域，内点$(u,v)$处两主曲率半径中之较大者，在这个邻域中$r_1>1$。并设

$$\rho=\frac{1}{2}\log\frac{r_1+1}{r_1-1}$$

作为$(u,v)$的函数的正实数$\rho$适合偏微分方程

① 关于非欧椭圆平面几何利用处处连续的弯曲曲面表示的问题的研究，鲍埃(W. Boy)在我的鼓励下作了"关于全曲率以及闭曲面的拓扑学"(Über die Curvatura integra und die Topologie geschlossener Flächen, Göttingen, 1901 以及 Math. Ann. Bd. 57,1903)的就职论文报告。在那里，鲍埃拓扑地设计了一个很有趣的有限曲面。这曲面在一侧是封闭的，除去自交成一个具有三重点的封闭二重曲线外，它没有奇异性；并且具有与非欧椭圆平面相同的连通性。

② 见 Göttinger Nachrichten(1899,44 页)，也请参看原作者在 Math. Ann. 卷 53 与卷 54 上的有趣工作。

③ 吕特开美尔的就职论文报告以及赫尔姆格兰在 Math. Ann. 卷 57 的文章都证明了正常曲率曲面的解析特征。

④ 达尔布(Darboux)《曲面一般理论讲义》(*Leçons sur la théorie génerale des surfaces*, Bd, 3, Nr. 776)，比安契(Bianchi)《微分几何讲义》(*Lezioni di geometria diffenziale*, § 264)。

$$\frac{\partial^2\rho}{\partial u^2}+\frac{\partial^2\rho}{\partial v^2}=\frac{e^{-2\rho}-e^{+2\rho}}{4} \tag{4}$$

因为$\rho$必须随$r_1$递减而递增，于是$\rho$作为$u,v$的函数必须于$u=0,v=0$处得到一个极小值。因此$\rho$依变数$u,v$的幂展开必有以下形式：

$$\rho=a+\alpha u^2+2\beta uv+\gamma v^2+\cdots$$

这里$a,\alpha,\beta,\gamma$都是常数，并且二次形式

$$\alpha u^2+2\beta uv+\gamma v^2$$

就$u,v$的实值永不能假设为负。由最后条件常数$\alpha$和$\gamma$必有不等式

$$\alpha\geqslant 0 \text{ 和 } \gamma\geqslant 0 \tag{5}$$

另一方面，将$\rho$之展式代入微分方程(4)，由于$u=0,v=0$，我们得出

$$2(\alpha+\gamma)=\frac{e^{-2a}-e^{2a}}{4}$$

既然常数$a$表示$\rho$在点$O=(0,0)$处的值，且其值必须为正，上式右端在任何情况下必小于0，于是可得不等式

$$\alpha+\gamma<0$$

此与方程(5)相矛盾。因此由原假设，即在曲面块内部一点得到极大值是不可能的。故上面所列出的定理得以证明。

再者，由上所述可立即得出定理：*无奇异性且具有正常曲率为1的闭曲面必是单位球面*。这个结果同时说明下述事实：在球面上某处没有奇异性，不能将球面作为整体来弯曲。

最后，自上面所论引出非封闭曲面的以下结果：若从球面上割掉一部分，并任意弯曲，则所有主曲率半径之极大值总在曲面这部分的边界上出现。

1900，格丁根

---

关于这个附录的近代发展就是整体微分几何的一部分内容，可参看下列著作：

1. 本文第一部分近代常称为希尔伯特定理，它的叙述是：在三维欧几里得空间内不存在常负曲率的完全曲面。可参看

J. J. Stoker，Differential Geometry，1969，265—271。

M. P. do Carmo，Differential Geometry of Curves and surfaces，1976. 446—453。

2. 本文第二部分的最初文献见：

李勃曼"球面的一个新性质"(Eine Neue Eigenschaft der kugel，Nach. Kgl. Ges. Wiss.，Göttingen，Math. Phys.，Klasse，44—55)。

近代常称为李勃曼定理，它的叙述是：设$S$是紧致、连通、常曲率为$K(>0)$的曲面，则$S$必是以$\frac{1}{\sqrt{K}}$为半径的球面。可参看：

Chuan-chih Hsiung(熊全治)，Differential Geometry，1981，247—249。

3. 尼伦贝格(L. Nirenberg)，Seminar on Differential Geometry in the Large，1956。

4. 希尔伯特定理中"常曲率条件"是非本质的。1963年莫斯科大学一些数学家曾证明：在三维欧几里得空间，完全正则曲面中高斯曲率的上确界是非负的。——译者注

荷兰画家霍贝玛（Meindert Hobbema，1638—1709）的《米德尔哈尼斯的林荫道》（*Avenue at Middelhamis*）。画中在舒缓的水平线上又叠加了垂直，一种极具几何美的透视缩减给空间注入了三维空间感。

## 希尔伯特的23个问题

1. 连续统假设
2. 算术公理的相容性
3. 两等高等底的四面体体积之相等
4. 直线作为两点间最短距离问题
5. 不要定义群的函数的可微性假设的李群概念
6. 物理公理的数学处理。
7. 某些数的无理性与超越性
8. 素数问题
9. 任意数域中最一般的互反律之证明
10. 丢番图方程可解性的判别
11. 系数为任意代数数的二次型
12. 阿贝尔域上的克罗内克定理推广到任意代数有理域
13. 不可能用只有两个变数的函数解一般的七次方程
14. 证明某类完全函数系的有限性
15. 舒伯特计数演算的严格基础
16. 代数曲线与曲面的拓扑
17. 正定形式的平方表示式
18. 由全等多面体构造空间
19. 正则变分问题的解是否一定解析
20. 一般边值问题
21. 具有给定单值群的线性微分方程的存在性
22. 解析关系的单值化
23. 变分法的进一步发展

▲ 1900年希尔伯特在巴黎第二届国际数学家代表大会上提出了23个数学问题（史称希尔伯特问题），激发了整个数学界的想象力。此后，这些问题几乎成为检阅数学重大成就的指标。希尔伯特去世时，德国《自然》杂志发表过这样的观点：现在世界上难得有一位数学家的工作不是以某种途径导源于希尔伯特的工作。他像是数学世界的亚历山大，在整个数学版图上，留下了他那显赫的名字。

COMPTE RENDU

DU

DEUXIÈME CONGRÈS INTERNATIONAL

DES MATHÉMATICIENS

TENU A PARIS DU 6 AU 12 AOUT 1900.

PROCÈS-VERBAUX ET COMMUNICATIONS

PUBLIÉS PAR

E. DUPORCQ,

Ingénieur des Télégraphes, Secrétaire général du Congrès.

PARIS,

GAUTHIER-VILLARS, IMPRIMEUR-LIBRAIRE

DU BUREAU DES LONGITUDES, DE L'ÉCOLE POLYTECHNIQUE,

1902

Réimpression avec accord de l'éditeur

KRAUS REPRINT LIMITED

Nendeln/Liechtenstein

1967

SUR LES

PROBLÈMES FUTURS DES MATHÉMATIQUES,

PAR M. DAVID HILBERT (Göttingen),

TRADUITE PAR M. L. LAUGEL (1).

Qui ne soulèverait volontiers le voile qui nous cache l'avenir afin de jeter un coup d'œil sur les progrès de notre Science et les secrets de son développement ultérieur durant les siècles futurs? Dans ce champ si fécond et si vaste de la Science mathématique, quels seront les buts particuliers que tenteront d'atteindre les guides de la

⋀ 希尔伯特在巴黎数学家大会上提交的报告的篇头。

⋀1900年巴黎数学家大会报告的封面。

Beweisen, dass man durch eine endliche Anzahl von Operationen entscheiden kann, ob und wie viele ganzzahlige Lösungen $\varphi(x, y \ldots) = 0$ mit ganzzahligen Coefficienten besitzt.

⋀ 希尔伯特问题中著名的第十个问题的笔记，这条笔记大约写于1886年，大大早于希尔伯特23个问题发表的1900年。

➤ 就希尔伯特的第十个问题在2007年召开的研讨会的海报。

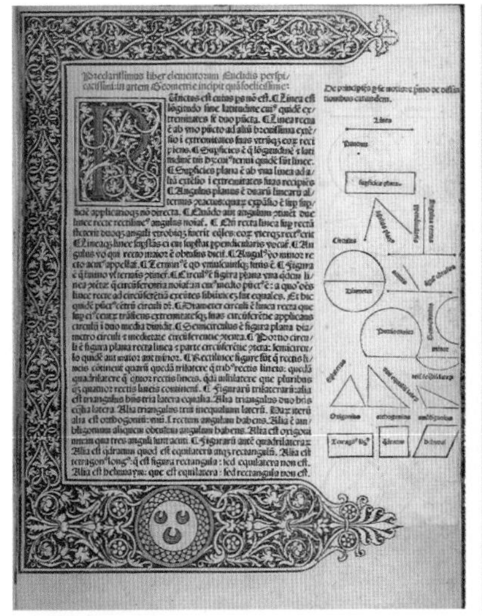

▲ 欧几里得《几何原本》中的一页。

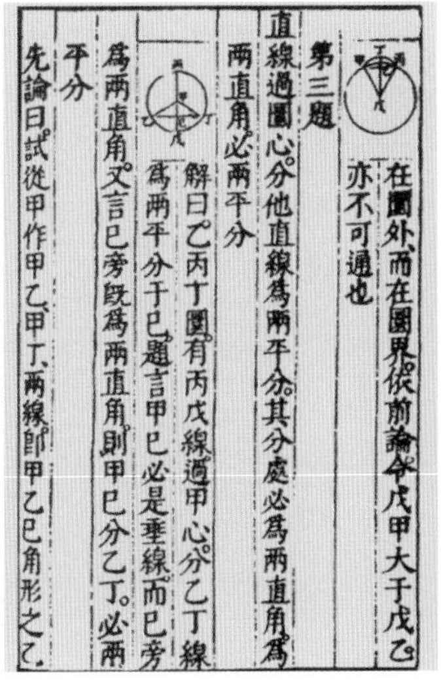

在圜外，而在圜界，依前論，令戊甲大于戊乙

亦不可通也

第三題

直線過圜心，分他直線爲兩平分，其分處必爲兩直角，爲兩直角，必兩平分

解曰：乙丙丁圜，有丙戊線，過甲心，分乙丁線爲兩平分于巳，題言甲巳必是垂線，而巳旁爲兩直角，又言巳旁段爲兩直角，則甲巳分乙丁，必兩平分

先論曰：試從甲作甲乙、甲丁兩線，即甲乙巳角形之乙

▲ 明刻本《几何原本》书影。

▲ 欧几里得《几何原本》较早的英译本封面。

▲《几何基础》德文版封面（左）和第10次印刷的《几何基础》英文版封面（右）。《几何基础》的第一版于1899年出版，后经多次修改，目前一般引用1930年出版的第七版。希尔伯特在书中对欧几里得几何及有关几何的公理系统进行了深入的研究。他不仅对欧几里得几何提供了完善的公理体系，还给出证明一个公理对别的公理的独立性以及一个公理体系确实为完备的普遍原则。希尔伯特的《几何基础》把几何学引进了一个更抽象的公理化系统，重新定义了几何，不但改良了传统的欧几里得的《几何原本》，更使几何学从一种具体的特定模型上升为抽象的普遍理论。

➤ 1916年的德国《物理学年鉴》封面及《广义相对论基础》首页。

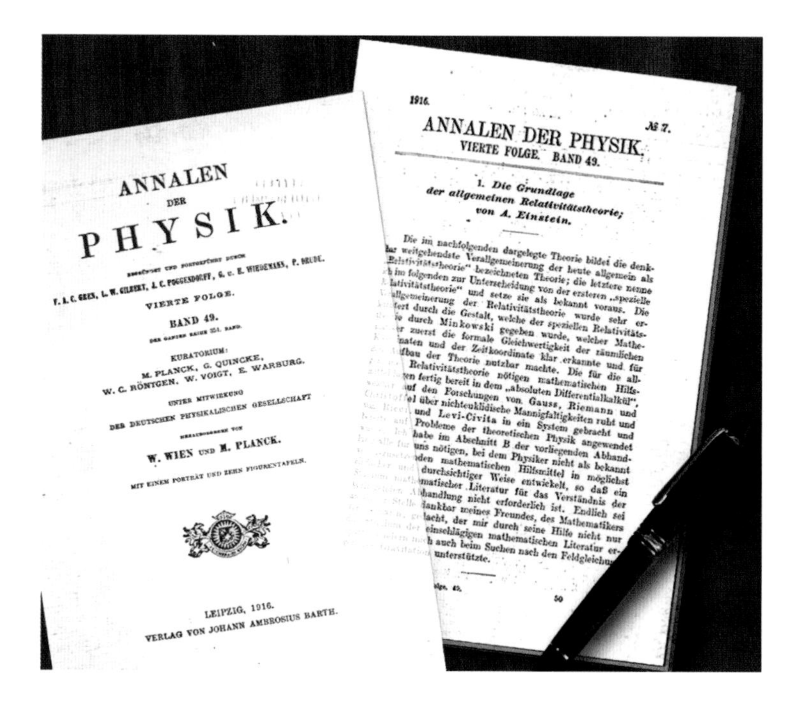
ANNALEN
DER
PHYSIK.

F. A. C. GREN, L. W. GILBERT, J. C. POGGENDORFF, G. u. E. WIEDEMANN, P. DRUDE.
VIERTE FOLGE.
BAND 49.

KURATORIUM:
M. PLANCK, G. QUINCKE,
W. C. RÖNTGEN, W. VOIGT, E. WARBURG.
UNTER MITWIRKUNG
DER DEUTSCHEN PHYSIKALISCHEN GESELLSCHAFT

W. WIEN UND M. PLANCK.
MIT EINEM PORTRÄT UND ZEHN FIGURENTAFELN.

LEIPZIG, 1916.
VERLAG VON JOHANN AMBROSIUS BARTH.

1916. ANNALEN DER PHYSIK. № 7.
VIERTE FOLGE. BAND 49.

1. Die Grundlage
der allgemeinen Relativitätstheorie;
von A. Einstein.

Die im nachfolgenden dargelegte Theorie bildet die denk-
bar weitgehendste Verallgemeinerung der heute allgemein als
„Relativitätstheorie" bezeichneten Theorie; die letztere nenne
ich im folgenden zur Unterscheidung von der ersteren „spezielle
Relativitätstheorie" und setze sie als bekannt voraus. Die
Verallgemeinerung der Relativitätstheorie wurde sehr er-
leichtert durch die Gestalt, welche der speziellen Relativitäts-
theorie durch Minkowski gegeben wurde, welcher Mathe-
matiker zuerst die formale Gleichwertigkeit der räumlichen
Koordinaten und der Zeitkoordinate klar erkannte und für
den Aufbau der Theorie nutzbar machte. Die für die all-
gemeine Relativitätstheorie nötigen mathematischen Hilfs-
mittel lagen fertig bereit in dem „absoluten Differentialkalkül",
welcher auf den Forschungen von Gauss, Riemann und
Christoffel über nichteuklidische Mannigfaltigkeiten ruht und
von Ricci und Levi-Civita in ein System gebracht und
bereits auf Probleme der theoretischen Physik angewendet
wurde. Ich habe im Abschnitt B der vorliegenden Abhand-
lung alle für uns nötigen, bei dem Physiker nicht als bekannt
vorauszusetzenden mathematischen Hilfsmittel in möglichst
einfacher und durchsichtiger Weise entwickelt, so daß ein
Studium mathematischer Literatur für das Verständnis der
vorliegenden Abhandlung nicht erforderlich ist. Endlich sei
an dieser Stelle dankbar meines Freundes, des Mathematikers
Grossmann, gedacht, der mir durch seine Hilfe nicht nur
das Studium der einschlägigen mathematischen Literatur er-
sparte, sondern mich auch beim Suchen nach den Feldgleichungen
der Gravitation unterstützte.

Annalen der Physik. IV. Folge. 49. 50

1915 年，爱因斯坦（Albert Einstein，1879—1955）在格丁根作了一次关于广义相对论的讲演，在这里他结识了希尔伯特，两个人很快就成为非常要好的朋友。10月底，爱因斯坦几乎停止了与所有人（贝索、洛伦兹等人）的通信，只与希尔伯特保持联系。在此之前，爱因斯坦对广义相对论的探索，因为数学上的困难，仍然停留在1913年的雏形阶段，几乎没有任何可以称道的进展。在这关键的11 月，正是由于与希尔伯特的多次信件交流，在经历了8年的沉寂之后（从1907 年起），广义相对论的最终形式终于浮出水面了。1915年11 月25 日，爱因斯坦向柏林的普鲁士科学院递交了题为《引力的场方程》的论文，提出了广义相对论引力论的完整形式，最终完成了广义相对论的逻辑构造。

➤ 希尔伯特曾经幽默地评价爱因斯坦的相对论，他说：“我们这一代人一直在探讨关于时间和空间的问题，而爱因斯坦说出了其中最具独创性、最深刻的东西。你们可知道这里的原因吗？那就是因为，有关时间和空间的全部哲学和数学，爱因斯坦都没有学过。”

◀ 冯·诺依曼（John von Neumann，1903—1957）年轻时是希尔伯特家的常客，他对希尔伯特的物理学和证明论思想有浓厚的兴趣。这两位年龄相差40多岁的科学家，在希尔伯特家的花园或书房里一起度过了许多难忘的时光。1933年，冯·诺依曼解决了希尔伯特第五个问题。

◀ 玻恩（Max Born，1882—1970），德国理论物理学家，量子力学的奠基人之一，1954年荣获诺贝尔物理学奖。1905年前后玻恩到格丁根大学听希尔伯特、闵可夫斯基等讲学，并成为希尔伯特的"私人"助理，这为他后来在量子力学获得的巨大成就奠定了坚实的数学基础。

➤ 海森伯（Werner Karl Heisenberg，1907—1976），量子力学的奠基人之一，1932年荣获诺贝尔物理学奖。海森伯评价说："希尔伯特对格丁根量子力学发展的影响最为巨大，凡是20年代在格丁根学习过的人，对于这种影响都有充分体会。"希尔伯特和他的同事们创造了一种特有的数学环境，所有年轻的数学家都是按希尔伯特积分方程和线形代数理论所体现的思想训练出来的，因此，对于这些领域中的每一项理论发展来说，格丁根始终是比其他任何地方更合适的场所。现已表明，量子力学的数学方法原来是希尔伯特积分方程理论的直接应用，这确是一件特别幸运的事情。

➤ 这条大约写于1888年的笔记显示希尔伯特在康德哲学基础上思考数学科学的基石。

▼ 希尔伯特的《几何基础》手记的第32~33页。

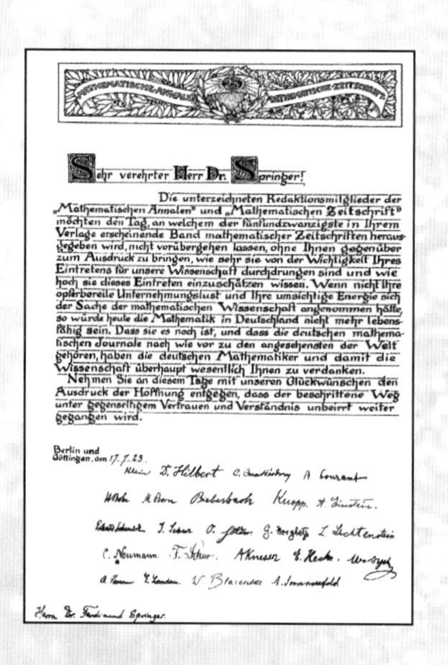

Sehr verehrter Herr Dr. Springer!

Die unterzeichneten Redaktionsmitglieder der „Mathematischen Annalen" und „Mathematischen Zeitschrift" möchten den Tag, an welchem der fünfundzwanzigste in Ihrem Verlage erscheinende Band mathematischer Zeitschriften herausgegeben wird, nicht vorübergehen lassen, ohne Ihnen gegenüber zum Ausdruck zu bringen, wie sehr sie von der Wichtigkeit Ihres Eintretens für unsere Wissenschaft durchdrungen sind und wie hoch sie dieses Eintreten einzuschätzen wissen. Wenn nicht Ihre opferbereite Unternehmungslust und Ihre umsichtige Energie sich der Sache der mathematischen Wissenschaft angenommen hätte, so würde heute die Mathematik in Deutschland nicht mehr lebensfähig sein. Dass sie es noch ist, und dass die deutschen mathematischen Journale nach wie vor zu den angesehensten der Welt gehören, haben die deutschen Mathematiker und damit die Wissenschaft überhaupt wesentlich Ihnen zu verdanken.

Nehmen Sie an diesem Tage mit unseren Glückwünschen den Ausdruck der Hoffnung entgegen, dass der beschrittene Weg unter gegenseitigem Vertrauen und Verständnis unbeirrt weiter gegangen wird.

Berlin und Göttingen, den 17.7.23.

➤ 德国数学家给springer出版社发出的联名信，感谢该出版社在第二次世界大战后出版的一系列有关数学物理的优秀读物，签名的第一位、第二位分别是克莱因和希尔伯特。

▲ 希尔伯特的漫画像。

▼ 邮票上的希尔伯特。

➤ 格丁根大学教室里的希尔伯特画像。

◄ 希尔伯特经常下午在格丁根的这条小道上散步。

➤ 位于格丁根的以“大卫·希尔伯特”命名的街道。

▲ 伦敦数学学会大楼。1901年希尔伯特被授予该学会荣誉会员。

▼ 由于思想的深刻性、方法的创造性以及证明的严密逻辑性，希尔伯特对数学的发展作出了巨大贡献。1910年匈牙利科学院（图）授予希尔伯特第二次鲍耶奖。该奖是为了纪念非欧几何的创始人之一匈牙利数学家鲍耶（John Bolyai，1802—1860）设立的。该奖第一次得主是庞加莱（Jules Henri Poincaré，1854—1912）。

◀ 伦敦皇家学会大楼。1928年希尔伯特成为伦敦皇家学会会员。

# 补　篇

贝尔耐斯

• *Supplment* •

德国女数学家爱米·诺德，虽已获得博士学位，但没有开课"资格"，因为她需要先完成论文，教授才会考虑是否授予她讲师资格。

当时，著名数学家希尔伯特十分欣赏诺德的才能，他到处奔走，要求批准诺德为格丁根大学的第一名女讲师，但在教授会上还是出现了争论。

一位教授激动地说："怎么能让女人当讲师呢？如果让她当讲师，以后她就可能成为教授，甚至进大学评议会。难道能允许一个女人进入大学最高学术机构吗？"

另一位教授说："当我们的战士从战场回到课堂，发现自己拜倒在女人脚下读书，会作何感想呢？"

希尔伯特站起来，坚定地批驳道："先生们，候选人的性别绝不应成为反对她当讲师的理由。大学评议会毕竟不是洗澡堂！"这句话激怒了他的对手，但希尔伯特对此不为所动，毅然决定让诺德以他的名义代课。

# 补篇 Ⅰ

## 1. 关于 §3 和 §4 的一些注记

在第一章 §3 的末尾(3 页),我们已经注意到下面的事实:即一条直线 $a$ 不能与三角形 $ABC$ 的三条边同时相交,这是一个能证明的定理,由定理 4 按照下列方法就可得到它的证明,如果直线 $a$ 与三线段 $BC,CA,AB$ 分别交于 $D,E,F$,则这三个点将是不同的。由定理 4,它们中的一个将位于其他两者之间。

如果 $D$ 位于 $E$ 和 $F$ 之间,则对三角形 $AEF$ 和直线 $BC$,利用公理 $\text{II}_4$ 可知这直线必将经过线段 $AE$ 或 $AF$ 的一点。在这两种情况下,均将引出与 $\text{II}_3$ 或 $\text{I}_2$ 的一个矛盾结果。

---

范・德瓦尔登曾考虑到帕士公理 $\text{II}_4$ 可以用下述的空间顺序公理来代替。

$\text{II}_4^*$. 设 $A,B,C$ 是三个不共线点,且 $\alpha$ 是不含这三个点的平面;若平面 $\alpha$ 通过线段 $AB$ 的一点,则它也通过线段 $AC$ 或线段 $BC$ 的一点。

利用这个替换,不仅 $\text{II}_4$ 变为可以证明的定理,而且关联公理 $\text{I}_7$ 也是这样。关于这个问题可以参看范・德瓦尔登的"欧几里得几何的逻辑基础"(De Logische Grondslagen der Euklidische Meetkunde)一文,此文刊载于 Zeitschrift Christian Huygens 卷 13～14 (1934—1936),§3。

对于用公理 $\text{II}_4^*$ 来证明 $\text{I}_7$ 的论断可如下进行考虑。范・德瓦尔登在他的证明里,用到每个平面含有三个不共线点这个公理。此公理曾出现在希尔伯特《几何基础》的前几版里,现已被较弱要求的公理 $\text{I}_3$ 和 $\text{I}_4$ 所代替(参看 §2)。即"存在不全属于一直线上的三点"和"每一个平面至少存在一点"。选择这两个公理,由 $\text{II}_4^*$ 即可证明 $\text{I}_7$。首先由 $\text{II}_4^*$ 证明下面有限制的定理"如果含有三个不共线点的平面 $\beta$ 与一平面 $\alpha$ 有一公共点,则 $\alpha$ 和 $\beta$ 必有其他公共点"。于是借助这个定理以及关联公理 $\text{I}_{1\sim6}$ 和 $\text{I}_8$ 即可证明:每个平面含有三个不共线点。据此,对平面 $\beta$ 的限制条件即可去掉。

公理 $\text{I}_7$ 的论断可以从 $\text{II}_4^*$ 来证明,这一事实表达这空间最多是三维的类比于公理 $\text{II}_4$,当直线 $a$ 位于平面 $ABC$ 的条件去掉时,维数则限制到二的情况。

---

关于 §4 的定理 9(6 页),费格尔(G. Feigel)曾在他的文章"关于初等几何的顺序公理"(Über die elementaren Anordnungssätze der Geometrie)中给出一个较详细的证明。

---

◀本书第一译者江泽涵(1902—1994)。江泽涵是将拓扑学引进中国的第一人,他从 1934 年起出任北京大学数学系系主任。

此文载于 Jahresbericht der Deutschen Math. Vereinigung. Bd. 33(1924)，§4。

---

### 2. 关于§13的一些注记

在§13里所叙述的关于实数的公理系统，实质上是从希尔伯特的一篇文章“关于数的概念”(Über den Zahlbegriff, Jahrb. d. Deutsch. Math. Ver. 8(1900))里抽出来的。在§13里列举为定理，而在文章里，则是作为公理的。在这里我们从他的那篇文章引进下面的注记：

1. 数0的存在(30页定理3)是定理1、定理2和加法结合律的一个推论。

2. 数1的存在(30页定理6)是定理4、定理5和乘法结合律的一个推论。

3. 加法交换律(30页定理8)是定理1～6、加法结合律和两个分配律的一个推论，即

$$(a+b)(1+1)=(a+b)|+(a+b)|=a+b+a+b$$
$$=a(1+1)+b(1+1)=a+a+b+b$$

由此

$$a+b+a+b=a+a+b+b$$

从而根据定理2

$$b+a=a+b$$

乘法交换律(30页定理12)可以从定理1～11、13～16和17(阿基米德定理)推出，但是不能不用定理17，这一点是在§32～§33中所明确的。

## 补篇Ⅱ　比例论建立的简化

在第三章§14～§16里，不用阿基米德公理即根据公理$\mathrm{I}_{1\sim3}$，Ⅱ～Ⅳ所建立起来的比例论还可以简化。

以下我们利用第35页§15开始所引进的线段、线段相等、线段的和的记法以及那里所提出的结果：关于线段加法的结合律和交换律都成立。

现在我们规定线段$a$,$b$的比$a:b$。在一个以$a$,$b$为两个直角边的直角三角形里，用直角边$a$相对的角(在合同意义下是唯一确定的)规定为$a:b$。如果用$a:b$和$c:d$所规定的两个角合同，则说这两个比相等，而且在这种意义下也写作一个“比例式”$a:b=c:d$。所以立即推得每一个线段比和它自身相等，两个线段比若和第三个比相等，则原来两个比彼此相等，且有：如果$a=c$，$b=d$，则$a:b=c:d$。

根据三角形的角和定理，也可推得：如果$a:b=c:d$，则$b:a=d:c$。再者利用公理Ⅲ和Ⅳ可得以下定理(补图1)：如果$a:b=c:d$，则$a:b=(a+c):(b+d)$，而且根据外角定理，如果$a:b=a:c$，则$b=c$。特别是从最后一个定理可以推出：对于三个线段$a$,$b$,$c$，只有一个第四比例项，即在方程$a:b=c:x$中对$x$只能有一个解，从角的迁移的可能性连同平行公理可以推得第四比例项的存在。

比例内项的可换定理，即如果 $a:b=c:d$ 则 $a:c=b:d$。
它的证明可如下得出。考虑两个直角三角形，它们的直角边分别是 $a$，$b$ 和 $c$，$d$；而且有这样的位置：第二个三角形的直角边 $c$ 位于第一个三角形过直角顶的直角边 $b$ 的延线上，同样地，$d$ 位于 $a$ 的延线上（补图 2）。根据所假设的比例，利用圆周角相等对等弧定理或其逆定理得出：两条斜边的四个端点共圆。根据这个定理，再考虑以 $a$，$c$ 和 $b$，$d$ 为直角边的两个三角形就能得出 $a:c=b:d$①。

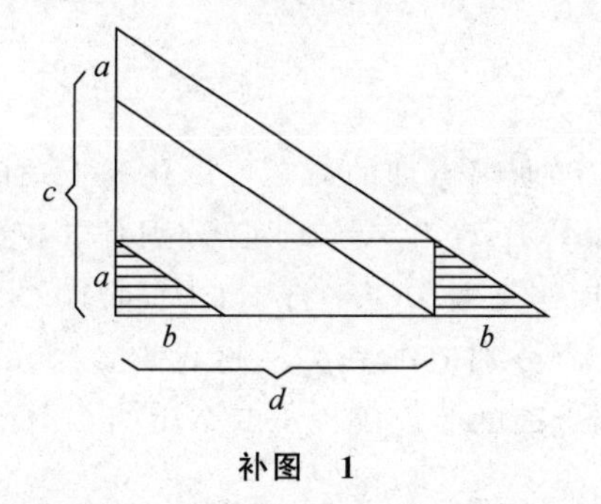

补图 1

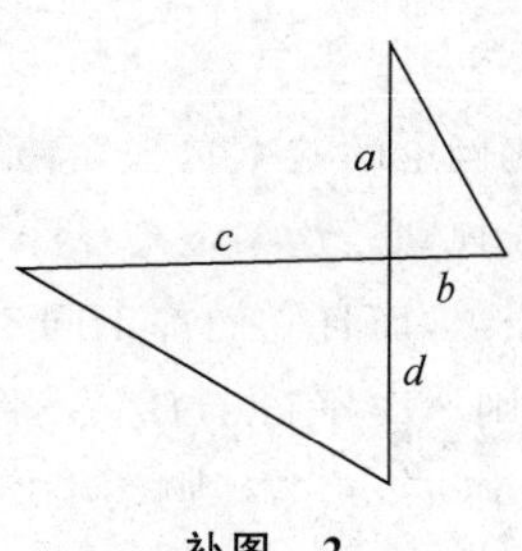

补图 2

从比例内项的可换性，我们特别地得到比例合成的可能性：如果 $a:b=a':b'$ 且 $b:c=b':c'$，则 $a:c=a':c'$。即从给出的比例经过内项交换可得 $a:a'=b:b'=c:c'$，因而 $a:c=a':c'$。

利用第四比例项的存在也可得出下列的第二个合成规则：如果 $a:b=b':a'$ 且 $b:c=c':b'$，则 $a:c=c':a'$。这是因为如果 $u$ 是 $a$，$b$，$c'$ 的第四比例项，即有 $a:b=c':u$，则根据上面假设，应有 $c':u=b':a'$，即 $c':b'=u:a'$，而且 $u:a'=b:c$；再由 $c':u=a:b$ 和 $u:a'=b:c$（依照前面所说的比例的合成规则）即得 $c':a'=a:c$。

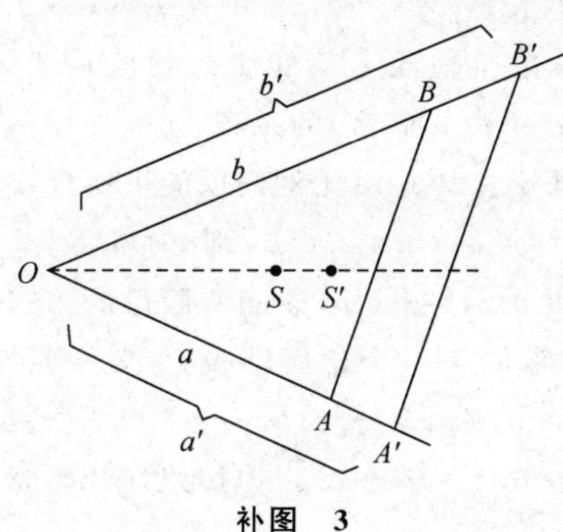

补图 3

现在证明比例论的基本定理：如果两条平行线在任意角的两边上分别截取线段 $a$，$a'$ 和 $b$，$b'$，则比例 $a:a'=b:b'$ 成立。要得到证明，只要利用三角形角的平分线共点这个定理（如同 § 16 定理 41 的证明）。现在把这条定理应用到三角形 $OAB$ 和 $OA'B$ 上，这里 $O$ 是所考虑角的顶点，$A$，$B$ 和 $A'$，$B'$ 分别是二平行线和角的两边的交点；再设 $OA=a$，$OB=b$，$OA'=a'$，$OB'=b'$（补图 3）。设 $S$ 和 $S'$ 分别是三角形 $OAB$ 和 $OA'B'$ 角平分线的交点。于是 $S$ 到直线 $OA$ 和 $OB$ 有等距离 $r$，且 $S'$ 到这两条直线也有等距离 $r'$。我们将证 $a:a'=r:r'$，同理有 $b:b'=r:r'$，于是论断即得以证明。

要证明比例 $a:a'=r:r'$，我们考虑三角形 $OAS$ 和 $OA'S'$，这里 $\measuredangle SOA=\measuredangle S'OA'$，$\measuredangle SAO=\measuredangle S'A'O$，而且这两角都是锐角（因为是一角之半）。设 $D$ 和 $D'$ 分别是由 $S$ 和

① 这个证明的思路取自恩立克（F. Enriques）的教本《初等几何问题》（*Fragen der Elementargeometrie*）。

$S'$向直线$OA$所作垂线的垂足，且分别落在线段$OA$和$OA'$的内部。$OA$和$OA'$被$D$和$D'$分别分成两个线段$u,v$和$u',v'$。于是就有

$$r : u = \measuredangle SOA = \measuredangle S'OA' = r' : u'$$

$$r : v = \measuredangle SAO = \measuredangle S'A'O = r' : v'$$

因此

$$r : r' = u : u' = v : v' = (u+v) : (u'+v') = a : a'$$

亦即

$$a : a' = r : r'$$

应用比例论的基本定理，特别是希尔伯特称为巴斯噶定理的命题可以化为上述的比例第二合成规则。这条定理(§14 定理 40)是：设$A,B,C$和$A',B',C'$分别是二相交直线上的三个点，而且它们都不同于这二直线的交点，于是若$BC'$平行于$CB'$，而且$CA'$平行于$AC'$，则$AB'$平行于$BA'$。将线段$OA,OB,OC$分别记作$a,b,c$；将线段$OA',OB'$，$OC'$分别记作$a',b',c'$，则按照比例论的基本定理，上面的假设等价于两个比例

$$b : c = c' : b' \tag{1}$$

$$c : a = a' : c' \tag{2}$$

而且结论等价于比例

$$a : b = b' : a'$$

然而这一比例也可以从上面的两个利用第二合成规则得出。

这样不用线段的乘法建立的比例论只要固定一条单位线段$e$就能引进线段乘法。实际上，我们可规定$e,a,b$的第 4 比例项是线段$a,b$(就单位$e$而言)的乘积。

关于这样规定的线段乘法的运算律是这样的：乘法交换律是由比例内项的可换性得出。乘法结合律陈述为：如果$e : a = b : u$, $e : b = c : v$, $e : u = c : w$，则$e : a = v : w$。这个算律可以如下证明。由所假设的第二个比例得$b : e = v : c$，连同所假设的第三个比例再应用一个合成得$b : u = v : w$于是根据所假设的第一个比例即得$e : a = v : w$。乘法分配律陈述为：如果$e : a = b : u$, $e : a = c : v$，则$e : a = (b+c) : (u+v)$。要想证明它，只需证明：如果$b : u = c : v$，则$b : u = (b+c) : (u+v)$。但按照在开始时所提及的一条定理，这个论断是正确的。

在这样引进线段计算之后，现在就可以如同§17 里所讲的一样建立平面解析几何。

**注记** 利用单位线段来代替定义线段乘法为建立解析几何，必须引进比的计算。先用下面的规则来规定比的加法和乘法：

$$(a : c) + (b : c) = (a+b) : c$$ [①]

$$(a : b) \cdot (b : c) = a : c$$

---

① 用两线段比之和作为两确定角之和是不合适的，即由角的几何加法的规定它与以下事实相违背，因为由线段的比所确定的角常是锐角，而两锐角之和却不常常是锐角。

于是等比加等比仍得等比，等比乘以等比仍得等比。

从前面（133—134 页）所建立的比例论的性质，特别是从第四比例项的存在，这些规则均能适合，而且加法及乘法的其余规则也均成立。在没有其他注解的情况下，我们可以得出：乘法的逆运算即除以 $a:b$ 就是乘以 $b:a$，而且比 $a:a(=b:b)$ 起着乘法恒等元的作用。

## 补篇Ⅲ 平面面积理论的注记

在 §18（41 页）中关于剖分相等和拼补相等的定义以及其后的定理，这里将给出有关它们的一些更清楚和更深入的注释。又“多角形”这一名词此处常指“简单多角形”而言。

首先，要注意到将一个多角形 $P$“剖分”成两个多角形 $P_1,P_2$（参看 41 页）的精确含义必须与剖分成几个多角形的定义相吻合。

与 §18 剖分相等和拼补相等直接有关的推论一般是成立的，假如对“结合”与“移去”这两个概念是在有限制的情况下来理解。如果不打算在所说的方面加以限制，就必须引进多角形概念外的另一个普遍的概念——“合成多角形”。从这点出发就能运用定理：每个简单多角形能够剖分成三角形。

为了按照多角形边数用归纳法证明这个定理，只要证明边数 $n>3$ 的多角形 $P$ 能够剖分成两个边数较少的多角形就够了。

设 $A_1,\cdots,A_n$ 为一多角形 $P$ 的相邻顶点。今考虑自 $A_1$ 向多角形内部所射出的半线。如果此半线首次再遇此多角形于 $B$（这半线可以如此选取使得 $B$ 不在直线 $A_1A_2$ 或 $A_1A_n$ 上）。当 $B$ 是多角形 $P$ 的一个顶点，则线段 $A_1B$ 立即将 $P$ 剖分成边数较少的两个多角形，否则当 $B$ 位于多角形的边 $A_iA_{i+1}$ 上，其中 $2\leqslant i\leqslant n-1$，且相等符号最多仅能出现一次。如果 $2<i<n-1$，则线段 $A_1B$ 仍产生一个所要求类型的剖分。至少 $i=n-1$ 及 $i=2$ 的情形仍然用同样的方法来处理。如果 $i=2$，则线段 $A_1B$ 剖分多角形 $P$ 成三角形 $A_1A_2B$ 及 $n$ 角形 $A_1BA_3\cdots A_n$，今将后者用 $P'$表示，线段 $A_1A_3$ 将 $P'$剖分成一个三角形及一个$(n-i)$角形，或者 $P'$位于三角形 $A_1BA_3$ 的内部（在每种情况下均含有 $P'$的内点），或至少一个顶点 $A_j$，其中 $j>3$，位于三角形的边 $A_1A_3$ 上。在第一种情况下，即得出所要求的剖分。否则，从 $A_1$ 射出且过顶点 $A_j$ 中的一个所作的半线中取出一条，它与直线 $BA_3$ 的交点是与 $B$ 最靠近的，并且在此半线上取 $P'$中与 $A_1$ 最靠近的一个顶点，设此顶点是 $A_k$，如果 $k\neq n$，则线段 $A_1A_k$ 将多角形 $P'$剖分成边数较少的两个多角形。如果 $k=n$，线段 $BA_k$ 即产生这样一个剖分①。

将一多角形剖分成三角形产生不相交的情况，即没有两个三角形有公共的一个内点。当必须时，由附加划分也可能更适合三角形剖分的条件；每对三角形或者不交，或仅有一公共顶点，或者有一边然而却没有其他公共点。

---

① 将一个简单多角形能剖分成三角形的一个不同论证可从补篇 $Ⅰ_1$ 所引范·德瓦尔登的文章中得到，参看 §5，定理 24。

平面内具有[①]三角形剖分条件的有限个三角形的集合并不需要形成一个多角形剖分为三角形。用这样的三角形的集合可以三角剖分的图形具有一般的特性，设将它们叫做合成多角形。

为了从三角形集合得到能三角剖分的合成多角形的图形，首先必须去掉两个三角形的公共边。于是其余的折线段可能形成一个简单多角形，其中两个或多个三角形的相邻边在同一直线上，它形成多角形的一个边。或者将折线段剖分(按照已给形成法)成几个简单多角形。这些多角形的边也叫合成多角形的边。平面内不属于多角形的点划分为合成多角形的“外点”和“内点”，它们可如下法形成：三角形的有限集合可以被一个多角形甚至于一个三角形所包围，在包围合成多角形的多角形外部的点叫合成多角形的外点。另外，内点和外点可以由下列事实来区分。穿过合成多角形的每一边(或)由外点进入内点或由内点到外点。因之人们可这样考虑外点是所有那些位于三角形集合外部的点，而内点则是位于这些三角形中一个的内部或在这些三角形的一条边上但不在合成多角形边上的那些点。

这样，每个不相交三角形的有限集合决定一个合成多角形。由它利用一个适当划分可得到一个三角形的集合，它具有三角剖分的性质且结果所得的合成多角形与各种不同划分的选择无关。另言之，对于每两个划分，常可确定一个第三者，它是另两个划分中的某一个划分。通过划分从一个合成多角形的三角剖分所得的三角形集合仍产生同一合成多角形，这是因为在划分中三角形加入的边在较狭义的三角剖分下常出现两次。

从两个不相交的合成多角形 $P$，$Q$ 能够得到一个新的合成多角形，它是利用 $P$ 及 $Q$ 的三角形剖分中的两个三角形集合里不相交的三角形的集合所形成。如此所得的合成多角形与 $P$ 及 $Q$ 的某种特殊的三角形剖分无关，这可从前面关于划分的注记得出，因此它由 $P$ 及 $Q$ 唯一确定，而称为 $P$ 与 $Q$ 的一个组合，或者说自 $P$ 通过 $Q$ 的添加，并且“$P+Q$”来表示。

这种组合的方法可以推广到几个成对的不相交的合成多角形。并且这种组合具有结合及可换的性质，这是因为成对的不相交的三角形集合的并具有这些性质。

今设 $P$ 及 $Q$ 为剖分成三角形的三角形集合 $\Delta_1,\cdots,\Delta_k$ 和 $\Delta'_1,\cdots,\Delta'_l$ 所给出的两个任意合成多角形。于是对每一个三角形 $\Delta_i$ 能够确定一个剖分为三角形的划分 $\Delta'_{i_1},\cdots,\Delta_{i_{ri}}$，使得没有 $\Delta_{ij}$ 是与 $\Delta'_h$ 的一边相交，并且每个 $\Delta_{ij}$ 或者完全位于 $\Delta'_h$ 内或与它没有公共内点。这样，我们可得到 $P$ 的一个三角形的剖分，使得其中每个三角形或者全部是 $\Delta'_1,\cdots,\Delta'_l$ 中的某一个或者与这些三角形的任一个没有公共内点。第一类三角形产生合成多角形 $T_1$ 的一个三角形剖分，第二类则产生合成多角形 $T_2$ 的一个三角形剖分，且 $P=T_1+T_2$。如果在 $\Delta'_h$ 中将 $T_1$ 的三角形剖分的三角形从 $\Delta'_h$ 中分出，余下的图形能够剖分为三角形并能看做是一个合成多角形 $R_h$。于是两两不相交的合成多角形 $R_1,\cdots,R_l$ 的组合产生一个合成多角形 $T_3$ 且 $Q=T_1+T_3$。这样合成多角形 $T_1,T_2,T_3$ 是两两不交的。它们的组合 $T_1+T_2+T_3$ 规定为 $P$ 与 $Q$ 的并，$T_1$ 则叫做 $P$ 与 $Q$ 的交。

对于这个分析较精确的论述必须用到下面的情况：如果三角形某一边上的一点或顶点在一个合成多角形的内部，则这三角形的一个内点也将位于这合成多角形的内部。因此得出：如果在两个三角剖分的合成多角形 $P$ 与 $Q$ 中，$P$ 的三角剖分中的一个三角形如

① 在拓扑学里，这样的集合叫做有限平面三角复形。

果与 $Q$ 的三角剖分中的一个三角形无公共内点，则 $P$ 与 $Q$ 是不相交的。

作为最后讨论的一个结果，要注意到：对任意两个合成多角形 $P$,$Q$ 常存在一个并 $V$ 及一个交 $D$ 而具有下述特性：$V$ 与 $D$ 是合成多角形，能够确定合成多角形 $P'$ 及 $Q'$ 而使 $P'$,$Q'$,$D$ 两两不交，且

$$P=D+P',Q=D+Q',V=D+P'+Q'$$

并且也有

$$V=P+Q',V=Q+P'$$

现在给出关于合成多角形的剖分相等和拼补相等的一般定义。

**定义** 两个合成多角形 $P$,$Q$ 称为剖分相等，假如能够确定 $P$ 的一个三角形剖分 $\Delta_1,\cdots,\Delta_n$ 和 $Q$ 的一个三角形剖分 $\Delta'_1,\cdots,\Delta'_n$ 而使 $\Delta_i$ 及 $\Delta'_i$ 是合同三角形。两个合成多角形 $P$,$Q$ 称为拼补相等如果能够对 $P$ 添加一个合成多角形 $P'$，对 $Q$ 添加一个合成多角形 $Q'$ 而使 $P'$ 与 $Q'$ 剖分相等，且 $P+P'$ 与 $Q+Q'$ 剖分相等。

为了说明这些定义的正确，必须证明它们与以前所提到的多角形的剖分相等和拼补相等的定义(§18)是一致的。

就剖分相等来讲，立即看出关于多角形的新定义与以前所述者有相同的意义。

至于剖分相等的传递性，即两个合成多角形分别与第三者剖分相等，则这两个也必剖分相等的定理，它可用与以前多角形(41 页的证明)十分类似的方法来证明。在没有更多的注释下我们也可得到剖分相等的可加性的定理。如果一个合成多角形 $P$ 由两个合成多角形 $P_1$ 及 $P_2$ 组成，类似地合成多角形 $Q$ 由两个合成多角形 $Q_1$ 及 $Q_2$ 组成。且如果 $P_1$ 与 $Q_1$，$P_2$ 与 $Q_2$ 分别剖分相等，则 $P$ 与 $Q$ 剖分相等。

为了证明合成多角形拼补相等的定义与以前关于多角形 $P$,$Q$ 的定义相同，必须建立下面的引理：如果 $P$ 是一个多角形，$K$ 是一个合成多角形，于是在 $P$ 上可添加与 $K$ 剖分相等的多角形 $H$，因此 $P+H$ 是一多角形，简言之 $P$ 可由添加与 $K$ 剖分相等的多角形 $H$ 而扩展成一个多角形。

为了证明，首先考虑下面的情况，即多角形 $P$ 的一边 $a$ 位于一直线 $g$ 上，并使多角形的所有顶点，除掉 $a$ 的端点外，均位于 $g$ 的同侧，合成多角形 $K$ 被剖分成三角形 $\Delta_1,\cdots,\Delta_k$。现在每个三角形与一个长方形剖分相等。这可从下面的方法看出：设 $ABC$ 是一个三角形，它的 $A$ 角和 $B$ 角都是锐角。又设 $CA$ 与 $CB$ 中点的联线是 $p$，且 $F$ 与 $G$ 是由 $A$ 与 $B$ 分别到 $p$ 所作垂线的垂足，于是长方形 $ABGF$ 与三角形 $ABC$ 剖分相等，这可由 $C$ 到 $FG$ 作垂线看出(参看 26 页为证明定理 39 的图)。

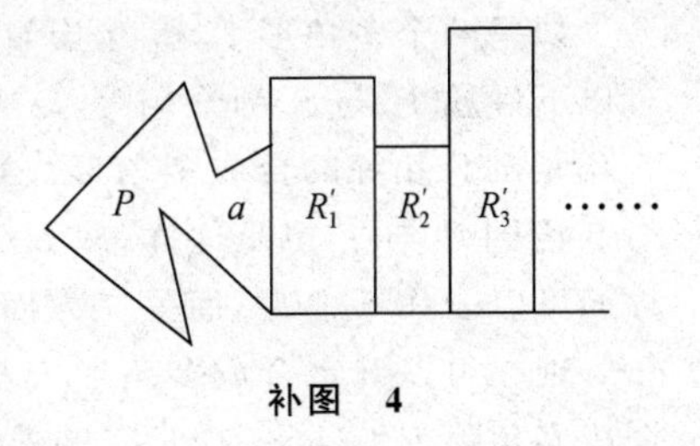


补图 4

这样一个长方形 $R_i$ 与每个三角形 $\Delta_i$ $(i=1,\cdots,k)$ 剖分相等，于是将长方形 $R'_1$, $R'_2,\cdots,R'_k$ 连续附加在多角形 $P$ 上而使 $R'_i$ 与 $R_i$ 合同这是可能的。$R'_1+\cdots+R'_k$ 连同 $P+R'_1+\cdots+R'_k$，同为多角形。于是多角形 $R'_1+\cdots+R'_k$ 与合成多角形 $K$ 剖分相等，在这种情况下，断言得以证明。

对普遍情况可依下法化成上面的特殊情况。经过多角形 $P$ 的一个顶点作一直线 $q$ 不含有 $p$ 的其他顶点且不平行于连接 $p$ 的两顶点的直线。过 $p$ 的所有顶点作 $q$ 的平行线 $q_1,\cdots,q_i$ 且与直线 $c$ 相交。在这些交点中有两个是最外面的。设 $q_i$ 是直线 $q_1,\cdots,q_r$

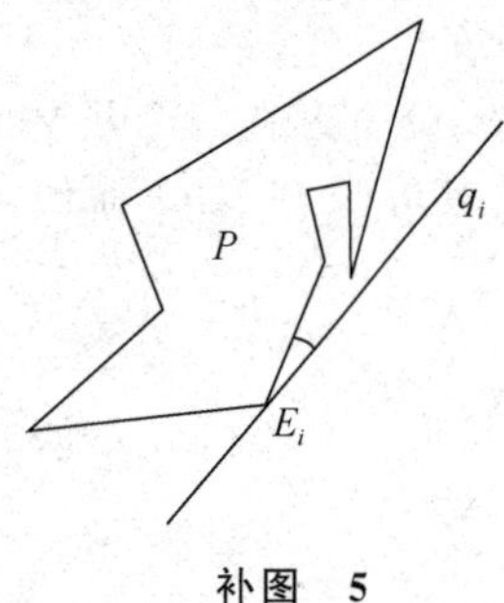


补图 5

中过最外面的交点的一条。于是仅有 $P$ 的一个顶点 $E_i$ 在 $q_i$ 上，并且 $P$ 的所有其他顶点均位于 $q_i$ 的同侧。今对多角形添加以 $E_i$ 为顶点的一个三角形 $\Delta$，而使 $P+\Delta$ 仍是一个多角形，且 $\Delta$ 的一边位于直线 $q_i$ 上，而 $\Delta$ 的该边的对顶位于 $P$ 的终止在 $E_i$ 的一条边上，这将是可能的，同时还可选择 $\Delta$ 如此小使得 $K$ 的剖分具有形式 $K=\Delta'+K'$，其中 $\Delta$ 与 $\Delta'$ 是合同的关于上面特殊情况的条件，现对 $P+\Delta$ 及 $K'$ 都满足。按照已经证明的情况，可对 $P+\Delta$ 确定一个多角形 $H$，它与 $K'$ 剖分相等而使 $P+\Delta+H$ 是一多角形。故由上面的论证 $\Delta+H$ 也是一个多角形。再者 $\Delta+H$ 与 $\Delta+K'$ 剖分相等，因之与 $K$ 也是这样，故论断即得以证明。

设 $P$ 与 $Q$ 是按照合成多角形拼补相等定义下的两个拼补相等的多角形。于是存在剖分相等的合成多角形 $P'$，$Q'$ 而使 $P+P'$，$Q+Q'$ 仍是剖分相等的合成多角形。按照这个引理，能够确定一个多角形 $P''$，它与 $P'$ 剖分相等，同时确定一多角形 $Q''$，它与 $Q'$ 剖分相等，因而 $P+P''$ 及 $Q+Q''$ 是多角形。这样 $P+P'$ 及 $Q+Q'$ 将分别与 $P+P''$ 及 $Q+Q''$ 剖分相等。由剖分相等的传递性从这些剖分相等可以推出：$P''$ 与 $Q''$ 剖分相等且 $P+P''$ 与 $Q+Q''$ 也剖分相等。于是按照 § 18 所定义拼补相等的条件将适合。反之。按照这个定义两个多角形拼补相等而在两个合成多角形拼补相等定义的意义下，也拼补相等。这将是很明显的，不需要更多注释。因此将两个合成多角形拼补相等的定义应用到多角形上与前面所提到的定义有相同的意义。

同时由这个证明可得下面的定理：如果 $P$，$Q$ 是两个拼补相等的多角形，则能够就 $P$ 和 $Q$ 分别添加一个多角形 $P'$ 和 $Q'$，而 $P'$ 与 $Q'$ 剖分相等因而 $P+P'$ 及 $Q+Q'$ 是剖分相等的多角形①。

将拼补相等的概念推广到合成多角形上现在将可以证明两个多角形均与第三个拼补相等，则它们彼此拼补相等。

如果两个多角形 $P$ 和 $Q$ 均与多角形 $R$ 拼补相等，则存在合成多角形 $P'$，$Q'$，$S$，$T$ 具有以下性质 $P'$ 与 $S$ 剖分相等，$Q'$ 与 $T$ 剖分相等，并且 $P+P'$ 与 $R+S$ 连同 $Q+Q'$ 与 $R+T$ 均是剖分相等的合成多角形。这同时说明 $P$ 与 $P'$ 连同 $Q$ 与 $Q'$ 都是可交的。并且 $R$ 与 $S$ 连同 $R$ 与 $T$ 也是这样，故 $R$ 与 $S$ 及 $T$ 并也是不交的。这个并如同前面所指出的一方面可以表作 $S+T'$，而另一方面又可表作 $T+S'$，其中 $T'$ 与 $S'$ 都是合成多角形。

现在可以确定合成多角形 $P+P'$，它能被一个三角形所包围，与 $T'$ 剖分相等的一个合成多角形 $P''$ 完全在 $P+P'$ 的外部，并且就 $Q+Q'$ 确定一个与 $S'$ 剖分相等的合成多角形 $Q''$，完全在 $Q+Q'$ 的外部。利用剖分相等的可加性可知 $P'+P''$ 与 $S+T'$，$Q'+Q''$ 与 $T+S'$，$P+P'+P''$ 与 $R+S+T'$，$Q+Q'+Q''$ 与 $R+T+S'$ 之间都剖分相等。而且 $S+T'=T+S'$。故得 $P'+P''$ 与 $Q'+Q''$ 剖分相等且 $P+P'+P''$ 与 $Q+Q'+Q''$ 剖分相等，因而 $P$ 与 $Q$ 拼补相等。

在证明中引理是不需要的。更重要的是下述事实：对每个合成多角形，能够确定与它剖分相等的另一个合成多角形，完全在已知多角形的外部，并且每个合成多角形能用一个多角形（三角形）所包围。除去这些，也用到合成多角形的剖分相等的传递性和可加性。

---

① 在前几版里，关于 $P$ 和 $Q$ 的这个条件是取作规定拼补相等的性质。

利用这些结果也能够推出拼补相等的可加性。设 $P,Q,S,T$ 是合成多角形,而且 $P,Q$ 以及 $S,T$ 都是不交的。如果 $P$ 与 $S$ 以及 $Q$ 与 $T$ 都拼补相等,进一步可以证明 $P+Q$ 与 $S+T$ 也拼补相等。

由假设存在着合成多角形 $P',Q',S',T'$ 而使 $P$ 与 $P'$,$Q$ 与 $Q'$,$S$ 与 $S'$ 以及 $T$ 与 $T'$ 之间均可交,并且 $P'$ 与 $S'$,$Q'$ 与 $T'$ 连同 $P+P'$ 与 $S+S'$ 以及 $Q+Q'$ 与 $T+T'$ 均剖分相等。

现在能够确定一个合成多角形 $P^*$,它与位于合成多角形 $P+Q$ 外部的 $P'$ 剖分相等,同时还确定一个合成多角形 $Q^*$,它与位于 $P+Q+P^*$ 外部的 $Q'$ 剖分相等。同时也能够确定合成多角形 $S^*$ 及 $T^*$,而使 $S'$ 与 $S^*$,$T'$ 与 $T^*$ 剖分相等,且使 $S^*$ 位于 $S+T$ 外部,$T^*$ 位于 $S+T+S^*$ 外部。

利用剖分相等的假设以及剖分相等的传递性和可加性得出 $P^*$ 与 $S^*$,$Q^*$ 与 $T^*$,$P+P^*$ 与 $S+S^*$,$Q+Q^*$ 与 $T+T^*$ 均剖分相等。因之 $P^*+Q^*$ 与 $S^*+T^*$ 以及 $P+Q+P^*+Q^*$ 与 $S+T+S^*+T^*$ 剖分相等。故得 $P+Q$ 与 $S+T$ 拼补相等。

# 补 篇 Ⅳ

## 1. 以德沙格定理为基础关于线段计算引论的注记

在第五章 §24～§27 里,不借合同公理及连续公理而展开对线段计算的研究也并未用到顺序公里Ⅱ。特别是,那里所论到的证明只是利用关联公理 $Ⅰ_{1\sim3}$,平行公理 $Ⅳ^*$(实质上也是一个关联公理)和定理 53(50 页)所表述的德沙格定理得出①。顺序公理则首先在 §28 才引入,是为了证明所论的线段计算可能规定线段间的一种定量关系而使 §13 中的顺序规则 13～16 能够适合。假如这些规则不予考虑,而用 §28 末尾所规定的一个德沙格数系来代替,于是我们得到**斜域**的概念,所谓斜域是一个数集,它具有有理数域中去掉乘法可换性的所有性质(§13,1～11)。

如同 §29(参看 59～60 页)开始时简短指出的从斜域出发能够建立一个三维空间的解析几何。对这种几何,所有公理Ⅰ及平行公理 $Ⅳ^*$ 均能适合。另一方面,如同 §22 所指出,从这些公理可以证明德沙格定理。这样我们得出与定理 56 相应的下面定理:

**定理** $56^*$ 在某种平面几何里,如果公理 $Ⅰ_{1\sim3}$ 及 $Ⅳ^*$ 均满足,则德沙格定理的成立是这种几何能够安装在适合公理Ⅰ和 $Ⅳ^*$ 的一种空间几何的充要条件。

## 2. 关于 §37 的注记

在第七章 §37 中定理 65(72 页)的论断需要一个更确切的限制,即必须从关于几何作图问题的条件的范围内使所求点的坐标的解析处理是由一组不可约的代数方程所给

① 在 §24～§27 的图中,过 $O$ 所引的两条相邻的半射线中的每一条在意义上确有不同,然而在本教材中这并不需要。

出的。

关于这样限制的一个必要性是由凯内(D. Kijne)在平面几何作图的一般可能问题的研究中所指明的,见他的文章“平面作图范围的理论”(Plane Construction Field Theory, Utrecht, 1958①)。

# 补 篇 V

## 1. 附录Ⅱ中模型的剖分相等

在附录Ⅱ中已经指出,假如三角形的合同公理$Ⅲ_5$,用限制在同周向的对应三角形的情况下较狭义的合同公理$Ⅲ_5^*$来代替,则不用阿基米德公理而用第四章(§18~§21)的方法,面积论的发展已不再可能。甚至将(借用$Ⅲ_5$能证明的)关于角合同的$Ⅲ_6$和$Ⅲ_7$的断言(参看79页)作为公理并附加所需要的直角存在性也是不可能的。将这解释予以扩展从而更将突出这个结果。

附录Ⅱ讨论到依共同原理所构造的两个平面几何模型,每个都是包含在一种解析几何里,其中的数集具有有序数域的所有性质,但并不是实数集。在一种情况里是由参数$t$所产生的非阿基米德数集,它起着“无限小数”的作用,另一种情况则是实数集的一个可数子集。结合、顺序以及平行等的定义和通常所用的一样,仅旋转的定义含有异常的情况,这是由于将一向量旋转角$\alpha$将产生一个依赖于$\alpha$的正因子。两个图形(线段、角、多角形)称为合同,假如它们经过旋转和平移可以互相得到。

在这些模型中,除去论证直角的存在性外,可以证明公理$Ⅰ_{1\sim3}$,Ⅱ,$Ⅲ_{1\sim4,5^*,6\sim7}$,Ⅳ均成立。于是,有关合同理论的定理在具有同周向(即在“右”及“左”的情况下)的对应图形的范围内必成立。角可以比较,凡直角均相等成立,且三角形的角和定理也是正确的。

甚至一些定理可用不同周向的合同定理证明,又三角形的三边中垂线,三内角平分线分别交于一点的定理也均成立。这些可以由下面的反射定理得到,它是由反射的解析表示直接推出的。关于具有方向角$\alpha_1,\alpha_2,\alpha_3$且过一公共点$S$的三直线的三个反射的组合,产生一个关于方向角为$\alpha_1-\alpha_2+\alpha_3$且过$S$的一直线的反射。

圆的理论也可以借助于前述的定理导出,由规定“在线段$AB$上的圆”作为点$C$的几何轨迹而使$ACB$为一直角。于是也可以证明一圆上同弧的圆周角均相等,并且获得所有的工具。按照第三章或补篇Ⅱ的方法展开比例论的研究。

在希尔伯特的前几版书中,所考虑的两个模型里,比例论成立的证明方法确实能用一个比较直接的证法来代替②,即在这两个模型里,下面的解析几何定理成立:如果分别具有坐标$x_1,y_1$和$x_2,y_2$的两点$P_1$和$P_2$均在具有坐标$x_0,y_0$的$P_0$点所射出的半线上,则线段$P_0P_1$与$P_0P_2$的比等于横标差$x_1-x_0$与$x_2-x_0$的比,假如它们均不是零,

① 关于这个讨论的继续,凯内又给出一篇较新的文章“利用直尺和迁线器,希尔伯特几何作图的代数意义”(Die algeoraische Deutung der Hilbert's schen geomefrischen Konsfruktionen mittels Lineals und EichmaBes, Elemente der Math. Bd. 26, Nr. 1. Basel, 1971)。

② 由于这个原因,在所提到的关于反射定理的讨论及其推论在第七版的附录中都被去掉。

同时也等于纵标的差 $y_1-y_0$ 与 $y_2-y_0$ 之比，假如这些也均不是零。

这两种几何与普通欧几里得几何之间的差别特别表现在附图 5 中两个直角三角形 $OQP$ 和 $OQR$ 互为镜像反射，且选取角 $QOP$ 使得 $OR$ 之长小于 $OP$ 甚至小于 $OQ$。(在第一种非阿基米德模型里，长度之差仅是"无限小"，而在第二种模型里，它能够任意大。)

长度测量的基本原则在这里并不成立，这是因为线段长度的测量是由它在 $X$ 轴及 $Y$ 轴上的射影来决定，即毕达哥拉斯定理作为关于直角三角形中线段长度的定理。这样就促动希尔伯特将它叫做"非毕达哥拉斯几何"。另一方面，希尔伯特却证明了在所建立的几何中毕达哥拉斯定理作为拼补相等的定理是正确的，即在直角三角形斜边上所作正方形与两个直角边上所作的正方形拼补相等也是成立的。

事实上，欧几里得关于拼补相等的证明仅用到同周向对应图形的合同。对这种几何，如以前所提到的，借合同映射(参看 82 页)来定义多角形的合同，即利用合同映射如果两个多角形可以互相得到，则说它们合同，并且如前规定它们的剖分相等和拼补相等。于是欧几里得的论断仍可适用。(特别注意必须应用补篇Ⅲ所给的方法对拼补相等传递性的证明在较狭义的合同定义下仍然成立)

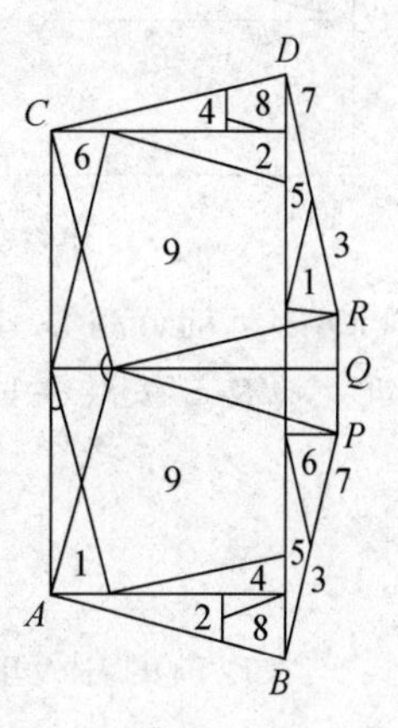


补图 6

对已知图形(补图 6)$OPQR$ 可特别推出 $OP$ 上所作的正方形与 $OR$ 上所作的正方形拼补相等。虽然线段 $OR$ 较 $OP$ 短些，因而 $OP$ 上所作正方形却能与安装在它内部的正方形拼补相等。

这个结果现在还可以深入，因为人们知道，在直角三角形斜边上的正方形不仅能证明与两个直角边上的正方形拼补相等而且也能证明剖分相等。据此，具有同向的对应三角形及四角形甚至可用平行位移相联系[①]。于是由剖分相等的传递性可得，在所考虑的图形 $OPQR$ 中，线段 $OP$ 上的正方形与线段 $OR$ 上的正方形剖分相等。

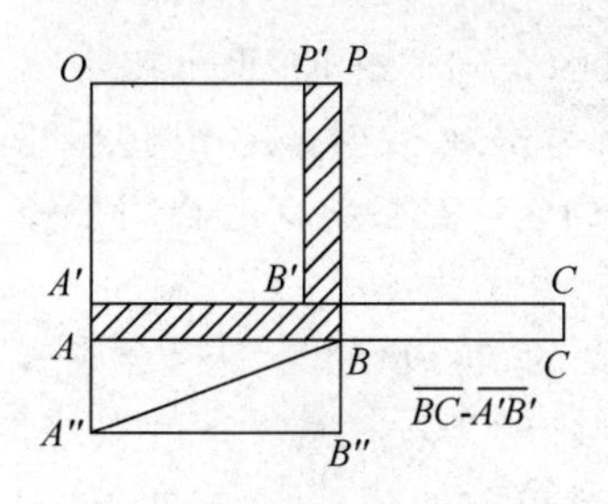


补图 7

最后，剖分相等也可由补图 6 直接看出，其中每个正方形 $OABP$ 及 $OCDR$ 都剖分成九个多角形，即七个三角形，一个四角形和一个五角形。在每个正方形中用相同数字所表示的对应多角形可以由平行位移互相得到。

如果在 $OP$ 上 $O$ 到 $P'$ 作较短的线段 $OR$，则在 $OP'$ 所作能安装在 $OP$ 上的正方形内部的正方形 $OP'B'A'$ 与它剖分相等。

下面的论证也可以用到这种情况。于补图 7 中，六角形 $AA'B'P'PB$ 的边 $AB$ 及 $BP$ 的长分别是 $OP$ 与 $A'B'$，且 $B'P'$ 之长是 $OR$，它与长方形 $ACC'A'$ 剖分相等，其中点 $C$ 在自 $B$ 所作 $AB$ 的延长线上，且与 $B$ 的距离等于 $A'B'$，并且 $C'$ 是 $C$ 到直线 $A'B'$ 的垂足。这个矩形与三角形 $AA''B$ 剖分相等，其中 $A''$ 是从 $A$ 点所作 $OA$ 的延长线上的一点。这可以用初等方法由 $AC$ 长度小于 $AB$ 长度的二倍的事实来说明。

---

① 就补图 7，"新娘的席位"这一名词是 9 世纪由印度人传下来的。阿尔乃芮基(Alnarizi)是阿拉伯关于欧几里得原本的注释者，也曾建立了剖分相等。

今将正方形 $OABP$ 用 $T$ 表示，$OA'B'P'$ 用 $T'$ 表示，六角形 $AA'B'P'PB$ 用 $W$ 来表示，且三角形 $AA''B$ 用 $\Delta$ 表示，于是 $T$ 和 $T'$，$\Delta$ 和 $W$ 均剖分相等，因而 $T+\Delta$ 和 $T'+W$，亦即和 $T$ 也剖分相等。

今再自 $B$ 延长线段 $PB$ 到 $B''$ 使它与 $AA''$ 合同，于是三角形 $A''B''B$，用 $\Delta'$ 表示，将与三角形 $\Delta$ 合同(连同周向)。故 $T+\Delta+\Delta'$ 与 $T+\Delta$ 剖分相等。但是，$T+\Delta+\Delta'$ 是长方形 $OA''B''P$，并且 $T+\Delta$ 是由这长方形去掉 $\Delta'$ 而得。在这种几何中定理 52 中的一个反例已经如此得出。

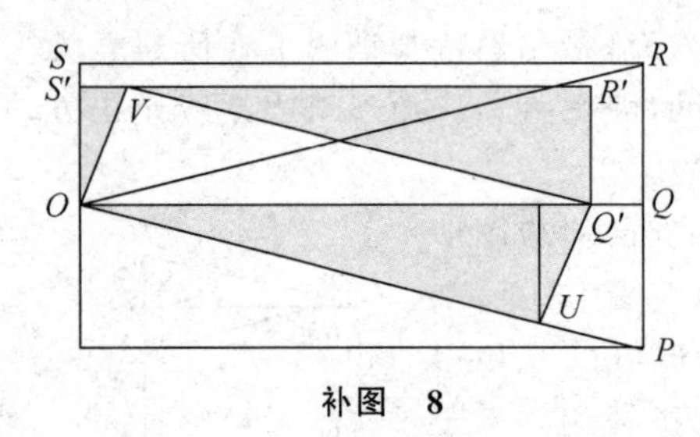

补图 8

最后仍从图形 $OPQR$ 开始，能够得到彼此构型一样且剖分相等的两个长方形的一个方法，此法比考虑作 $OP$ 和 $OR$ 上的正方形较为简单。旋转长方形 $OQRS$，这里 $S$ 在过 $O$ 点所作 $OQ$ 的垂线上，且 $\overline{OS}=\overline{QR}$，经过角 $QOP$ 依反方向旋转即得长方形 $OUQ'V$，其中 $U$ 和 $Q'$ 分别在线段 $OP$ 和 $OQ$ 上。这个长方形，用简便的方法可以看出，它与长方形 $OQ'R'S'$ 剖分相等，其中 $R'$ 及 $S'$ 位于过 $V$ 与 $OQ$ 平行的直线上，且 $S'$ 位于 $OS$ 上，则长方形 $OQ'R'S'$ 安装在长方形 $OQRS$ 内部且与之剖分相等。

## 2. 希尔伯特的嵌入公理

在以前的各版里，与面积理论相联系的附录Ⅱ，采用与定理 52 等价的嵌入公理，得到一个能从较狭义的合同公理 $\text{Ⅲ}_5^*$ 导出开始的较广义的合同公理 $\text{Ⅲ}_5$ 的证明。这里所给出的是少量无足轻重的变动，为使它能适应这个新版。

前面已经指出(参看 79 页)合同公理 $\text{Ⅲ}_5$ 以及较广形式图形的合同必须从较狭形式的三角形合同公理 $\text{Ⅲ}_5^*$ 以及前面的公理一起连同 $\text{Ⅲ}_6$ 和 $\text{Ⅲ}_7$ 推出，但要在假定等腰三角形底角相等的定理成立[①]的情况下。特别值得注意的是较狭义形式的合同公理 $\text{Ⅲ}_5^*$ 也可用十分不同的方法来形成，即用一个很直观的要求，它的内容本质上与定理 52(47 页)由我在几何基础里证明的相同，且另一方面如同附录Ⅱ(88 页)所指明的它不是较狭义的合同公理的一个推论。

设多角形“剖分相等”和“拼补相等”的概念如§18 所定义的，再设“组合”及“合成多角形”的“剖分相等”的概念如补篇Ⅲ所给出的。然而，合同则理解为较狭意义下的概念。因此以后永远采用较狭形式的三角形合同公理 $\text{Ⅲ}_5^*$ 并且将用到以前的公理 $\text{Ⅰ}_{1\sim3}$，Ⅱ，$\text{Ⅲ}_{1\sim4}$ 以及平行公理Ⅳ。

问题中需要作如下的一个推广：

**嵌入公理** 一个多角形永远不能与另一个多角形剖分相等，它的边界包含第一个多

① 关于一个更精确的说明参看贝尔耐斯的论文“几何基础的注记”(Bemer Kungen zu den Grundlagen der Geometrie, Courant Anniversery Volume, 1948,29—44)。如何将包含阿基米德公理及平行公理底角定理的假定能够用不同方法由不含对称公理的特征的要求来代替，即同向三角形第三合同公理的要求。这个证明见斯米特的论文“从平面的运动引出反射”(Die Herleitung der Spiegelung aus der ebenen Bewegung, Math. Ann., 109(1934),538—571)。

角形的内点,但不包含其外点,即它是嵌入在第一个的内部。

从这个公理首先导出下面定理:

一个多角形永不能与嵌入它内部的另一个多角形拼补相等。

事实上,一个多角形 $P$ 与它内部的一个多角形 $Q$ 如果拼补相等,则必存在每个剖分相等的合成多角形 $P'$ 和 $Q'$ 而使 $P+P'$ 与 $Q+Q'$ 成为剖分相等的多角形。$P'$ 和 $Q$ 必不相交,且由剖分相等的可加性,$Q+P'$ 与 $Q+Q'$ 也剖分相等,并且由剖分相等的传递性 $P+P'$ 与 $Q+P'$ 也必剖分相等。另一方面,因为 $Q$ 在 $P$ 的内部,存在一个组合 $P=Q+R$,其中 $R$ 是一个合成多角形。按照补篇Ⅲ的引理(参看 138 页),靠近 $P+P'$ 能有一多角形 $P''$,它与 $R$ 剖分相等且使 $P+P'+P''$ 是一多角形。由于 $P+P'$ 和 $Q+P'$ 以及 $P''$ 和 $R$ 均剖分相等,连同剖分相等的可加性就可推得 $P+P'+P''$ 和 $Q+P'+R$ 亦即和 $P+P'$ 剖分相等。然而,这与嵌入公理相矛盾。

现在将证明下面的定理:

如果三角形 $ABC$ 的两个角 $A$ 和 $B$ 相等,则它们的对边也永远相等。

为了证明,在 $AB$ 上确定两点 $E$ 和 $D$ 而使 $AD=BC$ 且 $BE=AC$,利用较狭形式的第一三角形合同公理可得三角形 $DAC$ 和 $CBE$ 合同;这两个三角形也拼补相等。于是可知底 $AD$ 和 $BE$ 也必相等。假如不是这种情形,取 $AD'=BE$(补图 9),则由熟知的欧几里得方法(参看 43 页)必将得出两个三角形 $AD'C$ 和 $BEC$ 拼补相等。因之三角形 $ADC$ 和 $AD'C$ 也将拼补相等,这将与嵌入公理所推出的前面定理相矛盾。由线段 $AD$ 和 $BE$ 的相等立即得出所要求的结论。

如果三角形 $ABC$ 的两条边 $AC$ 和 $BC$ 相等,则它们所对的角也相等。

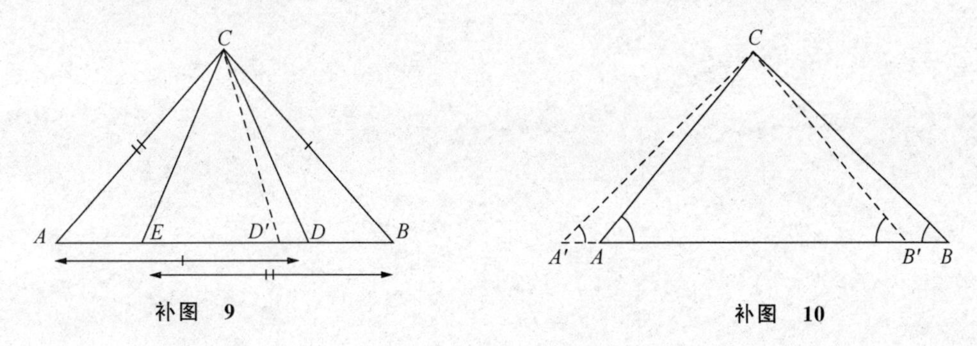


补图 9

补图 10

为了证明,假定结论不成立,且设$\measuredangle CAB$ 大于$\measuredangle CBA$(补图 10)。在直线 $AB$ 上确定两点 $A'$ 和 $B'$ 而使

$$\measuredangle CA'B=\measuredangle CBA \text{ 且} \measuredangle CB'A=\measuredangle CAB$$

于是由前面所证明的定理

$$CA'=CB \text{ 且 } CB'=CA$$

利用假设故可得

$$CA'=CB' \tag{1*}$$

对三角形 $ACA'$ 和 $BCB'$,利用三角形外角定理得

$$\measuredangle ACA'=\measuredangle CAB-\measuredangle CA'B$$

和

$$\measuredangle BCB' = \measuredangle CB'A - \measuredangle CBA$$

因之

$$\measuredangle ACA' = \measuredangle BCB' \quad (2^*)$$

公式($1^*$)和($2^*$)连同假设证明三角形 $ACA'$ 与三角形 $BCB'$ 是在较狭意义下合同。于是推出

$$\measuredangle AA'C = \measuredangle BB'C$$

这个结论是谬误的，因为这两个角分别是三角形 $A'B'C$ 的内角和不相邻的外角。

所述的定理即得以证明。同时可以看出假如借助上面直观的关于剖分相等的嵌入公理，较广义的合同定理将是较狭义形式的合同公理 $\text{Ⅲ}_5^*$ 的一个推论。

从这个证明同时显见对目前的应用嵌入公理可以用下面较简单的公理来代替：

如果在三角形 $ABC$ 中点 $D$ 位于 $AB$ 边上且在点 $A$ 与点 $B$ 之间，则三角形 $ABC$ 和 $ADC$ 不可能拼补相等[①]。

---

① 我的一篇文章“论多角形面积在平面几何公理法的反射公理的运用中所处的地位”(Über die Verwendung der Polygon inhalte an Stelle eines Spiegelungsaxioms in der Axiomatik der Planimetrie, Elem. d. Math., 8(1953), 102—107)，我曾用到与此结果的论证相类似的论证。当准备这篇文章时，我并未用到附录Ⅱ中前面的几段。在所引文章的结尾，我也并未给出适当的参考文献。

(关于附录，正如苏联著名几何学家拉舍夫斯基在德文第七版俄译本序言中所指出的，附录的文章具有非常专门的主题，而且程度高深，叙述上也颇具特色。现将这部分内容补译整理出来，仅供专门读者参考。因限于水平，不妥之处敬请指正。——译者注)

# 德文第七版的俄译本注解

• *Index* •

以希尔伯特命名的数学名词多如牛毛，有些连希尔伯特本人都不知道。比如有一次，希尔伯特曾问系里的同事："请问什么叫做希尔伯特空间？"

【1】在德文原书中，这一段和以后某些段开始时，有一个标题“Erklärung”，这个字的意义是“说明”或“声明”。我们将按照以后每一段的意义，在译本中或者译成“定义”或者译成“说明”。

【2】这里和此后所说的平面几何，它的平面是看做独立存在的。这几何只有点和直线作为它的元素，而且只有对应于它们的(即谈到有关于平面的组成的)一部分公理被规定了。

【3】“Verknüpfung”这个德文名词，一般译作“关联”或“结合”。有时也译成“从属”或“属于”。

如同前面(第 xix～xx 页)已经指出的，我们把某种关系了解为存在在点和直线之间的，和在点和平面之间的(我们还不加以区别地说：“一点同一直线相关联”，或“一直线同一点相关联”等等)。

这种关系的直接定义并没有给出，只是在第一组公理中说明了这种关系的所有的性质。因此，可以把第一组公理看做是关联概念的间接定义。

我们还没有提到的直线同平面相关联，原文中对此给出了一条直接的定义：若一直线 $a$ 的每一点同一平面 $\alpha$ 相关联，则直线 $a$ 同平面 $\alpha$ 相关联。

【4】我们来指出，如何只从公理推出定理 1 和定理 2 中的所列举的五个命题。

**定理 1 的证明**

1. 用反证法(利用 $\mathrm{I}_2$)

2. 若两平面有一个公共点 $A$，则还有另一个公共点 $B$($\mathrm{I}_7$)；然后存在直线 $AB$($\mathrm{I}_1$)，并且这直线和它的所有的点都同这两平面的每一个相关联($\mathrm{I}_6$)，这两平面在 $AB$ 外不能再有公共点，因为否则它们就将是同一个平面($\mathrm{I}_5$)。

3. 用反证法(利用 $\mathrm{I}_6$)。

**定理 2 的证明**

1. 给定了一直线 $a$ 和线外的一点 $A$。在 $a$ 上取 $B$ 和 $C$($\mathrm{I}_3$)，并且作平面 $ABC$($\mathrm{I}_4$)。直线 $a$ 和它的所有的点都同平面 $ABC$ 相关联($\mathrm{I}_6$)。这平面是唯一的($\mathrm{I}_5$)。

2. 给定了有一公共点 $C$ 的两直线 $a$ 和 $b$，在 $a$ 上再取一点 $A$，在 $b$ 上再取一点 $B$($\mathrm{I}_3$)。作平面 $ABC$($\mathrm{I}_4$)。直线 $a$ 与 $b$ 同平面 $ABC$ 相关联($\mathrm{I}_6$)。这平面是唯一的($\mathrm{I}_5$)。

【5】在希尔伯特的原书中，图没有编号码，我们在译文中编上号码。将来援引图时，把引进的号码放在圆括弧里。

【6】我们来证明，直线 $a$ 不可能通过那分别在线段 $AB$，$BC$ 和 $CA$ 内的 $L$，$M$，$N$ 三点。若假设可能，则得到矛盾如下：

$L$，$M$，$N$ 三点中，必有一点在其他两点之间(参看定理 4，§ 4)。设这一点是 $M$(注图 1)。然后考虑三角形 $ALN$ 和直线 $a'=BC$。因为 $a'$ 通过在 $L$ 和 $N$ 之间的点 $M$，那么它应该或者通过线段 $AL$ 的一个点，或者通过线段 $AN$ 的一个点(公理 $\mathrm{II}_4$)。但是根据公理 $\mathrm{II}_3$，$a'$ 和直线 $AL$ 的交点 $B$ 在线段 $AL$ 外(因 $L$ 在 $A$ 和 $B$ 之间)。这就是说，$a'$ 通过线段

◀本书第二译者朱鼎勋(1921—1985)教授

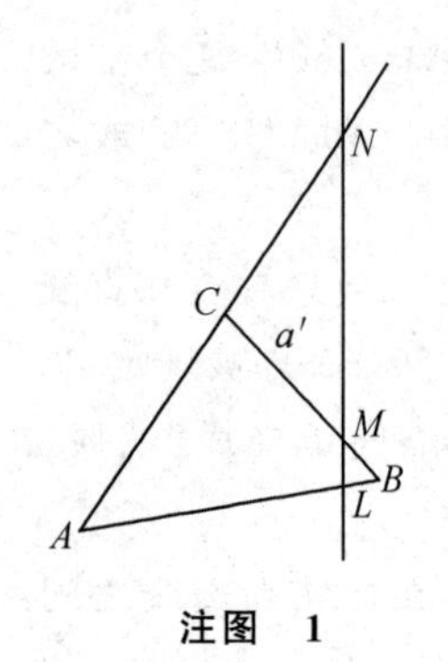

注图 1

$AN$ 的一点，即 $C$ 在 $A$ 和 $N$ 之间。因此（公理 $\mathrm{II}_3$），$N$ 不在 $A$ 和 $C$ 之间，与假设矛盾。

我们只援引第二组公理来完成证明，第二组公理包含关于"在…之间"这概念的所有应有的知识，因而在说明的过程中完全避免了利用我们对于直线上的点的顺序的直观。

【7】对于三角形 $AEC$ 和直线 $BF$ 应用公理 $\mathrm{II}_4$；因为 $B$ 在 $A$ 和 $C$ 之间，而 $F$ 在 $EC$ 之外（从公理 $\mathrm{II}_3$），所以直线 $BF$ 交线段 $AE$ 于一点 $G$。再对于三角形 $BFC$ 和直线 $AE$ 应用公理 $\mathrm{II}_4$；因为 $A$ 在 $BC$ 之外（从公理 $\mathrm{II}_3$），而 $E$ 在 $C$ 和 $F$ 之间，所以 $G$ 在 $B$ 和 $F$ 之间，即在线段 $BF$ 内。因此（从公理 $\mathrm{II}_3$），$F$ 在 $GB$ 之外。再对于三角形 $BDG$ 和直线 $CF$ 应用公理 $\mathrm{II}_4$；因为 $F$ 在 $BG$ 之外，而 $C$ 在 $B$ 和 $D$ 之间，所以直线 $CF$ 和线段 $GD$ 有一公共点 $H$。

【8】对于三角形 $AGD$ 和直线 $EH$ 应用公理 $\mathrm{II}_4$。

【9】对于三角形 $AGD$ 和直线 $CF$ 应用公理 $\mathrm{II}_4$，得知 $H$ 在线段 $GD$ 内。直线 $FH$ 交三角形 $BGD$ 的边 $GD$，而不交边 $GB$，是已经证明了的。因此，它交边 $BD$，即 $C$ 落在 $B$ 和 $D$ 之间。

【10】事实上，最后一种情形是不可能出现的。1)$Q$ 在 $P$ 和 $R$ 之间，2)$S$ 在 $P$ 和 $R$ 之间，3)$P$ 在 $Q$ 和 $S$ 之间，从这三个排列法，是要产生矛盾的。因为从 1)和 3)，根据论断 1，即得 $P$ 和 $Q$ 在 $S$ 和 $R$ 之间，但这和 2)矛盾。

【11】在证明定理 6 之前，我们先把定理叙述得更加明确：一直线上的给定了的任意 $n$ 个点，能够编起号码 $1,2,\cdots,n$ 来，使得它们中的任意一点在其他两点之间，当且仅当前一点的号码在后两点的号码之间。

$n=4$ 时的定理已经证明了（定理 5）。要用数学归纳法来证明 $n$ 是任意值时的定理，我们假设 $n-1$ 时的定理已经证明了。

1. 从给定了的 $n$ 个点中，恒能挑选出两个点，使得其余的 $n-2$ 个点都在这两个点之间。理由如下。我们先从给定了的 $n$ 个点中，挑选出具有下述性质的两个点 $A$ 和 $C$：它们之间含有尽可能多的其余的点。我们断定，所有的其余的 $n-2$ 个点都在 $A$ 和 $C$ 之间。

否则，设这 $n$ 个点中的一点 $D$ 在 $AC$ 之外，根据定理 4，或者 $A$ 在 $C$ 和 $D$ 之间，或者 $C$ 在 $A$ 和 $D$ 之间。为确定起见，设是后者。然后，从定理 5 的证明中的项 2，在 $A$ 和 $C$ 之间的每一点 $B$ 也在 $A$ 和 $D$ 之间。结果，$A$ 和 $D$ 之间含有在 $A$ 和 $C$ 之间的所有的点，而且此外还含有 $C$。这指出给定了的 $n$ 个点中的点，在 $A$ 和 $D$ 之间的比在 $A$ 和 $C$ 之间更多；这与我们所挑选的 $A$ 和 $C$ 矛盾。

这矛盾证明了我们的论断。

2. 它们从给定了的 $n$ 个点中挑选出两个点 $A$ 和 $C$，使得他们之间含有所有的其余的点。我们断定，若 $B$ 和 $D$ 是其余的点中的任意两个点，则 $A$ 和 $C$ 都在 $BD$ 之外。理由如下。根据定理 5，能够指出所考虑的四个点的确定顺序，而且现在因为 $B$ 和 $D$ 在 $A$ 和 $C$ 之间，这顺序只能写成 $ABDC$ 或 $ADBC$（或者颠倒的写）。在这两种情形下，$A$ 和 $C$ 都在 $BD$ 之外。

3. 设 $A$ 和 $C$ 是这给定了的 $n$ 个点中的两点，而且它们之间含有所有的其余的点。因为假设 $n-1$ 时的定理 6 已经证明了，就能够把所有的给定了的、除 $C$ 之外的点，编上号码，使得它们满足定理的要求。设编了号码的点是 $A_1, A_2, \cdots, A_{n-1}$ 我们断定，点 $A$ 或者和 $A_1$ 重合，或者和 $A_{n-1}$ 重合。因为，否则它就要在两个编了号码的点之间，和上文的论断 2 矛盾。

可以认为 $A \equiv A_1$；因为，否则只要把号码颠倒过来。现在把 $C$ 编上号码 $n$，令 $C = A_n$；而且证明这样的编号满足定理的要求：对于任意三点来说，一点的号码在其他两点的号码之间时，这点也在其他两点之间。若所取的三点中没有 $C$，这是成立的，因为定理的要求是被编号的 $A_1, A_2, \cdots, A_{n-1}$ 满足了的。若所取的三点是 $A_i, A_j, A_n (A_n \equiv C)$，其中 $i < j < n$，则必须证明 $A_j$ 在 $A_i$ 和 $A_n$ 之间。在 $i = 1$ 时，显然；因为 $A_1 \equiv A, A_n \equiv C$。若 $> 1$，则 $A_i$ 在 $A_1$ 和 $A_j$ 之间；此外，$A_j$ 在 $A_1$ 和 $A_n$ 之间；因此，从定理 5 的证明中的论断 2，得知 $A_j$ 在 $A_i$ 和 $A_n$ 之间。

定理 6 证明了。定理 6 是严格地从公理系统推证出来的；而它所表出的直线上的点的性质，按照直观的说法，也就是说：直线上的点沿着直线一个跟着一个排列着。所以定理 6 可以说是总结了直线上的点的顺序关系。

【12】我们来证明，一直线上任意两点（用 $A_0$ 和 $\overline{A}$ 表示）之间有无限多个点。按照定理 3，$A_0$ 和 $\overline{A}$ 之间有 $A_1$。根据同一条定理，$A_1$ 和 $\overline{A}$ 之间有点 $A_2$，$A_2$ 和 $\overline{A}$ 之间有点 $A_3$，等等，$A_n$ 和 $\overline{A}$ 之间有点 $A_{n+1}$。从点 $A_1$ 的求法，$A_1$ 在 $A_0$ 和 $\overline{A}$ 之间。为了使我们看出所有的其余的点 $A_k (k = 2, 3, \cdots)$ 都在 $A_0$ 和 $\overline{A}$ 之间，只要证明下述论断：若点 $A_n$ 在 $A_0$ 和 $\overline{A}$ 之间，则点 $A_{n+1}$ 也在 $A_0$ 和 $\overline{A}$ 之间。从定理 5 证明中的论断 2，得知现在的论断的正确性。

【13】我们固定定理中所谈到的两个区域如下：在平面 $\alpha$ 上取不在直线 $a$ 上的任意一点 $A$。平面 $\alpha$ 上所有的不在直线 $a$ 上的点 $M$ 分成两组。把使得线段 $MA$ 不和直线 $a$ 相交的，列入第一组；把所有的其余的点列入第二组。

现在，定理 8 的证明简化为下列两条论断的证明：

1. 同一个区域的任意两点 $M$ 和 $N$ 所决定的线段 $MN$ 不和直线 $a$ 相交（注图 2）。

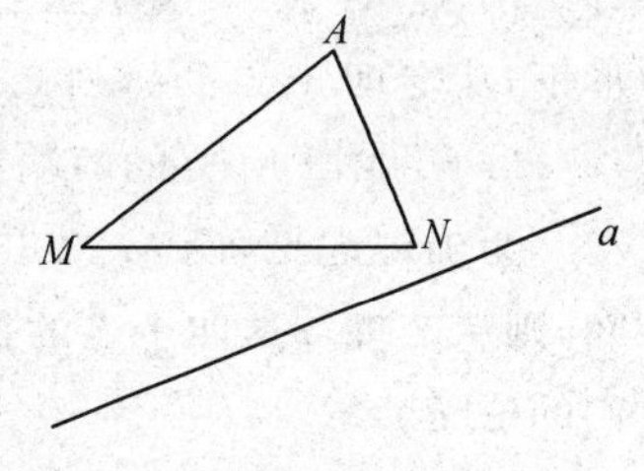

注图　2

实际有两种可能：

a）点 $M$ 和 $N$ 都在第一区域中；即直线 $a$ 既不交线段 $MA$，又不交线段 $NA$。（当两点中的一点，例如 $N$，特别和 $A$ 重合时，即当我们所讨论的只是一条线段时，我们的论断显然正确）然后从公理 $\mathrm{II}_4$，立刻得知：只要点 $A, M, N$ 不在一直线上，则线路 $MN$ 不交 $a$。

若 $A, M, N$ 在一直线上，则从定理 1 得知；这直线或者不交直线 $a$，或者交直线 $a$ 于一个确定的点 $P$。在前者情形下，我们的论断已经证明了。在后者情形下，根据假设，点 $P$ 即不在 $A$ 和 $M$ 之间，又不在 $A$ 和 $N$ 之间。所以，若根据定理 5 把这四个点按照它们在直线上的排列顺序写出来，则点 $P$ 必定在极端，即不在 $M$ 和 $N$ 之间。

b）点 $M$ 和 $N$ 都在第二区域中，即直线 $a$ 既交线段 $AM$，又交线段 $AN$。若点 $A, M, N$ 不在一直线上，根据公理 $\mathrm{II}_4$ 的推论（注解[6]所证明的），则线段 $MN$ 不交直线 $a$。若点 $A, M, N$ 在一直线上，而且 $P$ 是这直线和 $a$ 的交点，则 $P$ 在 $A$ 和 $M$ 之间，又在 $A$ 和 $N$ 之间。所以这四点在直线上的排列顺序（定理 5）必定如此：$P$ 把 $A$ 从 $M$ 和 $N$ 隔开，即 $APMN$ 或 $APNM$。因为 $P$ 在线段 $MN$ 外，线段 $MN$ 显然和直线 $a$ 不交。

2. 连接不同区域的两点 $M$ 和 $N$ 的线段,和直线 $a$ 相交。

实际上,设 $M$ 是和 $A$ 在同一个区域中的点(注图 3;当点 $M$ 和 $A$ 重合时的情形,因为简单,从略)。设点 $M,N$,和 $A$ 不在一直线上。因为直线 $a$ 交线段 $AN$,而不交线段 $AM$,从公理 $\mathrm{II}_4$,则直线 $a$ 交线段 $MN$。

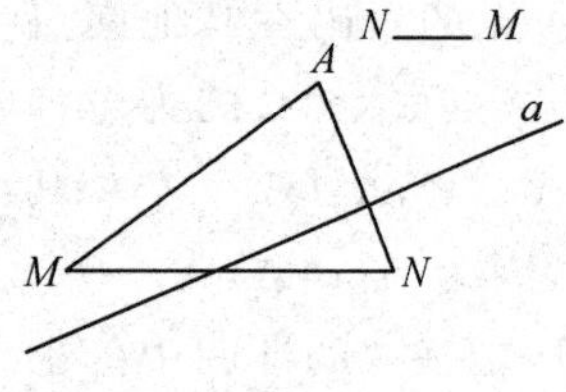


注图 3

现在设点 $A,M,N$ 在一直线上。直线 $a$ 和线段 $AN$ 的交点 $P$ 在 $A$ 和 $N$ 之间,而且在 $AM$ 之外,要按照这四个点在直线上先后顺序把它们写出来的时候(定理 5),应该把 $A$ 和 $M$ 放在 $P$ 的同侧,而把 $A$ 和 $N$ 放在 $P$ 的异侧。这只有两种可能: $AMPN$ 和 $MAPN$;在这两种情形下,$P$ 都在 $M$ 和 $N$ 之间。

我们的论断都已经证明了。我们用下述简单的定理来做补充:若 $M$ 和 $N$ 在 $a$ 的同一侧,则线段 $MN$ 的每一点 $L$ 都在 $a$ 的这一侧。若不然,则直线 $MN$ 上有 $a$ 的一点 $P$,既在 $M$ 和 $L$ 之间,又在 $N$ 和 $L$ 之间。所以点的顺序是 $LPMN$,或 $LPNM$;二者都和 $L$ 在 $M$ 和 $N$ 之间矛盾。

【14】设直线 $a$ 上给定了一点 $O$。在直线 $a$ 上取任意另一点 $A$,并且把直线 $a$ 上的所有的点(点 $O$ 以外的)分成两组如下:若一个点和 $A$ 所作成的线段不含有点 $O$,我们就把这个点列入第一组;把所有的其余的点,即它们和 $A$ 所作成的线段含有点 $O$ 的,列入第二组。我们来证明下面两个论断:

1. 若点 $M$ 和 $N$ 属于同一组,则点 $O$ 不在线段 $MN$ 内。

这里能有两种情形。a) 点 $M$ 和 $N$ 属于第一组。那么,根据定理 5 所建立的顺序,写下点 $A,M,N,O$ 的排列的时候,点 $O$ 应该放在端上;因为否则点 $O$ 将要或者在 $A$ 和 $M$ 之间,或者在 $A$ 和 $N$ 之间,都和假设相反。因此,在这种情形下,点 $O$ 应该在线段 $MN$ 外。b) 点 $M$ 和 $N$ 属于第二组,即点 $O$ 既在 $A$ 和 $M$ 之间,又在 $A$ 和 $N$ 之间。在这种情形下,从定理 5,点的排列只可能如下: $AOMN$, $AONM$,即点 $O$ 必定不在线段 $MN$ 内。

2. 若线段 $MN$ 的两端点不属于同一组,则点 $O$ 在线段 $MN$ 内。

为确定起见,设 $M$ 属于第二组,即点 $O$ 在 $M$ 和 $A$ 之间。因为点 $O$ 不在 $N$ 和 $A$ 之间,则从定理 5 这四个点的排列可以是下列两种之一: $MOAN$, $MONA$。这都证明了我们的论断。

这些论断指出:点的分成两组完全被点 $O$ 决定了,和点 $A$ 的选择绝对无关。每一组叫做一条射线。因此,直线上的任意一点 $O$ 分直线(除去点 $O$)成两条射线。我们说:在同一条射线上的点是在点 $O$ 的一侧。

【15】在定理 9 的证明中,我们要利用角的概念,而且要援引第 7 页上正文中的注解[14]中所证明的论断。虽然在正文中,角的定义和所提到的论断都放在合同公理 $\mathrm{III}_3$ 之后,但是这定义和这些论断的证明都未用合同公理(如同希尔伯特在原文中所指出的)。所以,我们用角的概念时,并未超出第一组公理和第二组公理的范围。

为简便起见,在本条注解中将要用"折线段"和"多边形"等名词,把它们了解作简单的折线段和简单的多边形。

在证明定理 9 的论断之前,我们先提出一些引理。

**引理Ⅰ** 凡平面 $\alpha$ 中的,而不属于多边形 $\beta$ 的点,被这多边形分成两组如下。一组的点具有下述性质：从这组的任一点出发的每一条射线都穿过 $\beta$ 偶数次；另一组的点具有下述性质：从这组的任一点出发的每一条射线都穿过 $\beta$ 奇数次。

按照下列规律来计算一射线或直线穿过多边形的次数：所谓穿过一次是指：

1）射线和作为多边形的一条边的线段的一个交点；或者

2）射线穿过多边形的一个顶点 $B$，而且同时多边形的从这顶点出发的两条边 $BA$ 和 $BC$ 在这射线的异侧（注图 4，但非注图 5）；或者

3）射线穿过多边形的两个相邻的顶点 $F$ 和 $G$，而且多边形的紧接着这两个顶点的其他两条边在这射线的异侧（注图 6，但非注图 7）。

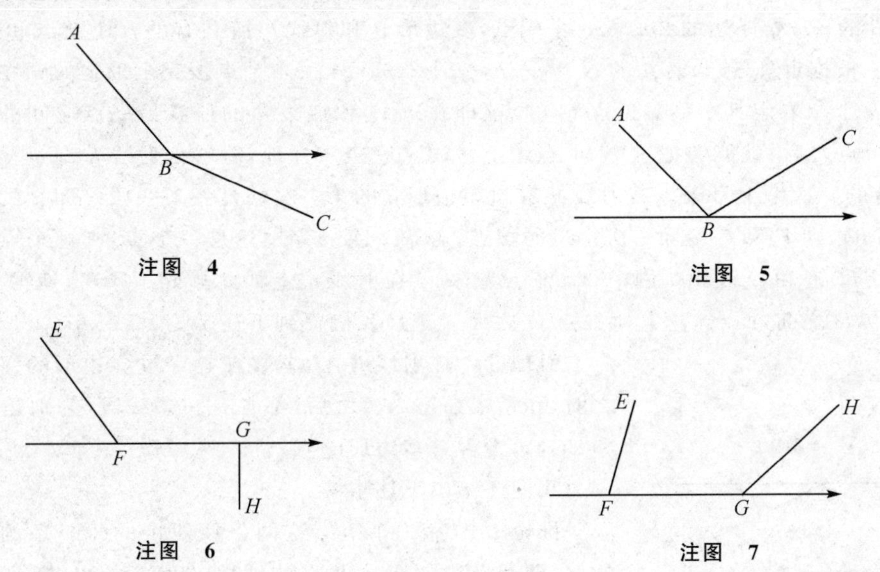


注图 4　注图 5　注图 6　注图 7

在证明这引理时，我们将用“角”这个名词。所谓角，是指从同一个（不在 $\beta$ 上的）点 $O$ 出发的射线偶，也包括两条射线和点 $O$ 作成一条直线的情形，即“平”角的情形。所谓这种角的内点，是指角的边所在的那直线的确定的一侧（无论那一侧）的点。

从“射线穿过多边形”这名词的定义，即得下列结果：若角$\angle(h,k)$的一边，例如 $h$，穿过多边形 $\beta$，那么多边形的两条边（情形 2 和情形 3），或者多边形的一条边上的两条线段（情形 1），紧接着多边形上的而又在射线 $h$ 上的点（或边）的，落在直线 $h$ 的异侧。从多边形上消去射线 $h$ 或 $k$ 穿过多边形处所有的点（情形 1 和情形 2），和所有如同 $FG$（注图 6）那类的线段（情形 3）。多边形因而分解成若干个片段；而每一片段或者整个的在$\angle(h,k)$内（片段可能有一些部分在边上），或者整个的在$\angle(h,k)$外（片段可能有一些部分在边上）。同时，邻近的两个片段之中，恒有一个在$\angle(h,k)$内，一个在该角外，因为多边形是封闭的，片段的总数只能够是偶数。所以射线偶 $h$ 和 $k$ 穿过多边形 $\beta$ 的次数也应该是偶数。因此得：按照射线 $k$ 穿过多边形偶数次或奇数次，射线 $k$ 也分别穿过这多边形偶数次或奇数次。

这样，引理 1 得证。

若从一点出发的射线穿过给定了的一个多边形奇数次，这样的点就叫做这多边形的内点。平面上所有的其余的点，当然除去这多边形本身上的点，都叫做这多边形的外点。我们采用的这个定义是从卡岗（В. Ф. Каган）的《几何基础》（*Одесса*，1905）里得来的。现

在要证明的本定理,在卡岗的书里也用一些不同的方式证明了。

现在注意下述事实。设从一点 $O$(不在多边形 $\beta$ 上的)出发的某一射线 $h$ 穿过多边形 $\beta$ 有 $n$ 次。再设射线 $h$ 和多边形 $\beta$ 上的共点和共边如下:多边形的边和射线 $h$ 相交的 $k$ 个交点(情形 1);多边形的 $l$ 个顶点,而且在其中每一个顶点处的多边形的两条边在射线的异侧(注图 4);多边形的 $p$ 个顶点,而且在其中每一个顶点处的多边形的两条边在 $h$ 的同一侧(注图 5);多边形的 $m=n-l-k$ 条边,而且其中每一条边和它的相邻两条边的位置如同注图 6 中所表出的;最后,多边形的 $q$ 条边,而且其中每一条边和它的相邻两边的位置如同注图 7 中所表出的。考虑由下列的点所组成的点集 $\mu$:点 $O$,在射线 $h$ 上的多边形 $\beta$ 的 $m+q$ 条边的 $2m+2q$ 个端点,多边形 $\beta$ 和射线 $h$ 所共有的 $k$ 个交点和 $l+p$ 个顶点。根据定理 6,点集 $\mu$ 的 $N=k+l+p+2(m+q)+1$ 个点按完全确定的顺序分布在射线 $h$ 上。取定其中最靠近点 $O$ 的点(即在点 $O$ 和点集 $\mu$ 的任意另一点之间的点),作第一个点之后,就能够把这 $N$ 个点编上号码。完全一样地,能够把射线 $h$ 穿过多边形 $\beta$ 的所有的 $n$ 次编上号码。若射线 $h$ 穿过多边形 $\beta$ 的第 $i$ 次处是一条线段。即 $\beta$ 的一条边(注图 6),则 $F$ 和 $G$ 是第 $i$ 次穿过的端点;若第 $i$ 次的穿过只是一个点,则这个点就还用两个字母 $F$ 和 $G$ 表出(注图 8)。设点集 $\mu$ 已在射线 $h$ 上如此排好了顺序,使得点 $F_1$ 紧靠在点 $F$ 之前,而点 $G_1$ 紧跟在点 $G$ 之后。于是我们得到下述结论:

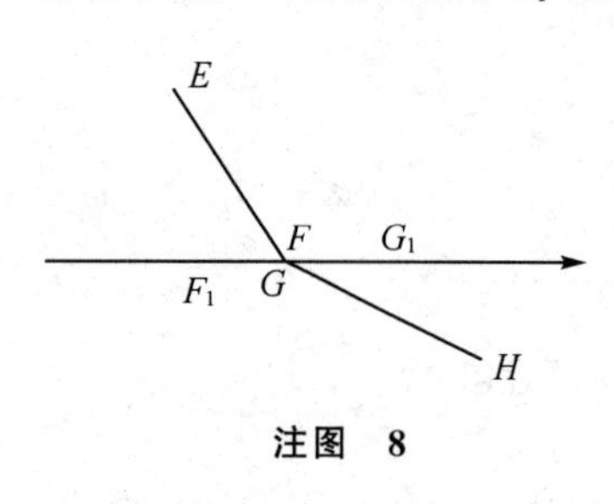

注图 8

**引理Ⅱ** 在射线 $h$ 上,紧靠在它穿过多边形的每一次之前,和紧跟在每一次之后,都各有一条线段(分别是 $F_1F$ 和 $GG_1$),不含有多边形的点。

我们还指出下述事实:

**推论 1** $F_1F$ 和 $GG_1$ 这两条线段中的每一条的所有的点,即和多边形无公共点的线段的所有的点,或者都在多边形内,或者都在多边形外。

**推论 2** 或者线段 $F_1F$ 的点都在 $\beta$ 内,而线段 $GG_1$ 的点都在 $\beta$ 外,或者反之。

我们来证明这些推论。任意在线段 $F_1F$ 上取两个点 $M$ 和 $N$,在线段 $GG_1$ 上取一点 $P$,并且考虑分别从这三个点出发的射线 $MG_1$,$NG_1$ 和 $PG_1$。因为线段 $MN$ 不含有 $\beta$ 的点,射线 $MG_1$ 穿过 $\beta$ 的次数等于射线 $NG_1$ 穿过 $\beta$ 的次数;这就证明了第一条推论。因为在线段 $MP$ 上的线段 $FG$ 的点相当于射线穿过 $\beta$ 一次,又因为,除了线段 $FG$ 的点和它的端点之外,线段 $MP$ 上不再含有多边形 $\beta$ 的点,那么射线 $MG_1$ 比射线 $PG_1$ 显然多穿过 $\beta$ 一次;这就证明了第二条推论。

现在易证:多边形 $\beta$ 的平面上有 $\beta$ 的内点,也有 $\beta$ 的外点。为了证明,考虑交多边形的一条边于一点 $G$ 的一条直线 $a$。根据刚才的证明,直线 $a$ 上有两条线段 $F_1F$ 和 $GG_1$,其中一条的点在 $\beta$ 内,另一条的点在 $\beta$ 外。

**引理Ⅲ** 一条直线或者不穿过一个三角形,或者穿过两次。

实际上,任意一条直线不能交三角形的每一条边的直线多于一次。所以一条直线穿过一个三角形的次数不能大于三。然而,当用任意一点(不在三角形上的)把直线分成两条射线时,我们就看出这穿过次数应该是偶数,即只能够是 0 或 2。因此,从三角形的内点出发的射线应该恰好穿过这三角形一次。

**引理Ⅳ**　一点在一个三角形内，当且仅当这点在通过这三角形的任意一个顶点的一条贯线上。

若一条线段连接一个三角形的任意一个顶点和对边上的一点，这线段就叫做三角形的一条**贯线**(注图 9)。

必要条件。实际上，设点 $O$ 在三角形 $ABC$ 内。考虑连接点 $O$ 和三角形的一个顶点(为确定起见，见 $A$ 表示)的直线 $OA$。从引理Ⅲ得知直线 $OA$ 应该穿过三角形 $ABC$ 两次；因为若它不穿过这三角形，则它的所有的点，包含点 $O$ 在内，将都不在这三角形内，这是和假设矛盾的。直线每穿过三角形一次时，它至少交三角形的一条边。直线 $OA$ 穿过点 $A$ 时，就是它交直线 $AB$ 和 $AC$，而且不能和后两直线的任意一条重合；因为否则它就一次都不穿过三角形。所以直线 $OA$ 第二次穿过三角形 $ABC$ 时，它应该交线段 $BC$。设交点是 $D$。点 $O$ 应该在贯线 $AD$ 上，因为否则射线 $OA$ 上将含有点 $A$ 和 $D$，将穿过三角形两次，也就是说，点 $O$ 将在三角形外。

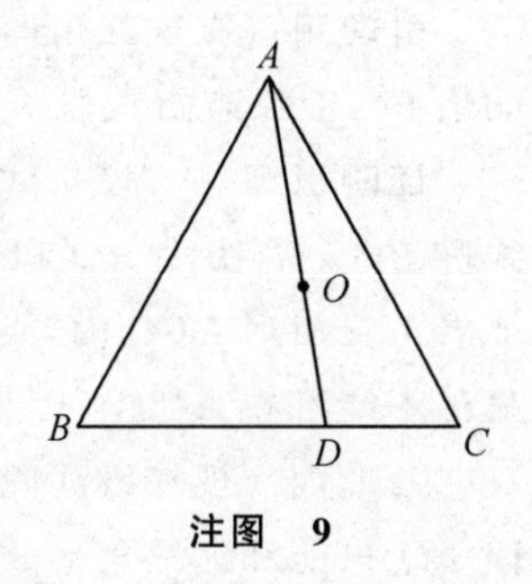


注图　9

充分条件。实际上，若点 $O$ 在贯线 $AD$ 上(贯线 $AD$ 是连接任意一个用 $A$ 表示的顶点和对边 $BC$ 上的一点 $D$ 的线段)，则点 $A$ 和 $D$ 在 $O$ 的异侧，所以从点 $O$ 出发的射线 $OD$ 穿过三角形 $ABC$ 只一次，即点 $O$ 在三角形 $ABC$ 内。

**推论**　在三角形 $ABC$ 中作一条贯线 $AD$。在三角形 $ABD$(或 $ACD$)内的任意一点，也必在三角形 $ABC$ 内(注图 10)。

实际上，设点 $O$ 在三角形 $ABD$ 内。由于引理Ⅳ，点 $O$ 现在应该在某一条贯线 $AE$ 上，此外的点 $E$ 在线段 $DB$ 上。由于定理 5，点 $C,D,E,B$ 的排列顺序应该像这里所写下的(或者相反的顺序)，即点 $E$ 应该在线段 $BC$ 上；因而线段 $AE$ 也是三角形 $ABC$ 的一条贯线。所以，由于引理Ⅳ，点 $O$ 在三角形 $ABC$ 内。

若点 $O$ 在三角形 $ACD$ 内，命题的证明相似。

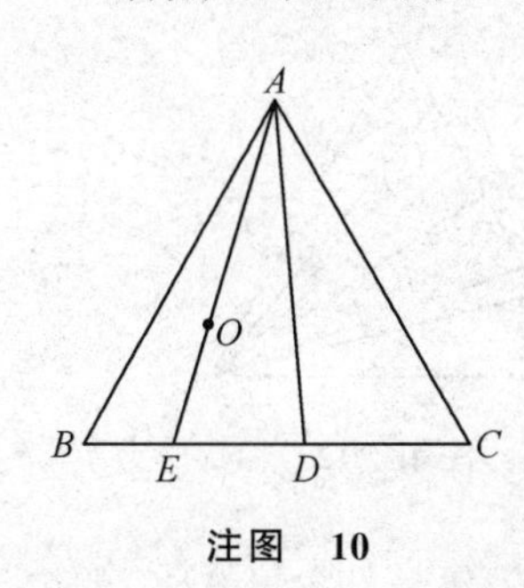


注图　10

**引理Ⅴ**　若点 $A$ 在多边形 $\beta$ 内(外)，而且线段 $AB$ 和多边形 $\beta$ 无公共点，则这线段的所有的点都在 $\beta$ 内(外)。这线段的端点 $B$ 可以在 $\beta$ 内(外)，也可以在这多边形上。

设射线 $BA$ 第一次(参看引理Ⅰ后所提的注意)遇多边形 $\beta$ 于点 $M$，而射线 $AB$ 第一次遇 $\beta$ 于点 $N$。若这两条射线的某一条，例如 $BA$ 不遇多边形 $\beta$，则在这射线上取任意一点当做点 $M$，只要使得 $A$ 在线段 $BM$ 内。点 $N$ 特别可以和点 $B$ 重合。由于定理 5，线段 $AB$，点 $A$，不和 $N$ 重合时的点 $B$，都在线段 $MN$ 内。由于引理Ⅱ的推论Ⅰ，线段 $MN$ 的点或者都在 $\beta$ 内，或者都在 $\beta$ 外。它们究竟在那里，由它们之中的一点的位置，例如 $A$ 的位置来确定。

**引理Ⅵ**　若点 $A$ 在多边形 $\beta$ 内(外)，而且可能除点 $N$ 之外，折线段 $ABC\cdots MN$ 和这多边形无公共点，则这折线段的点没有一个在多边形 $\beta$ 外(内)。

对于线段 $AB,BC,\cdots,MN$，继续地应用引理Ⅴ，就得到本引理的证明。

现在考虑具有下述性质的任意一条封闭折线段 $6$ 和一个三角形 $ABC$；若折线段 $6$ 的

某一条线段 $PQ$ 上有点在三角形内，则线段 $PQ$（端点计算在内）和三角形的公共点只能在边 $AC$ 上（顶点 $A$ 和 $C$ 计算在内）。在这情形下，下述论断成立：

**引理Ⅶ** 只要三角形 $ABC$ 内含有折线段 б 的一点 $O$，而非端点，则这三角形内也至少含有这折线段 б 的一个端点。

**引理Ⅷ** 在这三角形 $ABC$ 的边 $AB$ 上能找得一点 $P$，使得在三角形 $PBC$ 内和在它的边 $PC$ 上没有折线段 б 上的点。

**证明引理Ⅶ** 设折线段 б 的一点 $O$ 在三角形 $ABC$ 内，而且设这点属于这折线段的线段 $PQ$。若线段 $PQ$ 和三角形 $ABC$ 无公共点，则由于引理Ⅴ，折线段 б 的端点 $P$ 和 $Q$ 或者在三角形 $ABC$ 内，或者在三角形本身上，因而在边 $AC$ 上。但是 $P$ 和 $Q$ 这两个端点显然不能都在 $AC$ 上，因为否则点 $O$ 将也在 $AC$ 上。因而至少 $P$ 和 $Q$ 这两个端点的一个在三角形内。现在设线段 $PQ$ 和三角形 $ABC$ 有公共点（注图 11）。根据引理的条件，线段 $PQ$ 只能和这三角形的边 $AC$ 相交。用字母 $R$ 表示这交点。因为 $R$ 在 $P$ 和 $Q$ 之间，由于定理 5，它不能同时在 $PO$ 和 $OQ$ 这两条线段内。设点 $R$ 在线段 $PO$ 内。在这种情形下，由于引理Ⅴ，折线段 б 的端点 $Q$ 在三角形 $ABC$ 内。

**证明引理Ⅷ** 设折线段 б 有 $k$ 个端点在三角形 $ABC$ 内和它的边 $AC$ 上。用 $M_1$，$M_2$，…，$M_k$ 来表示这些顶点（注图 12）。从点 $C$ 作射线 $CM_1$，$CM_2$，…，$CM_k$。这些射线中有些可能互相重合。有的也可能和射线 $AC$ 重合，而其余的因为通过三角形 $ABC$ 的内点，由于引理Ⅳ，必交线段 $AB$。设交点是 $D$，$E$，$F$，…，$K$。点 $A$，$B$ 和点 $D$，$E$，$F$，…，$K$ 都在直线 $AB$ 上，所以由于定理 6，它们有一定的先后顺序，其中一个极端是点 $A$，另一个是点 $B$。作在 $K$ 和 $B$ 之间的一点 $P$，此处设 $K$ 是最邻近 $B$ 的点。因为 $A$，$D$，$E$，$F$，…，$K$ 都在线段 $PB$ 外，点 $M_i$ 中没有一个能在三角形 $PCB$ 的从顶点 $C$ 到边 $PB$ 的贯线上，因而没有一个能是三角形 $PCB$ 的内点（引理Ⅳ）。而三角形 $PCB$ 的每一个内点 $O$，由于引理Ⅳ的推论，也是三角形 $ABC$ 的一个内点。所以折线段 б 没有一个顶点在三角形 $PCB$ 内。

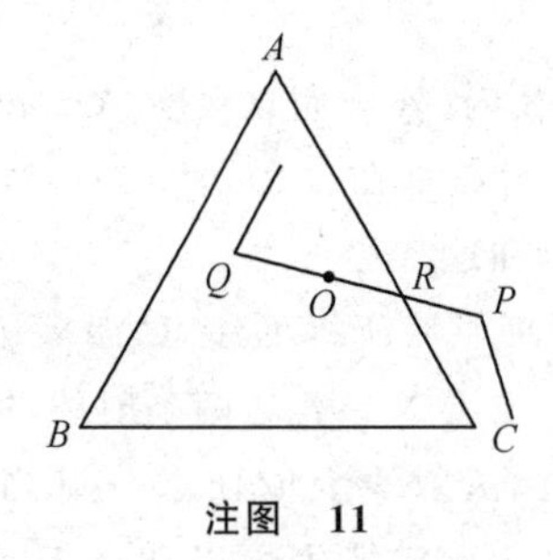


注图 11

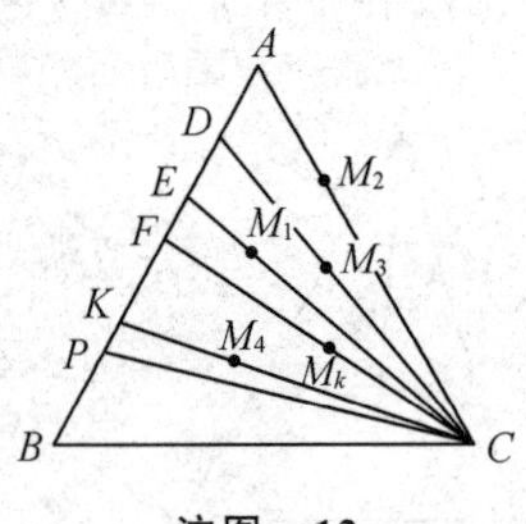


注图 12

三角形 $PCB$ 有一条边 $BC$ 和三角形 $ABC$ 的相同；另一条边 $PB$ 是三角形 $ABC$ 的边 $AB$ 的一部分。应用引理Ⅶ到三角形 $PBC$（同时 $PC$ 替代 $AC$ 的地位），即知在这三角形内没有折线段 б 的点。要证实在边 $PC$ 上也没有折线段 б 的点，只要同样地考虑三角形 $P'CB$，此处的 $P'$ 在 $K$ 和 $P$ 之间。

**引理Ⅸ** 若 $PQ$ 是多边形 $\beta$ 的一条边，$C$ 是线段 $PQ$ 内的一点，$A$ 和 $B$ 或者都是多边形 $\beta$ 的内点，或者都是外点，而且线段 $AC$ 和 $BC$ 都和 $\beta$ 无公共点，则线段 $AC$ 和 $BC$ 在直线 $PQ$ 的同一侧。

假设结论不对(注图 13)。延长线段 $AC$ 到相反的一侧。由于引理Ⅱ,在延长线上能取一线段 $CA'$,不含有 $\beta$ 的点;而且若线段 $AC$ 的点在 $\beta$ 内,则线段 $CA'$的点在 $\beta$ 外,或者反之(引理Ⅱ的推论 2)。由于我们的假设,射线 $CA'$ 和 $CB$ 在直线 $PQ$ 的同一侧。应用引理Ⅷ到三角形 $A'BC$,而且用边 $A'B$ 替代[注图 12 中的]$AC$ 的地位,在线段 $CA'$上能求得一点 $D$,使得线段 $BD$ 不交多边形 $\beta$,因而点 $B$ 和 $D$ 或者都在 $\beta$ 内,或者都在 $\beta$ 外(引理Ⅴ)。所以,若点 $A$ 在 $\beta$ 内(外),则点 $D$(引理Ⅱ的推论 2),而且因而点 $B$,应该在 $\beta$ 外(内),这与引理的条件矛盾。于是引理证毕。

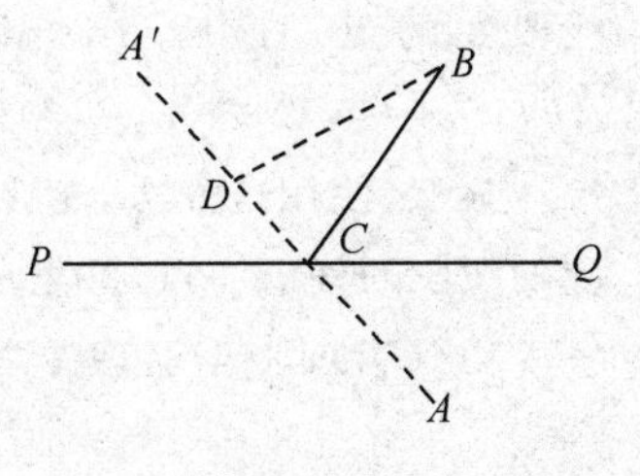


注图 13

此后,我们总把任意一条非封闭的折线,连接一点 $A$ 到任意一点 $B$ 的,叫做从点 $A$ 引到点 $B$ 的一条**道路**。

**引理Ⅹ** 从不在一条(封闭的或非封闭的)折线 б 上的任意一点 $A$ 到这折线上的任意一点 $B$,恒能引一条和折线 б 无公共点的道路。

从点 $A$ 作任意一条射线,穿过折线 б。设 $M$ 是这射线和折线 б 相遇的第一个点。线段 $AM$ 是不交 б 的,而且是连接点 $A$ 和 $M$ 的一条道路。我们需要修改这条道路,把它修改成引到点 $B$ 去的道路。设 $PM$ 和 $QM$ 是两条线段,它们都在折线 б 上,而且无公共点($PM$ 和 $QM$ 可以在 б 的同一环节上)。首先,我们把我们的道路和折线 б 的第一个相遇的点从点 $M$ 移到点 $Q$ 去。现在可能出现下列两种情形之一:或者射线 $MP$ 交线段 $AQ$,即穿进到三角形 $AMQ$ 的内部;或者射线 $MP$ 在三角形 $AMQ$ 的外部。在第二种情形下(注图 14),由于引理Ⅷ,线段 $AM$ 上能找得一点 $T$,使得折线段 б 上没有一个点在三角形 $TMQ$ 内,而且除 $Q$ 之外也没有一个点在它的边 $TQ$ 上。用线段 $TQ$ 替代线段 $TM$;我们得到的道路 $ATQ$,按照前面的证明,除点 $Q$ 之外,不含有 б 的点。在第一种情形下(即射线 $MP$ 穿进到三角形 $AMQ$ 内,注图 15),在射线 $MP$ 的补射线(射线 $MP$ 和它的补射线和点 $M$ 组成一条直线)上取一点 $P'$,使得 $P'$在 $M$ 和这补射线与折线段 б 中的第一个交点之间(若这补射线不交 б,则取这射线上的任一点当做 $P'$)。然后利用引理Ⅷ,在线段 $MP'$ 上如此选取一点 $U$,使得在三角形 $UMQ$ 内和在它的边 $MQ$ 上没有折线段 б 的点;再在线段 $AM$ 上如此选取(再利用引理Ⅷ)点 $F$,使得在三角形 $FMU$ 内和在它的边 $FU$ 上没有折

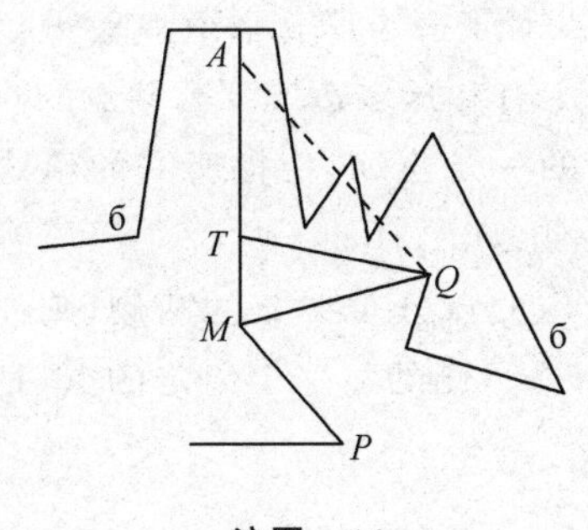


注图 14

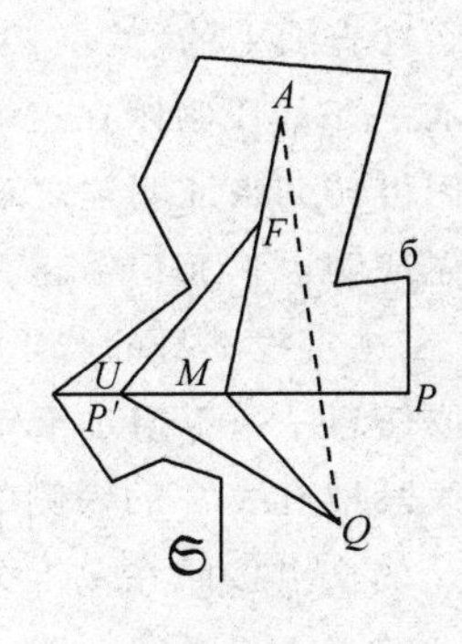


注图 15

线段 $\mathfrak{b}$ 的点。最后，用折线段 $FUQ$ 替代线段 $FM$ 之后，在这情形下我们得到道路 $AFUQ$，除点 $Q$ 之外，不含有 $\mathfrak{b}$ 的点。

显然，使用这方法，能够把我们的道路和折线段 $\mathfrak{b}$ 的第一个相遇的点移到折线段 $\mathfrak{b}$ 的对应的线段的任意一点，甚至于端点，而且如此继续进行，能够移到这折线的任意一点 $B$。

得到引理Ⅰ至引理Ⅹ之后，我们转到定理 9。

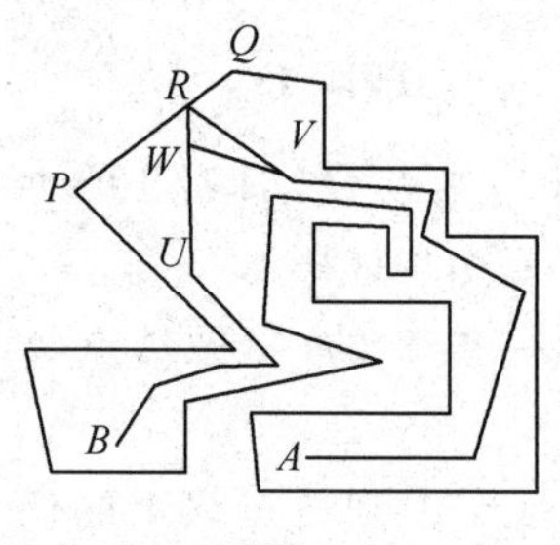


注图 16

我们首先来证明定理 9 的第一条论断。设多边形 $\beta$ 由一条非封闭的折线段 $\mathfrak{b}$ 和一条线段 $PQ$ 组成，而 $P$ 和 $Q$ 是这折线段和这线段的仅有的公共点(注图 16)。由于引理Ⅹ，从 $\beta$ 内的点 $A$ 能够用一条道路连接到 $\beta$，第一次交 $\beta$ 于线段 $PQ$ 的一点 $R$。从 $\beta$ 内的点 $B$ 也能够用同样的道路同样的连接到 $R$。设 $UR$ 和 $VR$ 是所取的两条道路的最后线段。因为点 $A$ 和 $B$ 都在 $\beta$ 内，由于引理Ⅵ，这两条道路的所有的点，除点 $R$ 之外，都在 $\beta$ 内。由于引理Ⅸ，线段 $UR$ 和 $VR$ 在 $PQ$ 的同一侧，即线段 $RP$ 和 $RQ$ 都不穿进三角形 $URV$。因而，多边形的通过 $R$ 的边不穿进三角形 $URV$；线段 $UR$ 和 $VR$ 上没有 $\beta$ 的点。所以能应用引理Ⅷ到三角形 $URV$，即在它的边 $RU$ 上能找得如此的一点 $W$，使得线段 $WU$ 和 $\beta$ 无公共点，所取的两条道路所组成的一条折线段，乃是从点 $A$ 到点 $B$ 的一条道路。若这道路的 $URV$ 这一部分用折线段 $UWV$ 替代，则得到从点 $A$ 到点 $B$ 的一条道路，不交多边形 $\beta$。

总之，我们已经证明，若 $A$ 和 $B$ 都是多边形 $\beta$ 的内点，则(在多边形的平面上)恒有一条道路，连接这两点，而且和多边形 $\beta$ 无公共点。对于两个外点，证明完全类似。另一条论断说，多边形 $\beta$ 的平面上的，连接这多边形的一个外点到它的一个内点的每一条折线段，至少和 $\beta$ 有一个公共点；这论断是引理Ⅵ的直接推论。

这定理的证明的基本观念属于文特尔尼兹(A. Winternitz)"关于约当曲线定理以及拓扑学中有关的定理"(Üeber den Jordanschen Kurvensatz und verwandte Sätze der Analysis Situs, Math. Zeitschr. 卷 1，第 329—340 页，1918)*。

现在要证明下述论断，并无困难。没有直线完全在一个多边形内，即任意一条直线若含有一个多边形的一个内点，则也含有这多边形的外点。事实上，设直线 $a$ 的点 $O$ 在 $\beta$ 内。那么这直线上的，从点 $O$ 出发的一条射线 $a$，至少穿过 $\beta$ 一次。按照引理Ⅱ，这条射线 $a$ 上有一条线段紧跟在这一次穿过之后，这线段的点对于多边形 $\beta$ 来说都是外点。

我们再转回来证明这定理的推论：多边形的平面上有和这多边形无公共点的直线。

首先证明：平面上给定了任意 $n$ 个点，恒有这样的一条直线，使得所有的给定了的点，除了在这直线本身的若干个之外，就都在它的同一侧。

先取任意一条不通过给定了的点的直线 $a$。若给定的点分布在 $a$ 的两侧，则如下进行。用线段把直线 $a$ 的一侧的每一个给定的点连接到另一侧的每一个给定的点，把这些线段和 $a$ 的交点按照在 $a$ 上分布的顺序写出如下：

$$A_1, A_2, \cdots, A_k$$

* 原俄译本误为第 330～332 页。——译者注

取直线 $MN$，此处的 $M$ 和 $N$ 是两个给定的点，在 $a$ 的异侧，而且线段 $MN$ 交 $a$ 于点 $A_k$。我们断定，$MN$ 就是我们所求的直线。事实上，用 $d^*$ 表示直线 $MN$ 所决定的，而且含有点 $A_1, A_2, \cdots, A_{k-1}$ 的半平面。现在设 $L$ 是给定的点的任意一个，而且和 $N$ 在 $a$ 的异侧（否则用 $M$ 替代 $N$）。那么线段 $LN$ 含有某一点 $A_i$（$i \leqslant k$），因而 $N$ 在线段 $LA_i$ 之外。由此得到：若 $i \neq k$，则 $L$ 和 $A_i$ 在直线 $MN$ 的同一侧，即 $L$ 属于 $d^*$；若 $L = K$，则 $L$ 在 $MN$ 上。论断得以证明。

现在再证：我们能够再进一步，选取如此的一条直线，使得所有的给定的点真正的都在这直线的一侧。为此，通过每一个给定的点作两条线段，然后在上述的基础上，作如此的一条直线，使得给定的 $n$ 个点连同这些线段的 $4n$ 个顶点，除了若干个在这直线本身上之外，都在它的同一侧。显然，给定的 $n$ 个点不会在这直线上，只能在它的同一侧，若取多边形的顶点作为给定了的 $n$ 个点，则我们得到所要证的论断。

【16】本定理是定理 8 在空间中的推广。取不在平面 $\alpha$ 上的一点 $A$。把所有的点 $M$，使得线段 $MA$ 不含有平面 $\alpha$ 的点的，列入一个区域；把空间中的其余的点（不属于平面 $\alpha$ 的）列入另一个区域。我们来证明下列和注解[13]和[14]中所给出的论断相类似的三条论断：

1）若点 $M$ 和 $N$ 在第一区域中，则线段 $MN$ 不含有平面 $\alpha$ 的点。

2）若点 $M$ 和 $N$ 在第二区域中，则线段 $MN$ 不含有平面 $\alpha$ 的点。

3）若点 $M$ 和 $N$ 在不同的区域中，则线段 $MN$ 含有平面 $\alpha$ 的点。

这三条论断可以用同一方式证明。若 $A, M, N$ 不在一直线上，根据公理 $\mathrm{I}_4$ 和 $\mathrm{I}_5$，它们决定某一平面 $\beta$。若平面 $\alpha$ 和 $\beta$ 无公共点，则线段 $AM, AN$ 和平面 $\alpha$ 也无公共点，即合于情形 1)的条件；情形 1)中的论断一定正确，因为线段 $MN$ 也和平面 $\alpha$ 无公共点。设正面 $\alpha$ 和 $\beta$ 有公共点，那么根据公理 $\mathrm{I}_7$ 和 $\mathrm{I}_6$，它们交于一直线，用 $a$ 表示这直线。若线段 $AM, AN, MN$ 的任意一条和平面 $\alpha$ 有公共点，则这公共点同时属于平面 $\alpha$ 和 $\beta$，所以应该在直线 $a$ 上。容易看出，现在整个的问题化为平面 $\beta$ 上的线段 $AM, AN, MN$ 和直线 $a$ 相交（或不相交）的研究，而 $a$ 也在平面 $\beta$ 上，也即是重复定理 8 的证明。

若点 $A, M, N$ 在一直线 $b$ 上，则或者这直线和平面 $\alpha$ 无公共点（又是情形 1)的条件，那么本定理显然正确；或者直线 $a$ 交这平面，那么容易看出，只需要一字不改地重复注解[14]中所引进的证明。

【17】确切的意义如下：给定了两条线段，其中一条恒或者和另一条有我们用名词“合同”所表出的某种关系，或者没有。这种关系我们没有直接给出定义，只由第三组公理在下述的意义下间接地给出定义：第三组公理中列举了这关系的所有的此后我们认为是属于这关系的性质。

【18】事实上，根据公理 $\mathrm{III}_2$ 从合同式 $A'B' \equiv A'B'$ 和 $AB \equiv A'B'$，得 $A'B' \equiv AB$。

【19】我们来证明这一段中所有的论断。

1. 设 $H$ 是射线 $h$ 上的任一点，$K$ 是射线 $k$ 上的任一点。取线段 $HK$ 上的任一点 $M$。因为 $M$ 在 $H$ 和 $K$ 之间，点 $H$ 不在线段 $MK$ 上，而且点 $K$ 不在线段 $HM$ 上。因而点 $H$，$M$ 在直线 $\overline{k}$ 的同侧，即点 $M$ 和射线 $h$ 在直线 $\overline{h}$ 的同侧。同样地得到，$M$ 和射线 $k$ 在 $\overline{h}$ 的同侧。结果是 $M$ 在 $\angle(h,k)$ 内。现在如此取点 $N$，使得 $H$ 在 $K$ 和 $N$ 之间。点 $K$ 和 $N$ 在直线 $\overline{h}$ 的异侧，即点 $N$ 和射线 $k$ 在 $\overline{h}$ 的异侧，因而 $N$ 在 $\angle(h,k)$ 外。这就证明了下述论断：

若 $H$ 和 $K$ 各在$\angle(h,k)$的一边上，则在直线 $HK$ 上且在 $H$ 和 $K$ 之间的点必在$\angle(h,k)$内，而在线段 $HK$ 之外的点必在$\angle(h,k)$外。

2. 设点 $M,N$ 在$\angle(h,k)$内。这就是说，这两点都和射线 $h$ 在直线 $\overline{k}$ 的同侧，因此(参看注解[13]的末尾)，线段 $MN$ 的所有的点和射线 $h$ 在直线 $\overline{k}$ 的同侧。这里所说的还成立，若在论证时把射线 $h$ 都用射线 $k$ 替代，把直线 $\overline{k}$ 都用直线 $\overline{h}$ 替代。可见，连接$\angle(h,k)$内两点的线段，完全在这个角内。

3. 设从$\angle(h,k)$的顶点 $O$ 出发的一条射线 $l$ 的任一点 $M$ 是在这个角内。若 $N$ 是这同一射线的任意另一点，则点 $O$ 不在线段 $MN$ 上(参看射线的定义)，然后根据注解[13]，点 $N$ 和 $M$ 既在直线 $\overline{k}$ 的同侧，也在直线 $\overline{h}$ 的同侧。所以，点 $N$ 和射线 $h$ 的点在直线 $\overline{k}$ 的同侧，也和射线 $k$ 的点在直线 $\overline{h}$ 的同侧，即点 $N$ 也在$\angle(h,k)$内；因此，在这种情形下，射线 $l$ 的所有的点都在$\angle(h,k)$内。同时容易证实：若从点 $O$ 出发的一条射线 $l$ 的一点 $M$ 在$\angle(h,k)$外，则这同一条射线上的任意另一点也在这角外(用反证法)。

4. 现在我们来证明，在$\angle(h,k)$内的一条射线 $l$ 必定交线段 $HK$，此处的 $H$ 在 $h$ 上，而 $K$ 在 $k$ 上。

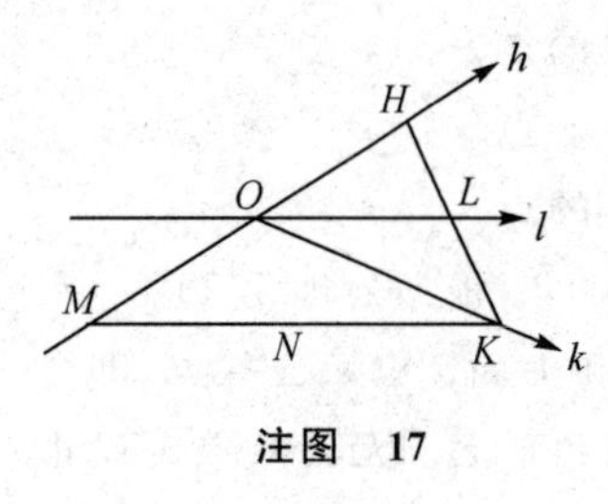

注图 17

考虑在直线 $\overline{h}$ 上的、不在射线 $h$ 上的、而且非点 $O$ 的任一点 $M$(注图 17)。直线 $\overline{l}$ 交三角形 $MHK$ 的边 $MH$，而同时不通过三角形的顶点。因此它必须交另一边 $HK$ 或 $MK$。我们来证明，直线 $\overline{l}$ 不能交边 $MK$。直线 $\overline{k}$ 的点 $O$ 在 $M$ 和 $H$ 之间，即 $M$ 和射线 $h$ 的点在直线 $\overline{k}$ 的异侧。设 $N$ 是线段 $MK$ 的任一点。直线 $MK$ 交直线 $\overline{k}$ 于一点 $K$，不在线段 $MN$ 上。因此，点 $N$ 和点 $M$ 在直线 $\overline{k}$ 的同侧，即 1)点 $N$ 和射线 $h$ 在直线 $\overline{k}$ 的异侧；另一方面，直线 $MK$ 和直线 $\overline{h}$ 的交点 $M$ 在线段 $NK$ 之外，而这是说：2)$N$ 和 $K$ 在直线 $\overline{h}$ 的同侧，即 $N$ 和射线 $k$ 在直线 $\overline{h}$ 的同侧。

直线 $\overline{l}$ 由射线 $l$、补射线 $l'$ 和点 $O$ 组成的。射线 $l$ 在$\angle(h,k)$内，因此和射线 $h$ 在直线 $\overline{k}$ 的同侧。所以射线 $l$ 上不能含有线段 $MK$ 的点 $N$(论断 1))。射线 $l'$ 和射线 $l$ 在直线 $\overline{h}$ 的异侧。因为在角内的射线 $l$ 和 $k$ 都在 $\overline{h}$ 的同侧，$l'$ 在 $\overline{h}$ 的另一侧。这就是说，射线 $l'$ 上不能含有线段 $MK$ 的点 $N$(论断 2))。因此，我们所引的直线 $\overline{l}$ 不能交线段 $MK$，而必定交线段 $HK$。同时这交点即属于射线 $l$(而不属于射线 $l'$)，因为线段 $HK$ 在角内。

5. 我们看到，从此得到若干很重要的论断：从同一点 $O$ 出发的三条射线之中，只能有一条在其他两条所作的角内。事实上，设射线 $l$ 在$\angle(h,k)$内。根据所证明的，它交线段 $HK$ 于某一点 $L$。因为 $L$ 在线段 $HK$ 上，从公理 $\mathrm{II}_3$，点 $H$ 不在线段 $LK$ 上；因此不交线段 $LK$ 的射线 $h$ 不能在$\angle(l,k)$内。在这里的论断中互换 $h$ 和 $k$，就证明了，射线 $k$ 也不能在$\angle(h,l)$内。

若射线 $l$ 在$\angle(k,m)$内。而射线 $k$ 在$\angle(h,m)$内，则射线 $l$ 在$\angle(h,m)$内(注图 18)。

设点 $H$ 在射线 $h$ 上，而点 $M$ 在射线 $m$ 上。根据第 4 种情形中所证明的，射线 $k$ 交线段 $HM$ 于点 $K$，而且，射线 $l$ 交线段 $KM$ 于点 $L$。根据定理 5，点 $H,K,L,M$ 在直线 $HM$ 上的顺序或者和这里所写下的相同，或者相反，即点 $L$ 在线段 $HM$ 内。因此，由于第 1 种情形中所证明的，射线 $l$ 在$\angle(h,m)$内。

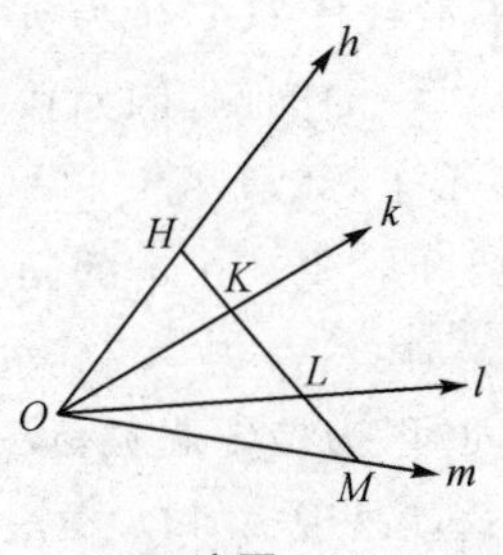

注图 18

若 $n$ 条射线 $h_1, h_2, \cdots, h_n$ 和直线 $\overline{a}$ 上的射线都从直线 $\overline{a}$ 上的一点出发，且射线 $h_1, h_2, \cdots, h_n$ 在 $\overline{a}$ 的同侧，则在这后 $n$ 条射线中有而且只有一条射线，它和射线 $a$ 作成的角内含有所有其余的 $n-1$ 条射线。

首先证明这论断在 $n=2$ 时正确。设射线 $h_1$ 在$\angle(h_2, a)$内；那么，根据上文所证明的，射线 $h_2$ 在$\angle(h_1, a)$外（注图 19）。现在设射线 $h_2$ 在$\angle(h_1, a)$外。我们来证明射线 $h_1$ 在$\angle(h_2, a)$内。因为射线 $h_2$ 在$\angle(h_1, a)$外，而且因为射线 $h_1$ 和 $h_2$ 在直线 $\overline{a}$ 的同侧，由此得出射线 $h_2$ 和 $a$ 在直线 $\overline{h}_1$ 的异侧，即直线 $\overline{h}_1$ 交每一条线段 $H_2A$（端点在射线 $h_2$ 和 $a$ 上）于某一点 $H_1$。同时，线段 $H_2A$ 的点 $H_1$ 和点 $H_2$ 必定在直线 $\overline{a}$ 的同侧，即和射线 $h_2$ 同侧，这就是说和射线 $h_1$ 同侧。这就证明了点 $H_1$ 在射线 $h_1$ 上；否则它就在直线 $\overline{h}_1$ 的补射线上，而且那就是说在 $\overline{a}$ 另一侧。但是点 $H_1$ 在$\angle(h_2, a)$内（参看第 1 种情形），因此（第 3 种情形），射线 $h_1$ 也在这角内。

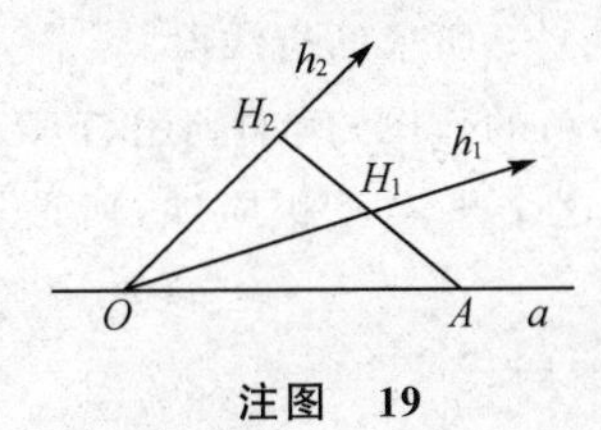

注图 19

现在假设我们的论断对于 $n-1$ 条射线 $h_1, h_2, \cdots, h_{n-1}$ 正确，即假设这些射线中的 $n-2$ 条，例如，$h_1, h_2, \cdots, h_{n-2}$，在$\angle(h_{n-1}, a)$内。我们证明这条论断对于 $n$ 条射线也正确。事实上，由于这条论断对于两条射线的正确性，所以或者射线 $h_n$ 在$\angle(h_{n-1}, a)$内，因而这角内含有 $n-1$ 条射线 $h_1$，$h_2, \cdots, h_{n-2}, h_n$；或者射线 $h_{n-1}$ 在$\angle(h_n, a)$内。在后一情况下所有其余的射线 $h^i$（$i=1, 2, \cdots, n-2$）由假设在$\angle(h_{n-1}, a)$内，而由于上文所证明的，也在$\angle(h_n, a)$内。

6. 现在证明：若点 $A$ 属于$\angle(h, k)$分平面 $\alpha$ 所成的两个区域中的一个，而点 $B$ 属于另一个，则平面 $\alpha$ 中的连接 $A$ 和 $B$ 的每一条折线段或者通过顶点 $O$，或者和 $h$ 或 $k$ 有公共点。

显然，能够假设点 $A$ 在$\angle(h, k)$内，而且点 $A$ 和 $B$ 在直线 $\overline{h}$ 的异侧，而不失论证的普遍性。现在证明，连接点 $A$ 和点 $B$ 的折线段 $ACDE\cdots MB$ 交直线 $\overline{h}$。事实上，若折线段 $ACDE\cdots MB$ 不交直线 $\overline{h}$，则点 $A$ 和 $C$，$C$ 和 $D$，因而 $A$ 和 $D$，$D$ 和 $E$，因而 $A$ 和 $E$ 等等，最后，$A$ 和 $B$ 都在直线 $\overline{h}$ 的同侧，这和我们的假设矛盾。然而折线段 $ACDE\cdots MB$ 可能不交射线 $h$，而交直线 $\overline{h}$ 上的补射线 $h'$（我们设想这折线段不通过点 $O$；否则，我们的命题显然成立）。我们证明，在这种情形下折线段 $ACDE\cdots MB$ 交射线 $k$。设 $P$ 是折线段 $ACDE\cdots MB$（折线段以 $A$ 为起点）和直线 $\overline{h}$ 的第一个交点。设点 $P$ 在折线段 $ACDE\cdots QS\cdots MB$ 的线段 $QS$ 上，而且同时它或者与折线段的端点 $S$ 重合，或者不重合，但决不和端点 $Q$ 重合。如同上文所说，我们知道折线段 $ACDE\cdots QP$（不包含点 $P$ 在内）的所有的点都和点 $A$ 在直线 $\overline{h}$ 的同侧，因此在射线 $k$ 同侧。点 $A$ 和射线 $h$ 在直线 $\overline{k}$ 的同侧。点 $P$ 和射线 $h$ 在直线 $\overline{k}$ 的异侧；因此，点 $P$ 和 $A$ 在直线 $\overline{k}$ 的异侧。所以根据上文所证明的，折线段 $ACDE\cdots QP$ 必定交直线 $\overline{k}$。交点 $F$ 既然属于折线段 $ACDE\cdots QP$，必和射线 $k$ 在直线 $\overline{h}$ 的同侧。因此，它在射线 $\overline{k}$ 上。

7. 我们现在来证明，若点 $A$ 和点 $A'$ 属于同一个区域，则平面 $\alpha$ 中恒存在一条折线段，连接点 $A$ 和 $A'$，不通过点 $O$。而且也和射线 $h$ 和 $k$ 无公共点。

若点 $A$ 和点 $A'$ 在 $\angle(h,k)$ 内，则这论断的正确性显然；因为能够取线段 $AA'$ 作为所说的折线段。若点 $A$ 和点 $A'$ 在 $\angle(h,k)$ 外，而且即使在直线 $\overline{h}$ 和 $\overline{k}$ 之一的同侧，例如在 $\overline{h}$ 的同侧，则仍旧能够用线段 $AA'$ 把它们连接起来。事实上，在这情形下，线段 $AA'$ 和 $\overline{h}$ 无公共点；此外，它和射线 $k$ 也无公共点——否则，点 $A$ 和点 $A'$ 将要和射线 $k$ 在 $\overline{h}$ 的同侧，而且点 $A$ 和点 $A'$ 中的一个将要和射线 $h$ 在 $k$ 的同侧，即在 $\angle(h,k)$ 内。

现在设点 $A$ 和点 $A'$ 既在直线 $\overline{h}$ 的异侧，也在直线 $\overline{k}$ 的异侧。同时，为确定起见，设 $A$ 和 $h$ 在 $\overline{k}$ 的同侧；那么 $A$ 和 $k$ 在 $\overline{h}$ 的异侧（否则，$A$ 将要在角内），这就是说 $A'$ 和 $k$ 在 $\overline{h}$ 的同侧；最后，$A'$ 和 $h$ 在 $\overline{k}$ 的异侧（否则，$A'$ 将要在角内）。

现在再在 $\angle(h',k')$ 内取任意一点 $N$，即点 $N$ 和射线 $h$ 在 $\overline{k}$ 的异侧，而且和射线 $k$ 在 $\overline{h}$ 的异侧。显然，$N$ 在 $\angle(h,k)$ 外，而且同时和点 $A$ 在 $\overline{h}$ 的同侧，也和点 $A$ 在 $\overline{k}$ 的同侧。那么根据刚才所证明的，线段 $AN$ 和 $NA'$ 都不交射线 $h$ 和 $k$，因而 $ANA'$ 是所求的折线段。

【20】希尔伯特所谓角的“迁移”不应当了解为利用某种仪器角的作图；例如利用直尺和圆规，而应当了解为（决定和已知角合同的角的）射线的存在这个事实。相应地，所谓迁移的唯一性，应当了解为只有一条这样的射线存在。

【21】事实上，若三角形 $ABC$ 的边 $AB$ 和 $BC$ 合同，则能写下

$$AB \equiv BC, BC \equiv AB, \angle ABC \equiv \angle CBA$$

（根据公理 $\mathrm{III}_4$ 的第二部分）。所以，根据公理 $\mathrm{III}_5$，

$$\angle BAC \equiv \angle BCA$$

（应用公理 $\mathrm{III}_5$ 时把同一个三角形一次看做是三角形 $ABC$，一次看做是 $CBA$）。

【22】事实上，只需要证明 $AC \equiv A'C'$。设此合同式不成立，在射线 $A'C'$ 上作如此的一点 $D'$，使得 $AC \equiv A'D'$。那么，从公理 $\mathrm{III}_5$，$\angle ABC \equiv \angle A'B'D'$；此外，从定理的假设，$\angle ABC \equiv \angle A'B'C'$。这和公理 $\mathrm{III}_4$ 矛盾（$\angle ABC$ 所合同的 $\angle A'B'D'$ 和 $\angle A'B'C'$，是从两种不同的方式迁移而得到的）。

【23】在所有的论证中，并没有假设角的合同的对称性，即没有认为 $\angle ABC \equiv \angle A'B'C'$ 和 $\angle A'B'C' \equiv \angle ABC$ 有相同的意义。因此，在讨论三角形合同时也如此。特别在刚才所引进的论证中，所有的合同式都应从图的上部读到下部。对称性是后来从定理 19 推证出来的。

【24】**定理** 设 $k,h,l$ 是从一点 $O$ 出发的射线，而且 $k$ 和 $h$ 在 $\overline{l}$ 的同侧（这里的 $\overline{l}$ 是含有射线 $l$ 的直线），那么或者 $k$ 在 $\angle(l,h)$ 内，而 $h$ 在 $\angle(l,k)$ 外，或者 $k$ 在 $\angle(l,h)$ 外，而 $h$ 在 $\angle(l,k)$ 内。

**证明** 设 $k$ 在 $\angle(l,h)$ 外（注图 20）。那么 $k$ 和 $l$ 在 $\overline{h}$ 的异侧（否则，既然我们所考虑的只是 $k$ 和 $h$ 在 $\overline{l}$ 的同侧的情形，$k$ 将要在 $\angle(h,l)$ 内）。所以用线段连接 $k$ 上的任一点 $K$ 和 $l$ 上的任一点 $L$ 时，这线段交直线 $\overline{h}$ 于某一点 $H$。因为 $H$ 在 $K$ 和 $L$ 之间，则 $L$ 在 $KH$ 外。因此，点 $K$ 和 $H$ 在 $l$ 的同侧；因为 $K$ 是在 $k$ 上取的点，$K$ 和 $H$ 在 $\overline{l}$ 的 $k$ 侧，也就是射线 $h$ 侧（根据定理的假设）。由此得点 $H$ 既然在直线 $\overline{h}$ 上，又在 $\overline{l}$ 的射线 $h$ 侧，它必定在射线 $h$ 上（而不在补射线 $h'$ 上）。

因为点 $H$ 在 $\angle(l,k)$ 内（参看注解[19]，1），射线 $h$ 在 $\angle(l,k)$ 内（参看注解[19]，3）。

因此，$k$ 在 $\angle(l,h)$ 外，且 $h$ 在 $\angle(l,k)$ 外，这种情形是不可能的。

$k$ 在$\angle(l,h)$内和 $h$ 在$\angle(l,k)$内，这种情形也是不可能的；在这种情形下，连接 $k$ 上的任一点 $K$ 和 $l$ 上的任一点 $L$ 的线段 $KL$，必定交 $h$ 于某一点 $H$（注解[19]，4）。但是，同理，线段 $HL$ 必须交射线 $k$，即同时 $H$ 在 $L$ 和 $K$ 之间，而且 $K$ 在 $L$ 和 $H$ 之间。这是不可能的（公理$\mathrm{II}_3$）。

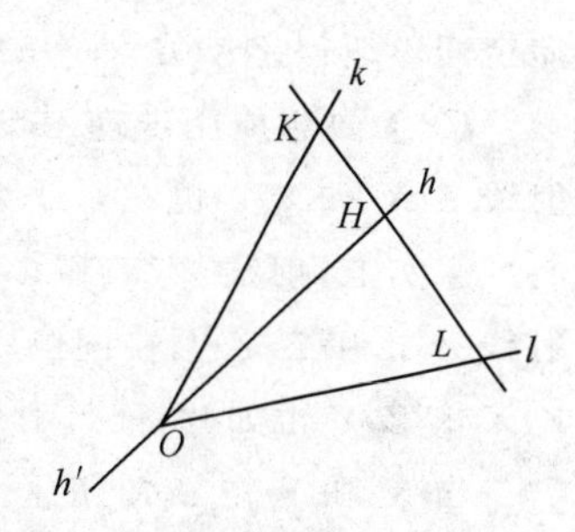


注图 20

【25】我们证明下列情形：$h$ 和 $k$ 在 $\bar{l}$ 的异侧，而且 $h'$ 和 $k'$ 在 $\bar{l}'$ 的异侧。

考虑 $h$ 的补射线 $\tilde{h}$（在同一条直线上），和 $h'$ 的补射线 $\tilde{h}'$。

射线 $\tilde{h}$ 和 $k$ 在 $\bar{l}$ 的同侧，因为它们都和射线 $h$ 在 $\bar{l}$ 的异侧。

射线 $h'$ 和 $\tilde{k}'$ 同样的在 $\bar{l}'$ 的同侧。因为已知$\angle(h,l)\equiv\angle(h',l')$。根据定理 14，$\angle(\tilde{h},l)\equiv\angle(\tilde{h}',l')$。

此外，还已知$\angle(k,l)\equiv\angle(k',l')$。

应用在已经证明的情形下的定理 15（到射线 $l,k,\tilde{h}$），得

$$\angle(\tilde{h},k)\equiv\angle(\tilde{h},k')$$

因此根据定理 14，得

$$\angle(h,k)\equiv\angle(h',k')$$

【26】**引理**　设已知两条合同线段 $AC\equiv A'C'$。那么，对于 $AC$ 上每一点 $B$，能求出 $A'C'$ 上的如此一点 $B'$，使得 $AB\equiv A'B'$，$BC\equiv B'C'$。

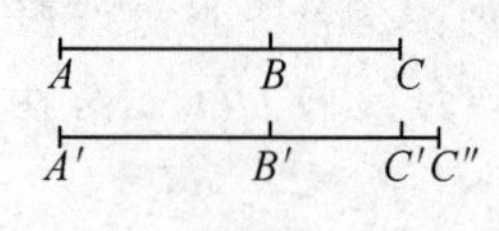


注图 21

**证明**　在射线 $A'C'$ 上，从点 $A'$ 起始，作线段 $A'B'$，使得 $A'B'\equiv AB$（注图 21）。点 $B'$ 因此唯一的决定了（参看公理$\mathrm{III}_5$的推论）。再者，从点 $B'$ 开始作线段 $B'C''$，使得 $B'C''\equiv BC$，而且使得 $C''$ 和 $A'$ 在 $B'$ 的异侧。那么，从公理$\mathrm{III}_3$，$AC\equiv A'C''$。因此，从公理$\mathrm{III}_2$，$A'C'\equiv A'C''$。由此得点 $C'$ 和 $C''$ 重合（$C'$ 和 $C''$ 在 $A'$ 的同侧：由作图法，$B'$ 取在 $A'$ 的 $C'$ 侧，而且 $C''$ 如此选取，使得 $B'$ 在 $A'$ 和 $C''$ 之间；这就是说，$A'$ 在 $B'C''$ 之外，而且，因此，$C''$ 在 $A'$ 的 $B'$ 侧）。点 $B'$ 显然就是所求的点。

**定理 16 的证明**　在射线 $h$ 和 $k$ 上任取点 $H$ 和点 $K$，而在射线 $h'$ 和 $k'$ 上取点 $H'$ 和点 $K'$，使得（公理$\mathrm{III}_1$）：

$$OH\equiv O'H',OK\equiv O'K'$$

（这里的 $O$ 和 $O'$ 是角的顶点）。

从定理 12，三角形 $OHK$ 合同于三角形 $O'H'K'$，特别 $HK\equiv H'K'$。

在$\angle(h,k)$内的射线 $l$，交线段 $HK$ 于某一点 $L$（参看注解[19]，4）。利用引理，在线段 $H'K'$ 上取如此的一点 $L'$，使得

$$HL\equiv H'L',LK=L'K'$$

射线 $O'L'$ 满足定理的要求。第一，它在$\angle(h',k')$内，因为 $L'$ 在$\angle(h',k')$内（注解[19]，3）。第二，三角形 $OHL$ 合同于 $O'H'L'$，因为

$$OH\equiv O'H',HL\equiv H'L',\angle OHL\equiv\angle O'H'L'$$

（最后一个合同式由三角形 $OHK$ 和 $O'H'K'$ 的合同得来）。因此$\angle HOL\equiv\angle H'O'L'$。

完全同样地得$\angle KOL\equiv\angle K'O'L'$。

【27】要想应用定理15,必须预先证明:若射线$Z_1X$和$Z_1Y$在直线$Z_1Z_2$的异侧,则射线$Z_2X$和$Z_2Y$也在直线$Z_1Z_2$的异侧;而且在同侧的情形时也类似。

事实上,射线$Z_1X$和$Z_2X$恒在直线$Z_1Z_2$的同侧,属于它们的点$X$所在的一侧;而射线$Z_1Y$和$Z_2Y$也在同侧,点$Y$所在的一侧。所以当$X$和$Y$在$Z_1Z_2$的异侧时,射线$Z_1X$和$Z_1Y$也如此,而且射线$Z_2X$和$Z_2Y$同样也如此。

当$X$和$Y$在$Z_1Z_2$的同侧时,这两对射线中的每一对也同样如此。

【28】丝毫不改变定理20的证明,就能够把这定理陈述得更广泛些:设射线$k,l$在$h$的同侧,射线$k',l'$在$h'$的同侧,而且$\angle(h,l)\equiv\angle(h',l')$,$\angle(h,k)\equiv\angle(h',k')$。那么,若$k'$在$\angle(h',l')$内,则$k$在$\angle(h,l)$内;反过来也正确。

这样的提法即是说,当迁移角到沿着任一射线(而且在它的给定了的一侧)时而不改变结果时,能够比较角的大小。论断2)现在立刻可以从下述的情形得到。若把角$\beta$"叠置"在角$\alpha$上来比较角$\alpha$和$\beta$,我们就可以把$\beta$换成和它合同的角$r$,而不引起任何改变。完全同样地,在论断3)中,我们应该认为:是利用把$\beta$"叠合"在$r$上的方法,来比较$\beta$和$r$;作这样运算时,把$\beta$换成和它合同的$\alpha$,结果一点也不改变。

论断1)我们验证如下。把角$\alpha$和$r$"叠置"在$\beta$上;那么,若$r,\beta,\alpha$分别和角$\angle(h,k_1)$,$\angle(h,k_2)$,$\angle(h,k_3)$重合,则如同所给定了的,$k_2$将在$\angle(h,k_3)$内,而$k_1$在$\angle(h,k_2)$内。现在需要证明$k_1$在$\angle(h,k_3)$内;这就是说$\alpha>r$。但是,这是在注解[19],第5种情形(第157页)证明了的。

至于线段长短的比较,那只是加以简化的重复一次角的对应的理论。首先在把线段$AB$迁移到沿着射线$CD$上,而且从点$C$起始时,按照所得的线段超过线段$CD$或落在$CD$内,我们就分别说$AB>CD$或$AB<CD$。

其次,对于线段也能够提出定理20,而且一字不改地重复它的证明(所不同的,只是不援引定理16,而援引注解[26]中的引理)。如同对于角而言,这定理使我们能够肯定:$AB>CD$和$CD<AB$有相同的意义。

最后,对于线段大小关系的传递性的证明,就是上文对于角所引进的论证的重复(加以一些简化)。

我们还来证明一条简单的定理:

若在直线$a$上依次给定了三点$A,B,C$,而在直线$a'$上依次给定了$A',B',C'$,而且$AB\equiv A'B'$,$BC<B'C'$,则$AC<A'C'$。

A B C a
A' B' C'' C' a'

注图 22

事实上(注图22),在射线$B'C'$上,从点$B'$起始,作线段$B'C''$合同于$BC$;那么,从关系$BC<B'C'$的定义,$C''$落在$B'$和$C'$之间。显然,$a'$上的点顺序只能是$A'B'C''C'$。从公理Ⅲ$_3$,$AC\equiv A'C''$;而因为$C''$在$A'$和$C'$之间,则$AC<A'C'$。

**推论** 若定理的条件改变为$AB<A'B'$和$BC<B'C'$,则仍旧$AC<A'C'$。

为了证明$AC<A'C'$,只要在任一条直线$a_0$上引进三个辅助点,依次为$A_0,B_0,C_0$,使得$A_0B_0\equiv AB$,$B_0C_0\equiv B'C'$。那么,根据传递性,$B_0C_0>BC$,$A_0B_0<A'B'$。

从第一个不等式推知$A_0C_0>AC$,而从第二个不等式推知$A'C'>A_0C_0$,故得$A'C'>$

$AC$。

总之,粗糙地说,加项增大时,线段的和也增大。

【29】若 $l''$在角 $\alpha$ 内,则从定义,$l''$和 $h$ 在 $l$ 的同侧,而且,因此,$l''$和 $k$ 在 $l$ 的异侧,也就是 $l''$在角 $\beta$ 外。因为 $l''$和 $l$ 在 $k$ 的同侧(从作图)。而且 $l''$在$\angle(k,l)$外,则从注[24]的证明,$l$ 在$\angle(k,l'')$内。由此推得$\angle(k,l)<\angle(k,l'')$,也就是 $\beta<\angle(k,l'')$。

至于谈到上述的论断:$l''$或在 $\alpha$ 内,或在 $\beta$ 内,可证明如下。从作法,$l''$与 $l$ 在 $h$ 的同侧,也在 $k$ 的同侧(那是一样的)。其次,不论 $l''$在 $l'$的那一侧,它或者将要和 $h$ 在同侧,或者和 $k$ 在同侧。从角的内部的定义(第 7 页),前者表示 $l''$在 $\alpha$ 内,而后者表示 $l''$在 $\beta$ 内。

【30】用反证法来证明本定理。设有一对不合同的三角形 $ABC$ 和 $A'B'C'$,具有定理 25 的条件中所说的性质。这两个三角形中,$\angle B \not\equiv \angle B'$,因为否则,根据定理 13,这两个三角形将合同。为确定起见,假设$\angle B'<\angle B$。在射线 $BA$ 上而且在直线 $AB$ 的点 $C$ 侧,作角 $\beta=\angle B'$。根据角的不相等的定义,射线 $BC''$在$\angle ABC$ 内(注图 23),而根据注解[19],4,它交线段 $AC$ 于某一点,我们用字母 $D$ 表示。根据定理 13,$\Delta ABD\equiv\Delta A'B'C'$。因此$\angle ADB\equiv\angle A'C'B'\equiv\angle ACB$。但是,根据定理 22,$\angle ADB>\angle ACB$。如是,我们的假设(定理 25 不正确)引出了矛盾。

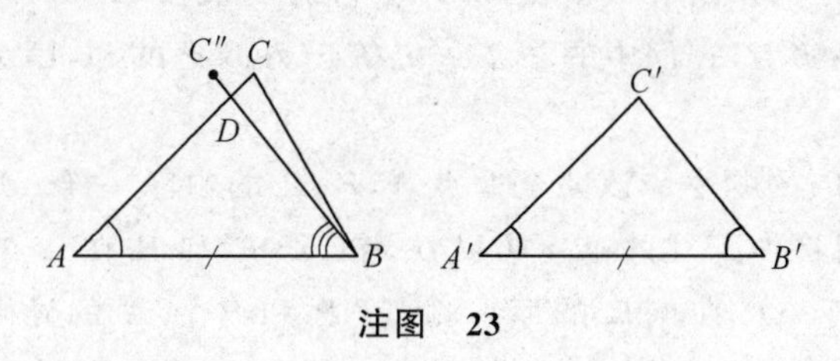


**注图 23**

【31】我们来证明,若两个合同点列中的一个的点都排成顺序,使得点 $Q$ 在点 $P$ 和 $R$ 之间,则和它们对应的点也应该依次为 $P'$,$Q'$,$R'$。假设这论断不正确,那么或者点 $P'$在点 $Q'$和 $R'$之间,或者点 $R'$在点 $P'$和 $Q'$之间。我们来证明第一个假设不可能。为了证明,在直线 $a$ 上,从点 $P$ 起始,在射线 $PR$ 相反的一侧。作线段 $PQ''$合同于线段 $PQ$,因而,根据公理$\text{III}_2$合同于 $Q'P'$(注图 24)。线段 $Q'P'$ 和 $P'R'$ 也无公共点。如同线段 $Q''P$ 和 $PR$ 无公共点一样。所以,根据公理$\text{III}_3$,$Q''R\equiv Q'R'$,而根据我们所考虑的点列的合同性,$Q'R'\equiv QR$,由此,按公理$\text{III}_2$,$Q''R\equiv QR$。但是,按照定理 5,直线 $a$ 上的点能够写下的顺序,一定是 $Q''PQR$(其他顺序将和作图矛盾),即点 $Q$ 和 $Q''$在点 $R$ 的同侧,所以合同式 $Q''R\equiv QR$ 与线段迁移的唯一性矛盾(第 8 页)。

同样的论证完全否定另一假设(点 $R'$在点 $P'$和 $Q'$之间)。

【32】为了证明定理 28,我们需要一条众所周知的定理。

**定理**　在三角形中,每一边恒小于其他两边的和。

**证明**　需要证明:若 $A,B,C$ 不在一条直线上,则 $AB<AC+CB$。

在直线 $AC$ 上,从点 $C$ 开始,作线段 $CB'$ 合同于 $CB$,使得 $B'$ 和 $A$ 在 $C$ 的异侧(注图 25)。因为点 $C$ 在 $A$ 和 $B'$之间,则 $C$ 落在$\angle ABB'$内,因此射线 $BC$ 也在$\angle ABB'$内(参看注解[19])。

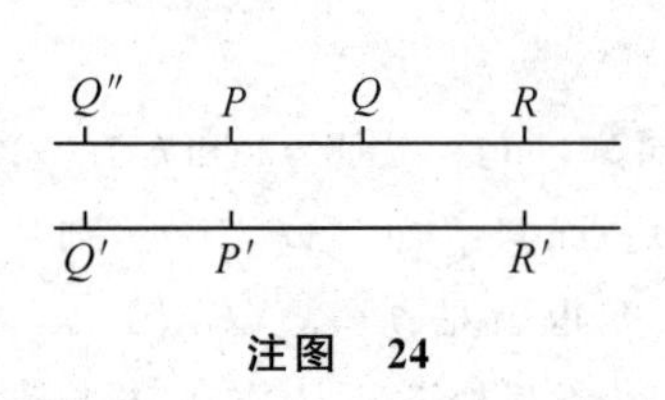

注图 24

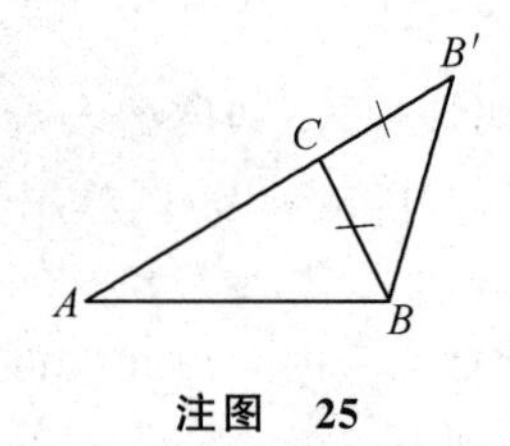

注图 25

由此得

$$\angle ABB' > \angle CBB'$$

但是,从定理 11,$\angle CBB' \equiv \angle CB'B$,因此

$$\angle ABB' > \angle CB'B$$

从定理 23,$AB' > AB$,这就证明了。

**定理 28 的证明**

1. 首先考虑下述情形:$P$ 和图形的两点,例如 $A$ 和 $B$,在一条直线上。

若所求的点 $P'$存在,则它只能在直线 $A'B'$ 上。事实上,否则,线段 $A'B'$,$A'P'$,$B'P'$的每一条将小于其他两条的和。根据图形的合同性,线段 $AB$,$AP$,$BP$ 的每一条也将小于其他两条的和;事实上,它们中的一条一定等于另两条的和,因为点 $A$、$B$、$P$ 在一条直线上。

其次,点 $A'$,$B'$,$P'$的顺序应该完全像点 $A$,$B$,$P$ 的顺序一样。这是定理 27 的结果。所以,若点 $P'$存在,则将由下述的唯一方式决定:若 $P$ 和 $B$ 在 $A$ 的同侧,则从点 $A'$开始,作线段 $A'P'$合同于 $AP$ 在点 $B'$的那一侧;若 $P$ 和 $B$ 在 $A$ 的异侧,则从点 $A'$开始作线段 $A'P'$合同于 $AP$ 不在点 $B'$的那一侧。

现在来证明,按照这个方法恒能作出的点,一定是所求的点 $P'$,即所求的点 $P'$恒存在。

设 $C$ 是图形$(A,B,\cdots,L)$的任一点,而且 $C'$是图形$(A',B',\cdots,L')$的对应的点。

那么,根据图形的合同性,

$$\angle CAB \equiv \angle C'A'B'$$

由此得

$$\angle CAP \equiv \angle C'A'P'$$

因为下一行的角或者和上一行的角重合(若 $P$,$B$ 在 $A$ 的同侧,而且 $P'$,$B'$,在 $A'$的同侧),或者上一行的角和下一行的角相邻补(若 $P$,$B$ 在 $A$ 的异侧,而且 $P'$,$B'$在 $A'$的异侧;参看定理 14)。

根据定理 12,三角形 $CAP$ 和 $C'A'P'$合同,由此得

$$CP \equiv C'P'$$

在论证中,我们都假设了(没有明确指出),$C$ 不在直线 $AB$ 上(因而 $C'$也不在直线 $A'B'$上)。当 $C$ 在直线 $AB$ 上,而且 $C'$在 $A'B'$上时,证明更简单。留给读者自证。

总之,用点 $P$ 和 $P'$扩充了的图形中,所有的对应线段还合同。

按照定理 18,不难得到对应角的合同性。

2. 设 $P$ 不和图形$(A,B,\cdots L)$的任意两点在同一条直线上,而且 $A,B,\cdots,L$ 不全在

一条直线上。

这时,能指出两条不同的直线,例如 $AB$ 和 $AC$,各连接图形的一对点(注图 26)。点 $A$ 分直线 $AC$ 成两条射线,其中的一条和 $P$ 在 $AB$ 的异侧。在这条射线上取任意一点 $P_1$;那么直线 $PP_1$ 交 $AB$ 于某一点 $P_2$。

于是,点 $P$ 在直线 $P_1P_2$ 上,这里的 $P_1$ 是在 $AC$ 上取的,而 $P_2$ 是在 $AB$ 上取的。

按照第 1 种情形的证明。在直线 $A'C'$ 和 $A'B'$ 上能够(唯一的)指出点 $P'_1$ 和 $P'_2$,使得扩充了的图形 $(A,B,\cdots,L,P_1,P_2)$ 和 $(A',B',\cdots,L',P'_1,P'_2)$ 合同。

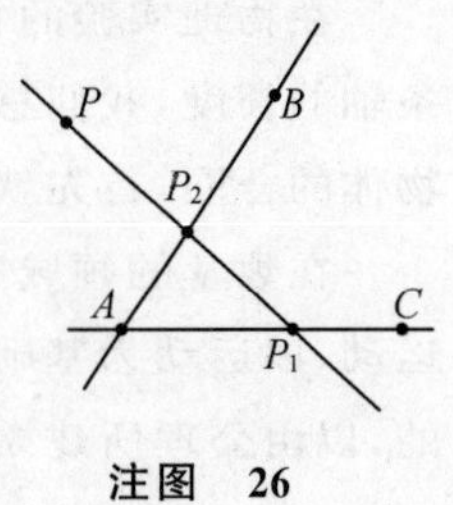

注图 26

再把第 1 种情形应用到扩充了的合同图形和在 $P_1P_2$ 上的点 $P$。那么,在 $P'_1P'_2$ 上能够指出点 $P'$,使得图形 $(A,B,\cdots,L,P_1,P_2,P)$ 和 $(A',B',\cdots,L',P'_1,P'_2,P')$ 合同。

我们来证明点 $P'$ 是唯一确定的。设还有这样的一点 $P''$,使得图形 $(A,B,\cdots,L,P)$ 和 $(A',B',\cdots,L',P'')$ 合同,那么,按照第 1 种情形,能够找到点 $P''_1$ 和 $P''_2$,使得 $(A,B,\cdots,L,P,P_1,P_2)$ 和 $(A',B',\cdots,L',P'',P''_1,P''_2)$ 合同。若从这两个图形消去 $P$ 和 $P''$,所得的图形更应该合同;但是由于刚才所说的条件,点 $P'_1$ 和 $P'_2$ 已经唯一地被决定了;因此 $P''_1$ 和 $P'_1$ 重合,而且 $P''_2$ 和 $P'_2$ 重合。

总之,图形

$$(A,B,\cdots,L,P_1,P_2,P)$$

和

$$(A',B',\cdots,L',P'_1,P'_2,P'')$$

合同。根据第 1 种情形中点 $P'$ 的作法的唯一性,比较这两个所得的合同式时,我们断定 $P''$ 和 $P'$ 重合。

3. 设图形 $(A,B,\cdots,L)$ 的所有的点在一条直线上,而且 $P$ 在这直线外。

那么,根据第 1 种情形(证明的开始),点 $A',B',\cdots,L'$ 也在一条直线上,而且(定理 27)有对应的顺序。

以射线 $A'B'$ 为边,作角合同于 $\angle PAB$,而且在这角的另一边上作线段 $A'P'$ 合同于 $AP$。于是

$$\angle PAB \equiv \angle P'A'B', AP \equiv A'P'$$

我们断定,点 $P'$ 就是所要求的点。事实上,设 $C$ 是第一图形的任一点。$\angle PAC$ 和 $\angle PAB$ 或者重合,或者相邻补。在前者情形下,$\angle P'A'C'$ 和 $\angle P'A'B'$ 重合,而在后者情形下,相邻补;因为,若 $C$ 和 $B$ 在 $A$ 的同侧;侧 $C'$ 和 $B'$ 也在 $A'$ 的同侧,等等。

因为

$$\angle PAB \equiv \angle P'A'B'$$

由此得,在任一情形下,

$$\angle PAC \equiv \angle P'A'C'$$

此外还有

$$AP \equiv A'P', AC \equiv A'C'$$

从定理 12,得

$$PC \equiv P'C'$$

这已证明了图形$(A,B,\cdots,L,P)$和$(A',B',\cdots,L',P')$的合同(在所考虑的情形下,点$P'$并没有唯一的被决定;因为能够不用它,而用和它对于直线$A'B'\cdots L'$对称的点替代)。

【33】定理 28 对于平面的几何,和定理 29 对于空间的几何,它们的深刻的原则性的意义在于建立了合同和运动这两个概念间的联系。

在物理实验的领域里,这两个对应的概念已经彼此密切的联系着。如同想要比较两条轴的长度,我们总是移动一条,把它叠置在另一条上。就是这个样子,实际经验中两个物体的合同,首先就表现为借助于运动而使它们互相叠合的可能性。

在数学的领域里,这种联系仍旧保持着,而且这里有两种进行方式:或者用公理建立运动,以运动为基础,然后如前所说的方式通过运动,来规定合同;或者,如希尔伯特所作的,以由公理所建立的合同作基础,再在这基础上规定运动。

现在规定运动。所谓一个运动(广义的,这里包含镜面反射)就是把空间的点集换到它自身的、而且恒使得

$$AB \equiv A'B'$$

的一个一对一的映射(双射),这里的$A,B$是空间中的任意点,而$A',B'$分别是它们在这映射下的像点。

于是,运动的特征是把每一个图形$(A,B\cdots)$换成合同的图形$(A',B'\cdots)$。由此特别容易得到(重复注解[32]的论证,定理 28 的证明的开始),共线的点仍旧换成共线的点,即直线换成直线。因此,平面换成平面,等等。

在这联系中,定理 29 的作用在于证明了运动的可能性和确定了运动任意性的限度。

设$ABC$和$A'B'C'$是两个任意给定了的彼此合同的三角形。再在平面$ABC$外取一点$D$。然后,从定理 29,能够令点$D'$和点$D$成对应,使得图形

$$(A,B,C,D)\text{ 和 }(A',B',C',D')$$

合同。

从这同一条定理 29,对于空间中的每一个点$P$,恰有一个对应点$P'$,使得图形

$$(P',A',B',C',D')\text{ 合同于 }(P,A,B,C,D) \tag{1}$$

我们断言,这样的把任意一点$P$换成它的对应点$P'$的变换是一个运动。

事实上,再利用这同一条定理 29,能令点$Q'$和某另一点$Q$成对应,使得图形

$$(Q',P',A',B',C',D')\text{ 和 }(Q,P,A,B,C,D) \tag{2}$$

合同。

因为合同性保持,若从图形中消去点$P$和$P'$,则

$$(Q',A',B',C',D')\text{ 合同于 }(Q,A,B,C,D) \tag{3}$$

比较(1)和(3),即见到,在我们从合同的四面体$ABCD$和$A'B'C'D'$出发所建立的同一个变换下,$Q$换成$Q'$,而且$P$换成$P$。同时,根据(2),$PQ\equiv P'Q'$。

总之,我们的变换是一个运动。

至于谈到选择运动时任意性的限度,情形如下。

设给定了一点$A$,从$A$出发的一条射线$a$,和以射线$a$为边缘的一个半平面$\alpha$。设$A',a',\alpha'$,表示类似的一个结构,由任意另一方式取定的。在$a$上任取一点$B$,在$\alpha$上任

取一点 $C$,作三角形 $ABC$。

其次,我们不难作到,作三角形 $A'B'C'$ 合同于 $ABC$,使得 $B'$ 在 $a'$ 上,$C'$ 在 $\alpha'$ 上。然后,如同上文所证明的,有一个运动存在,把 $ABC$ 移到 $A'B'C'$,因此,把结构$(A,a,\alpha)$移到结构$(A',a',\alpha')$。

稍加考虑,就能够证明,这样的运动只能由两个方式实现(两重性可从下列事实得出:实现了一个运动之后,还能接着作对于平面 $\alpha'$ 的一个反射)。

于是,若暂不管这种两重性,则只要给定了一个结构$(A',a',\alpha')$而使原给定的结构$(A,a,\alpha)$应该移到它上面去,一个运动就被确定了。

直接从运动的定义就可以知道,所有的运动组成一个群,即

1) 恒等变换是一个运动。

2) 一个运动的逆变换是一个运动。

3) 两个运动继续实施的结果还是一个运动。

如同所熟知的,对于把某一集合换到自身的一组一对一的映射来说,这些条件的满足即是说这一组是一个群。

我们不给出定理 29 的证明;因为能够按照类似定理 28 证明的方式进行定理 29 的证明,只要在后者中改用平面,替代前者中的直线。而且第一步必须先证,在合同的图形中共面的点的对应点也共面。

【34】事实上,公理Ⅰ~Ⅴ规定了三维的欧几里得空间的几何;这空间能够安置在一个四维的欧几里得空间中,作为一个三维的平面。我们现在看这四维空间的(而非只属于它的一个三维的子空间的)全体点、直线和二维的平面。不难验证,在这个扩充了的领域中,全体公理除去公理 $\mathrm{I}_7$ 之外,都满足了;四维空间中的两个二维的平面能够只交于一点(而且这甚至于是普遍的情形)。

于是,扩充元素的集合,而保持公理 $\mathrm{I}_7$ 之外的全体公理,是可能的。

【35】这里必须处理的是我们的公理系统的一些解释。首先说明解释这概念本身。

1. 用公理方法来建立几何时,我们有基本对象"点""直线""平面"和基本关系"关联""介于"和"合同于"(后者应用到后来引进的对象:线段和角)。基本概念并不包含超出公理对于它们所说的任何内容;应用纯粹逻辑推理来建立几何时,所需要的一切都包含在公理之中。

现在对于基本概念,改变我们的观点:把这些基本概念了解为某一个数学领域某些完全确定的对象和关系,而这个领域是我们认为已经建立了的和有基础的。

这就叫做"给公理系统一个解释"。在解释的结果中,每一条公理变成我们利用来作解释的已经有基础的数学领域中的一条完全确定的命题。

即使如此得到的命题中的一条不真实,我们的解释就失败了,这就是说在基本概念的这个具体解释(这是一个解释的主要部分)中,公理没有满足。

然而从这种情形,还不可能作出关于这抽象的公理系统的价值的任何结论,因为失败的原因可能是在于解释的选择不适当。

在解释的结果中,若公理变成的所有命题都是真实的,则解释实现了;而且,由此得到重要的结论说,原来的公理系统有相容性。

事实上，公理系统的所有的定理都是公理的纯粹逻辑推论。在解释的结果中，公理是真实的命题；这就是说，从它们逻辑地推出的定理也是真实的命题（在用作解释的领域的意义下）。所以，若在抽象的公理系统中得到两条定理，互相矛盾，则在解释中也要得到两条真实的命题，互相矛盾。但是这是不可能的，因为解释的领域是已经认为有基础的而且无矛盾的。

2. 我们转到具体的例子，即转到原文中解析的解释的讨论时，解释的概念就显得更清楚了。

选择算术的数域 $Q$ 作为解释的领域，而这数域是认为已经建立了的。此后，所谓“数”，永远是指“域 $Q$ 的数”。

现在对于点和直线（只限于平面几何的解释），和关系“属于”“介于”和“合同”，我们改变观点如下：我们不把它们了解为抽象的概念，只受公理系统的节制，而把它们了解为这解释领域中的完全具体的概念：

点，了解为一对数 $(x,y)$

直线，了解为三个数 $(u:v:w)$ *

而且 $u,v,w$ 除去可以相差同一个不等于零的因子之外完全确定了（因此 $(\rho u:\rho v:\rho w)$ 是同一条直线，若 $\rho$ 是不等于零的一个数）。加之，$u$ 和 $v$ 不应该同时是零。

“点 $(x,y)$ 和直线 $(u:v:w)$ 相关联”这关系，了解为等式

$$ux+vy+w=0$$

的成立。

公理 $\mathrm{I}_{1\sim2}$ 显然变成命题：

“若给定了不同的两对数 $(x_1,y_1)$ 和 $(x_2,y_2)$，则恰存在一组三个数 $(u,v,w)$，这组数除去可以相差一个不等于零的公因子外完全确定了，而且满足条件：

$$ux_1+vy_1+w=0$$

$$ux_2+vy_2+w=0$$

而且 $u$ 和 $v$ 不同时为零。”

我们得到解释领域中的，即算术数域 $Q$ 中的一条命题，而能够证明它是否真实，但是，只要深入考虑这条关于存在的命题，即只要研究一对三元 $u,v,w$ 的一次方程，我们就相信这命题的正确性。

同样，很容易写出公理 $\mathrm{I}_3$ 和公理Ⅳ所变成的命题，而且证明它们的正确性。我们把这些留给读者。

【36】考虑属于直线 $(u:v:w)$ 的点 $(x,y)$，那么等式

$$ux+uy+w=0$$

成立。

因为 $x$ 和 $y$ 的关系是线性的关系，$x$ 的单调的改变引出 $y$ 的单调的改变，而且反过来也对（若不是两变数 $x$ 和 $y$ 中的一个保持常值）。

我们继续建立解析的解释。所谓“点 $(x_2,y_2)$ 在点 $(x_1,y_1)$ 和 $(x_3,y_3)$（在给定了的直

* 俄译本写作 $(u,v,w)$ 与正文及后面（注63）均不一致，今均改成 $(u:v:w)$。—— 译者注

线上)之间"这关系,是指下列算术的关系至少出现一个:

$$x_1 < x_2 < x_3, \quad x_1 > x_2 > x_3$$

$$y_1 < y_2 < y_3, \quad y_1 > y_2 > y_3$$

(如同刚才所提到的,上一行的一个关系的出现必引出下一行的一个关系的出现,若 $y$ 不是沿着直线保持常值;而且反过来也对)。

然后,第二组公理变成数域 $Q$ 的领域中的不等式理论的命题。所有这些命题都是正确的,特别是对于公理 $\text{II}_{1\sim3}$ 的证明是显然的。

所以我们只需论证公理 $\text{II}_4$。

首先说明下述论断在解释中有什么意义:点 $(x_1, y_1)$ 和 $(x_2, y_2)$ 在直线 $(u : v : w)$ 的异侧。从定义,就是说存在一点 $(x', y')$,在线段 $(x_1, y_1)$, $(x_2, y_2)$ 上,又同时在直线 $(u : v : w)$ 上;即使得

$$ux' + vy' + w = 0$$

$$x_1 < x' < x_2 \text{ 或 } x_1 > x' > x_2$$

(或者同样对于 $y$ 的不等式)。

因为从 $(x_1, y_1)$ 出发,通过 $(x', y')$ 而到 $(x_2, y_2)$ 的过程中,$x$ 单调的改变,而且因为式子 $ux+vy+w$ 连同 $y$ 都线性地依赖 $x$,因而也单调的改变,所以 $ux'+vy'+w$ 等于零即和下述事实等价:$ux_1+vy_1+w$ 和 $ux_2+vy_2+w$ 的符号不同。

在解释中,公理 $\text{II}_4$ 变成下述命题:

"设给定了三点 $(x_1, y_1)$, $(x_2, y_2)$, $(x_3, y_3)$(不属于同一直线),和不通过这三点的任一点的一直线 $(u : v : w)$ 即

$$ux_1 + vy_1 + w \neq 0$$

$$ux_2 + vy_2 + w \neq 0$$

$$ux_3 + vy_3 + w \neq 0$$

设这直线有点 $(x', y')$ 在线段 $(x_1, y_1)$, $(x_2, y_2)$ 内,即 $ux_1+vy_1+w$ 和 $ux_2+vy_2+w$ 的符号不同。那么直线 $(u : v : w)$ 或者有点在线段 $(x_1, y_1)$, $(x_3, y_3)$ 内,或者在线段 $(x_2, y_2)$, $(x_3, y_3)$ 内,即 $ux_3+vy_3+w$ 的符号或者和 $ux_1+vy_1+w$ 的符号不同,或者和 $ux_2+vy_2+w$ 的符号不同"。

这论断显然正确,因为 $ux_1+vy_1+w$ 的符号和 $ux_2+vy_2+w$ 的符号不同,所以这两个符号之一应该和 $ux_3+vy_3+w$ 的符号不同。

【37】要完成解释的构造,我们还必须说明"合同"概念 。希尔伯特采用的说明如下:两线段(角)的"合同",是了解为借助于运动,一条线段从另一条得到的可能性。

同时,一个运动,是了解为原文中直接用公式给定的变换(三种类型)继续施行而成的,把平面换成它自身的任意一个变换[$(x, y)$ 应该了解为平面的任一点,而 $(x', y')$ 是它所变成的点]。

于是在解释中,合同性的确定是通过运动的,而运动的确定是纯粹解析方式的(由于所供给的公式的任务),对应于解释的解析特征。

若干初等的计算,从外表看来完全和通常的解析几何中的对应的计算相同。现在指出运动的下列性质:

1. 由于变换的线性，$(x,y)$间的线性相关引出$(x',y')$间的线性相关：直线变成直线。

2. 由于相同的原因，$x$跟随着直线上点列而单调的改变，必引出$x'$跟随着变换成的直线上点列而单调的改变：直线上的点的顺序保持不变。

3. 两个运动的继续施行仍给出一个运动。

由此得到，在解释中公理$\mathrm{III}_2$满足了。

4. 存在着一个互换一个给定了的角的两条边的运动，而且存在一个互换一条给定了的线段的两端点的运动。

这容许我们能通过运动使得两个合同角中的一个角的预先给定了的一条边和另一个角的预先给定了的一条边重合；对于线段也同样如此。

5. 恰存在着一个运动，把一条给定了的射线$l$移动到和另一条给定了的射线$l'$重合，使得$l$的直线所规定的一个给定了的半平面变成$l'$的直线所规定的一个给定了的半平面。

由此立刻得到，公理$\mathrm{III}_4$，$\mathrm{III}_1$所变成的那些命题的正确性。

6. 若在第5种情形中只要求$l$和$l'$重合，则能由两个方式实现那个运动，但是在这两种情形下，$l$的直线的点都同样地变换。

由此立刻得到，公理$\mathrm{III}_5$和$\mathrm{III}_3$在这解释中所得到的解释的正确性。

【38】这里所谈的是罗巴契夫斯基的非欧几里得几何的射影解释。这解释的实质在于把罗巴契夫斯基空间中的几何形和关系，看做是通常空间中的椭球的内部中的一定的几何形和关系(最好是用射影的观点)；还可以取椭球的特殊情形——球——替代椭球。在克莱茵(F. Klein)的书《非欧几里得几何》中能找到这问题的说明。

【39】这里援引定理36，是不恰当的，例如$EF\equiv E_1F_1$这事实立刻容易看出。事实上，根据定理12，三角形$ADE$和$ADE_1$合同；由于定理15，还得到$\angle EAF\equiv\angle E_1AF_1$，而且再根据定理12，由此推得三角形$AEF$和$AE_1F_1$合同，因而线段$EF$和$E_1F_1$也合同。

【40】换句话说，领域$Q(t)$是一个域；事实上，对于领域的元素如同对于$t$的代数函数一样，加、减、乘和除的运算连同它们通常的性质都是确定的，而且运算的结果仍旧是这个领域的元素。

【41】可从 Богомолов 的《黎曼的非欧几里得几何引论》(Введение в неевклидову геомтрию Римана，ОНТИ，1934)，认识椭圆几何。

【42】在所研究的平面上，不但假设关联公理$\mathrm{I}_{1\sim3}$，顺序公理Ⅱ和合同公理Ⅲ满足了，而且平行公理Ⅳ也满足了。所以这里所援引的所有的定理(特别，任意一个三角形的内角和等于两直角)。都完全如同在通常平面几何一样的证明了。

在阅读本章时要想有正确的看法，必须记着，同通常的平面几何比较起来，我们现在只缺少了连续公理，首先是阿基米德公理。而这就是说，我们失掉了把线段的比的概念当做数的概念来引进的办法，因为两条取定的线段中的一条，和另一条比较起来，可以是无穷大。没有这样的线段的比的概念，我们便不能形成相似形的概念，如同在通常的平面几何那样。顺便说明，关于弦$c$，股$a$和它相邻的角$\alpha$(在直角三角形中)，正文中所断定的只是说，$a$是$c$和$\alpha$的函数：$a=\alpha c$，而不是说，$a:c$是$\alpha$的函数。这种情形一般地说明了缺少相似理论和线段的比的概念。

第三章的基本目的是解除因缺少阿基米德公理而造成的困难，建立一个也适用于非阿基米德几何的相似理论。为此，希尔伯特建立所谓线段的计算法，这种计算法使得有可能引进两线段的比的办法；把两线段的比不当做是一个数，而当做是这种新计算法的一个元素（还参看§15，§16）。

【43】证明在这里有漏洞，因为从合同式(6)只能得到，垂足或者重合，或者对于点 $O$ 对称。还必须证明后者不可能。

两条通过点 $O$ 的直线中的每一条都被点 $O$ 分成两条射线；用1，2表示一条直线上的两条射线，用3，4表示另一条上的两条射线。对于线段 $l, l^*$，…的每一条，我们规定以和它对应的一个置换如下：若给定了的这条线段的端点在射线1，3上或2，4上，这置换就是(13)，(24)；若端点在射线1，4上或2，3上，是置换是(14)，(23)。让读者证明，对应于平行线段的置换必定是同一个（因为平行线段，对于通过点 $O$ 的平行直线来说，或者在这直线的同侧，或者在这直线的异侧）。

因为道路 $AC'BA'CB'A$ 从开始的射线 $OA$ 回到这同一条射线，所指出的这些置换的乘积

$$(m)(l^*)(n)(m^*)(l)(n^*)$$

只能是单位元（这里的 $(m)$ 表示对应于线段 $m$ 的置换，等等）。但是在所考虑的置换群[(12)(34)，(13)(24)，(14)(23)]中，两个置换的乘积是群的单位元，只当这两个置换恒等。所以 $(m)(l^*)(n)\equiv(m^*)(l)(n^*)$。由于 $m$ 和 $m^*$ 平行，而且 $l$ 和 $l^*$ 平行，置换 $(m)$ 即 $(m^*)$，而且 $(l)$ 即 $(l^*)$。由此得

$$(n)\equiv(n^*)$$

换句话说，$n^*$ 的两端点或者在 $n$ 所在那同一个角的边上，或者在对顶角的边上。

所以，若通过点 $O$ 作直线 $n_0$ 平行于 $n$，则线段 $n^*$ 或者整个地和 $n$ 在 $n_0$ 的同侧，或者整个的在另一侧。通过点 $O$ 作 $n$ 的垂线（因而，也是 $n_0$ 的垂线）。从 $n^*$ 的两端点，作前一条的两条垂线。这两条垂线都平行于 $n_0$，这就是说，每一条都在 $n_0$ 的同侧。因为 $n^*$ 的两端点在 $n_0$ 的同侧，则这两条垂线在 $n_0$ 的同侧，而且它们的垂足也在 $n_0$ 的同侧。

因此，这些垂足不可能对于点 $O$ 对称，这就是所需要证明的。

【44】这第三个证明假设 $A,B,C$ 在同一条从点 $O$ 出发的射线上，但不假设 $OA'\equiv OC$。所以现在的情形比第一个叙述特殊，而比第二个普遍。

注意，从 $A,B,C$ 在点 $O$ 的一侧，即得 $A',B',C'$ 也在点 $O$ 的一侧（这事实在第一和第二情形的证明中都默认了）。事实上，从 $CA'$ 和 $AC'$ 的平行，推得：对于通过点 $O$ 而又平行于它们的一条直线，这两条线段或者在这直线的一侧，或者在两侧。但第二命题不可能，因为线段 $AC$ 不含有点 $O$。在这种情形下，第一命题成立，这就是说，线段 $A'C'$ 也不含有点 $O$，即 $A',C'$ 在点 $O$ 的一侧。

同样地，从 $CB'$ 和 $BC'$ 的平行，推得 $B',C'$ 也在点 $O$ 的一侧。总之，若 $A,B,C$ 在一条射线上，$A',B',C'$ 也如此。

【45】明确地说，若首先限定作线段 $ab$（非线段 $ba$），然后连接 $ab$ 的端点和角的第一条边上线段 $a$ 的端点，则由于巴斯噶定理，所得到的直线平行于连接角的第一条边上线

段 1 的端点和角的第二条边上线段 $b$ 的端点的直线（正文中的图 46）。而这就是说，线段 $ab$ 同时也是线段 $ba$。

【46】我们记着，在本章里假设我们的几何里除连续公理之外的全体公理都存在；所以我们没有理由“利用圆规”，即利用当做是连续不断的曲线的圆。

因为这个缘故，在我们的几何里还可能有下述情形：一条直线既有点离圆心比圆半径长，也有点离圆心比圆半径短，但是这直线不和圆相交（好像这直线趁我们几何中缺少连续性时，“穿进”圆里去了）。

【47】由于定理 42，我们应该特别注意下述事实。线段计算还有一些任意性；一条作为 1 的线段是任意选取的，而且乘法运算就依赖于这种选取。另一方面，比例的概念虽然也根据于线段的计算法，但是和这种任意性无关。这是能够从比例的几何意义（定理 42）看出的。

因此，相似性理论不含有任意性，并且是完全由几何系统推演出来的。

【48】这里说到扩充了的线段计算时，我们的运算不只是对于正线段，而且也对于负线段和零线段。

首先，必须注意到，在 § 15 中线段（现在可以叫做正线段）的计算法，只对于不考虑在平面上的位置和端点的顺序的线段作运算。现在作运算的线段，我们了解作是端点有固定顺序的线段，而且是在有固定指向的直线上的。端点重合的线段（零线段）也允许是有的。

现在只在下述的意义下两条线段才认为相等；它们既合同又同指向（即它们同在它们的直线的正向，或同在负向）。

现在，两条线段的加法确定第三条线段，它的起点是第一条的起点，而它的终点是第二条的终点；而且在下列条件之下：它们都在同一条直线上，而且第一条的终点和第二条的起点重合。

线段的乘法形式完全如同 § 15 中一样的确定（和 § 15 中只有下列差别：负线段不在给定了的角的边上，而在对顶角的边上）。

对于扩充了的线段计算法，性质 1～16 的验证不会再呈现任何原则上的困难。

【49】我们来明确这里所下的定义。我们说，多边形 $P$ 剖分成多边形 $P_1+P_2+P_3\cdots+P_k$（处处都只考虑简单多边形，参看定理 9），若是：

1。多边形 $P_1, P_2, \cdots, P_k$ 的每两个没有公共内点；

2。多边形 $P_1, P_2, \cdots, P_k$ 的内点也都是 $P$ 的内点；

3。反之，$P$ 的每一个内点或者是 $P_1, P_2, \cdots, P_k$ 中一个多边形的内点，或者至少是属于 $P_1, P_2, \cdots, P_k$ 中一个多边形的边界（在后一种情形时，能够证明，这点至少还属于这些多边形中的另一个的边界）。

设一条简单折线，只通过 $P$ 的内点，而且它的端点在 $P$ 的边界上。正文中断定：每一条这样的折线剖分多边形 $P$ 成两个多边形。这个论断，严格地说，是一条需要证明的定理。我们不在这里证明这个论断，而且，在本章中我们基本上不贪图用注解来引进每一个证明。理由如下：凡是有关用多边形的周界来剖分平面成几部分的问题，若要在顺序公理的基础上，毫无缺陷地严格地阐明它们，都特别繁难。这事实，已经能够从最简单的命题，例如定理 9 中，看出来了。

所以，在本章的范围内，依照需要我们和希尔伯特采取一些二元论的观点。我们不放弃证明，正文中缺少的证明我们要在注解中加以补充；但是同时，关于剖分平面成若干部分这个事实，我们常常把它看做是足够明显的，从而省略掉从顺序公理出发的严密推证。“明显”这个词，不但是说显然无疑，还说：若愿意时，严密的证明总是能够实行的。

当然，读者应该了解，从很严密的观点来说，每一个这样情形下的证明，是存在着缺陷的。例如在正文中定理 43 的证明里，因为明显而承认下列事实：对于多边形 $P_3$ 的两个剖分，其中一个的诸线段使另一个中的每一个三角形得到一个剖分，反之亦然；其次，如此再剖分所得到的多边形，在这两种情形下，都完全相同；最后，每一个多边形能分成三角形。

诸如此类的事项，几乎在本章每一个证明中都可能发现。在合同性概念这方面，证明仍然是严格的。

【50】证明“拼补相等”这个概念的传递性，就是证明：若是多边形 $P$ 和 $Q$ 之中的每一个都和多边形 $S$ 拼补相等，则它们就彼此拼补相等。

首先注意，希尔伯特关于多边形拼补相等这个概念的定义和下述的定义等价：两个简单多边形 $P$ 和 $Q$ 拼补相等，若存在着有限对合同的三角形

$$\Delta_1^P \equiv \Delta_1^Q, \Delta_2^P \equiv \Delta_2^Q, \cdots, \Delta_k^P \equiv \Delta_k^Q$$

能把它们连接到 $P$ 和 $Q$ 上去(不互相叠盖)，使得如此合并成的多边形

$$P + \Delta_1^P + \Delta_2^P + \cdots + \Delta_k^P \text{ 和 } Q + \Delta_1^Q + \Delta_2^Q + \cdots + \Delta_k^Q$$

剖分相等。以后我们通常只说一个三角形 $\Delta$，用这种说法来替代一对合同的三角形 $\Delta^P = \Delta^Q$。

于是，我们能够连接诸三角形 $\Delta'_1, \Delta'_2, \cdots, \Delta'_k$ 到 $P$ 和 $S$ 上去，使所得到的多边形

$$P + \Delta'_1 + \Delta'_2 + \cdots + \Delta'_k = P' \text{ 和}$$
$$S + \Delta'_1 + \Delta'_2 + \cdots + \Delta'_k = S'$$

剖分相等。完全照样地，能够同时连接这样的诸三角形 $\Delta''_1, \Delta''_2, \cdots, \Delta''_h$ 到 $Q$ 和 $S$ 上去，使所得到的多边形

$$Q + \Delta''_1 + \Delta''_2 + \cdots + \Delta''_h = Q'' \text{ 和}$$
$$S + \Delta''_1 + \Delta''_2 + \cdots + \Delta''_h = S''$$

变成剖分相等。

若是现在正如把三角形 $\Delta'_1, \Delta'_2, \cdots, \Delta'_k$ 连接到 $S$ 上去一样的，同时也把三角形 $\Delta''_1$，$\Delta''_2, \cdots, \Delta''_h$ 这样联接到 $S$ 上去，那么，一般说来，若干三角形 $\Delta'$ 会叠盖着若干三角形 $\Delta''$。设这些三角形的公共部分是多边形

$$S_1, S_2, \cdots, S_m$$

再设在去掉这两组三角形 $\Delta'$ 和 $\Delta''$ 的这些公共部分之后，剩下的分别是两组多边形

$$p_1, p_2, \cdots, p_{h'} \text{ 和 } q_1, q_2, \cdots, q_{k'}$$

这样一来(注图 27)

$$p_1 + p_2 + \cdots + p_{h'} + s_1 + s_2 + \cdots + s_m$$
$$= \Delta'_1 + \Delta'_2 + \cdots + \Delta'_k$$

$$q_1+q_2+\cdots+q_{k'}+s_1+s_2+\cdots+s_m$$
$$=\Delta''_1+\Delta''_2+\cdots+\Delta''_h。$$

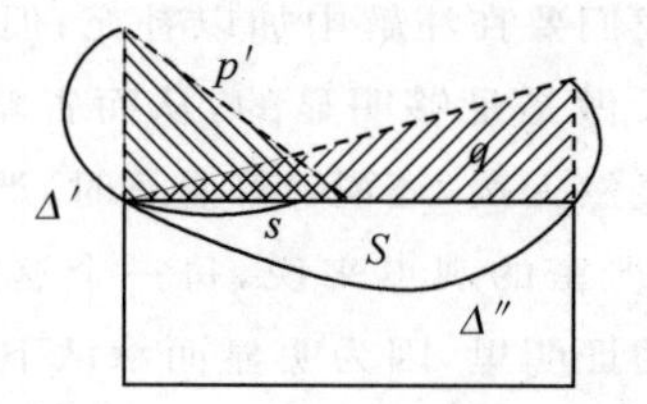


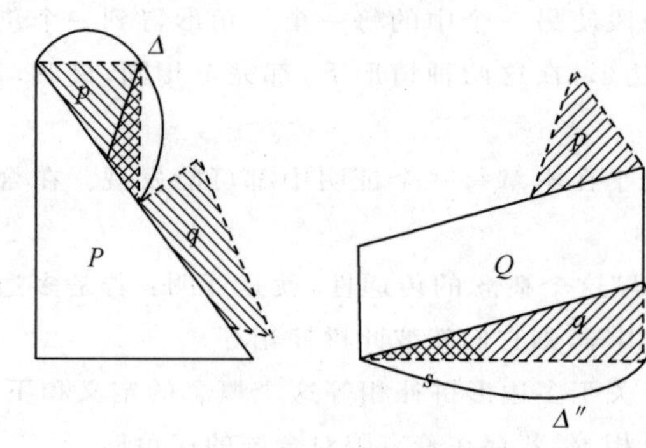


**注图　27**

把所有的多边形 $p_i, q_i, S_i$ 都连接到 $S$ 上去；这样从 $S$ 得到的多边形用 $S^*$ 表示。把多边形 $q_1, q_2, \cdots, q_{k'}$ 连接到多边形 $p'$ 上去。结果我们得到的多边形 $P^*$ 和多边形 $S^*$ 剖分相等，因为

$$P^*=P'+q_1+q_2+q_{k'}，而$$
$$S^*=S'+q_1+q_2+\cdots+q_{k'}。$$

现在把多边形 $p_1, p_2, \cdots\cdots, p_{h'}$ 连接到多边形 $Q''$ 上去。结果我们得到多边形 $Q^*$，也和多边形 $S^*$ 剖分相等。多边形 $P^*$ 和 $Q^*$ 中的每一个都和多边形 $S^*$ 剖分相等，所以它们应该剖分相等。

因为

$$\begin{aligned}P^* &= P'+q_1+q_2+\cdots+q_{k'}\\ &= P+p_1+p_2+\cdots+p_{h'}+s_1+s_2\\ &\quad +\cdots+s_m+q_1+q_2+\cdots+q_{k'}\\ Q^* &= Q''+p_1+p_2+\cdots+p_{h'}\\ &= Q+q_1+q_2+\cdots+q_{k'}+s_1+s_2\\ &\quad +\cdots+s_m+p_1+p_2+\cdots+p_{h'},\end{aligned}$$

那就表出了下述事实：若相同的多边形 $p_i, q_i, s_i$ 都连接到多边形 $P$ 和 $Q$ 上去，我们就得到剖分相等的多边形；而这正是说：多边形 $P$ 和 $Q$ 拼补相等。

当多边形 $s_i$ 的集合是空集时，就是当 $\Delta'$ 这一组三角形中没有一个能叠盖着 $\Delta''$ 这一组三角形中的一个时，我们的全部证明显然还保持有效。

现在证明"拼补相等"这个概念的可加性，就是证明：若是多边形 $A'$ 和 $B'$ 分别拼补相等于 $A$ 和 $B$，则由多边形 $A$ 和 $B$ 不互相叠盖而拼成的多边形（用 $A+B$ 表示）拼补相等

于由 $A'$ 和 $B'$ 也不相叠盖而拼成的多边形 $A'+B'$。

设按照确定的方式把三角形 $a_1, a_2, \cdots, a_h$ 连接到 $A$ 和 $A'$ 的每一个上去时，所得到的多边形剖分相等。设对于多边形 $B$ 和 $B'$，把它们的每一个连接上三角形 $b_1, b_2, \cdots, b_k$ 之后，也有了同样的结果。现在取多边形 $A+B$ 和 $A'+B'$，而且把它们之中的 $A$ 和 $A'$ 连接上三角形 $a_1, a_2, \cdots, a_h$，$B$ 和 $B'$ 连接上三角形 $b_1, b_2, \cdots, b_k$；正如同在建立多边形 $A$ 和 $A'$、$B$ 和 $B'$ 拼补相等时所作的一样。

考虑多边形 $\overline{A}$ 和 $\overline{A}'$：

$$\overline{A}=A+a_1+\cdots+a_h; \overline{A}'=A'+a_1+\cdots+a_h$$

和多边形 $\overline{B}$ 和 $\overline{B}'$

$$\overline{B}=B+b_1+\cdots+b_k; \overline{B}'=B'+b_1+\cdots+b_k$$

按照定理的条件，$\overline{A}$ 和 $\overline{A}'$ 剖分相等。就是能够把它们剖分成相同的（在合同的意义下）三角形

$$\alpha_1, \alpha_2, \cdots, \alpha_p$$

同样地，能够剖分 $\overline{B}$ 和 $\overline{B}'$ 成相同的三角形

$$\beta_1, \beta_2, \cdots, \beta_q$$

处理三角形 $\alpha_i$ 中的每一个如下：考虑多边形 $\overline{A}$ 中的 $\alpha_i$。剖分 $\overline{A}$ 成 $A+a_1+\cdots+a_h$ 的诸线段能够穿过三角形 $\alpha_i$，而且把它剖分成若干部分。现在再考虑三角形 $\alpha_i$ 在 $\overline{A}'$ 中所占的位置；同样地，在 $\alpha_i$ 上有剖分 $\overline{A}'$ 成 $A'+a_1+\cdots+a_h$ 的诸线段。同时把这两个位置中的、落在 $\alpha_i$ 上的所有的分割线段都画在 $\alpha_i$ 上。一般说来，$\alpha_i$ 中的每一个都被分成更细小的部分。这些部分用

$$\alpha_{i1}, \alpha_{i2}, \cdots, \alpha_{is_i}$$

表示，而且在再加以剖分之后，都可以看做是三角形。

显然，从 $\alpha_{ij}$ 的全体可以拼成所有的 $\alpha_i$，因此也能够拼成 $\overline{A}$ 和 $\overline{A}'$。同时，根据 $\alpha_{ij}$ 的作法，$\overline{A}$ 中的多边形 $A, a_1, a_2 \cdots, a_h$ 和 $\overline{A}'$ 中的多边形 $A', a_1, a_2, \cdots, a_h$，每一个显然都能恰好分为若干个三角形 $\alpha_{ij}$。

我们用完全类似的方法，作成三角形 $\beta_{ij}$ 的全体，使得由它们既能拼成 $\overline{B}$，也能拼成 $\overline{B}'$，而且 $\overline{B}$ 中的多边形 $B, b_1, \cdots, b_k$ 和 $\overline{B}'$ 中的多边形 $B', b_1, \cdots, b_k$ 的每一个都能恰好分为若干个三角形 $\beta_{ij}$。

现在考虑诸三角形 $\alpha_{ij}$ 如何拼成 $\overline{A}$，和诸三角形 $\beta_{ij}$ 如何拼成 $\overline{B}$。

在 $A$ 中的这些 $\alpha_{ij}$，简略地用 $\alpha^*$ 表示；那些不在 $A$ 中的，即那些在 $a_1+a_2\cdots+a_h$ 中的 $\alpha_{ij}$，用 $\alpha$ 表示。

同样地，用 $\beta^*$ 表示在 $B$ 中的那些 $\beta_{ij}$，用 $\beta$ 表示那些不在 $B$ 中的，即那些在 $b_1+b_2+\cdots+b_k$ 中的 $\beta_{ij}$。

$\alpha^*$ 和 $\beta^*$ 显然不能交叠起来；而 $\alpha^*$ 和 $\beta$，$\alpha$ 和 $\beta^*$，$\alpha$ 和 $\beta$ 能够交叠起来。

取三角形 $\alpha$ 和 $\beta^*$ 的公共部分，$\beta$ 和 $\alpha^*$ 的公共部分，以及 $\alpha$ 和 $\beta$ 的公共部分，而且把它们（即是，和它们合同的多边形）添加到 $\overline{A}$ 和 $\overline{B}$ 上去，添加时使它们不交叠在 $\overline{A}$ 上，也不交叠在 $\overline{B}$ 上，而且它们自己也不彼此交叠起来。所得到的图形 $\overline{C}$ 显然剖分相等于多边

形$\sum\alpha+\sum\alpha^*+\sum\beta+\sum\beta^*$，而后者是由所有的三角形$\alpha,\alpha^*,\beta,\beta^*$（即由所有的$\alpha_{ij}$和所有的$\beta_{ij}$）按照某种方式拼成的，而且不交叠起来的。同时，图形$\overline{C}$的、在$A$和$B$以外的部分，显然剖分相等于多边形$\sum\alpha+\sum\beta$，而后者是由所有的三角形$\alpha$和$\beta$，按照某种方式拼成的，而且不交叠起来的。所以前者剖分相等于多边形

$$a_1+a_2+\cdots+a_h+b_1+b_2+\cdots+b_k$$

这是由$a_i$和$b_j$按照某种方式拼成的，而且不交叠的多边形。

对于多边形$A'$和$B'$重复同样的作法。图形$\overline{C}'$将和$\overline{C}$剖分相等，因为它们都剖分相等于由所有的$\alpha_{ij}$和所有的$\beta_{ij}$不交叠起来而拼成的同一个多边形（在这两种情形下，$\alpha_{ij}$和$\beta_{ij}$都是公有的，虽然它们分开成$\alpha$和$\alpha^*$，$\beta$和$\beta^*$可能有区别）。

其次，在$A'+B'$之外的部分$\overline{C}'$，剖分相等于在$A+B$之外的部分$\overline{C}$，因为它们两个都剖分相等于由$a_1,a_2,\cdots,a_h,b_1,b_2,\cdots,b_k$，不交叠起来而拼成的多边形。

定理证毕。

【51】预先证明下述论断：连接三角形的一个顶点（$A$）和对边（$BC$）上的任意一点（$M$）的线段，恰短于其他两条边的一条（$AB$或$AC$）。

理由如下（参看注图28）。因为点$M$在线段$BC$上，所以线段$BM$和$MC$在直线$AM$的两侧，而且$\angle AMB$和$\angle AMC$是邻补角。因而其中的一个，例如$\angle AMB$，必须是直角或钝角，而另一个（$\angle AMC$）是直角或锐角（定理11）。所以，由于定理22，$\angle BAM$和$\angle ABM$都是锐角，因为它们都小于$\angle AMC$。应用定理23到三角形$ABM$，就得到

$$AM<AB$$

现在证明：完全在三角形之内的线段$KL$短于三角形的三条边的一条（注图29）。根据注解[15]中的引理Ⅲ，任意一条从三角形内点出发的射线，穿过三角形一次。设直线$KL$上的两条射线中，从$K$出发的而不含有$L$的那条射线，交三角形于一点$P$；而且设同一条直线上的两条射线中的、从$L$出发的而不含有$K$的那一条射线，交三角形于一点$Q$。$K$和$L$是显然都在$P$和$Q$之间。

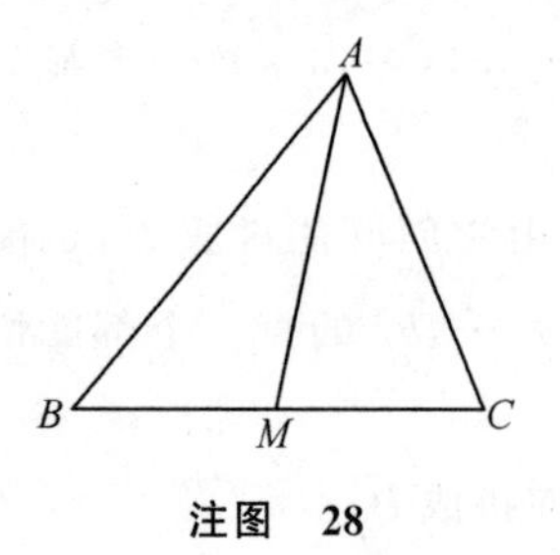


注图　28

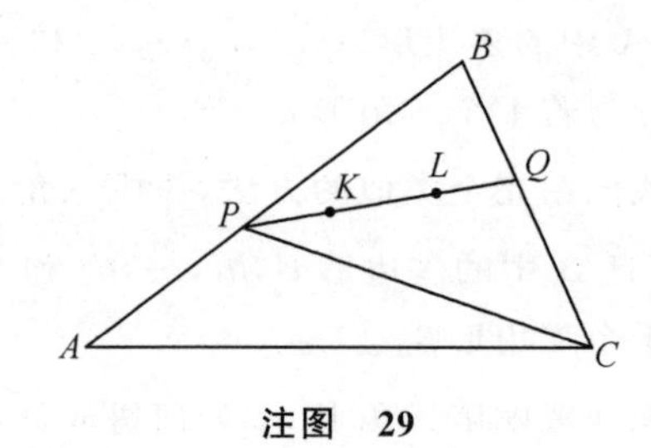


注图　29

$P$和$Q$两点中的一个，姑且说是$Q$，应该在三角形的一边上，例如在边$BC$上；另一点或者在其他边上，例如$AB$，或者和顶点$A$重合。从线段的不等的定义，得

$$KL<PQ \tag{1}$$

用线段连接$P$和$C$，而且应用上述的论断的证法两次：一次对于三角形$BPC$和线段$PQ$，一次对于三角形$ABC$和线段$CP$。我们得到

$$PQ<PB\text{ 或 }PQ<CP \tag{2}$$

和

$$CP < CB \text{ 或 } CP \leqslant CA \tag{3}$$

(当直线 $KL$ 通过顶点,即当点 $P$ 和点 $A$ 重合时,等号成立)。从不等式(1),(2),(3)和不等式

$$PB \leqslant AB \tag{4}$$

得知下述三个不等式

$$KL < AB,\text{或 } KL < AC,\text{或 } KL < BC$$

中的一个成立。

【52】从定理 46 推知:恒能求得一个直角三角形,拼补相等于一个已知三角形 $ABC$。要想证明后者和一股等于 1 的一个直角三角形拼补相等,在边 $CA$ 上取 $CE=1$,并且从点 $A$ 引直线 $AM$ 平行于 $BE$(注图 30)。根据定理 46,三角形 $BEM$ 和 $BEA$ 拼补相等。因为三角形 $ABC$ 由 $BCE$ 和 $BEA$ 拼成,而三角形 $CEM$ 由 $BCE$ 和 $BEM$ 拼成,从可加性定理(注解[50]),三角形 $ABC$ 和 $CEM$ 拼补相等。

在 $CA<1$ 时,图将会不同。

【53】这里的意思是要作一个新的直角三角形,它的一股等于1,而另一股等于原先的诸直角三角形中不等于 1 的诸股之和。取这新三角形的第二股作为它的底边,因而它就是原先的诸直角三角形的诸底之和。用连接新三角形的顶点 $C$ 和底的分点的诸线段,分割这新三角形。所分成的诸三角形,根据定理 46,和原先的诸三角形拼补相等,因而(定理 43)也和原来的简单多边形所分成的诸三角形拼补相等。

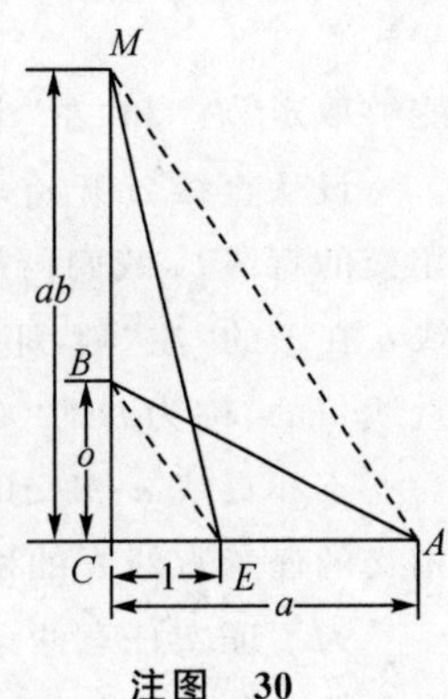

注图 30

根据可加性定理(注解[50]),原来的多边形和我们所作成的直角三角形拼补相等。

【54】我们来明确全部的叙述。

一条直线称为有向的,若指出了它的任意两点 $A,B$ 的先后顺序,这个顺序应该满足下述要求:

若 $B$ 在 $A$ 之后,而且 $C$ 在 $B$ 之后,则 1)$C$ 在 $A$ 之后,2)$B$ 在 $A$ 和 $C$ 之间。

我们断定,若在直线上指出任意两点,例如 $L$ 和 $M$,而且要求 $M$ 在 $L$ 之后,则唯一地规定了在上述意义下直线的一个方向。

若再取任意两点 $A,B$,则根据定理 6,点 $A,B,L,M$ 能够依次写出,使得顺序的写法符合于几何的排列顺序(在"介于"这关系的意义下)。再者,还要求在这种写法中,点 $M$ 在 $L$ 之后。那么这种写法是完全的、唯一的决定了,因而我们就把在这种写法中点 $A,B$ 的先后顺序作为这些点在直线上的先后顺序。

满足要求 1)和 2)是不难证实的。为了证实,只要对于五个点 $A,B,C,L,M$ 引进相似的写法,而且运用根据定理 6 而知道的这种写法的性质。应该注意的是,若从这个写法删去一个点,例如 $C$,则所得到的是先前的对于四个点的那个写法,因而点 $A,B$ 的先后顺序在这两个写法中完全一样。

在有向的直线的一定点 $O$ 之后的点,显然组成一条半线(射线)。此后,凡是说直线,都了解为有向的直线。

现在能够实行引进平面的定向如下。对于平面的每一条直线，我们把由它所形成的两个半平面的一个称为"左"半平面，而另一个称为"右"半平面。而且，在把直线的方向改为相反方向时，我们就互换这两个名称。

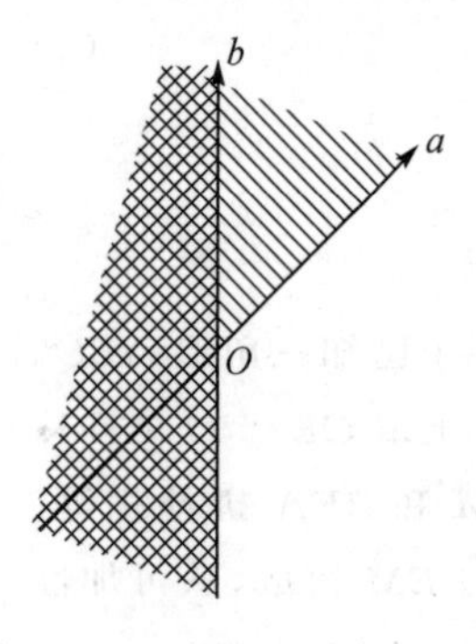


注图 31

我们说，平面有了定向，若"左"和"右"半平面的选择，在下述的意义下是协调的；对于任意两条交于一点 $O$ 的直线 $a,b$，若在点 $O$ 之后的半直线 $a$ 在 $b$ 的"右侧"时，则在点 $O$ 之后的半直线 $b$ 就在 $a$ 的"左侧"，而且反过来也对(注图 31)。

我们简略地说，两条相交的直线 $a,b$ 是"协调的"，若对于它们来说，"右"半平面和"左"半平面的选择满足所指出的要求。在把这两条直线中的一条的方向改为相反方向时，"协调性"显然保存而不被破坏(此时，应当记着"右"侧和"左"侧已互相调换)。

我们的任务如下：我们要证明，在对于任意一条直线 $a$ 任意的取定了"左"和"右"半平面之后，对于所有的其他每一条直线，都能够取定"右"和"左"半平面，使得任意两条相交的直线"协调"。

设从直线 $a$ 开始，对于它我们任意取定了"右"和"左"半平面。对于所有的其他和 $a$ 相交的直线 $b$，我们再规定"左"和"右"半平面，使得 $a$ 和 $b$ 都协调(若在点 $O$ 之后的半直线 $b$ 在 $a$ 的"左"侧，那么我们把 $b$ 所决定的两个半平面中的一个、含有在点 $O$ 之后的半直线 $a$ 的，称为 $b$ 的"右"半平面)。

不和直线 $a$ 相交的那些直线 $c$，一定和一些直线 $b$ 相交。对于这种 $c$，我们利用和它相交的任意直线 $b$ 的协调来规定 $c$ 的"左"侧和"右"侧。

为了证实任意两条相交的直线"协调"，只需要证明"协调性"是可传递的；若两条直线和第三条"协调"，前两条就互相"协调"。

理由。从"协调性"的传递性，立刻就得到，任意两条相交的直线 $b$ 互相"协调"；其次得到，若直线 $c$ 和交它的诸直线中的一条 $b$"协调"，$c$ 就和交它的任意一条直线 $b_2$"协调"[若必要时，首先指出 $c$ 和一条辅助直线 $b_3$"协调"，然后就得到和 $b_2$"协调"(注图 32)]。最后，任意两条相交的直线 $c_1$ 和 $c_2$ 互相"协调"。理由。设 $c_1$ 和 $b_1$"协调"，$c_2$ 和 $b_2$"协调"，那么 $c_1$ 和 $b_3$，$c_2$ 和 $b_4$"协调"(注图 33)。因为 $b_3$ 和 $b_4$ 恒互相"协调"，则 $c_1$ 和 $c_2$ 也"协调"。

于是，我们来证明"协调性"的传递性。

设三条直线 $a,b,c$ 两两相交。若 $a$ 和 $b$ 协调，$a$ 又和 $c$ 协调，那么 $b$ 和 $c$ 互相协调。

第一种情形：$a,b,c$ 组成三角形 $ABC$(注图 34)。为明确起见，设 $a,b,c$ 的方向就由 $\overrightarrow{BC},\overrightarrow{CA},\overrightarrow{AB}$ 表出("协调性"不因改换直线的方向而被破坏)。设点 $A$ 在 $a$ 之"左"，那么在 $c$ 之后的半直线 $b$ 也在 $a$ 之"左"，而这就是说(根据"协调性")，在 $c$ 之后的半直线 $a$，在 $b$ 之右。同理，$a$ 上的在 $c$ 之前的点 $B$ 是在直线 $a$ 的另一条半直线上，既在 $b$ 之"左"。同理，在 $A$ 之后的半直线 $c$，即 $\overrightarrow{AB}$，在 $b$ 之左。

现在再运用同样的论证，从在 $B$ 之后的半直线 $c$ 出发，因而是从在 $a$ 之后的半直线 $c$ 出发。根据"协调性"，在 $B$ 之后的半直线 $a$ 是在 $c$ 之"左"，点 $C$ 也在 $c$ 之"左"，而且在 $A$ 之后的半直线 $b$ 在 $c$ 之"右"。

比较上文强调指出的结果，无疑地得到直线 $b$ 和 $c$ 的"协调性"。

第二种情形：$a, b, c$ 三线共点，(注图 35)。

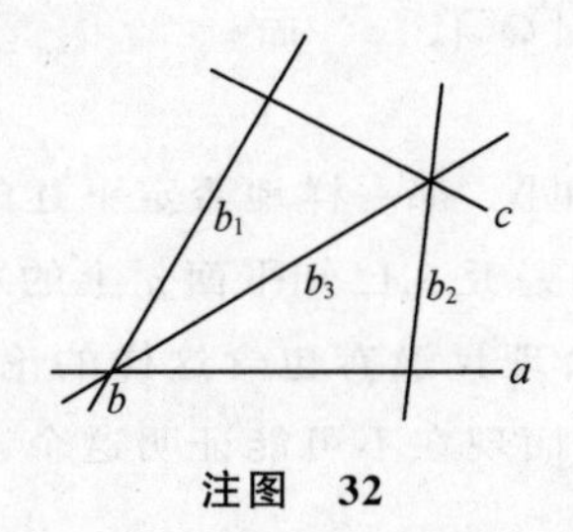

注图 32

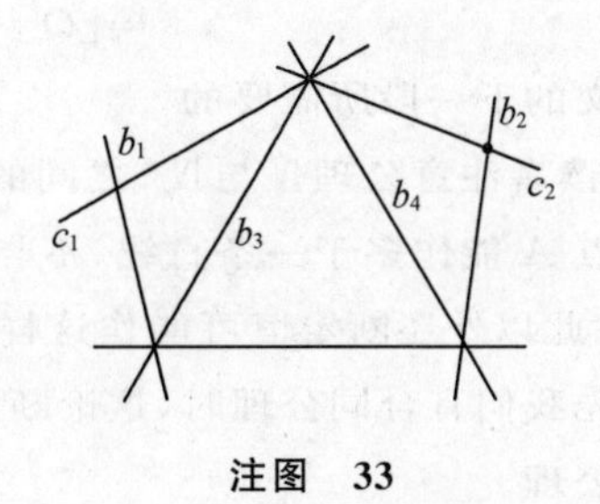

注图 33

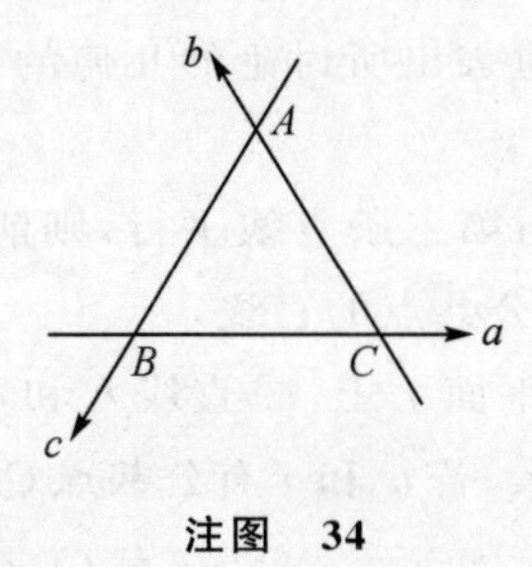

注图 34

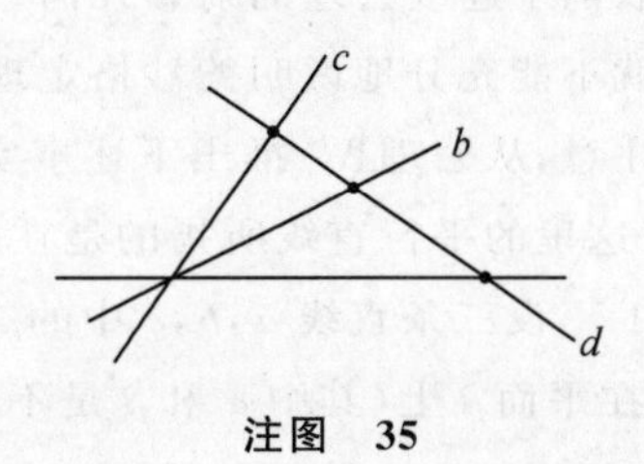

注图 35

取第四条直线 $d$，交 $a, b, c$，但不通过它们的公共点，而且使直线 $d$ 和 $a$“协调”。根据第一种情形，$d$ 既和 $b$“协调”，也和 $c$“协调”；因此 $b$ 和 $c$ 也互相“协调”。

【54a】在 § 17 的开始(第 39 页)，曾经指出过线段(连带它们的符号)的演算要服从 § 13 中的规则 1～16，特别是那加法的交换律与结合律。应用这些规则，可将右端的各加项重新组合，使得只有符号不同的线段先加起来，其结果它们都在和中消去了。

如同证明中所提到的。引用分配律，使我们能断定下述事实：当一个三角形的底边是另两个三角形的底边的和，而所有三个三角形的高线都合同时，则第一个三角形的面积——底边与高线的乘积的一半——是另两个三角形面积的和。

【55】事实上，若是我们有了已知多边形 $P$ 分为三角形的两个剖分，那么如同定理 43 的证明中所曾指出过的，可以作分为三角形的第三个剖分，那就是前两个剖分中的每一个的剖分。取第三个剖分的诸三角形面积度量的和，并且把所有的加项分成组，使得每一组的诸三角形都属于第一个(第二个)剖分的同一个三角形。按定理 50，每一组的加项给出了第一个(第二个)剖分的一个三角形的面积度量，而全体的和给出了第一个(第二个)剖分的诸三角形面积度量的和。这样看起来，第一个与第二个剖分的诸三角形面积度量的和都等于同一个线段。

【56】援引定理 50 是多余的，直接从定义就能推得剖分相等的多边形的面积度量相等。

从多边形面积度量的定义，也直接推得，由若干多边形拼成的一个多边形的面积度量(参看注解[49])等于各组成部分的面积度量的和。由于这个结果，等式

$$[P+P'+\cdots+P'']=[Q+Q'+\cdots+Q'']$$

可以改写成：

$$[P]+[P']+\cdots+[P'']$$
$$=[Q]+[Q']+\cdots+[Q'']。$$

这就是正文的下一段所需要的。

【57】读者注意公理Ⅳ与Ⅳ*之间的区别，公理Ⅳ和Ⅳ*都一样地否定下述的可能性：通过已知点 $A$ 能作多于一条直线，不与一条已知直线（总是在已知平面 $\alpha$ 上的）相交。但公理Ⅳ*除此以外还断定恒可能作这样的一条直线；公理Ⅳ没有包含这样的论断。问题是在于早先我们有合同公理时，这论断已经被证明了；而现在不可能证明这个论断，必须把它当做公理。

【58】整个的第五章属于建立在公理Ⅰ，Ⅱ，Ⅳ*上的几何，按照作者的意见，那其实就是只是取消了连续公理的射影几何。我们应该在这里表出所讨论的几何的射影性质，因为否则就不能充分地说明德沙格定理出现的理由。

首先注意，从公理Ⅳ*推出下述事实：若两条直线与第三条直线平行，则前两条直线相互平行（这里的平行直线所指的是在一个平面上而无公共点的直线）。

**引理** 1　设三条直线 $a,b,c$ 中的二直线 $a$ 与 $b$ 在平面 $\gamma$ 上，二直线 $b$ 和 $c$ 在平面 $\alpha$ 上，$c$ 和 $a$ 在平面 $\beta$ 上（其中 $\alpha$ 和 $\beta$ 是不同的平面）。那么，若 $a$ 和 $b$ 有公共点 $C$，则这点 $C$ 必在 $c$ 上。

首先，$\gamma$ 和 $\alpha$ 不同，又和 $\beta$ 不同：假若 $\gamma$ 和 $\alpha$ 相同，那么 $\gamma$ 上就会含有直线 $a$ 和 $c$，就要和 $\beta$ 相同（由定理 2）。

直线 $a$ 和 $b$ 的公共点 $C$ 在所有的三个平面 $\alpha,\beta,\gamma$ 上；但平面 $\alpha,\beta$ 有公共的直线 $c$，并且除 $C$ 以外，平面 $\alpha,\beta$ 没有其他的公共点（定理 1）。因此，点 $C$ 属于 $c$。

**引理** 2　若三直线 $a,b,c$ 中 $a/\!/b,a/\!/c$，则也有 $b/\!/c$。

用 $\gamma$ 表示平面 $(a,b)$，$\beta$ 表示平面 $(a,c)$。若 $\gamma$ 和 $\beta$ 相同，则 $b$ 和 $c$ 在同一个平面上并且无公共点——否则，违反公理Ⅳ*，通过这个公共点可作两条平行于 $a$ 的直线。因此 $b/\!/c$。

若 $\gamma$ 和 $\beta$ 不同，则通过 $b$ 上的任一点 $B$ 和 $C$ 作一平面（定理 2），并且 $\alpha$ 表示（$B$ 点不在 $C$ 上——否则由公理Ⅳ*，$b$ 和 $c$ 就重合）。平面 $\alpha$ 和 $\gamma$ 不同（否则 $C$ 就在 $\gamma$ 上而 $\beta$ 就和 $\gamma$ 重合）。就 $b'$ 表示 $\alpha$ 和 $\gamma$ 的公共直线（因为 $\alpha$ 和 $\gamma$ 有公共点 $B$，它们就有公共直线（定理 1））。

假若 $b'$ 和 $b$ 不同，那么，由公理Ⅳ*（平行的唯一性），$b'$ 就和 $a$ 有公共点；然后，由引理 1，这个点就在 $c$ 上，但这是不可能的，因为 $a/\!/c$。

于是，$b'$ 和 $b$ 重合，而这就是说，$b$ 和 $c$ 在一个平面 $\alpha$ 上。假若 $b$ 和 $c$ 相交，那么，由于引理 1，直线 $a$ 就通过这交点，但这是不可能的。因而 $b/\!/c$。

空间中平行于一条已知直线的全体直线，叫做一个平行把；由于引理 2，平行把中所有的直线，都相互平行。

我们不再停下来阐述平面和直线之间与两平面之间的平行理论了，因为如同在平常的立体几何中一样，我们能毫无困难地推出这些理论，而且由于引用公理Ⅰ和Ⅳ*的结果，这种推证还是十分严格的。现在转到射影空间的建立。把每一个平行把对应空间中的一个新元素，叫做一个**假点**。当且只当两个平行把相同时，它们所规定的两个假点才认为相同。

**定义** 我们说一个假点属于一条给定的直线，当且仅当这给定的直线是对应的平行把中的一条。

这样看来，现在可以说，一个平行把中的所有的直线都有一个公共的假点。

**定义** 我们说一个假点属于一个给定的平面，当且仅当这个平面平行于对应的平行把中的诸直线(即是平面上有一平行束，属于这平行把)。

这样看来，因为平面上的每一个平行束有一个假点，在一个给定的平面上就有无穷多个假点。

**定义** 一个给定的平面上的全体假点的集合叫做**这平面上的一条假直线***。

显然，平行平面的所有的假点都是这些平面的公共点，因而平行平面有公共的假直线。

**定义** 全体假点的集合叫做一个**假平面**(于是，假平面是唯一的)。

射影空间的建立已完成了，我们把点、直线和平面，无论是原来有的(真的)或是新引进的(假的)，都看成彼此之间毫无区别。

下列诸基本命题在射影空间中是正确的：

1. 两点决定一条并且只一条属于该两点的直线。
2. 两平面决定一条并且只一条属于该两平面的直线。
3. 点和不属于该点的一条直线决定一个并且只是一个，属于该点及该直线的平面。
4. 一个平面和不属于该平面的一条直线决定一个并且只是一个属于该平面和直线的点。
5. 不属于一直线上的三点决定一个并且只是一个属于该三点的平面。
6. 不属于一直线的三平面，决定一个并且只是一个属于这三平面的点。

特别重要的情形是：命题2,4,6在射影空间中是无条件地正确的，而在原来的空间中它们却例外(平行的情形)。射影空间的优越性就在于达到了完全的普遍性，而元素——假元素——的引进，正是为了这个目的。

至于命题1～6的验证，在下列的基础上都可以完成：在原来的空间中成立的公理Ⅰ,Ⅳ*和根据于这些公理的平行理论，自然也根据被我们用来引进假元素的定义。验证时，我们分别处理所有的可能情形。例如验证命题4时，平面和直线必须分为下列诸情形：1)相交的，真的，2)平行的，真的，3)假平面，真直线和4)真平面，假直线②。

根据这些命题就可以证明德沙格定理(平面的)——有价值的射影定理的第一条。这定理叙述如下：

设$ABC$和$A'B'C'$是同一个平面上的两个三角形，它们既不共顶点也不共边(这里所谓边了解为直线，不是线段)。

然后，若是1)连接对应顶点的三条直线共点，那么2)三对应边的三个交点在一条直线上，并且反过来，从2)得1)。

---

* 假直线就是正文中的无穷远直线。——译者注

② 命题1～6的验证可见于别的书中，例如，切特维鲁辛(Н。Ф。Четвер ухин)《高等几何》(Высщая геометрия)，第二章。

这定理在射影空间中是正确的，那就是说，不论所考虑的点和直线是真的或假的，这定理是正确的[①]。

我们来考虑德沙格定理的特别情形。

设有性质 1)，并且除此以外，设两对应边平行，换句话说，两个交点在给定平面的假直线上。由于德沙格定理，应有性质 2)，即第三对对应边的交点应该在那同一条（假）直线上，就是说第三对对应边也应该平行。

设反过来，所有三对对应边都平行；即有性质 2)，其中对应边的三个交点都在假直线上。然后，根据德沙格定理，有性质 1)，那就是说，连接对应顶点的三条直线共点，这公共的点或者是真点，或者是假点（即三直线平行）。

这就是定理 53（在希尔伯特的正文中）。

若是在射影空间的结构中我们希望终于消失真假元素间性质的区别，那么我们应该对于直线上的点规定新的顺序关系，照顾到直线上的假点。这一点我们不讲了（对于德沙格定理来说，顺序关系是不起什么作用的）；我们只是指出来，点在直线上的射影顺序是循环的，并且虽然在建立射影顺序时，在真点区域中的“介于”概念和公理Ⅱ都应该利用，但在射影的（用假点扩充了的）直线上，“介于”概念是失去了意义的。

现在我们总结这个注解中所说的：建立在公理Ⅰ，Ⅱ，Ⅳ*上的几何，实质上是取消了一部分自己的元素的射影空间的几何。用假元素来扩充原来的空间，应该看做是恢复这些取消了的元素。所得到的，实际就是通常的射影几何，不过取消了连续公理。德沙格定理的特别地位是说明了几何的射影特征。

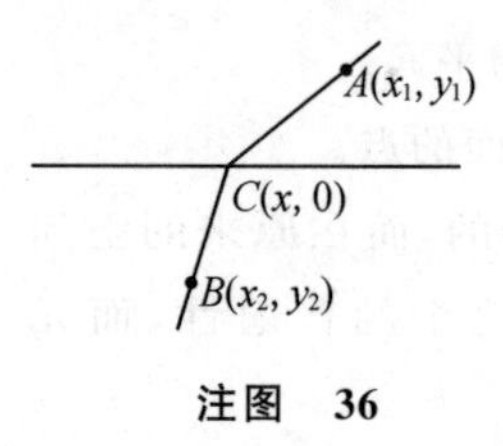

**注图　36**

【59】取笛卡儿几何中直角坐标 $x$，$y$ 的 $OX$ 轴作为这个非德沙格几何的轴。对于公理 $\mathrm{I}_1$ 和 $\mathrm{I}_2$ 的满足，只在下列情形中有可怀疑的地方：当给定的点 $A(x_1,y_1)$ 和 $B(x_2,y_2)$ 在不同的半平面上，同时连接这样两点的普通直线在正半平面上和轴的正方向作成锐角。换句话说，若 $A(x_1,y_1)$ 在正半平面上，则 $y_1>0$，$y_2<0$，$x_1>x_2$，若非德沙格直线 $AB$ 存在，用 $C(x,0)$（注图 36）表示它和轴的交点，从非德沙格直线的定义推知，

$$\frac{y_2}{x_2-x}:\frac{y_1}{x_1-x}=2$$

或者

$$y_2(x_1-x)=2(x_2-x)y_1$$

由此

$$x=\frac{2y_1x_2-y_2x_1}{2y_1-y_2}$$

由此可见，因为 $y_1>0$，$-y_2>0$，$x$ 在 $x_1$ 和 $x_2$ 之间，所以射线 $CA$ 和射线 $CB$ 在正半平面上的延长将和轴的正向作成锐角。非德沙格直线 $AB$ 的存在和唯一性证明了。

公理 $\mathrm{I}_3$，$\mathrm{II}_{1\sim3}$，$\mathrm{III}_{1\sim3}$，$\mathrm{IV}^*$，Ⅴ的满足是完全显然的。甚至于公理 $\mathrm{II}_4$ 的证明都不困难；

---

① 证明见切特维鲁辛的书中，也可参考任一本射影几何教程。

唯一复杂的地方是必须考虑三角形的位置的所有可能情形。

【60】换句话说，这里所指的角是下述情形之一：1)它的顶点在轴外，2)它的顶点在轴上，而它的两条边的任一条都不是既在正半平面上，又和轴的正方向作成锐角(的射线)。

【61】这里不要求点$E$紧跟在点$O$之后；$OABE$，$AOBE$等等排列顺序都可能。我们还能够不管点$O$跟在点$E$之后的相反的情形，由于定理5，可以把排列顺序反转过来，因而可以用反转过来的排列顺序替代。

【62】作为例子，我们来证明§13中规则15和规则16在德沙格数系中的正确性。在证明之前我们做一些说明。

设在平面$\alpha$上给定了两直线$a$和$a'$，又设直线$a$上的点$A,B,C,\cdots,K,L$有某种排列顺序。通过这些点，我们作相互平行但不与$a'$平行的直线(并且不与$a$重合)。这些平行线与直线$a'$的交点$A',B',C',\cdots,K',L'$叫做点$A,B,C,\cdots,K,L$的(平行的)射影。

**引理Ⅰ**　从公理$\mathrm{I}_{1\sim3}$，Ⅱ和Ⅳ$^*$推知，直线$a$上的点的排列顺序和这些点在直线$a'$上的射影的排列顺序相同。换句话说，若是在直线$a$上取三个点$A,B$和$C$，而且点$B$在$A$和$C$之间，那么在$a'$上的点$B'$在$A'$和$C'$之间(注图37)。

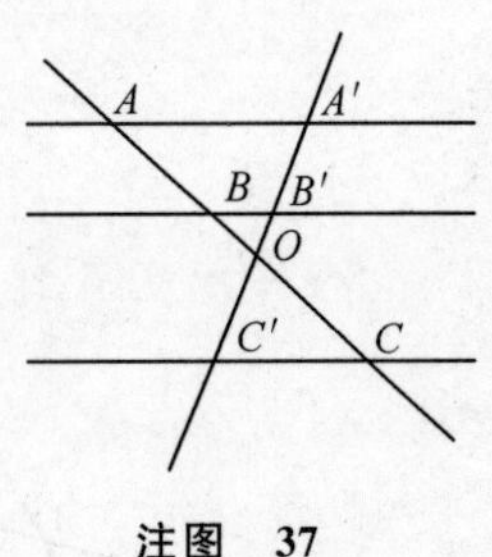

注图　37

**证明**　因为点$C$在线段$AB$外，所以，点$A$和$B$在直线$CC'$的同一侧。因为直线$AA'$和$BB'$都平行于$CC'$，所以，点$A$和$A'$，$B$和$B'$都应该在$CC'$的同一侧(参看注[13])，而点$A'$和$B'$都在直线$CC'$的同一侧(参看同一个注)，那就是说，点$C'$在线段$A'B'$之外。因而，点$A',B',C'$的排列顺序与$A,B,C$的排列顺序相同。

**推论**　设直线$a$上的线段$AB$不和直线$a'$相交，那么，点$A,B$在直线$a'$上的射影$A',B'$在$a$的同一侧。

当直线$a$和$a'$平行时，这个推论的正确性是显然的，因为若是$A'$和$B'$在直线$a$的异侧，那么直线$A'B'$，也即是直线$a'$，将会和$a$相交。若是直线$a$和$a'$交于某一点$O$，而且点$B$在线段$AO$上(注图37)，那么，由于引理Ⅰ，点$B'$在线段$A'O$上，即线段$A'B'$不和直线$a$相交，因此，点$A$和$B$在$a$的同一侧。

**引理Ⅱ**　设把直线$a$上的点$A$和$B$，利用一个平行束射影到直线$a^*$上的点$A'$和$B'$，又利用另一个平行束射影到同一直线$a^*$上的点$A''$和$B''$。若是线段$AB$上没有直线$a$和$a^*$的交点(其中包括这二直线平行的时候)，那么点$A',A'',B',B''$在$a^*$上的位置如下：只要是$A''$跟着$A'$，$B''$就跟着$B'$。

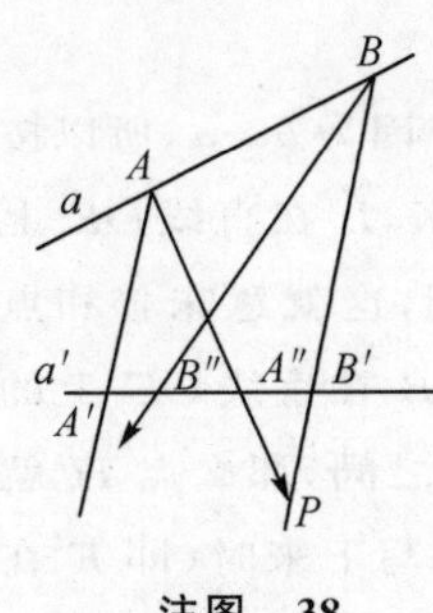

注图　38

根据引理Ⅰ的推论，射影偶$A',B'$和$A'',B''$或者都在直线$AB$的同一侧，或者在它的两侧。考虑第一种情形，并且先设点$A''$和$B'$在$A'$的同一侧。假设引理不正确，那就是说，点$B''$和$A'$在$B'$的同一侧(注图38)。由公理Ⅳ$^*$，直线$AA''$交$BB'$于某一点，设点$P$。因为点$B'$和$A''$在$A'$的同一侧，那么射线$AA''$和直线$BB'$在$AA'$的同一侧，因此，点$P$在射线$AA''$上。属于射线$AA''$的点$P$应该在$AB$的点$A''$所在的一侧，因而，在所考虑的情形下，在点$B'$所在的那一侧；这样一来，点$P$在射线$BB'$上。在这种情形下$B'$和$B''$在

$AB$ 的同一侧，并且 $B''$ 在 $BB'$ 的 $A'$ 所在的一侧。也就是说，$A$ 所在的一侧。所以点 $B''$，因而射线 $BB''$，都在角 $ABB'$ 内，而角的两边上分别含有线段 $AP$ 的端点 $A$ 和 $P$；因此，射线 $BB'$ 应该和平行直线 $AA'$ 上的一条线段相交。我们得到了矛盾。

现在设点 $A''$ 和 $B'$ 在 $A'$ 的两侧。在这情形下，引理Ⅱ的不正确就是表示着：点 $A''$，$A'$，$B'$，$B''$ 可以在直线 $a^*$ 排列成所说的顺序。但是在这样排列时（注图 39），直线 $BB''$ 的射线 $BQ$（射线 $BB''$ 的补射线）在 $BB'$ 的直线 $AA'$ 所在的一侧，而直线 $AA''$ 的射线 $AP$（射线 $AA''$ 的补射线）在 $AA'$ 的直线 $BB'$ 所在的一侧。用完全类似上文的讨论，我们证明在这情形下直线 $AP$ 和 $BQ$ 相交，即引出矛盾。

在第二种情形时，点偶 $A'$，$B'$，和点偶 $A''$，$B''$ 被直线 $AB$ 分开了，因而，直线 $a$ 和 $a^*$（注图 40）交于点 $C$，则引理的正确性是显然的。

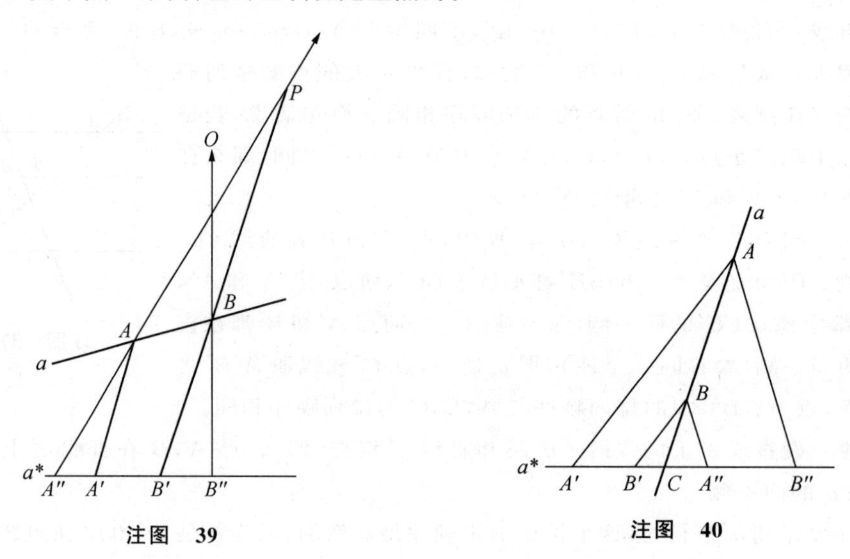


注图 39　　注图 40

我们现在来证明，若 $b>a$，则 $b+c>a+c$。进行下面的作图（注图 41）。在角 $xOy$ 的边 $Ox$ 上取线段 $OE=1$，$OA=a$，$OB=b$，$OC=c$。在同一角的另一边 $Oy$ 上取线段 $OE'=1$，并作直线 $AA'/\!/BB'/\!/EE'$，$CN/\!/OE'$，和 $E'P/\!/A'Q/\!/B'R/\!/OE$。设直线 $E'P$，$A'Q$，$B'R$ 分别交直线 $CN$（它们都不和 $CN$ 平行，由于公理Ⅳ*）于点 $M_1$，$M_2$，$M_3$。从点 $M_1$，$M_2$，$M_3$ 作直线平行于 $EE'$。设这些直线交 $OE$ 于点 $H$，$K$，$L$。按照加法定义，我们将有：

$$OH=c+1,OK=c+a,OL=c+b$$

我们约定把轴 $Ox$ 上的点总写成如下的顺序：点 $E$ 在点 $O$ 之后。因为 $b>a$，所以按照定义（并且由于上面的约定），$B$ 在 $A$ 之后。按照引理Ⅰ，点 $C$，$H$，$K$，$L$ 在直线 $OE$ 上的排列顺序，应该和点 $C$，$M_1$，$M_2$，$M_3$ 在直线 $CN$ 上的排列顺序相同，这就意味着和点 $O$，$E'$，$A'$，$B'$ 在直线 $OE'$ 上的排列顺序相同，也意味着和点 $O$，$E$，$A$，$B$ 在直线 $OE$ 上的排列顺序相同。最后的论断所表明的是，例如，若点 $E$ 在点 $O$ 和点 $A$ 之间，那么点 $H$ 就在点 $C$ 和点 $K$ 之间；但是当所有的在轴 $Ox$ 上所取的点按约定的顺序写下来时（即 $E$ 在 $O$ 之后），从这个论断还绝对不能断定点 $H$ 在点 $C$ 之后。这个结论可以从引理Ⅱ推出。

其实，直线 $E'P$ 平行于 $OE$，所以对于作为点 $E'$ 和 $M_1$ 的射影的诸点 $O,E,C,H$，可以应用引理Ⅱ，因而得到，$H$ 在 $C$ 之后。

现在已经证明了：点 $C,H,K,L$ 在轴 $Ox$ 上的先后顺序和点 $O,E,A,B$ 的完全一样，用不着把一组中的四个点反转过来(曾在上面证过)。因为 $B$ 在 $A$ 之后，所以 $L$ 在 $K$ 之后，这就是需要证明的。

现在我们来证明，若 $a>b$ 和 $c>0$，则 $ac>ba$(注图 42)。

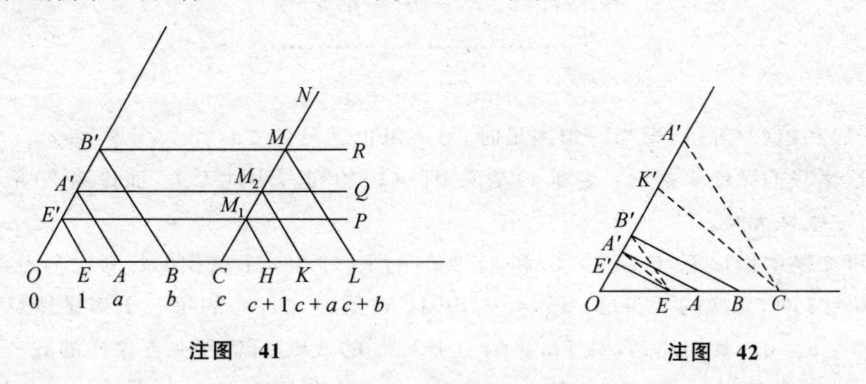


注图 41　　注图 42

取线段 $OE=OE'=1, OA=OA'=a, OB=OB'=b$(因而 $AA'/\!/BB'/\!/EE'$)和 $OC=c$，因而点 $O$ 不在线段 $EC$ 上(那就是说 $c>0$)。再者，从点 $C$ 作平行于 $EA'$ 和 $EB'$ 的直线。设这些直线分别交 $OE'$ 于点 $K'$ 和 $L'$。按照乘法定义，$OK'=ac$ 和 $OL'=bc$。因为在线段 $EC$ 上没有直线 $OE'$ 的点。所以根据引理Ⅱ，若 $B'$ 在 $A'$ 之后，则 $L'$ 在 $K'$ 之后；实际上这就是需要证明的。

【63】在所有的这些规定之中应该注意乘数的顺序。例如，$(u:v:w:r)$ 和 $(ua:va:wa:ra)$ 这两组不表示同一个平面。

【64】我们要有一个方法来验证公理Ⅰ和Ⅳ*。

设在某个数系中§13 的规则 1～11 都满足了，换句话说，这数系是一个域(一般说来，非交换的)。我们必须先建立这个域的代数的某些关系。

考虑域中的任意元素 $x_1,x_2,\cdots,x_n$ 变到某些新元素 $x'_1,x'_2,\cdots,x'_n$ 的由下列规律所定的线性变换：

$$\begin{cases} x'_1=a_{11}x_1+a_{12}x_2+\cdots+a_{1n}x_n \\ x'_2=a_{21}x_1+a_{22}x_2+\cdots+a_{2n}x_n \\ \cdots\cdots\cdots\cdots\cdots\cdots\cdots\cdots\cdots\cdots \\ x'_n=a_{n1}x_1+a_{n2}x_2+\cdots+a_{nn}x_n \end{cases} \tag{1}$$

变换的系数(属于同一个域)写在左边，这对于非交换的域是重要的。关于同一类型的**逆变换**的存在问题，即关于 $x_1,\cdots,x_n$ 的这一组联立方程的解的问题，是我们感觉有兴趣的问题。在无交换律的时候，不能搬用行列式的理论，所以我们应该重新解决这个问题。

**定理**　下列命题等价：

1) 不存在这样的值 $x_1,x_2\cdots,x_n$(其中至少有一个不是零)，使得 $x'_1,x'_2,\cdots,x'_n$ 同时为零；

2) 不存在这样的元素 $b_1,b_2\cdots,b_n$(其中至少有一个不是零),使得对于任意选择的值 $x_1,x_2,\cdots,x_n$ 有

$$b_1x'_1+b_2x'_2+\cdots+b_nx'_n=0$$

3)变换(1)有逆变换。换句话说,对于变换(1)可以求出一个下述形式的、以这样的 $\overline{a}_{ij}$ 为系数的变换

$$\begin{cases}x_1=\overline{a}_{11}x'_1+\cdots+\overline{a}_{1n}x'_n\\ \cdots\cdots\cdots\cdots\cdots\cdots\cdots\cdots\cdots\cdots\\ x_n=\overline{a}_{n1}x'_1+\cdots+\overline{a}_{nn}x'_n\end{cases}\tag{2}$$

使得组(1)和组(2)等价,即当一组满足时,另一组也满足。

在这里我们顺便来指出:论断 1)是说矩阵(1)的列右线性无关,而论断 2)是说矩阵(1)的行左线性无关。

在可交换的情形下,论断 1),2)和 3)等价于同一个事实:变换的行列式不为零。

当 $n=1$ 时,变换的形式是:$x'_1=ax_1$,并且要求 1),2),3)的每一个都显然意味着同一个事实:$a\neq0$。我们注意,对于 $a\neq0$,由于§13 的规则 5,就存在着这样的数——我们记之为 $a^{-1}$——使得 $aa^{-1}=1$,这等式右乘以 $a$ 时得(规则 6):$(aa^{-1})a=a$ 或者(规则 9):$a(a^{-1}a)=a$。

比较这等式和 $a\cdot1=a$,由于规则 5(除法的唯一性)我们得:

$$a^{-1}a=1$$

即 $a^{-1}$ 和 $a$ 不论什么次序的乘积都是 1。

在论断 3)的意义下,变换 $x_1=a^{-1}x'_1$ 显然是 $x'_1=ax_1$ 的逆变换。

设对于所有小于给定的值 $n$,定理都已经证明了。我们来证明对于给定的值 $n$ 时的定理。

我们将认为,变换(1)的系数中至少有一个不是零(否则定理失去意义)。为确定起见,设这个不为零的是 $a_{nn}$。

现在我们用下列公式规定新元素 $x''_1,\cdots,x''_{n-1}$:

$$\begin{cases}x''_1=x'_1-a_{1n}a_{nn}^{-1}x'_n,\\ x''_2=x'_2-a_{2n}a_{nn}^{-1}x'_n,\\ \cdots\cdots\cdots\cdots\cdots\cdots\cdots\cdots\\ x''_{n-1}=x'_{n-1}-a_{n-1,n}a_{nn}^{-1}x'_n。\end{cases}\tag{3}$$

显然,若 $x'_1,\cdots,x'_n$ 换成它们在(1)中的式子,则 $x''_1,\cdots,x''_{n-1}$ 的式子中就只有 $x_1,\cdots,x_{n-1}$ 而没有 $x_n$。这样一来,我们有类型(1)的变换,但是元素的个数较少。这个从 $x_1,\cdots,x_{n-1}$ 到 $x''_1,\cdots,x''_{n-1}$ 的变换,简称为变换(3)。我们现在有如下论断:

若性质 1)对于变换(1)成立,则它对于变换(3)也成立,并且反过来也对。

只要能证明,若性质 1)对于(1)不成立,则它对于(3)也不成立,并且反过来也对,这就足够了。于是,设存在了这样的值 $x_1,\cdots,x_n$(其中至少有一个不等于零),使得所有的 $x'_1,\cdots,x'_n$ 为零。但是从公式(3)可见,此时 $x''_1,\cdots,x''_{n-1}$ 都变为零,就是说对于(3)性质 1)就不成立。[重要的是,$x_1,\cdots,x_{n-1}$ 不可能同时为零——否则方程(1)的最后一个会引

向矛盾,因为 $a_{nn}\neq 0$。]

反过来,若存在着这样的 $x_1,\cdots,x_{n-1}$ 使得所有的 $x''_1,\cdots,x''_{n-1}$ 为零,则我们还要求方程(1)的最后一个中的 $x'_n$ 变为零;从方程(1)的最后一个,我们将毫无困难地找出对应的值 $x_n$(因为 $a_{nn}\neq 0$)。我们现在有值 $x_1,x_2,\cdots,x_n$ 使得 $x''_1,\cdots,x''_{n-1},x''_n$ 变为零,而且,使得 $x'_1,\cdots,x'_n$ 也如此。

其次我们断定:若性质 2)对于变换(1)成立,则它对于变换(3)也成立,并且反过来也对。

再只要证明,若性质 2)对(1)不成立,则它对(3)也不成立,并且反过来也对。

设对于任意的 $x_1,\cdots,x_n$,存在着 $b_1,b_2\cdots,b_n$(其中有一个不等于零),使得

$$b_1x'_1+\cdots+b_{n-1}x'_{n-1}+b_nx'_n=0 \tag{4}$$

利用(3),能写下

$$\begin{aligned}b_1x''_1+\cdots+b_{n-1}x''_{n-1}&=b_1x'_1+\cdots+b_{n-1}x'_{n-1}\\&\quad+(-b_1a_{1n}-\cdots-b_{n-1}a_{n-1,n})a_{nn}^{-1}x'_n{}^{*}\end{aligned} \tag{4'}$$

我们可以用 $b_na_{nn}$ 替代括弧中的和;为了证明这个,只要在特殊情形

$$x_1=x_2=\cdots=x_{n-1}=0,x_n=1$$

时,把(4)写出来就足够了。

结果是(4′)的右端都和(4)的左端重合,因而,变为零。因此,对于变换(3)性质 2)也不成立(所有的 $b_1,\cdots,b_{n-1}$ 不可能都等于零,因为,否则 $b_n\neq 0$,并且从(4)会推得对于任意的 $x_1,\cdots,x_n$ 有 $x'_n=0$;但这是不可能的,因为 $a_{nn}\neq 0$)。

反过来,若存在着这样的 $b_1,\cdots,b_{n-1}$(不是所有的都等于零),使得对于任意的 $x_1,\cdots,x_{n-1}$,

$$b_1x''_1+\cdots+b_{n-1}x''_{n-1}=0$$

则再把式(3)替入这方程,就得到形式(4)的 $x'_1,\cdots,x'_n$ 之间的相关。

最后我们证明,若性质 3)(可逆性)对于变换(1)成立,则它对于变换(3)也成立,并且反过来也对。

在由公式(3)所规定的 $x''_1,\cdots,x''_{n-1}$ 等元素之外再用下述公式

$$x''_n=x'_n \tag{5}$$

补充一个元素 $x''_n$。

从 $x'_1,\cdots,x'_n$ 到 $x''_1,\cdots,x''_n$ 的变换显然是可逆的;只要在(3)中用 $x''_n$ 替代 $x'_n$,并且表示出 $x'_n,\cdots,x'_{n-1}$ 就足够了。

由此推得,从 $x$ 到 $x'$ 的变换的可逆性等价于从 $x$ 到 $x''$ 的变换的可逆性(因为两个可逆的变换的继续施行,显然给出一个可逆的变换)。

设 $x''$ 依赖于 $x$ 的关系为可逆。我们知道 $x''_1,\cdots,x''_{n-1}$ 能用 $x_1,\cdots,x_{n-1}$ 线性地表示出来;$x'_n$** 能用 $x_1,\cdots,x_n$ 线性地表示出来。设后一个变换有逆变换,我们断言,在这逆变换中 $x_1,\cdots,x_{n-1}$ 能只用 $x''_1,\cdots,x''_{n-1}$ 表示出来。事实上,若在表示 $x_1$(例如)的式子中

---

* (4′)是中译者加的。——译者注

** 原俄文误为 $x_n$。——译者注

$x''_n$ 的系数不为零,则在假设

$$x_1=\cdots=x_{n-1}=0, x_n=1$$

我们会得到矛盾。

因为此时,按照(3)

$$x''_1=\cdots=x''_{n-1}=0, x''_n=x'_n=a_{nn}\neq 0$$

于是表示 $x_1$ 的式子简化成为含有 $x''_n$ 的而非零的一项,而这是和 $x_1=0$ 矛盾的。

于是,若从 $x_1,\cdots,x_n$ 到 $x''_1,\cdots,x''_n$ 的变换的逆变换存在:则从 $x_1,\cdots,x_{n-1}$ 到 $x''_1,\cdots,x''_{n-1}$ 的变换的逆变换也存在。

完全显然,逆定理也正确。

于是,从 $x_1,\cdots,x_{n-1}$ 到 $x''_1,\cdots,x''_{n-1}$ 的变换的可逆性等价于从 $x_1,\cdots,x_n$ 到 $x''_1,\cdots,x''_n$ 的变换的可逆性,而后者,如同上面曾证明过的,等价于从 $x_1,\cdots,x_n$ 到 $x'_1,\cdots x'_n$ 的变换的可逆性。

论断得以证明。

现在,因为论断 1),2),3)的每一个对于变换(1)的正确性引起了它对于变换(3)的正确性,并且反过来,又因为对于变换(3)这三个论断是等价的(假设当 $n-1$ 个元素时,定理已经证明),所以,对于变换(1)这些论断也是等价的。

定理证毕。

转回到非交换的解析几何。

如同正文中所指出的,德沙格数系 $D$ 的三个数$(x,y,z)$叫做点,而直线上的所有的点由下述形式的一对方程:

$$\begin{cases}u'x+v'y+w'z+r'=0\\u''x+v''y+w''z+r''=0\end{cases}\tag{6}$$

确定,其中附有条件:矩阵

$$\begin{Vmatrix}u',v',w'\\u'',v'',w''\end{Vmatrix}$$

的行左线性无关。

再取德沙格数系 $D$ 的三个数 $u,v,w$,使所有的三行都左线性无关(不难证明这样的可能性)。用 $t$ 表出线性式 $ux+vy+wz$,并且写成:

$$\begin{cases}-r'=u'x+v'y+w'z\\-r''=u''x+v''y+w''z\\t=ux+vy+wz\end{cases}\tag{6'}$$ *

我们可以认为,这里有一个线性变换在 $x,y,z$ 上进行,并且遵循性质 2)。在这个情形下,性质 3)就成立,并且我们能够把写下来的方程组(6′)代以和它等价的方程组,其中 $x,y,z$ 都将通过(6′)的左端线性地表示出来,因为 $r'$和 $r''$都是常数,所以,我们合并含有 $r'$和 $r''$的诸项作为自由项 $x_0,y_0,z_0$,而得到:

$$\begin{cases}x=at+x_0\\y=bt+y_0\\z=ct+z_0\end{cases}\tag{7}$$

* 原俄文为(6)。—— 译者注

显然在不失去回到方程组(6′)的可能性时,(7)里的 $t$ 可以给任意值。因此,我们证明了每一条直线能够有参数表示(同时 $a,b,c$ 不同时是零——否则,把(7)中的 $x,y,z$ 代入(6′)*时,我们会得到 $t=$常数)。

反之,每一个参数表示(7),其中 $a,b,c$ 不同时是零,定义一条直线:若 $a\neq 0$,则从第一个方程:

$$t=a^{-1}x-a^{-1}x_0$$

把这个式子代入第二和第三个方程,就回到(6)形式的方程组。

让我们从事验证公理 $\mathrm{I}_1$ 和 $\mathrm{I}_2$。我们要求暂且含有未定的 $a,b,c,x_0,y_0,z_0$ 的直线(7)通过两个给定的点 $M_1(x_1,y_1,z_1)$ 和 $M_2(x_2,y_2,z_2)$。若是这样的直线存在,我们恒能够假设,在 $M_1$ 处的参数 $t$ 取值 0——否则,若 $t_1$ 是参数 $t$ 在 $M_1$ 处的值,我们就引进 $t-t_1$ 作参数。再者,能够认为在 $M_2$ 处的参数 $t$ 取值 1——否则,若 $t_2$ 是参数 $t$ 在 $M_2$ 处的值,我们就引进参数 $t^{-1}_2t$。因为参数的这些替换,(7)中的系数虽然不同了,(7)的形式可不改变。

把值 $t=0$ 和 $t=1$ 代入(7),应该得到

$$x_1=x_0,x_2=a+x_0$$

$$y_1=y_0,y_2=b+y_0$$

$$z_1=z_0,z_2=c+z_0。$$

因而 $x_0,y_0,z_0,a,b,c$ 立即决定了,并且同时唯一地决定了。

公理 $\mathrm{I}_1$ 和 $\mathrm{I}_2$ 验证完了。公理 $\mathrm{I}_3$ 显然成立:在(7)中令 $t=0$ 和 $t=1$,就足够了。

我们来验证公理 $\mathrm{I}_4$ 和 $\mathrm{I}_5$。设 $M_1(x_1,y_1,z_1)$,$M_2(x_2,y_2,z_2)$,$M_3(x_3,y_3,z_3)$是三个给定的点。需要求出这样的 $u,v,w,r$,使得

$$\begin{cases}-r=ux_1+vy_1+wz_1\\-r=ux_2+vy_2+wz_2\\-r=ux_3+vy_3+wz_3\end{cases}\tag{8}$$

这里 $u,v,w$ 中至少一个不是零,把 $x_i,y_i,z_i$ 看做系数,而 $u,v,w$ 看做未定的、要经过线性变换的元素。在上文证明过的代数定理中,系数都是假设在左边,而这里它们在右边。显然,在现在的情形下,定理仍正确,只要把在所有的叙述中的左乘用右乘替代,且反之。

可能有两种情形。若性质 1)成立,则性质 3)也成立,并且可以把方程组(8)改写成和它等价的形式,用左端 $-r,-r,-r$ 线性地(系数在右)表出 $u,v,w$ 来。

把 $r$ 拿在括弧外面来,我们得到:

$$\begin{cases}u=ra\\v=rb\\w=rc\end{cases}\tag{9}$$

其中 $a,b,c$ 是只依赖于 $x_i,y_i,z_i$ 的某些系数[并且不同时为零——否则从(8)不可能推出(9)]。这样一来,若 $r$ 是任意取的($\neq 0$),而 $u,v,w$ 是按照(9)定义的,则所得的元素将满足组(8),并且反过来也对。因此,$u,v,w,r$ 存在,并且完全确定了,到左乘任一不等

* 原俄文为(6)。——译者注

于零的乘数为止(若选取另一个元素 $r'$ 替代 $r$,则结果将是 $u,v,w,r$ 左乘以 $r'r^{-1}$)。所求的平面存在,并且是唯一的。

若性质 1)不成立,则这就是说可以选取值 $u,v,w$ 不全等于零,而使得

$$ux_i+vy_i+wz_i=0(i=1,2,3) \tag{10}$$

即仍存在一个平面,通过 $M_1,M_2,M_3$。

现在我们证明这平面是唯一的。设还另有一个平面,通过这些点。因而有

$$u'x_i+v'y_i+w'z_i+r'=0(i=1,2,3) \tag{11}$$

若是 $u',v',w'$ 是用同一数 $\rho$ 左乘 $u,v,w$ 而得到的,那么用 $\rho$ 左乘(10)并和(11)加以比较时,即得到 $r'=0$,因而第二个平面完全和第一个相同(参看正文中平面的定义)。

设为相反的情形,那么按照正文中所给的直线定义,所有的三点 $M_1,M_2,M_3$ 都在直线$[(u:v:w:0);(u':v':w':r')]$* 上。这和公理 $\mathrm{I}_4$ 和 $\mathrm{I}_5$ 的条件矛盾。

其余的公理都能立刻验证。设给定了任一直线(7)和一平面:

$$ux+vy+wz+r=0 \tag{12}$$

把方程(7)中的 $x,y,z$ 代入(12);在左边我们得到 $t$ 的一次式。设给定的直线和平面有两个公共点;恒可能把这两个公共点看做是 $t=0$ 和 $t=1$。把 $t=0$ 代入(12),我们就看出了不含 $t$ 的数项是零;而把 $t=1$ 代入时,我们就看出了 $t$ 的系数是零。因而,把(7)代入(12)就成了恒等式,而且直线(7)上所有的点都在平面(12)上,这证明了公理 $\mathrm{I}_6$。

其次,设给定了有公共点$(x_0,y_0,z_0)$的两个平面(公理 $\mathrm{I}_7$)是:

$$ux_0+vy_0+wz_0+r=0 \quad u'x_0+v'y_0+w'z_0+r'=0$$

若 $u',v',w'$ 是从 $u,v,w$ 左乘以同一个数 $\rho$ 得来的,则用 $\rho$ 左乘第一个等式再和第二个等式比较时,我们会发现 $r'$ 是用 $\rho$ 左乘 $r$ 得来的。换句话说,这两个平面会是同一个平面,和我们的假设相反。

若这样的一个乘数 $\rho$ 不存在,则按照正文中所下的直线定义,写下的这一对方程就规定直线的点,这些点显然都同时在这两个平面上。

最后,验证公理Ⅳ**。首先指出,在我们的空间中变换坐标之后,任意平面可以看做是平面

$$z=c$$

其实,设给定的平面

$$ux+vy+wz+r=0$$

在行 $u,v,w$ 外还任意地选取两行 $u',v',w'$ 和 $u'',v'',w''$,使得在这些横行系数左线性无关。对于任意的 $x,y,z$,按照下述规律

$$x'=u'x+v'y+w'z$$
$$x'=u''x+v''y+w''z$$
$$z'=ux+vy+wz$$

引进和它们相对应的 $x',y',z'$。

按照假设,对于这个变换性质 2)成立,因此,性质 3)成立,即变换可逆。这两个三数

---

* 原俄文为$[(u,v,w,0);(u',v',w',r')]$。——译者注

** 原俄文为$[(u,v,w,0);(u',v',w',r')]$。——译者注

组$(x,y,z)$和$(x',y',z')$彼此间一对一地对应，并且不难验证，由于系数在左边的变换的线性特征，平面和直线的方程，在新坐标中保持上述形式（系数当然有所改变）。在原来的平面上 $z'$也显然保持常值。

于是，只要证明在平面 $z=0$ 上的公理Ⅳ* 就足够了。设在这平面上给定任意一条直线

$$\begin{cases}x=a_0t+x_0\\ y=b_0t+y_0\end{cases} \tag{13}$$

和在这直线外的一个点$(x_1,y_1)$，设通过这个点作一条暂时不确定的直线

$$x=a_1t'+x_1$$

$$y=b_1t'+y_1$$

求这两条直线的交点，即求，这样的 $t$ 和 $t'$，满足

$$x_1-x_0=a_0t-a_1t'$$

$$y_1-y_0=b_0t-b_1t'$$

把写下的这公式看做在 $t,t'$上的变换（性质 1 的特殊情形）有两种可能的情形。

设性质 3）成立，那么变换是可逆的，能由左边唯一地求得值 $t,t'$，因而交点存在。

现在设性质 3）不成立；这就是说性质 1）也不成立，可以选取这样的不等于零的值 $t_0$，$t'_0$，使得

$$a_0t_0-a_1t'_0=0$$

$$b_0t_0-b_1t'_0=0$$

换句话说，$a_1,b_1$ 是从 $a_0,b_0$ 右乘以同一个数 $\rho=t_0^{-1}t'_0$得到的。

若是 $\rho t'$用 $t$ 表示，并且看成是参数，那么第二条直线的方程有下述形式：

$$\begin{cases}x=a_0t+x_1\\ y=b_0t+y_1\end{cases} \tag{14}$$

这样一来，在所考虑的情形下，第二条直线的方程可以化成完全确定的形式(14)，因而，这样的直线是唯一的。

剩下还要证明方程(14)给出平行于(13)的直线（平行线的存在）。事实上，若这些直线有一个公共点，则它们是同一条直线；因为相当于参数的一个增量 $\Delta t$，在这两直线上，$x$ 和 $y$ 一样的分别有增量 $a_0\Delta t$ 和 $b_0\Delta t$。而其实，$(x_1,y_1)$在第二条直线上，不在第一条上。

公理 $\mathrm{I}_3$，$\mathrm{I}_8^*$的验证完全显然。

【65】若我们利用上一个注解中的直线(7)的参数表示：

$$x=at+x_0$$

$$y=bt+y_0$$

$$z=ct+z_0$$

情形是十分明白的。

---

* 此处不该再提到公理 $\mathrm{I}_8$，因为前面已经提到了。——译者注

由于§13中的规则15和规则16,在德沙格数系中成立的,相当于参数 $t$ 的单调改变,坐标 $x,y,z$ 每一个也对应地单调改变(除去那些一般保持不变的:例如,在 $a=0$ 时的 $x$)。这样一来——如同在正文中所证明的——沿着直线坐标总是同时单调改变。

按照正文,一个点称为在其他两点(在给定的直线上)之间,若它的每一个坐标在其他两点的对应坐标之间(这里所讲的是关于不是沿着直线不变的坐标)。这个定义可以同样的用参数 $t$ 表示出来,因为参数的和坐标的单调改变是同时发生的。

于是,点 $t_2$ 在 $t_1$ 和 $t_3$ 之间,则是 $t_1<t_2<t_3$ 或者 $t_1>t_2>t_3$。

现在公理 $\mathrm{II}_{1\sim3}$ 的验证已经完全显然了。谈到公理 $\mathrm{II}_4$ 的验证,我们总可以把公理 $\mathrm{II}_4$ 中所说的平面看做是 $z=0$(参看上一个注解,公理 $\mathrm{IV}^*$ 的验证)。

相应的论证,差不多是逐字逐句地重复注解[36],区别只在于:现在的坐标 $x,y$ 和方程的系数不是交换域 $Q$ 的元素,而是德沙格数系的元素;特别是乘数的次序——还如同在注解[36]的公式中一样——是极其重要的。其余的论证只需要重复,无须改变。

【66】线段计算和原来的数系 $D$ 一致,严格地说来,这个事实还需要验证,但是验证并不困难。

【67】换句话说:由于定理55,原先给定的平面几何在一个德沙格数系的基础上,成为解析几何。

再者,所建立的点 $(x,y,0)$ 的平面几何,按照它本身的建立方式,在同一个德沙格数系的基础上,也成为解析几何。

在这两种几何中,有相同坐标 $(x,y)$ 的点加以比较时,就得到所求的一一对应,保持着元素间所有的关系不变。

【68】这样一来,第六章是第五章的继续,同时实质上还带有射影性质。就是要在所考虑的空间(由公理Ⅰ,Ⅱ,$\mathrm{IV}^*$ 确定的)中添加假元素,把这空间变成射影空间(参看注解[58]);相反的,最自然的是把原来的空间看成是这个射影空间的一部分,从后者取消一个平面(被取作假平面的);剩下的就是原来的空间。

如同第五章一样,所有的讨论都是根据§24所建立的德沙格的线段计算。

第六章的特征是引进在第五章中所不提出的阿基米德公理,和阐明它的作用。但是阿基米德公理的叙述要求迁移给定的线段到给定的点处;由于没有合同概念,必须给予这种迁移以新的意义。在有了德沙格的线段计算的情形下,对于分布在一条直线上的诸线段,这是能作得到的。作法是,取已知直线作为线段计算的两条轴的一条,并且 $O$ 表示两轴的交点。设 $A$ 是这轴上的任意一点(§24)。现对线段 $OA$ 建立运算。

为了要在线段计算的意义下,迁移线段 $AB$ 到点 $A'$ 处,我们如下进行(所有的作图都取在作为计算轴的一条直线上)。求线段 $OB$ 和 $OA$ 的差,即这样的线段 $OC$,使得

$$OB=OA+OC$$

从加法计算的显明的逆运算推知线段 $OC$ 的存在和唯一性。

现在作线段 $OB'$:

$$OB'=OA'+OC$$

关于线段 $A'B'$,我们说它在线段计算的意义下和 $AB$ 相等。

从表面看来,这样的迁移线段不只依赖于给定直线上的线段本身的选取,和线段应

该迁移到什么点处，而且也依赖于运算的第二条轴的选取，尤其是点 $O$ 的选取。但是能够证明，在给定的轴上的线段的加法运算（依照 § 24 所规定的）不依赖于点 $O$ 和第二条轴的选择，所以这样在给定的直线上线段的迁移是完全唯一的确定的作法。证明时需要利用德沙格定理。

【69】作者想说，若两个不能交换的数 $a$，$b$（即 $ab \neq ba$）中的 $a<0$，则必须考虑把 $a$ 换成 $(-a)$，即从下列方程所规定的数。

$$(-a)+a=0$$

然后按照 § 13 中的规则 15，从 $a<0$ 推知

$$a+(-a)<0+(-a)\text{，即 } 0<(-a)$$

从 $(-a)+a=0$ 推知（规则 10 和 11）：

$$b(-a)+ba=0 \text{ 和 } (-a)b+ab=0$$

而且从 $ab \neq ba$ 推知（反证法）

$$(-a)b \neq b(-a)$$

同样地，若 $b<0$，我们考虑换成 $(-b)>0$。

于是，若对于 $D$ 系中的某两个数交换律不成立，则可以指出这规则对于两个正数也不成立。

【70】阐明在正文中所提示的证明。首先注意，式子 $T$（连同 0）的集合是一个域。

设给定了式子：

$$T=r_0t^n+r_1t^{n+1}+\cdots \tag{1}$$

$$T'=r'_0t^{n'}+r'_1t^{n'+1}+\cdots \tag{2}$$

我们着重指出下述事实：所表出的幂级数，没有任何关于它们的收敛性的假设。

合并 $T$ 和 $T'$ 中同类项所得到的式子，我们定义为和 $T+T'$。

我们用下述式子来规定乘积：

$$\begin{aligned}TT'=&r_0r'_0t^{n+n'}+(r_0r'_1+r_1r'_0)t^{n+n'+1}\\&+(r_0r'_2+r_1r'_1+r_2r'_0)t^{n+n'+2}+\cdots\end{aligned} \tag{3}$$

注意：在 $n=0$，$r_0=1$，$r_1=r_2=\cdots=0$，式子(1)是单位元素。

我们来证明除法的可能性和唯一性（§ 13 中的其余的规则 1～4 和规则 6～11 的验证，都完全显然）。事实上，若给定了

$$T''=r''_0t^{n''}+r''_1t^{n''+1}+\cdots$$

$$T=r_0t^n+r_1t^{n+1}+\cdots$$

则恒能够求得——同时唯一的求得——这样的 $T'$

$$T'=r'_0t^{n'}+r'_1t^{n'+1}+\cdots$$

使得

$$T''=TT'=T'T$$

如同(3)所指出的，这是充分的。取 $n'=n''-n$，然后依次用下列公式决定 $r'_0$，$r'_1$，$r'_2$，…：

$$r''_0=r_0r'_0$$

$$r''_1=r_0r'_1+r_1r'_0$$

$$r''_2 = r_0 r'_2 + r_1 r'_1 + r_2 r'_0$$
$$\cdots\cdots\cdots\cdots$$

因为 $r_0 \neq 0$，所以这不会有任何困难的。

现在考虑具有形式 $S$ 的式子。它是——若是把 $T_0, T_1, \cdots$ 用它们的式子替代——写下的无穷级数，由 $rs^\mu t^\nu$ 形式的项组成的，其中 $r$ 是有理数，而 $\mu$ 和 $\nu$ 是整数($\geqq 0$)，并且 $\mu \geqslant m$，而 $\nu \geqslant n\mu$ 在 $\mu$ 给定的时候(这里 $n\mu$ 是级数 $T_{\psi-m}$ 的最小的指数)。

把两个具有形式 $S$ 的式子的同类项合并起来，即把两个级数中同样的 $s^\mu t^\nu$ 的系数 $r$ 加起来，来决定这两个式子的和。

在讨论具有形式 $S$ 的式子的积之前，我们规定两个具有形式 $rs^\mu t^\nu$ 的积。这个积将由下述公式定义：

$$(rs^\mu t^\nu) \cdot (r' s^{\mu'} t^{\nu'}) = (2^{\nu\mu'} rr') S^{\mu+\mu'} t^{\nu+\nu'}$$

不难看出，这式子可从规则

$$ts = 2st$$

得到，但是，我们宁愿把这个公式当做定义，为的是避免有关这结论的严密论证的那种烦琐的讨论。显然，$ts = 2st$ 这规则是公式的特殊情形，所以，公式给出了在一切情形下我们所需要的。

对于如此定义的式子 $rs^\mu t^\nu$ 的乘法，结合律的验证没有任何困难。

设给定了式子 $S$ 和 $S'$，如我们所知道的，由具有形式 $rs^\mu t^\nu$ 的项组成的。$S$ 乘以 $S'$ 的积叫做 $S''$，它是由 $S$ 的每一项乘以 $S'$ 的每一项所得到的项组成的(乘之后还要合并同类项：容易看出，每一种的同类项只有有限数个)。换句话说，若

$$S = \sum_{\substack{\mu \geqslant m \\ \nu \geqslant n_\mu}} r\mu_\nu s^\mu t^\nu$$

$$S' = \sum_{\substack{\mu' \geqslant m' \\ \nu' \geqslant n'_{\mu'}}} r'_{\mu'\nu'} s^{\mu'} t^{\nu'}$$

$$S'' = \sum_{\substack{\mu'' \geqslant m'' \\ \nu'' \geqslant n''_{\mu''}}} r''_{\mu''\nu''} s^{\mu''} t^{\nu''} {}^*$$

则关系 $S'' = SS'$ 指的是

$$r''_{\mu''\nu''} = \sum_{\substack{\mu+\mu'=\mu'' \\ \nu+\nu'=\nu''}} r_{\mu\nu} r'_{\mu'\nu'} 2^{\nu\mu'};\ m'' = m + m' \qquad \text{(A)}$$

在式子 $S$ 的定义域中，所有的规则 1～4 和规则 6～11 的验证都完全显然；我们只讨论规则 5，即除法的可能性和单一性。要讨论的正是：若把式(A)中的 $r''_{\mu''\nu''}$ 和 $r_{\mu\nu}$ 看做是已知的，则我们能够从它们依次定义 $r'_{\mu'\nu'}$。

首先，必须取 $m' = m'' - m$。用 $\mu''$ 是最小值时的式(A)，即 $\mu'' = m''$ 时的公式(A)。然后在右端必须令 $\mu = m, \mu' = m'$。在依次令 $\nu'' = n''_{m''}, n''_{m''}+1, \cdots$ 时，在 $\nu' = n_m', n_{m'}+1, \cdots$ (令 $n'_{m'} = n''_{m''} - n_m$)的情形下，我们依次从式(A)定义 $r'_{m'\nu'}$。

其次，用 $\mu'' = m''+1$ 和令 $\nu'' = n''_{m''+1}, n''_{m''+1}+1, \cdots$ 时的(A)，依次规定，在 $v'' = n''_{m'+1}$，

---

* 在式子 $S''$ 中，原文误印为 $\mu'' > m''$，$\nu'' > n''_{\mu''}$。——译者注

$n'_{m+1}+1,\cdots$ 时的 $r'_{m+1},\nu'$。

在 $\mu''=m''+2$ 等等时,我们同样地处理。所有的系数 $r'_{\mu\nu}$ 都唯一决定了。

【71】定理 61 在射影几何的解释中具有最自然的形式。设我们所考虑的平面几何是满足公理 $\mathrm{I}_{1\sim3}$,Ⅱ,Ⅳ$^*$ 的,而且补充了假点(和平行束一一对应的新元素)和假直线(所有假点的集合)的。这就成为射影几何(没有连续公理)。射影几何中的两直线恒有一个公共点(平行时就是假点)。

在今后不区分真点和假点时,我们给出巴斯噶-巴卜定理的射影说法如下:

若点 $A_1,A_3,A_5$ 在同一条直线 $a$ 上,而点 $A_2,A_4,A_6$ 在另一条直线 $a'$ 上,则直线:$A_1A_2$ 和 $A_4A_5$,$A_2A_3$ 和 $A_5A_6$,$A_3A_4$ 和 $A_6A_1$,这三对的交点都在同一条直线上。

特别的,若直线 $a$ 和 $a'$ 有真的公共点,而所说的交点中有两个在假直线上,则根据定理,第三个交点也在假直线上。我们显然,回到定理 40 了,即回到如同在正文中所了解的意义下的巴斯噶定理。

现在设在我们的几何中巴斯噶-巴卜定理的射影说法成立。我们断定德沙格定理,然后能够证明,这就是定理 61 的射影说法。

对于德沙格定理我们在这里也取一般的射影说法(参看注解[58])。

我们必须懂得定理 61 的字面上的意义,在正文中和在射影说法中不同,因为我们既加强了定理的条件,又加强了定理的结论。

至于证明,现在更简单了。首先,德沙格的正定理和逆定理变成一样的,因为它们都化简为同一个说法:若给定了 10 个点和 10 条直线,并且是德沙格构形所具有的点和直线的关联关系,可能除去一个之外都成立,则这最后一个也成立。

由于德沙格构形中的所有的点和直线的完全平等地位,不难看出,从德沙格正定理推得这个说法,也从逆定理推得这个说法(从它们推出来的这些命题是一样的)。

要想证明德沙格定理,而不改变正文中的名词,我们能够假设把新考虑的构形中的诸直线之一叫做假直线,而所有和它有同一个交点的直线叫做平行线。然后我们能够重复正文中的讨论并且利用图 77,把图中的构形了解为有一条假直线,而且把图中和假直线有同一个交点的直线了解为平行线。

在证明时,可以如下的简化,$A'C$ 不和 $OB'$ 平行,现在有了充分的保证。其余的限制原来需要附加上的原因,是为了使得:在证明过程中援引巴斯噶定理时,所得到的直线 $A_1A_3A_5$ 和 $A_2A_4A_6$ 不平行而相交于真点(在定理 40 中所假设的)。但是在我们的射影说法中,这些情形没有区别,而相应的附加条件是多余的。论证 $A'C'$ 和 $OB'$ 不平行,那是总能够达到的,因为可以把 $A'B'$ 和 $OC'$,或者把 $B'C'$ 和 $OA'$ 当做 $A'C'$ 和 $OB'$(在最后的情形下,必须考虑三角形 $ABC''$,替代考虑三角形 $ABC$,其中 $BC''/\!/B'C'$,而且 $C''$ 在 $OC'$ 上;实行证明后,就知道原来 $A'C'/\!/AC''$,因而,$C''$ 和 $C$ 重合)。容易证明,在所有三种情形中都同时平行是不可能的。

【72】这里粗枝大叶地谈到实数。事实上,这里只是某一个可交换的、但是(在所作的假设是公理 $\mathrm{I}_{1\sim3}$,Ⅱ,Ⅳ$^*$ 和巴斯噶定理的情形下),一般说来,是非阿基米德的数系的元素(例如,式子 $T$。§33)。

【73】计算的元素的定义域已经是无穷的,因为它含有单位,而且同时——遵循运算

律——既含有所有的整数，又含有所有的有理数（顺序的存在排斥了非零模域的情形）。由此推出，若是在数 $p_1, \cdots, p_r$ 用任意的运算的元素替代（特别是用任意的有理数替换）时，有理式 $R(p_1, \cdots, p_r)$（以有理数为系数时）变为零，$R(p_1, \cdots p_r)$ 就恒等于零。

于是，设关于交点的定理是正确的。这与下述事实等价：一系列的式子 $R(p_1, \cdots, p_r)$ 恒等于零。这样一来，定理的证明化为诸式子 $R(p_1, \cdots, p_r)$ 恒等于零的验证。同时，重要的是，要注意到：式子 $R(p_1, \cdots, p_r)$ 的产生，是对于 $p_1, \cdots, p_r$ 继续进行一系列的、不管它是多么复杂的有理运算的直接结果。为了验证 $R(p_1, \cdots, p_r)$ 恒等于零，我们应该引进一系列的计算：展开括弧，同类项化简等等。换句话说，我们应该运用计算规则 1～12；但是这些规则的运用，如同上面曾经指出过的，在几何上，是化为巴斯噶定理的应用。

总起来说，交点定理的证明的过程是化为巴斯噶定理的运用（当然还有公理 $\mathrm{I}_{1\sim3}$，$\mathrm{IV}^*$）。

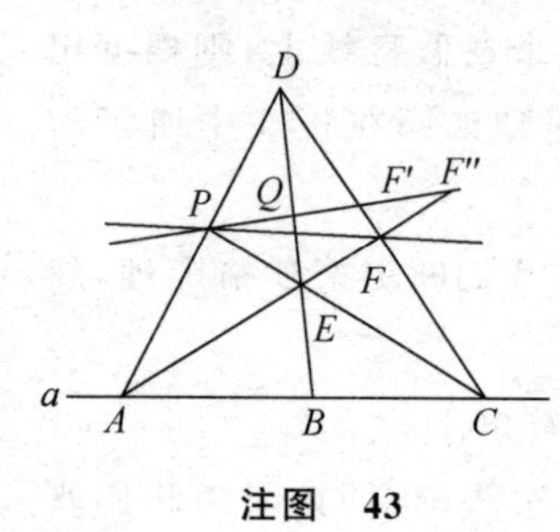

注图　43

【74】首先我们回忆，根据第 I ～IV 组公理的几何中，巴斯噶定理是正确的，因而，可以在这几何中引进线段计算，如同 §15 中所作的，并且证明定理 41 和定理 42。

我们来证明施泰因纳尔的命题。令 $PF$ 不和 $a$ 平行（注图 43）：设 $PQ$ 是和 $a$ 平行的直线，并且分别交 $AE, BD, CD$ 于点 $F'', Q, F'$（必然有交点，因为 $AE, BD$ 和 $CD$ 都不和 $a$ 平行）。然后从相似三角形 $ABD$ 和 $PQD$ 有：

$$PQ : AB = DQ : DB$$

但从相似三角形 $BCD$ 和 $QF'D$ 推知

$$QF' : BC = DQ : DB$$

因为 $AB = BC$，因此得

$$PQ = QF' \tag{1}$$

从相似三角形 $ABE$ 和 $F''QE$ 以及三角形 $BCE$ 和 $QPE$，我们有

$$\frac{QF''}{AB} = \frac{EQ}{EB}, \frac{PQ}{BC} = \frac{EQ}{EB}$$

因为 $AB = BC$，因此推知

$$PQ = QF'' \tag{2}$$

比较(1)和(2)，可得

$$QF' = QF''$$

这就是说，$F''$ 和 $F'$ 重合，与我们的假设直线 $PQ$ 平行于 $a$ 而不通过 $F$ 是相矛盾的（注意：$F'$ 和 $F''$ 不能够在 $Q$ 的两侧，因为否则其中之一会和 $P$ 重合，那是不可能的）。

【75】所谓由一些给定的数和变数所产生的域 $R$，我们了解为由这些数和变数经过四种有理运算所作成的所有可能的式子。

因此，这个域的元素是原来的，独立的参数 $p_1, \cdots, p_r$ 的有理函数，并且这些函数的系数是原来的数的有理式。

还要注意到，从 §37 开始，在正文中只考虑实数和取实数值的变数，这就是说，在普通的几何的范围中。

【76】更确切地说，在以后的正文中，所谓一个完全实数是具有下述性质的一个代数数：它是由有理运算和开平方得来的，并且它和它的共轭数都是实的。

我们特别是要来明确和上文讨论中有关的一系列的事实。

1. 大家都知道：从给定的点出发，并且利用直尺和圆规，我们能够作而且只能够作具有下述性质的所有的点：它们的坐标能够用给定的点的坐标经过四种有理运算和开平方表示出来。这个证明是很初等的，它的根据在下面：求两个圆的交点，或者圆和直线的交点，都是求解二次方程，而且这方程的系数是两圆的、或者圆和直线的方程的系数的有理式；反过来，利用直尺和圆规，求任意一个由已给线段所表出的数的平方根，在几何上不难实现。

这问题的详细的阐述可查看阿得列尔（A. Адлер）《几何作图的理论》一书。

2. 令给定的点的坐标是 $r$ 个任意的参数 $p_1, \cdots, pr$ 的有理函数。

考虑一个由给定的点的坐标所产生的 $P_1, \cdots, P_r$ 的有理函数的域：$R(p_1, \cdots, pr)$。给定的点的坐标属于这个域。由 $R$ 开始，作一序列的域，使得每一个后项包含前一项：

$$R \subset R_1 \subset R_2 \subset \cdots \subset R_n \tag{1}$$

并且每一个后项是由它的前一项增加一个平方根而得来的。更确切地说：若 $R_i$ 已经作好（$R$ 看做 $R_0$），则 $R_{i+1}$ 就这样作成：从 $R_i$ 选出具有下述性质的任意一个元素 $f_i$，使 $\sqrt{f_i}$ 不在 $R_i$ 中出现，并且把 $\sqrt{f_i}$ 和 $R_i$ 的系数所组成的全体有理式作为 $R_{i+1}$，因为在这里 $\sqrt{f_i}$ 的偶数次幂能够归入系数（或者自由项），所以 $\sqrt{f_i}$ 的多项式能够化为线性式；$R_{i+1}$ 的元素的一般形式是：

$$\frac{\alpha_i + \beta_i \sqrt{f_i}}{r_i + \delta_i \sqrt{f_i}}$$

其中 $\alpha_i, \beta_i, r_i, \delta_i$ 都是 $R_i$ 的元素。用通常的方法有理化分母，我们最后得到 $R_{i+1}$ 元素的一般形式：

$$a_{i+1} = a_i + b_i \sqrt{f_i} \tag{2}$$

其中 $a_i$ 和 $b_i$ 都是 $R_i$ 的任意元素。

显然，这过程使我们能得出域 $R_n$，它包含任意的事先指出的一些点（能从给定的点出发用直尺和圆规作出来）的系数。

定理 64 的意义是：若所论述的特别是关于利用直尺和迁线器的作图，因为这种作图的可能性比较利用直尺和圆规的作图的可能性更狭窄，所描写的过程的任意性也对应的受限制。正就是：每一个域 $R_i$ 扩张到域 $R_{i+1}$ 时，域 $R_i$ 的元素 $f_i$ 不能任意的选取，而只能是 $R_i$ 的一些元素的平方的和。

3. 回到一般情形，取域 $R_n$ 的任意的一个元素 $a_n$，$R_n$ 是序列(1)的最后一个域。

应用公式(2)，得

$$a_n = a_{n-1} + b_{n-1}\sqrt{f_{n-1}}$$

对于元素 $a_{n-1}, b_{n-1}$ 应用公式(2)，得

$$a_n = a_{n-2} + b_{n-2}\sqrt{f_{n-2}} + (a'_{n-2} + b'_{n-2}\sqrt{f_{n-2}})\sqrt{f_{n-1}}$$

继续这个过程，最后我们得到 $a_n$ 的表示式，它对于下列的根式的每一个

$$\sqrt{f_0},\ \sqrt{f_1},\ \sqrt{f_2}, \cdots, \sqrt{f_{n-1}} \tag{3}$$

都是线性的，而它的系数都属于原来的域 $R(1,p_1\cdots,p_r)$*。

我们把它写出如下：

$$\begin{aligned}a_n=&a_0+b_0\sqrt{f_0}+b'_0\sqrt{f_1}+\cdots+c_0\sqrt{f_0}\sqrt{f_1}\\&+c'_0\sqrt{f_0}\sqrt{f_2}+\cdots+d_0\sqrt{f_0}\sqrt{f_1}\sqrt{f_3}+\cdots\\&+\cdots+l_0\sqrt{f_0}\cdots\sqrt{f_{n-1}}\end{aligned}\tag{4}$$

需要注意的是，每一个根式 $\sqrt{f_i}$ 的根号下的 $f_i$，是利用根式

$$\sqrt{f_0},\cdots,\sqrt{f_{i-1}}$$

所组成的同样的式子。

式(4) 的项数的个数是 $2^n$，是容易计算出来的：$2^n$ 个系数都是域 $R(1,p_1,\cdots,p_r)$ 的元素。

现在要把原来的诸点的坐标认为不依赖于任何参数，特别是，认为 $p_1,\cdots,p_r$ 得到了实数值。然后在作诸域(1) 的过程中，每一个根式 $\sqrt{f_i}$ 所指的是它的两个值中完全确定的一个；上边所写出的式子 $a_n$，所以也将是完全确定的数。原来的域 $R$ 只包含实数。

假设现在容许在式子(4) 中任意的取 $\sqrt{f_0}$ 的符号；在取定之后，根号下的 $f_1$ 就完全确定了。我们再同样的任意地取 $\sqrt{f_1}$ 的符号；在取定之后，根号下的 $f_2$ 就完全确定了。我们再任意地取 $\sqrt{f_2}$ 的符号等等。

这样一来，我们显然得到 $2^n$ 个式子，因为每一个根式有两个可能的值。我们认为，这样得到的数是彼此都不相同的，因为，否则只要增加少于 $n$ 个平方根就达到元素 $a_n$。

这 $2^n$ 个数中含有 $a_n$，我们把它们叫做对于域 $R$ 说的和 $a_n$ 共轭的数。

$$a_n,a'_n,a''_n,\cdots,a_n^{(2n-1)}\tag{5}$$

我们断言：这些数都是同一个代数方程的根，而这方程的次数是 $2^n$，系数属于原来的域 $R$。

我们把式子(4) 中出现的根式的每一个的值，看做任意的在两个可能的情形中取定了；但是，在这个根式出现的所有情形中，不管它是否在其他的根式下，当然都取同样的值。然后(4) 不仅能够表出 $a_n$，但也表出任一个和它共轭的数。

把(4) 平方起来。一个根式的平方是一个含有较少个数根式的式子。把一个根式的平方用它的式子代入(这代入的方式是完全确定的)之后，我们得到和(4) 同样形式的式子。它的系数也是原来的域的一些元素(显然，完全不依赖于根式 $\sqrt{f_i}$ 的符号的选择)。

关于式子(4)的任意幂也是如此。

我们来考虑下列诸式子

$$1,a_n,a_n^2,a_n^3,\cdots,a_n^{2n}$$

它们都是形式(4)的式子。因为它们的个数比每一个式子的项数多 1 个，所以能够从原来的域 $R$ 中选择这样的乘数 $\beta_i$，使得线性组合

$$\beta_0\cdot 1+\beta_1a_n+\beta_2a_n^2+\cdots+\beta_{2^n}a_n^{2n}$$

---

* 原文将 $p_r$ 误印为 $p_n$。——译者注

恒等于零。这就是说,在这个线性组合中,把它看做形式(4)的一个式子时,$2^n$ 个系数的每一个都是零。结果是,$a_n$ 以及所有和它共轭的数都满足同一个 $2^n$ 次的、系数属于原来的域 $R$ 的方程:

$$\beta_0+\beta_1 x+\beta_2 x^2+\cdots+\beta_{2^n} x^{2n}=0 \tag{6}$$

我们注意,这个方程将不会引出下述情形,即 $a_n$ 不适合任何一个低次的、系数属于 $R$ 的方程(在相反的情形下,把式子(4)代入这样的方程后,这方程对于

$$\sqrt{f_0},\cdots,\sqrt{f_{n-1}}$$

应该是一个恒等式,因为这些根式的任何一个也不能用在它以前[按号码说]的有理的表示出来;但是,这就是说,这方程应该被所有和 $a_n$ 共轭的数适合;那是不可能的,因为它的次数$<2^n$)。

若域 $R$ 就是有理数域($p_1,\cdots$不出现),则 $a_n$ 是代数数,而 $a_n',a_n'',\cdots$都是和它共轭的数。

4。设域的序列(1)特别是与利用直尺和迁线器的作图相适应的;这意味着每一个根式 $\sqrt{f_i}$ 的根号下的式子是对应域 $R_i$ 的元素的平方的和。

作成了域 $R_n$ 的某个元素 $a_n$ 后,我们来研究那些和它共轭的元素的形式。因为 $f_0$ 是平方和,所以 $\sqrt{f_0}$ 是实数。不论 $\sqrt{f_0}$ 的符号是怎样取的,式子 $f_1$ 代表着域 $R_1$ 的元素的平方和,是非负的,并且 $\sqrt{f_1}$ 以及和它一起的域 $R_2$ 全体都是实数。不论 $\sqrt{f_1}$ 的符号是怎样取的,式子 $f_2$ 反正是域 $R_2$ 的元素的平方和,非负的,所以 $\sqrt{f_2}$ 是实的;而和它一起的域 $R_3$ 的所有的元素都是实的等等。

结果是,域 $R_n$ 的每一个元素 $a_n$ 以及所有的和它共轭的元素都是实的。显然,这意味着:若我们从域

$$R(p_1,\cdots,p_r)$$

出发,其中的 $p_1,\cdots,p_r$ 是固定的参数,则在 $p_1,\cdots,p_r$ 取实数值时,被方程(6)所规定的,对应的参数 $p_1,\cdots,p_r$ 的代数函数值,也只取实数值(在 $p_1,\cdots,p_r$ 是有理数时,按照同样理由,这些函数的实数值将完全是实数)。

【77】关于利用直尺和圆规来作一个正 $p$ 角形的问题,其中 $p$ 是一个质数,大家知道,只有当 $p$ 是这样的形式:

$$p=2^n+1$$

这个作图问题才能解决。同时必须开平方 $n$ 次。

设问题是这样:已知圆的半径,我们取它的一端作为圆心,另一端作为所求的内接于圆的正多边形的一个顶点。还需要作多边形的另一个顶点。

显然这个问题有 $2^n$ 个实数解,因为多边形总共有 $2^n+1$ 个顶点。我们实际是处在定理 65 的条件下。

【78】马耳发提问题如下:已知三角形 $ABC$;需要作这样的三个圆,使得其中的每一个和其他二个相切,并且也和三角形的两条边相切。

这问题的利用直尺和圆规的解法参看阿得列尔《几何作图的理论》,1909 年,第 9～

11 页；阿达玛(J. Hadamard)《初等几何》，卷 Ⅰ，平面几何*，1938。

【79】亚波隆尼亚问题如下：作一个圆与三个定圆相切。这个问题利用直尺和圆规的解法，参看切特维鲁辛(И. Ф. Четверухин)《几何作图法》，1938，第 134～136 页；阿来克桑卓若夫(И. Александров)《几何作图问题》**，阿得列尔，《几何作图的理论》；阿得玛，《初等几何》，卷 Ⅰ，平面几何。

* 有朱德祥的中译本。——译者注

** 有丁寿田的中译本。——译者注